武警工程大学教材建设系列教材

计算机
网络基础与组网技术

周晓娟 主编
刘菲菲 王伟 副主编

人民邮电出版社
北京

图书在版编目（CIP）数据

计算机网络基础与组网技术 / 周晓娟主编. -- 北京：人民邮电出版社，2015.7
　ISBN 978-7-115-38666-3

　Ⅰ．①计… Ⅱ．①周… Ⅲ．①计算机网络 Ⅳ．①TP393

中国版本图书馆CIP数据核字(2015)第107555号

内 容 提 要

本书从计算机网络的基础知识入手，结合有线局域网常用的传输介质、网络设备和常用服务器的配置，由浅入深地介绍了相关设备的基本原理、特点和配置方法，并配有相应的配置实例，非常贴近日常网络管理和维护工作需求。本书共分为11章，主要内容包括计算机网络基础、常用的网络传输介质、常用网络设备、网络交换技术与应用、路由器技术基础、常用路由协议及配置，以及常用网络服务器（FTP 服务器、DHCP 服务器、DNS 服务器、Web 服务器）的配置，最后一章讲解了常见的网络故障处理及常用的网络命令。

本书深入浅出、讲解细致、结构清晰，以实际网络管理需求为主，避免了高深、抽象理论知识的讲解，更加注重实际网络管理工作中所需知识和能力。本书的大部分章节都配有"上机实训"，重在培养读者分析问题和解决问题的能力。

本书可作为高等院校计算机技术等相关专业的教材，也可作为中小型网络管理和维护人员以及网络爱好者的参考书。

◆ 主　　编　周晓娟
　　副 主 编　刘菲菲　王　伟
　　责任编辑　吴宏伟
　　执行编辑　赖文华
　　责任印制　张佳莹　彭志环
◆ 人民邮电出版社出版发行　北京市丰台区成寿寺路11号
　　邮编　100164　电子邮件　315@ptpress.com.cn
　　网址　http://www.ptpress.com.cn
　　北京艺辉印刷有限公司印刷
◆ 开本：787×1092　1/16
　　印张：19.25　　　　　　　2015年7月第1版
　　字数：502千字　　　　　　2015年7月北京第1次印刷

定价：39.80元

读者服务热线：(010)81055256　印装质量热线：(010)81055316
反盗版热线：(010)8105531

前言 FOREWORD

随着计算机技术、信息技术和通信技术的飞速发展，网络应用的普及程度已经成为衡量国家发展程度的一个重要标志。计算机网络技术已经渗透到国家的各个领域，包括新闻媒体、医疗卫生、金融管理、办公自动化、电子商务等领域。可以说，计算机网络正在迅速地改变着人们的工作和生活方式，成为一个国家重要的基础设施。然而，与迅速发展的网络规模相比，计算机网络技术方面的人才仍然比较匮乏。

为了满足社会对计算机网络技术人才的需求，适应信息化技术发展的需要，"计算机网络"课程在许多高校都是计算机科学与技术、计算机技术及应用等专业的专业基础课程。计算机网络课程旨在培养学生对网络基本原理的理解，更重要的是帮助学生运用所学基本知识进行中小型局域网的组建、管理和维护，培养学生根据任务需求分析问题和解决问题的能力，重点培养学生的创造能力、开发能力。

1．内容介绍

本书共分为 11 章，目的是帮助网络技术人员掌握计算机网络的基本知识，包括以下内容。

- 常用的网络拓扑结构、OSI 参考模型、TCP/IP 模型、IP 地址的划分；
- 常用的网络传输介质；
- 重要的网络互联设备（交换机及路由器等）的基本原理及配置，并根据工作中实际需求，对这两类设备常用的配置方式进行了详细的讲解；
- 对局域网常用的服务器（FTP 服务器、DNS 服务器、DHCP 服务器、Web 服务器）的配置和维护进行了详细的讲解；
- 最后一章还介绍了常见的网络故障和常用的网络命令，从而提高读者在组建局域网的过程中发现故障、排除故障的能力。

2．特点介绍

全书图文并茂，非常利于学生的学习和理解；本书以理论引出实践，以实践验证理论，采用尽可能简单和直观的方式向读者讲述技术原理，采用尽可能详细的步骤来讲述重要设备和服务器的配置。本书具有以下特点。

（1）结构合理、层次清晰，内容深入浅出，非常适合初学者和实际工作中需要查阅相关资料的技术人员学习和参考。它涵盖了大部分初学者所需掌握与了解的计算机网络与应用的知识点。

（2）坚持理论与实践相结合。部分章节紧紧围绕实际工作中的任务需求来展开论述，以锻炼学生的实际动手操作能力，培养分析问题和解决问题的能力。

（3）设备篇和服务器篇以目前的主流网络设备为主进行介绍。交换机部分主要以 Cisco 的交换机设备为主进行理论讲解，并利用 Cisco 的模拟器进行实训内容的配置；路由器部分主要以华为的设备为主进行理论讲解，并利用华为的模拟器进行实训内容的配置；服务器部分以目前中小型局域网常用的 Windows Server 2008 为操作实验平台进行详尽的理论和实验配置的讲解。

3．适合的读者对象

本书适合作为高等院校计算机网络及相关专业的教材，还可以作为从事计算机网络设计开发、工程建设和系统集成等工程技术人员的参考书。

由于时间仓促，加之作者水平有限，书中难免存在错误和不妥之处，敬请广大读者批评指正。作者的 E-mail:wujzxjzxj@sina.com。

编　者

2015 年 1 月

目 录 CONTENTS

第1章 计算机网络基础 / 1

1.1 计算机网络的概念 / 1
1.2 计算机网络的组成 / 2
- 1.2.1 计算机系统 / 2
- 1.2.2 网络通信系统 / 2
- 1.2.3 网络软件 / 3
- 1.2.4 通信子网和资源子网 / 3

1.3 计算机网络的分类 / 4
- 1.3.1 局域网 / 4
- 1.3.2 城域网 / 5
- 1.3.3 广域网 / 5
- 1.3.4 因特网 / 5

1.4 常用的网络拓扑结构 / 6
- 1.4.1 总线状结构 / 6
- 1.4.2 星状结构 / 7
- 1.4.3 环状结构 / 7
- 1.4.4 树状结构 / 8
- 1.4.5 网状结构与混合状结构 / 8

1.5 常用的网络参考模型 / 9
- 1.5.1 开放系统互连参考模型 / 9
- 1.5.2 OSI层次间的关系以及数据封装 / 12
- 1.5.3 TCP/IP模型 / 13

1.6 常用网络协议介绍 / 14
- 1.6.1 TCP / 14
- 1.6.2 IP / 16
- 1.6.3 UDP / 18
- 1.6.4 ARP / 19
- 1.6.5 ICMP / 20

1.7 IPv4地址及子网划分 / 20
- 1.7.1 IPv4地址 / 20
- 1.7.2 IP子网掩码和子网划分 / 24

1.8 IPv6 / 26
- 1.8.1 IPv6的特点 / 26
- 1.8.2 IPv6的地址格式 / 27
- 1.8.3 IPv6地址的分类 / 29
- 1.8.4 IPv6域名系统的体系结构 / 29

1.9 本章小结 / 29
1.10 上机实训 / 29
1.11 思考与练习 / 30

第2章 常用的网络传输介质 / 31

2.1 双绞线 / 31
- 2.1.1 双绞线的分类 / 31
- 2.1.2 双绞线的连接方法 / 34
- 2.1.3 双绞线的优缺点 / 35
- 2.1.4 双绞线的选用 / 35

2.2 同轴电缆 / 36
- 2.2.1 同轴电缆的结构 / 36
- 2.2.2 同轴电缆的种类 / 36
- 2.2.3 同轴电缆连接设备 / 36
- 2.2.4 同轴电缆的特点 / 37

2.3 光纤 / 37
- 2.3.1 光纤的基本特性 / 37
- 2.3.2 光纤的种类 / 38

  2.3.3 光纤通信系统 / 39
  2.3.4 光纤的连接方式 / 39
 2.4 无线传输媒介 / 40
  2.4.1 短波通信 / 40
  2.4.2 微波通信 / 40
  2.4.3 卫星通信 / 41
  2.4.4 激光通信 / 41
  2.4.5 红外线 / 41
  2.4.6 蓝牙 / 42
 2.5 网络传输介质的选择 / 42
  2.5.1 吞吐量和带宽 / 42
  2.5.2 网络的成本 / 42
  2.5.3 网络传输介质的尺寸和可扩展性 / 42
  2.5.4 连接器的通用性 / 43
  2.5.5 抗干扰性能 / 43
  2.5.6 安装的灵活性和方便性 / 43
  2.5.7 计算机系统间距 / 43
  2.5.8 地理环境 / 43
 2.6 本章小结 / 43
 2.7 上机实训 / 44
 2.8 思考与练习 / 45

第3章 常用的网络设备 / 46

 3.1 服务器 / 46
  3.1.1 服务器概述 / 46
  3.1.2 服务器的分类 / 46
  3.1.3 网络操作系统概述 / 50
  3.1.4 常用的网络操作系统 / 50
  3.1.5 选择服务器应考虑的因素 / 51
 3.2 网卡 / 52
  3.2.1 网卡的功能 / 52
  3.2.2 网卡的分类 / 53
  3.2.3 网卡的选择 / 54
 3.3 中继器和集线器 / 55
  3.3.1 中继器 / 55
  3.3.2 集线器 / 56
  3.3.3 中继器和集线器的特性 / 56
  3.3.4 中继器和集线器的缺点 / 57
 3.4 网桥 / 57
 3.5 交换机 / 58
  3.5.1 交换机简介 / 58
  3.5.2 交换机的功能 / 59
  3.5.3 交换机的分类 / 60
  3.5.4 交换机的互连方式 / 61
 3.6 路由器 / 62
  3.6.1 路由器简介 / 62
  3.6.2 路由器的功能 / 62
  3.6.3 路由器的结构 / 63
  3.6.4 路由器与三层交换机的区别 / 64
 3.7 网关 / 64
 3.8 无线网设备 / 65
  3.8.1 无线接入点 / 65
  3.8.2 无线路由器 / 65
  3.8.3 无线AP与无线路由器的区别 / 66
  3.8.4 无线网桥 / 67
 3.9 本章小结 / 67
 3.10 上机实训 / 68
 3.11 思考与练习 / 68

第4章 网络交换技术与应用 / 69

4.1 网桥与交换机 / 69
4.1.1 以太网的局限性 / 69
4.1.2 网桥与交换机 / 70
4.1.3 交换功能 / 75

4.2 三层交换机 / 78
4.2.1 多层交换类型 / 78
4.2.2 分组转发过程 / 78
4.2.3 多层交换异常 / 80
4.2.4 交换中使用的表 / 80
4.2.5 三重内容可寻址存储器 / 81

4.3 VLAN的划分 / 81
4.3.1 VLAN概述 / 81
4.3.2 VLAN划分的必要性 / 83
4.3.3 VLAN划分方法 / 83

4.4 VLAN间通信 / 86
4.4.1 VLAN间路由的必要性 / 86
4.4.2 VLAN间路由 / 88
4.4.3 单臂路由示例 / 90
4.4.4 三层交换机 / 93

4.5 三层交换机应用案例 / 95
4.5.1 三层交换机应用举例 / 95
4.5.2 综合案例 / 97

4.6 本章小结 / 100
4.7 上机实训 / 100
4.8 思考与练习 / 100

第5章 路由器技术基础 / 101

5.1 路由技术概述 / 101
5.1.1 原理与功能 / 101
5.1.2 路由器的分类 / 104
5.1.3 路由器硬件结构 / 105
5.1.4 路由器的未来发展趋势 / 109

5.2 路由器接口及其常规连接 / 111
5.2.1 路由器常用接口类型 / 111
5.2.2 路由器的硬件连接 / 114

5.3 路由设备与通用路由平台 / 117
5.3.1 主流路由设备介绍 / 117
5.3.2 路由器软件平台与VRP / 118
5.3.3 VRP与IOS的比较 / 119

5.4 路由器基本配置方法 / 120
5.4.1 配置方法 / 120
5.4.2 命令级别与命令视图 / 121
5.4.3 VRP常用命令 / 124

5.5 上机及项目实训 / 124
5.6 本章小结 / 126
5.7 思考与练习 / 126

第6章 常用路由协议 / 127

6.1 路由协议概述 / 127
6.1.1 静态路由与动态路由 / 127
6.1.2 路由选择算法与设计目标 / 128
6.1.3 常用IGP路由协议 / 129

6.2 RIP / 131
6.2.1 RIP工作原理 / 131
6.2.2 路由环路问题 / 132

6.3 OSPF协议 / 134
6.3.1 OSPF基本工作原理 / 134
6.3.2 OSPF高级特性 / 134
6.3.3 OSPF 区域 / 136

6.4 BGP / 137
6.4.1 BGP基本概念 / 137
6.4.2 BGP的工作机制 / 138

6.4.3 BGP路由注入与传播 / 139
6.4.4 BGP路由属性 / 141
6.5 上机实训 / 146
6.5.1 静态路由配置举例 / 146
6.5.2 OSPF协议路由器配置 / 148
6.5.3 BGP协议路由器配置 / 153
6.6 本章小结 / 159
6.7 思考与练习 / 159

第7章 FTP服务器的配置 / 160

7.1 安装FTP服务器 / 160
7.1.1 实例环境介绍 / 160
7.1.2 安装FPT服务与新建FTP网站 / 162
7.1.3 测试FTP网站 / 165
7.2 FTP网站的基本设置 / 167
7.2.1 文件存储位置与目录列表样式 / 167
7.2.2 目录列表样式 / 169
7.2.3 FTP网站的绑定设置 / 170
7.2.4 FTP网站的信息设置 / 171
7.2.5 查看当前连接的用户 / 173
7.2.6 通过IP地址来限制连接 / 174
7.3 物理目录与虚拟目录 / 174
7.3.1 物理目录的创建 / 174
7.3.2 虚拟目录的创建 / 176
7.4 FTP网站的用户隔离设置 / 178
7.4.1 不隔离用户，但是用户有自己的主目录 / 179
7.4.2 隔离用户有专属主目录，但无法访问全局虚拟目录 / 181
7.4.3 隔离用户有专属主目录，可以访问全局虚拟目录 / 182

7.4.4 通过Active Directory隔离用户 / 184
7.5 本章小结 / 188
7.6 上机实训 / 188
7.7 思考与练习 / 188

第8章 DNS服务器的配置 / 189

8.1 DNS的基本概念与原理 / 189
8.1.1 概述 / 189
8.1.2 域名空间结构 / 190
8.1.3 域与区域 / 192
8.1.4 DNS 查询模式 / 193
8.1.5 DNS 规划与域名申请 / 194
8.2 DNS服务器的安装与DNS客户端的配置 / 195
8.2.1 DNS服务器端的置配 / 195
8.2.2 DNS客户端的置配 / 196
8.2.3 使用Hosts文件 / 196
8.3 DNS区域的创建 / 197
8.3.1 DNS区域的类型 / 197
8.3.2 创建主要区域 / 198
8.3.3 创建和管理DNS资源 / 200
8.3.4 建立辅助区域 / 203
8.3.5 创建反向查找区域与反向记录 / 206
8.3.6 子域与委派域 / 209
8.4 DNS区域的高级设置 / 212
8.4.1 更改区域类型与区域文件名称 / 212
8.4.2 SOA与区域传送 / 213
8.4.3 名称服务器的设置 / 214
8.4.4 区域传送的相关设置 / 214

8.5 DNS的动态更新 / 215
  8.5.1 启动DNS服务器的动态更新功能 / 215
  8.5.2 DNS客户端的设置 / 216
  8.5.3 DHCP服务器的动态更新设置 / 217
8.6 求助于其他DNS服务器 / 218
  8.6.1 根提示服务器 / 218
  8.6.2 转发器的设置 / 218
8.7 本章小结 / 220
8.8 上机实训 / 220
8.9 思考与练习 / 220

第 9 章 DHCP 服务器的配置 / 221

9.1 IP地址的配置 / 221
9.2 DHCP的运行原理 / 222
  9.2.1 从DHCP服务器获取IP地址 / 223
  9.2.2 更新IP地址的租约 / 224
  9.2.3 自动分配私有IP地址 / 225
9.3 DHCP服务器的配置与管理 / 225
  9.3.1 配置DHCP服务器 / 226
  9.3.2 配置DHCP客户端 / 229
  9.3.3 客户端的备用配置 / 230
9.4 DHCP服务器的授权 / 230
  9.4.1 DHCP授权的原理与注意事项 / 231
  9.4.2 执行授权 / 231
9.5 IP作用域的创建 / 232
  9.5.1 新建IP作用域 / 232
  9.5.2 多个IP作用域的创建 / 233

9.5.3 为客户端保留特定IP地址 / 234
9.5.4 多台DHCP服务器的安装 / 234
9.6 DHCP选项设置的作用域范围 / 236
9.7 超级作用域与多播作用域 / 238
  9.7.1 超级作用域 / 238
  9.7.2 多播作用域 / 239
9.8 DHCP中继代理 / 240
  9.8.1 DHCP中继代理的运行原理 / 240
  9.8.2 DHCP中继代理的配置 / 241
9.9 DHCP数据库的维护 / 244
  9.9.1 DHCP数据库的备份 / 245
  9.9.2 DHCP数据库的还原 / 245
9.10 本章小结 / 245
9.11 上机实训 / 246
9.12 思考与练习 / 246

第 10 章 Web 服务器群集的配置 / 247

10.1 Web群集概述 / 247
  10.1.1 Web群集的架构 / 247
  10.1.2 网页内容的同步 / 248
10.2 网络负载平衡概述 / 250
  10.2.1 概述 / 250
  10.2.2 NLB新增功能 / 251
  10.2.3 NLB的容错功能 / 251
  10.2.4 NLB的相似性 / 251
  10.2.5 NLB 操作模式 / 252
10.3 网络负载平衡配置 / 256

10.3.1 配置实例的软硬件

需求 / 257

10.3.2 准备网络环境与计算机 / 257

10.3.3 DNS服务器的设置 / 258

10.3.4 文件服务器的设置 / 258

10.3.5 Web服务器Web1的

设置 / 259

10.3.6 Web服务器Web2的

设置 / 261

10.3.7 共享网页与共享配置 / 261

10.3.8 创建Windows网络负载

平衡（NLB）群集 / 265

10.4 Windows网络负载平衡的

高级管理 / 269

10.5 本章小结 / 271

10.6 上机实训 / 272

10.7 思考与练习 / 272

第 11 章 常见的网络故障及常用的网络命令 / 273

11.1 常见的网络故障及诊断 / 273

11.1.1 网络故障分类 / 273

11.1.2 网络故障诊断 / 275

11.2 常见网络故障分析与

处理 / 277

11.2.1 网络设备故障 / 277

11.2.2 网络配置故障 / 283

11.2.3 网络服务故障 / 285

11.2.4 其他常见的网络故障 / 289

11.3 常用的网络故障诊断命令 / 289

11.3.1 ping命令 / 289

11.3.2 ipconfig命令 / 293

11.3.3 tracert命令 / 293

11.3.4 netstat命令 / 294

11.3.5 nslookup命令 / 296

11.4 本章小结 / 297

11.5 上机实训 / 297

11.6 思考与练习 / 297

第1章 计算机网络基础

1.1 计算机网络的概念

在现代社会中，人们越来越习惯于从连接各个部门、地区、国家，甚至全世界的计算机网络中来获取、存储、传输和处理信息。计算机网络是计算机技术和通信技术紧密结合而发展起来的一门学科，它的理论发展和应用水平直接反映了一个国家高新技术的发展水平，且是其现代化程度和综合国力的重要标志。在以信息化带动工业化和工业化促进信息化的进程中，计算机网络扮演着越来越重要的角色。

计算机网络是计算机技术与通信技术紧密结合的产物，通常定义：将分布在不同地理位置的具有独立工作能力的多个计算机系统，用通信设备和通信线路相互连接起来，并配置一定的网络软件，以实现数据通信和资源共享的系统。

（1）所谓"具有独立工作能力"是指入网的每台计算机系统都有自己的软件和硬件系统，能够独立完成特定的工作任务，各个计算机系统之间没有控制与被控制的关系。

（2）"通信设备"是指计算机系统在实现相互连接时所使用的一些与传输介质类型相关的接口设备和信号转换及数据转发设备。"通信线路"是指通信过程中所应用的传输介质。这些传输介质可以是同轴电缆、光纤、双绞线和微波等。

（3）"网络软件"包括网络操作系统、网络应用服务软件系统、网络通信和资源管理系统等专业的系统软件和应用软件。

（4）网络资源包括以下三种资源类型。
- 服务器、打印机、存储设备等硬件资源；
- 操作系统和应用软件等软件资源；
- 数据资源。

（5）数据通信即实现计算机与终端、计算机与计算机间的数据传输，是计算机网络最基本的功能，也是实现其他功能的基础。资源共享是计算机网络的主要目的。

在现代信息社会中，计算机网络的应用涉及社会生活的方方面面。当前计算机网络的主要应用包括办公自动化、远程教育、电子数据交换、电子银行、证券和期货交易、网络娱乐等方面。

1.2 计算机网络的组成

根据计算机网络的定义，一个典型的计算机网络必须具备三个组成部分：计算机系统、网络通信系统、网络软件。

1.2.1 计算机系统

计算机系统是网络的基本模块，主要负责数据信息的收集、存储、处理和输出，并为网络中的其他计算机提供资源。根据在网络中用途的不同，计算机系统可以分为两类：主计算机和终端。

- 主计算机负责数据处理和网络控制，并构成网络的主要资源。主计算机又称主机，它主要有大型机、中小型机、高档微机等几种，网络软件和网络的应用服务程序主要安装在主机中。
- 终端用户是进行网络操作、实现人机对话的工具。一台典型的终端看起来很像一台个人计算机，有显示器、键盘和一个串行接口。与 PC 不同的是终端没有 CPU 和主存储器。在局域网中，以个人计算机代替了终端，既能作为终端使用，又可作为独立的计算机使用，被称为工作站。

1.2.2 网络通信系统

网络通信系统主要由通信处理机、通信传输介质和网络连接设备等部分组成。

1．通信处理机

通信处理机也称通信控制器，在计算机网络中负责完成对各主计算机之间、主计算机与远程数据终端之间，以及各远程数据终端之间的数据传输和交换进行控制的任务。不同功能的通信处理机能把多台主计算机、通信线路和用户终端连接起来组成计算机通信网络，使这些用户能同时使用网络中计算机的共享资源。通信处理机实施通信处理和通信控制，包括信号的编码、编址、分组封装和解封装、发送和接收信息、通信过程控制等具体功能。这些工作对网络用户而言是完全透明的，因此，计算机系统无需关心数据通信问题而集中进行数据处理工作。

2．通信传输介质

通信传输介质将网络中的各种设备连接起来，是传输数据信号的物理通道。常用的传输介质分为有线传输介质和无线传输介质两大类。

- 有线传输介质是指在两个通信设备之间存在的物理连接部分，它能将信号从一方传输到另一方。有线传输介质主要有双绞线、同轴电缆和光缆。
- 无线传输介质是指在两个通信设备之间不使用任何物理连接，而是通过空间传输的一种技术。无线传输介质主要有微波、红外线和激光等。

3．网络连接设备

网络连接设备用来实现网络中各计算机之间的连接、网络与网络之间的互连、数据信号的变换以及路由选择等功能。常用的网络连接设备有中继器、集线器、网桥、路由器、网关和交换机等。

1.2.3 网络软件

网络软件一般包括网络操作系统、网络通信协议、网络管理和应用软件等。

1．网络操作系统

任何一个计算机网络在完成了硬件连接之后，都必须安装网络操作系统（Network Operating System，NOS）才能形成一个有效的计算机网络系统。网络操作系统是在单机操作系统的基础上，加上网络操作所需要的功能模块组成的软件系统。网络操作系统主要负责网络资源管理，从而实现网络资源共享。常见的网络操作系统有 Unix、Windows NT/2000/2003/2008/2012/2014 和 Linux。

2．网络通信协议

通信协议是用来描述进程之间信息交换数据时的规则术语。在计算机网络中，两个相互通信的实体处在不同的地理位置而要实现相互通信，需要通过交换信息来协调它们的动作并达到同步，而信息的交换必须按照预先共同约定好的规则来进行。这个事先约定的规则就是网络通信协议。

一个网络协议至少要包括以下三个要素。

- 语法：即数据与控制信息的结构或格式；
- 语义：指对构成协议的元素含义的解释，不同类型的协议元素规定了通信双方所要表达的不同内容；
- 时序：也称同步，用来详细说明事件的先后顺序、速度匹配和排序等。

3．网络管理和应用软件

网络管理软件能够为计算机网络提供监控功能并管理网络的具体工作情况，而网络应用软件是指能够为网络用户提供各种服务的软件，如：网页浏览软件、文件传输软件、远程登录软件、即时通信软件、电子邮件系统等。

1.2.4 通信子网和资源子网

按照不同的标准，计算机网络有多种类型，但从宏观的角度来看，任何一种计算机网络都由两个部分组成，即通信子网和资源子网，如图 1-1 所示。

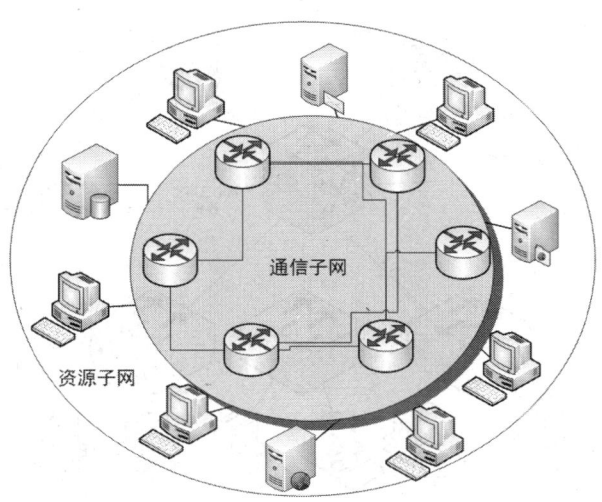

图 1-1　资源子网与通信子网

- 通信子网位于网络的中心,由网络中的通信控制处理机、其他通信设备、通信线路和只用作信息交换的计算机组成,负责完成网络数据传输和转发等通信处理任务。互联网的通信子网一般由路由器、交换机和通信线路组成。
- 资源子网处于通信子网的外围,由主机系统、外设、各种软件资源和信息资源等组成,负责全网的数据处理业务,向网络用户提供各种网络资源和网络服务。主机系统是资源子网的主要组成部分,它通过高速通信线路与通信子网的通信控制处理机相连接。普通用户计算机可通过主机系统连接入网。

1.3 计算机网络的分类

虽然网络类型的划分标准各种各样,但是从地理范围划分是一种大家都认可的通用网络划分标准。按这种标准可以把各种网络类型划分为局域网(Local Area Network,LAN)、城域网(Metropolitan Area Network,MAN)、广域网(Wide Area Network,WAN)和因特网(Internet)四种。

局域网一般来说只能是一个较小区域内,城域网是不同地区的网络互联,不过在此要说明的一点就是这里的网络划分并没有严格意义上地理范围的区分,只能是一个定性的概念。下面简要介绍这几种计算机网络。

1.3.1 局域网

局域网的分布范围一般在几千米以内,最大不超过 10km,它是由一个部门单位组建的网络。局域网是在微型计算机大量应用以后才逐渐发展起来的计算机网络。一方面,局域网容易配置与管理;另一方面,局域网容易构成简洁整齐的拓扑结构。局域网速率高,延迟时间短;另外局域网还具有成本低廉应用广泛、组网方便、使用灵活等特点,因此深受广大用户的欢迎。局域网是目前计算机网络发展最快,也是最为活跃的一个分支,如图 1-2 所示。

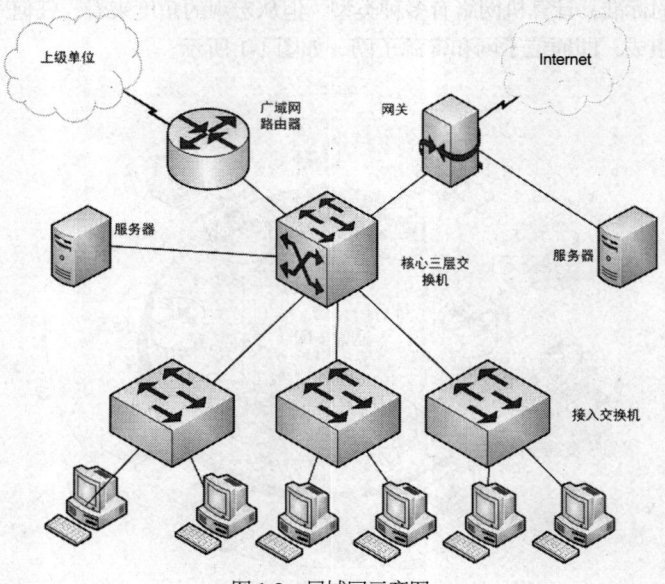

图 1-2 局域网示意图

1.3.2 城域网

城域网是适用于一个城市的信息通信基础设施，是国家信息高速公路与城市广大用户之间的中间环节。建造城域网的目的是，提供通用和公共的网络架构，以高速有效地传输数据、声音、图像和视频等信息，满足用户日新月异的互联网应用需求。由于各种原因，城域网的特有技术没能得到广泛的应用和普及。在实际应用中，使用广域网技术构建与城域网目标范围相当的网络，反而显得便捷实用，城域网如图 1-3 所示。

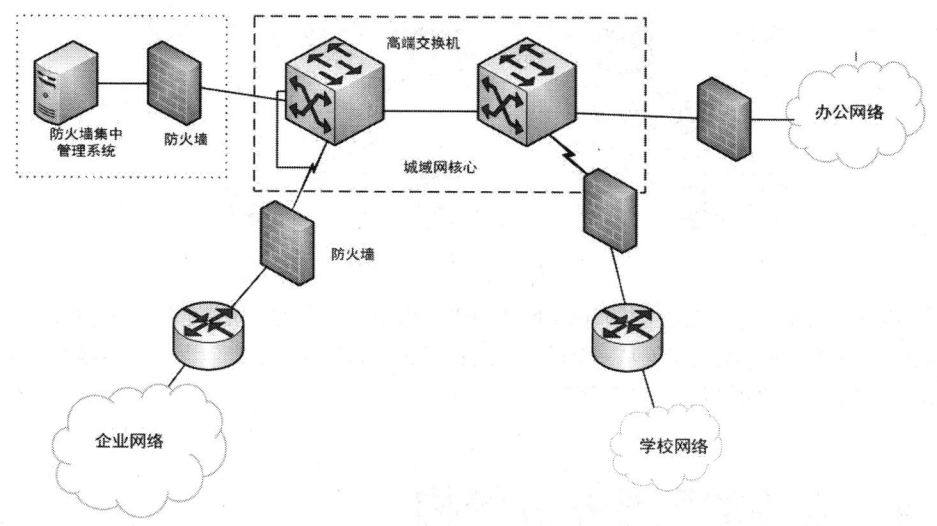

图 1-3　城域网示意图

1.3.3 广域网

广域网也叫远程网，其范围跨越城市、地区、国家甚至全球。它往往连接不同地域的大型主机系统或局域网。在广域网中，网络之间的连接大多采用租用或者自行铺设的专线。所谓"专线"是指某条线路专门用于某一用户，而其他用户不能使用。广域网中物理设备分布的范围一般在 10km 以上。许多知名品牌和跨国大公司（如 Sun、DEC、IBM 等）都通过通信公司的通信网络，将分布在世界各地的子公司连接起来，建立自己的企业网。早期广域网的典型代表是美国国防部的高等研究计划署网络（ARPANET）。中国公网（CHINANET）、国家公用信息通信网（CHINAGBN）、中国教育科研网（CERNET）等均属于广域网的范畴，如图 1-4 所示。

上面讲了网络的几种分类，其实在现实生活中我们遇到最多的还是局域网，因为它可大可小，无论在单位还是在家庭实现起来都比较容易，也是应用最广泛的一种网络。

1.3.4 因特网

因特网又称国际互联网。目前世界上有许多网络，而不同网络的物理结构、协议和所采用的标准是各不相同的。如果连接到不同网络的用户需要进行相互通信，就需要将这些不兼容的网络通过称为网关（Gateway）的设备连接起来，并由网关完成相应的转换功能。多个网络相互连接构成的集合称为互联网。互联网最常见的形式是多个局域网通过广域网连接起来。

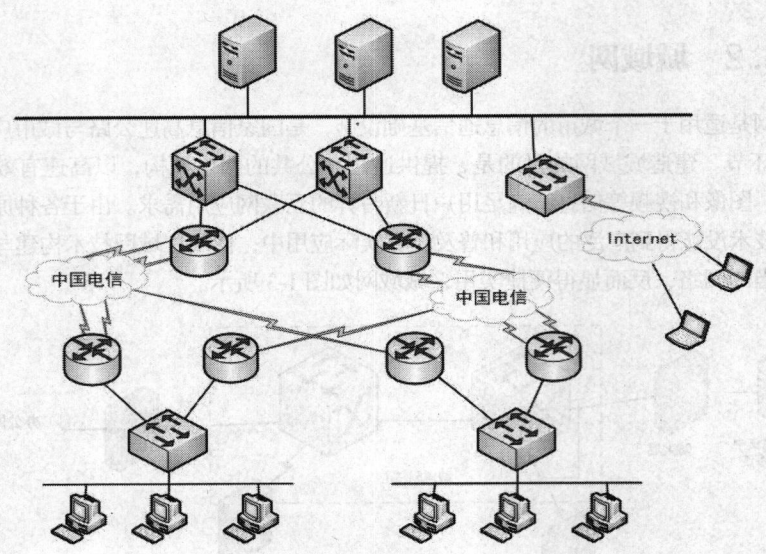

图 1-4　广域示意图

判断一个网络是广域网还是通信子网取决于网络中是否含有主机。如果一个网络只含有中间转接站点，则该网络仅仅是一个通信子网；反之，如果网络中既包含中间转接点，又包含用户主机，则该网络是一个广域网。

1.4　常用的网络拓扑结构

组建计算机网络时，要考虑网络的布线方式，这就涉及采用什么样的网络拓扑结构。网络拓扑结构指网络中计算机线缆，以及其他组件的物理布局。

局域网中常用的网络拓扑结构：总线状结构、环状结构、星状结构、树状结构、网状结构等。拓扑结构影响着整个网络的设计、功能、可靠性和通信费用等许多方面，是决定局域网性能优劣的重要因素之一。

1.4.1　总线状结构

总线状拓扑结构是指网络上的所有计算机都通过一条电缆相互连接起来。在总线上，任何一台计算机在发送信息时，其他计算机必须等待。而且计算机发送的信息会沿着总线向两端扩散，从而使网络中所有计算机都会收到这个信息。但是否接收，还取决于信息的目标地址是否与网络主机地址相一致；若一致，则接收；若不一致，则不接收，如图 1-5 所示。

在总线状网络中，信号会沿着网线发送到整个网络。当信号到达线缆的端点时，将产生反射信号，这种发射信号会与后续信号发送冲突，从而使通信中断。为了防止通信中断，必须在线缆的两端安装终结器，以吸收端点信号，防止信号反弹。

总线状结构的特点是，在网络连接中不需要插入任何其他网络连接设备。网络中任何一台计算机发送的信号都沿一条共同的总线传播，而且能被其他所有计算机接收。有时又称这种网络结构为点对点拓扑结构。

总线型结构的优点：连接简单、易于安装、成本费用低。

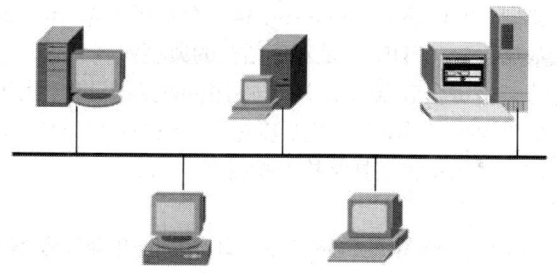

图 1-5　总线状结构

总线状结构的缺点如下。
- 传送数据的速度缓慢：共享一条电缆，只能由其中一台计算机发送信息，其他接收。
- 维护困难：因为网络一旦出现断点，整个网络将瘫痪，而且故障点很难查找。

1.4.2　星状结构

星状结构就是网络中每个节点都由一个单独的通信线路连接到中心节点上。中心节点控制全网的通信，任何两台计算机之间的通信都要通过中心节点来转接。因此中心节点是网络的瓶颈。这种拓扑结构又称为集中控制式网络结构。在这种拓扑结构中处于中心的网络连接设备一般是集线器（Hub），如图 1-6 所示。

该拓扑结构的优点：结构简单、便于维护和管理。当某台计算机或某条线缆出现问题时，不会影响其他计算机的正常通信，维护比较容易。

缺点：在该拓扑结构中，所有的计算机节点都共用集线器的同一条线路，因此集线器这一中心节点是全网络的瓶颈，中心节点出现故障会导致网络的瘫痪。

1.4.3　环状结构

环状拓扑结构是以一个共享的环型信道连接所有设备，称为令牌环。在环状拓扑结构中，信号会沿着环型信道按一个方向传播，并通过每台计算机，每台计算机会对信号进行放大后，传给下一台计算机。同时，在网络中有一种特殊的信号称为令牌。令牌按顺时针方向传输，当某台计算机要发送信息时，必须先捕获令牌，再发送信息，发送信息后在释放令牌，如图 1-7 所示。

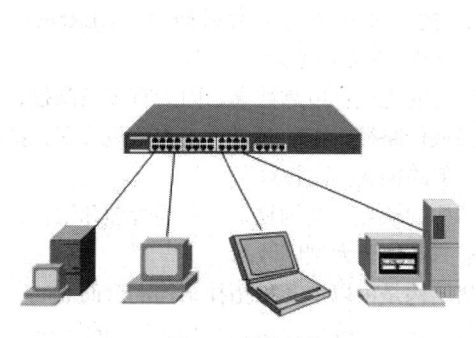

图 1-6　星状结构

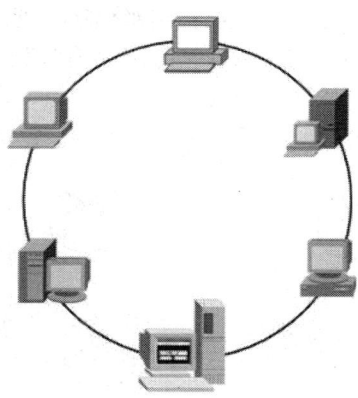

图 1-7　环状结构

环状结构有两种类型，即单环结构和双环结构。令牌环（Token Ring）是单环结构的典型代表，光纤分布式数据接口（FDDI）是双环结构的典型代表。

环状结构的显著特点是每个节点的用户都与它相邻的两个节点用户相连接。

环状结构的优点是架构网络时所需电缆长度短。环状拓扑网络所需的电缆长度和总线状拓扑结构网络比较相似，但比星状拓扑结构要短得多。

环状结构的缺点如下。
- 节点过多时会影响整个网络的传输效率。环某处断开会导致整个系统的失效，节点的加入和撤出过程比较复杂。
- 检测故障困难。因为不是集中控制，故障检测需在网络上的各个节点进行，故障的检测就较困难。

1.4.4　树状结构

树状结构是星状结构的扩展，它由根节点和分支节点构成，如图 1-8 所示。

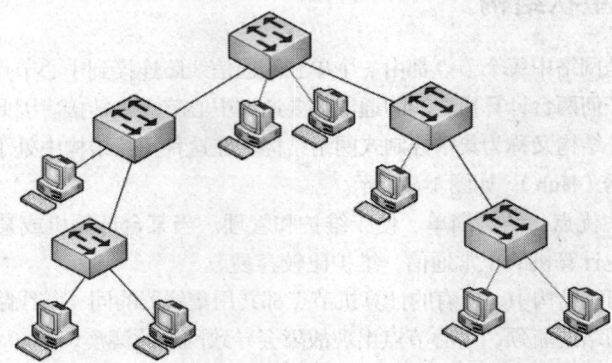

图 1-8　树状结构

树状结构的优点：结构比较简单，成本低，扩充节点方便灵活。

树状结构的缺点：对根节点的依赖性大，一旦根节点出现故障，将导致全网不能工作；电缆成本高。

1.4.5　网状结构与混合状结构

网状结构是指将各网络节点与通信线路连接成不规则的形状，每个节点至少与其他两个节点相连，或者说每个节点至少有两条链路与其他节点相连，如图 1-9 所示。大型互联网一般都采用这种结构，如我国的教育科研网（CERNET）、Internet 的主干网都采用网状结构。

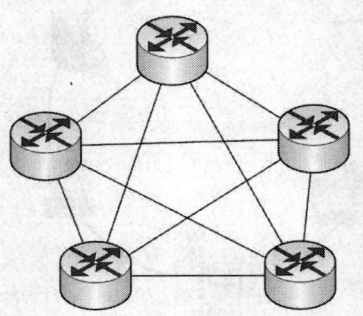

图 1-9　网状结构

网状结构的优点：可靠性高。因为有多条路径，所以可以选择最佳路径，缩短时延，改善流量分配，提高网络性能，但路径选择比较复杂。

网状结构的缺点：结构复杂，不易管理和维护；线路成本高；只适用于大型广域网。

混合状结构是由以上几种拓扑结构混合而成的，如环星状结构，它是令牌环网和 FDDI 网常用的结构。

1.5 常用的网络参考模型

1.5.1 开放系统互连参考模型

在计算机网络发展的初期,许多研究机构、计算机厂商和公司都推出了自己的网络系统,例如 IBM 公司的 SNA、Novell 的 IPX/SPX 协议、Apple 公司的 Apple Talk 协议、DEC 公司的 DECNET,以及广泛流行的 TCP/IP 等。同时,各大厂商针对自己的协议生产出了不同的硬件和软件。然而这些标准和设备之间互不兼容。没有统一标准,就意味着这些不同厂家的网络系统之间无法相互连接。

为了解决网络之间的兼容性问题,ISO(国际标准化组织)于 1984 年提出了开放系统互连参考模型(Open System Interconnection Reference Model,OSI/RM,简称 OSI),它很快成为计算机网络通信的基础模型。OSI 仅仅是一种理论模型,并没有定义如何通过硬件和软件实现每一层功能,与实际使用的协议(如 TCP/IP)是有一定区别的。

OSI 很重要的一个特性是其分层体系结构。分层体系结构将复杂的网络通信过程分解到各个功能层次,各个层次的设计和测试相对独立,并不依赖于操作系统或其他因素,层次间也无需了解其他层次是如何实现的,从而简化了设备间的互通性和互操作性。采用统一的标准的层次化模型后,各个设备生产厂商遵循相应标准进行产品的设计开发,有效地保证了产品之间的兼容性。

OSI 自下而上分为 7 层,分别是:物理层、数据链路层、网络层、传输层、会话层、表示层和应用层,如图 1-10 所示。

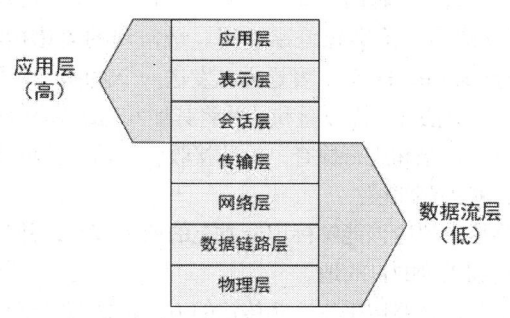

图 1-10 OSI 参考模型

OSI 的每一层都负责完成某些特定的通信任务,并只与紧邻的上层和下层进行数据交接。

1. 物理层

物理层是 OSI 的最低层或称为第 1 层,其功能是在终端设备间传输比特流。

物理层并不是指物理设备或物理媒介,而是有关物理设备通过物理媒介进行互连的描述和规定。物理层协议定义了通信传输介质的下述物理特性。

- 机械特性:说明接口所用接线器的形状和尺寸、引线数目和排列等,例如人们见到的各种规格的电源插头的尺寸都有严格的规定。
- 电气特性:说明在接口电缆的每根线上出现的电压、电流范围。
- 功能特性:说明某根线上出现的某一电平的电压表示何种意义。

- 规程特性：说明对不同功能的各种可能事件的出现顺序。

物理层以比特流的方式传送来自数据链路层的数据，而不理会数据的含义或格式。同样，它接收数据后直接传给数据链路层。也就是说，物理层不能理解所处理的比特流的具体意义。

常见的物理层传输介质主要有同轴电缆、双绞线、光缆、串行电缆和电磁波等。

2．数据链路层

数据链路层的目的是负责在某一特定的介质或链路上传递数据。因此数据链路层协议与链路介质有较强的相关性，不同的传输介质需要不同的数据链路层协议给予支持。

数据链路层的主要功能包括下述内容。

- 帧同步：即编帧和识别帧。物理层只发送和接收比特流，而并不关心这些比特流的次序、结构，而在数据链路层，数据以帧为单位传送。因此发送方需要数据链路层将上层交下来的数据编成帧，接收方需要数据链路层能从接收到的比特流中明确地区分出数据帧起始与终止的地方。帧同步的方法包括字节计数法、使用字符或比特填充的首尾定界符法等。
- 数据链路的建立、维持和释放：当网络中的设备要进行通信时，通信双方有时必须先建立一条数据链路，在建立链路时需要保证其安全性，在传输过程中要维持数据链路，而在通信结束后要释放数据链路。
- 传输资源控制：在一些共享介质上，多个终端设备可能同时需要发送数据，此时必须由数据链路层协议对资源的分配加以控制。
- 流量控制：为了确保正常地收发数据，防止发送数据过快，导致接收方的缓存空间溢出以及网络出现拥塞，就必须及时控制发送方发送数据的速率。数据链路层控制的是相邻两节点之间数据链路上的流量。
- 差错控制：由于比特流传输时可能产生差错，而物理层无法辨别错误，所以数据链路层协议需要以帧为单位实施差错检测。最常用的差错检测方法是帧校验序列（FrameCheck Sequence，FCS）。发送方在发送一个帧时，根据其内容，通过诸如循环冗余校验这样的算法计算出校验和，并将其加入到此帧的 FCS 字段中发送给接收方。接收方通过对校验和进行检查，检测接收到的帧在传输过程中是否发生差错。一旦发现差错，就丢弃此帧。
- 寻址：数据链路层协议应该能够标识介质上的所有节点，并且能寻找到目的节点，以便将数据发送到正确的目的地。
- 标识上层数据：数据链路层采用透明传输的方法传送网络层数据包，它对网络层呈现为一条无差错的线路。为了在同一链路上支持多种网络层协议，发送方必须在帧的控制信息中标识载荷所属的网络层协议，这样接收方才能将载荷提交给正确的上层协议来处理。

3．网络层

在网络层，数据的传输单元是包。网络层的任务就是要选择合适的路径并转发数据包，使数据包能够正确无误地从发送方传递到接收方。

网络层的主要功能包括下述内容。

- 编址：网络层为每个节点分配标识，这就是网络层的地址。地址的分配也为从源到目的的路径选择提供了基础。
- 路由选择：网络层的一个关键作用是要确定从源到目的的数据传递应该如何选择路由，网络层设备在计算机路由之后，按照路由信息对数据包进行转发。

- 拥塞控制：如果网络同时传送过多的数据包，可能会产生拥塞，导致数据丢失或延时，网络层也负责对网络上的拥塞进行控制。
- 异种网络互连：通信链路和介质类型是多种多样的，每一种链路都有其特殊的通信规定，网络层必须能够工作在多种多样的链路和介质类型上，以便能够跨越多个网络提供通信服务。

网络层处于传输层和数据链路层之间，它负责向传输层提供服务，同时负责将网络地址翻译成对应的物理地址。网络层协议还能协调发送、传输及接收设备的处理能力的不平衡性，如网络层可以对数据进行分段和重组，以使得数据包的长度能够满足该链路的数据链路层协议所支持的是最大数据帧长度。

网络层的典型设备是路由器，其工作模式与二层交换机相似，但路由器工作在第3层，这个区别决定了路由器和交换机在传递数据时使用不同的控制信息，因为控制信息不同，实现功能的方式就不同。

路由器的内部有一个路由表，这个表所描述的是如果要去某一网络，下一步应该如何转发，如果能从路由表中找到数据包的转发路径，则把转发端口的数据链路层信息加在数据包上转发出去，否则，将此数据包丢弃，然后返回一个出错信息给源地址。

4．传输层

传输层的功能是为会话层提供无差错的传送链路，保证两台设备间传递信息的正确无误。传输层传送的数据单位是段。

传输层负责创建端到端的通信连接。通过传输层，通信双方的应用程序之间通过对方的地址信息直接进行对话，而不用考虑期间的网络上有多少个中间节点。

传输层既可以为每个会话层请求建立一个单独的连接，也可以根据连接的使用情况为多个会话层请求建立一个单独的连接，称为多路复用。

传输层的一个重要工作是差错校验和重传。数据包在网络传输中可能出现错误，也可能出现乱序、丢失等情况，传输层必须能够检测并更正这些错误。如果出现错误和丢失，接收方必须请求对方重新传送丢失的包。

为了避免发送速度超出网络或接收方的处理能力，传输层还负责执行流量控制和拥塞控制，在资源不足时降低流量，而在资源充足时提高流量。

5．会话层、表示层、应用层

会话层是复用传输层提供的端到端服务，向表示层或会话用户提供会话服务。就像它的名字一样，会话层建立会话关系，并保持会话过程的畅通，决定通信是否被中断以及下次通信从何处重新开始发送。例如，某一用户登录到一个远程系统，并与之交换信息。会话层管理这一进程，控制哪一方有权发送信息，哪一方必须接收信息，这其实是一种同步机制。会话层也处理差错恢复。

表示层负责将应用层的信息"表示"成一种格式，让对端设备能够正确识别，它主要关注传输信息的语义和语法。在表示层，数据将按照某种一致同意的方法对数据进行编码，以便使用相同表示层协议的计算机能互相识别数据。例如，一幅图像可以表示为 JPEG 格式，也可以表示为 BMP 格式，如果对方程序不识别本方的表示方法，就无法正确显示该图像。表示层还负责数据的加密和压缩。

应用层是 OSI 的最高层，它直接与用户和应用程序打交道，负责对软件提供接口以使程序能使用网络服务。这里的网络服务包括文件传输、文件管理、电子邮件的消息处理等。应用层并不等同于一个应用程序。

1.5.2 OSI 层次间的关系以及数据封装

在数据通信网络领域，协议数据单元（Protocol Data Unit，PDU）泛指网络通信对等实体之间交换的信息单元，包括用户数据信息和协议控制信息等。

为了更准确地表示出当前讨论的是哪一层的数据，在 OSI 术语中，每一层传送的 PDU 均有其特定的称呼。应用层数据称为应用层协议数据单元（Application Protocol Data Unit，APDU），表示层数据称为表示层协议数据单元（Presentation Protocol Data Unit，PPDU），会话层数据称为会话层协议数据单元（Session Protocol Data Unit，SPDU），传输层数据称为段（Segment），网络层数据称为包（Packet），数据链路层数据称为帧（Frame），物理层数据称为比特（bit）。

在 OSI 中，终端主机的每一层都与另一方的对等层次进行通信，但这种通信并非直接进行，而是通过下一层为其提供的服务来间接与对端的对等层交换数据。下一层通过服务访问点（Service Access Point，SAP）为上一层提供服务。

图 1-11 所示为两台设备之间的通信。从图 1-11 可以看出，两台设备建立对等层的通信连接，即在各个对等层间建立逻辑信道，对等层使用功能相同的协议实现通信。如主机 A 的第 2 层不能和主机 B 的第 3 层直接通信。同时，同一层之间不同协议也不能通信。比如主机 A 的 E-mail 应用程序就不能和主机 B 的 Telnet 应用程序通信。

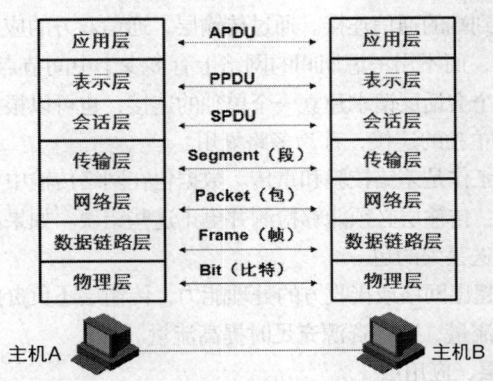

图 1-11 对等通信

封装是指网络节点将要传送的数据用特定的协议打包后传送。多数协议是通过在原有数据之前加上封装头来实现封装的，一些协议还要在数据之后加上封装尾，而原有的数据此时便成为载荷。在发送方，OSI 七层模型的每一层都对上层数据进行封装，以保证数据能够正确无误地到达目的地址；而在接收方，每一层又对本层的封装数据进行解封装，并传送给上层，以便数据被上层所理解。

图 1-12 所示为 OSI 中数据的封装和解封装的过程。首先，源主机的应用程序生成能够被对端应用程序识别的应用层数据结构；然后数据在表示层加上表示层头，协商数据格式、是否加密，转化成对端能够理解的数据格式；数据在会话层又加上会话层头；以此类推，传输层加上传输层头形成段，网络层加上网络层头形成包，数据链路层加上数据链路层头形成帧；在物理层数据转换为比特流，传送到网络上。比特流到达目的主机后，也会被逐层解封装。首先由比特流获得帧，然后剥去数据链路层帧头获得包，再剥去网络层包头获得段，以此类推，最终获得应用层数据提交给应用程序。

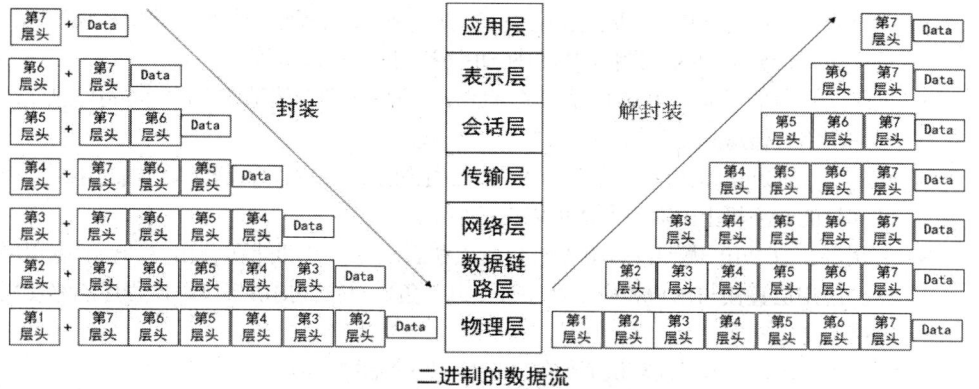

图 1-12 数据封装与解封装

1.5.3 TCP/IP 模型

OSI 的提出为大家清晰地理解互连网络、开发网络产品和网络设计等带来了极大的方便。但是 OSI 过于复杂，难以完全实现。OSI 各层功能具有一定的重复性，效率较低，再加上 OSI 提出时，TCP/IP 已经逐渐占据主导地位，因此 OSI 并没有流行开来，也从来没有存在一种遵循 OSI 的协议族。可以这么认为，OSI 是理论上的网络标准，而 TCP/IP 协议体系是实际使用的网络标准。

TCP/IP 协议体系是 20 世纪 70 年代中期美国国防部为其高级研究项目专用网络（Advanced Research Projects Agency Network，QRPANet）开发的网络体系结构和协议标准，以它为基础组建的 Internet 是目前世界上规模最大的计算机互联网络，正因为 Internet 的广泛使用，使得 TCP/IP 协议体系成为事实上的标准。

与 OSI 一样，TCP/IP 也采用层次化结构，每一层负责不同的通信功能。但是 TCP/IP 简化了层次设计，只分为 4 层，由下向上依次是：网络接口层、网络层、传输层和应用层，如图 1-13 所示。

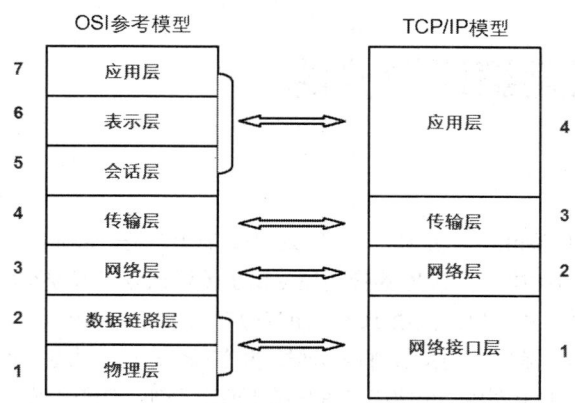

图 1-13 TCP/IP 模型与 OSI 参考模型

从实质上讲，TCP/IP 协议体系只有三层，即应用层、传输层和网络层，因为最下面的网络接口层并没有什么具体内容和定义，这也意味着各种类型的物理网络都可以纳入 TCP/IP 协议体系中，这也是 TCP/IP 协议体系流行的一个原因。下面分别介绍各层的主要功能。

- 网络接口层：TCP/IP 的网络接口层大体对应 OSI 参考模型的数据链路层和物理层，通常包括计算机和网络设备的接口驱动程序与网络接口卡等。
- 网络层：网络层是 TCP/IP 体系的关键部分。它的主要功能是使主机能够将信息发往任何网络并传送到正确的目的主机。
- 传输层：TCP/IP 的传输层主要负责为两台主机上的应用程序提供端到端的连接，使源和目的端主机上的对等实体可以进行会话。
- 应用层：TCP/IP 模型没有单独的会话层和表示层，其功能融合在 TCP/IP 应用层中。应用层直接与用户和应用程序打交道，负责对软件提供接口以便程序能够使用网络服务。

TCP/IP 协议体系是用于计算机通信的一组协议，如图 1-14 所示。

应用层	FTP、TELNET、HTTP		SNMP、TFTP、NTP
传输层	TCP		UDP
网络层	IP		
网络接口层	以太网	令牌环网	802.2	HDLC、PPP、FRAME-RELAY
			802.3	EIA/TIA-232、V.35、V.21

图 1-14 TCP/IP 协议体系

其中应用层的协议分为三类：第一类协议基于传输层的 TCP，典型的如 FTP、TELNET、HTTP 等；第二类协议基于传输层的 UDP，典型的如 TFTP、SNMP 等；第三类协议既基于 TCP 又基于 UDP，典型的如 DNS。

传输层主要使用两种协议，即面向连接的可靠的 TCP 和面向无连接的不可靠的 UDP。

网络层最主要的协议是 IP，另外还有 ICMP、IGMP、ARP、RARP 等。

根据不同的网络环境，如局域网、广域网等情况，数据链路层和物理层有不同的帧封装协议和物理层接口标准。

1.6 常用网络协议介绍

1.6.1 TCP

传输控制协议（Transmission Control Protocol，TCP）是一种面向连接的、可靠的、基于字节流的传输层通信协议。TCP 为应用层提供了差错恢复、流控及可靠性等功能。TCP 协议号为 6，大多数应用层协议使用 TCP，如 HTTP、FTP、Telnet 等。

TCP 接收到应用层提交的数据后，将其分段，并在每个分段前封装一个 TCP 头。图 1-15 所示为 TCP 头的格式。TCP 头由一个 20 字节的固定长度部分加上变长的选项字段组成。

TCP 头的各字段含义如下所述。

- 源端口号（Source Port）：16 位的源端口号指明发送数据的进程。源端口和源 IP 地址的作用是标识报文的返回地址。
- 目的端口号（Destination Port）：16 位的目的端口号指明目的主机进程。源端口号和目的端口号合起来唯一地表示一条连接。

0	8	16	24	31
源端口		目的端口		
序号				
确认号				
数据偏移	保留	TCP控制位	窗口值	
校验和		紧急指针		
选项			填充	
数据				

图 1-15 TCP 头格式

- 序列号（Sequence Number）：32 位的序列号，表示数据部分第一字节的序列号，可以将 TCP 流中的每一个数据字节进行编号。
- 确认号（Acknowledgement Number）：32 位的确认号由接收端计算机使用，如果设置了 ACK 控制位，这个值表示下一个期望接收到的字节（而不是已经正确接收到的最后一个字节），隐含意义是序号小于确认号的数据都已经正确地接收。
- 数据偏移量（Data Offset）：4 位，指示数据从何处开始，实际上是指出 TCP 头的大小。数据偏移量以 4 字节长的字为单位计算。
- 保留（Reserved）：6 位，这些位必须是 0，它们是为了将来定义新的用途所保留的。
- 控制位（Control Bits）：6 位，按照顺序排列是：URG、ACK、PSH、RST、SYN、FIN，它们的含义如下。
  - URG：紧急标志位，说明紧急指针有效。
  - ACK：仅当 ACK=1 时确认号字段才有效。当 ACK=0 时，确认号无效。TCP 规定，在建立连接后所有传送的报文段都必须把 ACK 置位。
  - PSH：该标志置位时，接收端在收到数据后应立即请求将数据递交给应用，而不是将它缓冲起来直到缓冲区接收满为止。在处理 telnet 或 login 等交互模式的连接时，该标志总是置位的。
  - RST：复位标志，用于重置一个已经混乱（可能由于主机崩溃或其他原因）的连接。该位也可以被用来拒绝一个无效的数据段，或者拒绝一个连接请求。
  - SYN：在连接建立时用来同步序号。当 SYN=1 而 ACK=0 时，表明这是一个连接请求报文段。若对方同意建立连接，则应在响应的报文段中使 SYN=1 和 ACK=1。因此 SYN 置位就表示这是一个连接请求报文。
  - FIN：用来释放一个连接。当 FIN=1 时，表明此报文段的发送方的数据已发送完毕，并要求释放连接。
- 窗口值（Windows Size）：16 位，指明了从被确认的字节算起可以发送多少个字节。当窗口大小为 0 时，表示接收缓冲区已满，要求发送方暂停发送数据。
- 校验和（Checksum）：TCP 头包括 16 位的校验和字段用于错误检查。校验和字段检验的范围包括首部和数据这两部分。源端计算一个校验和数值，如果数据报在传输过程中被第三方篡改或者由于线路噪音等原因受到损坏，发送和接收方的校验计算值将不会相符，由此 TCP 可以检测出是否出错。
- 紧急指针（Urgent Pointer）：16 位，指向数据中的最后一个字节，通知接收方紧急数据共有多长，在 URG=1 时才有效。
- 选项（Option）：长度可变，最长可达 40 字节。TCP 最初只规定了一种选项即最大报文段长度，随着因特网的发展，又陆续增加了几个选项，如窗口扩大因子、时间戳选项等。

- 填充（Padding）：这个字体中加入额外的 0，以保证 TCP 头是 32 位的整数倍。

TCP 是一个面向连接的可靠的传输控制协议，在每次数据传输之前需要首先建立连接，当连接建立成功后才开始传输数据，数据传输结束后还要断开连接。

TCP 使用 3 次握手的方式来建立可靠的连接，如图 1-16 所示。TCP 为传输每个字段分配了一个序号，并期望从接收端的 TCP 得到一个肯定的确认（ACK）。如果在一个规定的时间间隔内没有收到一个 ACK，则数据会重传。因为数据按块（TCP 报文段）的形式进行传输，所以 TCP 报文段中的每一个数据段的序列号被发送到目的主机。当报文段无序到达时，接收端 TCP 使用序列号来重排 TCP 报文段，并删除重复发送的报文段。

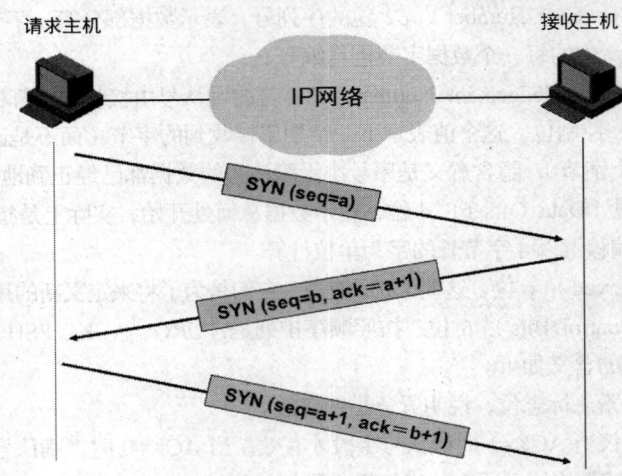

图 1-16　TCP 连接的建立

TCP 三次握手建立连接的过程如下。

（1）请求主机通过一个 SYN 标志置位的数据段发出会话请求。

（2）接收主机通过发回具有以下项目的数据段表示回复：SYN 标志置位、即将发送的数据段的起始字节的顺序号，ACK 标志置位、期望收到的下一个数据段的字节顺序号。

（3）请求主机再回送一个数据段，ACK 标志置位，并带有对接收主机确认序列号。

当数据传输结束后，需要释放 TCP 连接，过程如图 1-17 所示。

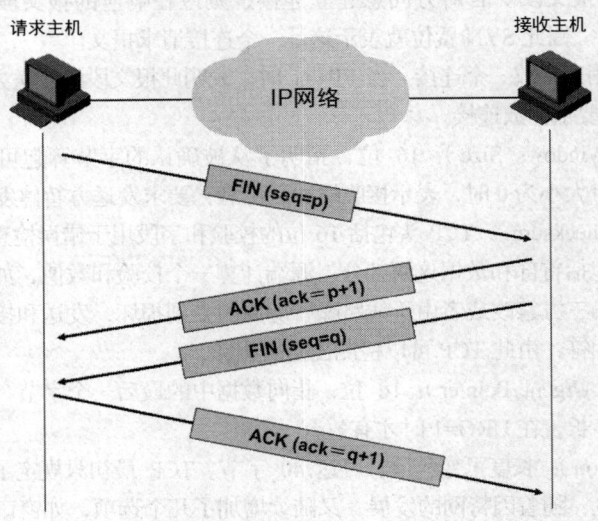

图 1-17　TCP 连接的释放

为了释放一个连接，任何一方都可以发送一个 FIN 位置位的 TCP 数据段，这表示它已经没有数据要发送了，当 FIN 数据段被确认时，这个方向上就停止传送新数据。然而，另一个方向上可能还在继续传送数据，只有当两方都停止的时候，连接才被释放。

1.6.2 IP

IP 是 TCP/IP 网络层的核心协议，其提供的数据传输服务是不可靠、无连接的。IP 不关心数据包的内容，不能保证数据包是能成功地到达目的地，也不维护任何关于数据包的状态信息。面向连接的可靠服务由上层 TCP 实现。

IP 的主要作用如下所述。

- 标识节点和链路：IP 为每条链路分配一个全局的网络号以标识每个网络；为每个节点分配一个全局唯一的 32 位 IP 地址，用以标识每一个节点。
- 寻址和转发：IP 路由器根据所掌握的路由信息，确定节点所在的网络位置，进而确定节点所在的位置，并选择适当的路径将 IP 包转发到目的节点。
- 适应各种数据链路：为了能工作在多样化的链路和介质上，IP 必须具备适应各种链路的能力，例如可以根据链路的最大数据传输单元，对 IP 包进行分片和重组，可以建立 IP 地址到数据链路层地址的映射，从而通过实际的数据链路传递信息。

IP 报文格式如图 1-18 所示，IP 头选项字段不经常使用，因此普通的 IP 头部长度为 20 字节。其中一些主要字段如下所述。

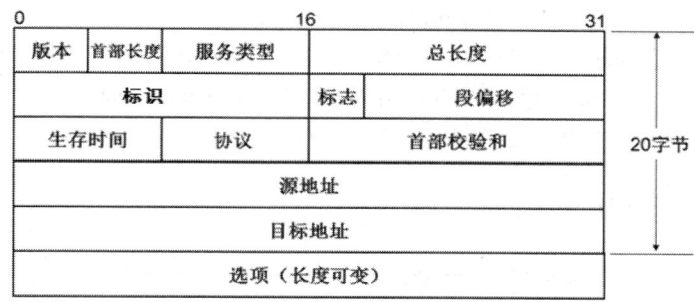

图 1-18　IP 包头格式

- 版本号（Version）：4 位，标识目前采用的 IP 的版本号。一般的 IPv4 的值为 0100，IPv6 的值为 0110。
- 首部长度（Header Length）：4 位，这个字段的作用是描述 IP 包头的长度，因为在 IP 包头中有变长的选项部分。IP 包头的最小长度为 20 字节，而变长的可选部分的最大长度是 40 字节。
- 服务类型（Type of Service）：8 位，这个字段可拆分成两个部分：优先级（Precedence，3 位）和 4 位标志位（最后一位保留）。优先级主要用于 QoS，表示从 0（普通级别）到 7（网络控制分组）的优先级。4 个标志位分别是 D、T、R、C，代表 Delay（更低的延时）、Throughput（更高的吞吐量）、Reliability（更高的可靠性）、Cost（更低费用的路由）。
- IP 包总长度（Total Length）：16 位，指明 IP 包的最大长度为 65535 字节。
- 标识（Identification）：16 位，该字段和标志与段偏移字段联合使用，对大的上层数据包进行分段（fragment）。IP 数据包在实际传送过程中，所经过的物理网络帧的最大长度可能不同，当长 IP 数据包需通过短帧子网时，需对 IP 数据包进行分段和组装。IP 实现分段和组装的方法时给每个 IP 数据包分配一个唯一的标识符，并配合以分段标记和偏移量。IP 数据包在分段时，每一段需包含原有的标识符。为了提高效率、减轻路由器的负担，重新组装的工作由目标主机来完成。

- 标志（Flags）：3 位，该字段第 1 位不使用。第 2 位是 DF 位（Don't Fragment），只有当 DF 位为 0 时才允许分段。第 3 位为 MF 位（More Fragment），MF 位为 1 表示后面还有分段，MF 位为 0 表示这已经是若干分段中的最后一个。
- 段偏移（Fragment Offset）：13 位，该字段指出该字段内容在原数据包中的相对位置。也就是说，相对于用户数据字段的起点，该分段从何处开始。段偏移以 8 字节为偏移单位。
- 生存时间（TTL）：8 位，当 IP 包进行传送时，先会对该字段赋予某个特定的值。当 IP 包经过每一个沿途的路由器时，每个沿途的路由器会将 IP 包的 TTL 值减 1。如果 TTL 减为 0，则该 IP 包会被丢弃。这个字段可以防止由于故障而导致 IP 包在网络中不停地转发。
- 协议（Protocol）：8 位，标识上层所使用的协议。
- 首部校验和（Header Checksum）：16 位，由于 IP 包头是变长的，所以提供一个首部校验来保证 IP 包头中的信息的正确性。
- 源地址（Source Address）和目的地址（Destination Address）：这两个字段都是 32 位。标识这个包的源 IP 地址和目标 IP 地址。
- 可选项（Options）：这是一个可变长的字段。该字段由源设备根据需要改写。可选项包含安全（Security）、宽松的源路由（Loose source routing）、严格的源路由（Strict source routing）、时间戳（Timestamps）等。

1.6.3 UDP

用户数据报协议（User Datagram Protocol，UDP），主要用来支持那些需要在计算机之间快速传递数据（相应的对传输可靠性要求不高）的网络应用。包括网络视频会议系统在内，众多的客户/服务器模式的网络应用都需要 UDP。

UDP 数据段同样由首部和数据两部分组成，UDP 报头包括 4 个域，其中每个域占用 2 字节，总长度为固定的 8 字节，具体如图 1-19 所示。

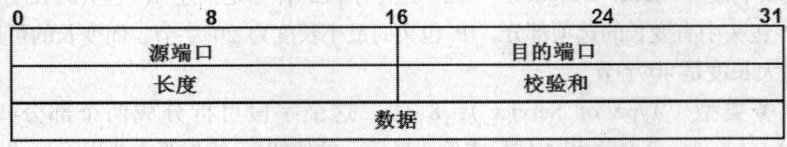

图 1-19 UDP 头格式

- 源端口和目的端口：UDP 同 TCP 一样，使用端口号为不同的应用程序保留其各自的数据传输通道。数据发送方将 UDP 数据包通过源端口发送出去，而数据接收方则通过目标端口接收数据。
- 长度：是指包括报头和数据部分在内的总的字节数。

- 校验和:校验和计算的内容超出了 UDP 数据报文本身的范围,实际上它的值是通过计算 UDP 数据报及一个伪报头而得到的。同 TCP 一样,UDP 使用报头中的校验和来保证数据的安全。

1.6.4 ARP

作为网络中主机的身份标识,IP 地址是一个逻辑地址,但在实际进行通信时,物理网络所使用的依然是物理地址,又称 MAC 地。IP 地址是不能被物理网络所识别的。对于以太网而言,当 IP 数据包通过以太网发送时,以太网设备并不识别 32 位 IP 地址,它们是以 48 位的 MAC 地址标识每一设备并依据此地址传输以太网数据。因此在物理网络中传送数据时,需要在逻辑 IP 地址和物理 MAC 地址之间建立映射关系。地址之间的这种映射叫做地址解析。

地址解析协议(Address Resolution Protocol,ARP)就是用于动态地将 IP 地址解析为 MAC 地址的协议。主机通过 ARP 解析到目的 MAC 地址后,将在自己的 ARP 缓存表中增加相应的 IP 地址到 MAC 地址的映射表项,用于后续到同一目的地报文的转发。

ARP 的基本工作过程如图 1-20 所示。主机 A 和主机 B 在同一物理网络上,且处于同一个网段,主机 A 要向主机 B 发送 IP 包,其地址解析过程如下所述。

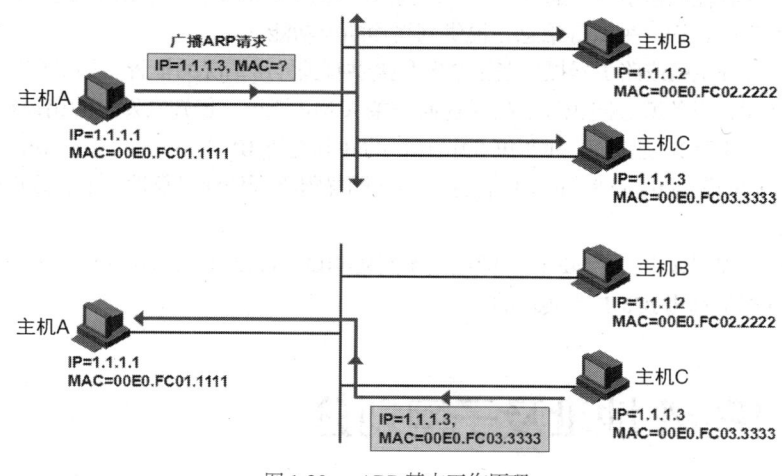

图 1-20 ARP 基本工作原理

- 主机 A 首先查看自己的 ARP 表,确定其中是否包含有主机 B 的 IP 地址对应的 ARP 表项。如果找到了对应的表项,则主机 A 直接利用表项中的 MAC 地址对 IP 数据包封装成帧,并将帧发送给主机 B。
- 如果主机 A 在 ARP 表中找不到对应的表项,则暂时缓存该数据包,然后以广播方式发送一个 ARP 请求。ARP 请求报文中的发送端 IP 地址和发送端 MAC 地址为主机 A 的 IP 地址和 MAC 地址,目标 IP 地址为主机 B 的 IP 地址,目标 MAC 地址为全 O 的 MAC 地址。
- 由于 ARP 请求报文以广播方式发送,该网段上的所有主机都可以接收到该请求。主机 B 比较自己的 IP 地址和 ARP 请求报文中的目标 IP 地址,由于两者相同,主机 B 将 ARP 请求报文中的发送端(即主机 A)IP 地址和 MAC 地址存入自己的 ARP 表中,并以单播方式向主机 A 发送 ARP 响应,其中包含了自己的 MAC 地址。其他主机发现请求的 IP 地址并不是自己的，于是都不做应答。
- 主机 A 收到 ARP 响应报文后，将主机 B 的 IP 地址与 MAC 地址的映射加入到自己的 ARP 表中，同时将 IP 数据包用此 MAC 地址为目的地址封装成帧并发送给主机 B。

ARP 地址映射被缓存在 ARP 表中，以减少不必要的 ARP 广播。当需要向某一个 IP 地址发送报文时，主机总是首先检查自己的 ARP 表，目的是了解它是否已知目的主机的物理地址。一个主机的 ARP 表项在老化时间内是有效的，如果超过老化时间未被使用就会被删除。

ARP 表项分为动态 ARP 表项和静态 ARP 表项。动态 ARP 表项由 ARP 动态解析获得，如果超过老化时间未被使用，则会被自动删除；静态 ARP 表项通过管理员手工配置，不会老化。静态 ARP 表项的优先级高于动态 ARP 表项，可以将相应的动态 ARP 表项覆盖。

1.6.5 ICMP

IP 是尽力传输的网络层协议，其提供的数据传送服务是不可靠的、无连接的，不能保证 IP 数据包能成功地到达目的地。为了更有效地转发 IP 数据包和提高交付成功的机会，在网络层使用了网际控制报文协议（Internet Control Message Protocol，ICMP）。ICMP 可以反馈错误报告和其他回送给源点的关于 IP 数据包处理情况的消息，可以用于报告 IP 数据包传递过程中发生的错误、失败等信息，提供网络诊断等功能。

ICMP 允许主机或路由器报告差错情况和提供有关异常情况的报告。如果在传输过程中发生某种错误，设备就会向源计算机端返回一条 ICMP 消息，告知它发生的错误类型。

ICMP 是基于 IP 运行的，ICMP 的设计目的并非是使 IP 成为一种可靠的协议，而是对通信中发生的问题提供反馈。ICMP 消息的传递同样得不到任何可靠性保证，因而可能在传递途中丢失。

在网络工程实践中，ICMP 被广泛地用于网络测试，ping 和 tracert 这两个使用极其广泛的测试工具都是利用 ICMP 来实现的。

1.7 IPv4 地址及子网划分

1.7.1 IPv4 地址

1. IPv4 地址及分类

IPv4 地址的长度为 4 字节，即 32 位（1 字节=8 位）。每个字节（称作 1 个 8 位组）用一个十进制数表示，每个数在 0~255。IPv4 的地址共用 4 个十进制数来描述，数与数之间用一个句点（发音为"点"）隔开。例如，以下 IP 地址是有效的。

192.168.1.32
10.1.1.1
127.0.0.1

IP 地址由网络地址和主机地址两部分组成，它标识了子网上的每一台计算机。路由器根据网络地址转发数据包到正确的目标网络，计算机根据主机地址确定哪些数据包是发送给它们自己的。图 1-21 给出了路由器如何将数据包通过网络传送到目标计算机。

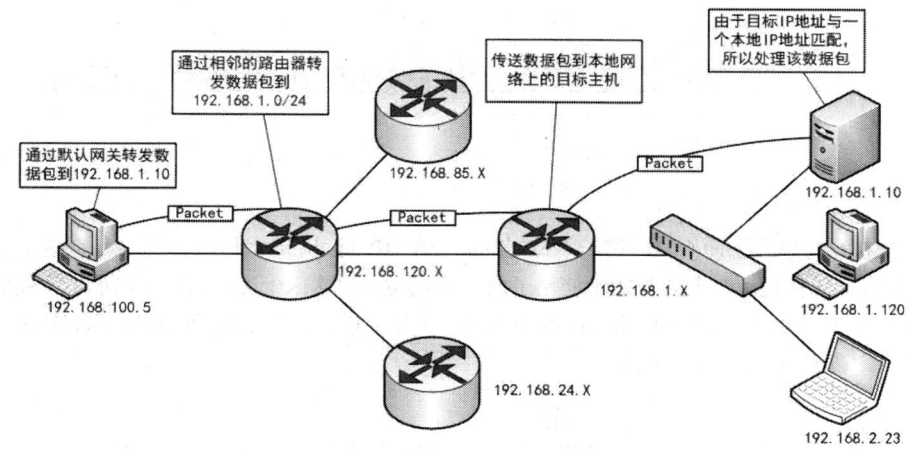

图 1-21 路由器发送数据包过程

在图 1-21 中，IP 地址的前 3 个 8 位组是网络地址（如 192.168.1 或 192.168.100），最后一个 8 位组是主机地址（如.5 或.10）。虽然这是拆分 IP 地址的最为常见的方法，但是也可以使用以下方法。

- 使用更短的网络地址（如 192.168）而让主机地址使用更多的位。虽然网络数量减少了，但是每个网络可以有更多的主机数量。
- 网络地址使用更多的位而让主机地址使用的位减少。这样可以提供更多的子网，但在每个网络上的唯一主机数量减少了。

主机通常使用子网掩码来表示 IP 地址中哪几位是网络地址，哪几位是主机地址。例如，子网掩码 255.255.255.0 表示 IP 地址中的前 3 个 8 位组用作网络地址，由该类网络地址组成的网络通常称作是一个 C 类网络。子网掩码 255.255.0.0 表示 IP 地址中的前两个 8 位组用作网络地址，由该类网络地址组成的网络通常称作是一个 B 类网络。A 类网络很少使用，它的子网掩码是 255.0.0.0，表示 IP 地址中只有第一个 8 位组用作网络地址。但是基于 IPv4 的原理所能表示的 IP 地址数量已经越来越无法满足现实世界中计算机的数量，基于"A""B""C"这样的网络分类方式已经成为网络发展的瓶颈。

除了写出整个子网掩码，还可以采用无类型域间路由（CIDR）的方法来表示 IP 地址中网络地址的位数量，方法是在 IP 地址后添加正斜杠（/）符号，后面跟网络地址所占用的位的数量即可。例如 24 位子网掩码可以写为 192.168.10.0/24。如果想把该网络再划分为 4 个更小的网络，可以使用 26 位网络地址（主机位只保留 6 位）。表 1-1 中列出了这 4 个网络。

表 1-1 对网络 192.168.10.0/24 再次进行子网划分

网络 ID	IP 地址范围
12.168.10.0/26	192.168.10.0 ~ 192.168.10.63
192.168.10.64/26	192.168.10.64 ~ 192.168.10.127
192.168.10.128/26	192.168.10.128 ~ 192.168.10.191
192.168.10.192/26	192.168.10.192 ~ 192.168.10.255

虽然 IP 地址可以表示为 4 个 8 位组，但是如果想使用 8 位、16 位或 24 位以外的子网掩码，就必须用到二进制运算（也称作布尔运算）。例如，对于使用 24 位子网掩码的 IP 地址 192.168.14.222，如图 1-22 所示。在这个示例中，网络 ID 和主机 ID 沿着 8 位边界分割，很简单就把它分割成了两组十进制数。

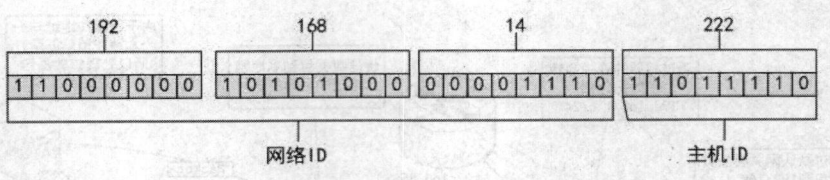

图 1-22 规范的 IPv4 地址

现在,考虑一下使用 26 位子网掩码的同一个 IP 地址,如图 1-23 所示。在这个示例中,网络 ID 在最后一个 8 位组中使用了前 2 个高位。虽然以十进制的形式很难想象最后一个 8 位组又分为网络 ID 和主机 ID 两个部分,但从二进制的角度来看网络 ID 只是一个 26 位数,主机 ID 则是一个 6 位数。

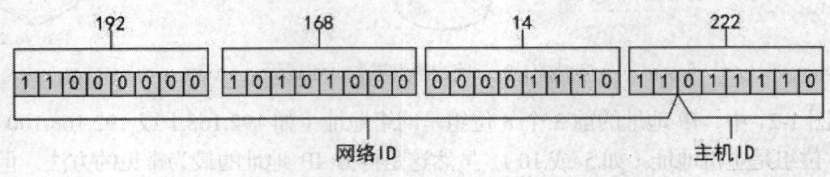

图 1-23 可变长子网掩码

在图 1-23 中,网络 ID 将写为 192.168.14.192/26,主机 IP 地址范围在 192.168.14.193 到 192.168.14.254 之间。如果主机分配的 IP 地址低于 192,那么需要修改最后一个 8 位组中的两个最高位之一,网络 ID 相应也会发生变化,这就是变长子网掩码。

最初 IPv4 设计为只支持 8 位、16 位或 24 位子网掩码(也称作是分类的子网掩码)。变长子网掩码则是在十年后的 1993 年,当提出无类别域间路由(CIDRS)时才新增加进来的。表 1-2 所示为常用的子网掩码与位数对应表。

表 1-2 常用子网掩码与位数对应表

掩码号 < 8		掩码号 < 16	
掩码号	子网掩码	掩码号	子网掩码
1	128.0.0.0	9	255.128.0.0
2	192.0.0.0	10	255.192.0.0
3	224.0.0.0	11	255.224.0.0
4	240.0.0.0	12	255.240.0.0
5	248.0.0.0	13	255.248.0.0
6	252.0.0.0	14	255.252.0.0
7	254.0.0.0	15	255.254.0.0
8	255.0.0.0	16	255.255.0.0
掩码号 < 24		掩码号 < 32	
掩码号	子网掩码	掩码号	子网掩码
17	255.255.128.0	25	255.255.255.128
18	255.255.192.0	26	255.255.255.192
19	255.255.224.0	27	255.255.255.224
20	255.255.240.0	28	255.255.255.240
21	255.255.248.0	29	255.255.255.248
22	255.255.252.0	30	255.255.255.252
23	255.255.254.0	31	255.255.255.254
24	255.255.255.0	32	255.255.255.255

需要注意的是，在每一个子网段内，子网中的最高和最低（二进制中的全 0 和全 1）IP 地址被保留用于子网号和广播地址，不能作为可用的主机 IP 地址。另外，子网上的路由器也至少需要 1 个 IP 地址。因此，在给网络上计算机分配 IP 地址时一定要注意这个问题。

2. 私有 IPv4 地址

如表 1-3 所示，一些范围内的 IP 地址是专门留给内部网络使用的，这些地址无法从公网上访问到，因为 Internet 路由器的路由表中没有这些地址。但是私有 IP 地址可以在内部网络上路由，另外也可以使用网络地址转换（NAT）让使用私有 IP 地址的客户端可以和 Internet 上的其他计算机进行通信。

表 1-3　私有 IPv4 地址范围

网络	可用的 24 位网络数量	可用的 IP 地址数量
192.168.0.0～192.168.255.255	256	2^{16}
172.16.0.0～172.1.255.355	4096	16×2^{16}
10.0.0.0～10.255.255.255	65536	2^{32}

3. 自动专用 IP 地址

如果 Microsoft Windows 版本的计算机没有配置静态 IP 地址，并且也无法从动态主机配置协议（DHCP）服务器获取 IP 地址时，那么它将被随机分配一个范围在 169.254.1.0～169.254.254.255 之间的一个的自动专用 IP 地址（APIPA）。APIPA 描述在 RFC 3330 和 RFC 3927 中，亦称作 IPv4 本地链路（IPv4 LL）、零配置网络或 Zeroconf。

APIPA 使得在 Ad-Hoc（对等）无线网络这样的局域网上的计算机可以互相通信而不需要配置 DHCP 服务器或静态 IP 地址。如果在提供有 DHCP 服务器的网络上计算机的 IP 地址仍然是 APIPA 地址，就意味着该计算机无法联系上 DHCP 服务器。原因是该计算机可能没有正确接入网络或是 DHCP 服务器掉线。

> **注意啦**
>
> APIPA 地址永远不会有默认网关，因为 APIPA 设计只为在单一子网上工作。

使用 APIPA IP 地址的计算机会定期尝试与 DHCP 服务器联系，以免 DHCP 服务器在客户端计算机启动以后才联机上线。

4. 多播地址

范围在 224.0.0.0～239.255.255.255 之间的地址保留为多播通信使用。尽管大部分 IP 通信是一对一的通信（例如 Web 浏览器连接到 Web 服务器），但是仍然有一些 IP 通信是广播到本地网络，例如地址解析协议（ARP）请求，还有相对较少的通信是多播到多个特定监听方。

通常，多播通信只发送到本地网络上的其他主机，例如，增强型内部网关路由协议（EIGRP）使用多播 IP 地址 224.0.0.10 允许路由器，把路由表中的一处变动使用一个数据包发送到相邻的所有路由器。

一般情况下，路由的多播通常不在 Internet 上工作，但是私有网络可以配置为支持多播。私有网络中的路由多播通信对于内部流视频非常有用，例如，把部门领导的讲话影像实时传送到所有终端计算机上。

图 1-24 给出了 12 台计算机使用单播观看 128kbit/s 视频流时所占用的带宽。在这个示

例中尽管使用相对较低的带宽可以让大多数 LAN 支持单播，但是有着数百乃至数千台计算机的网络只能支持多播的实时影像。如图 1-25 所示，当使用多播视频流时占用的带宽明显减少，对于服务器所在的网络尤其如此。

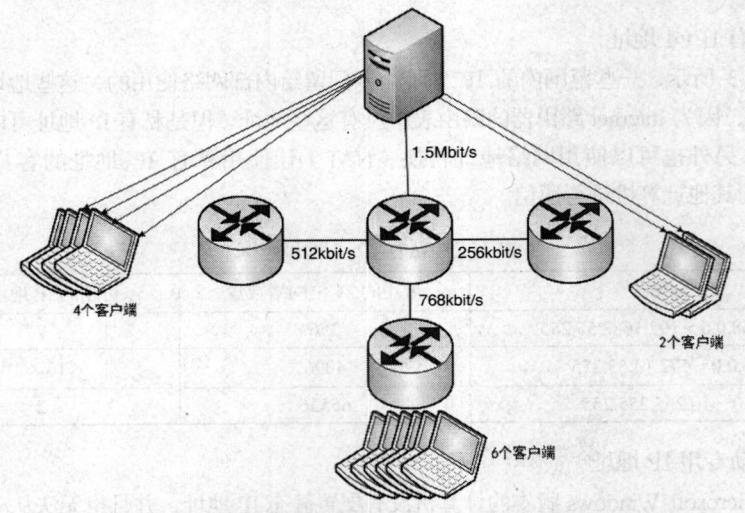

图 1-24　12 台计算机使用单播观看 128kbit/s 视频流时所占用的带宽

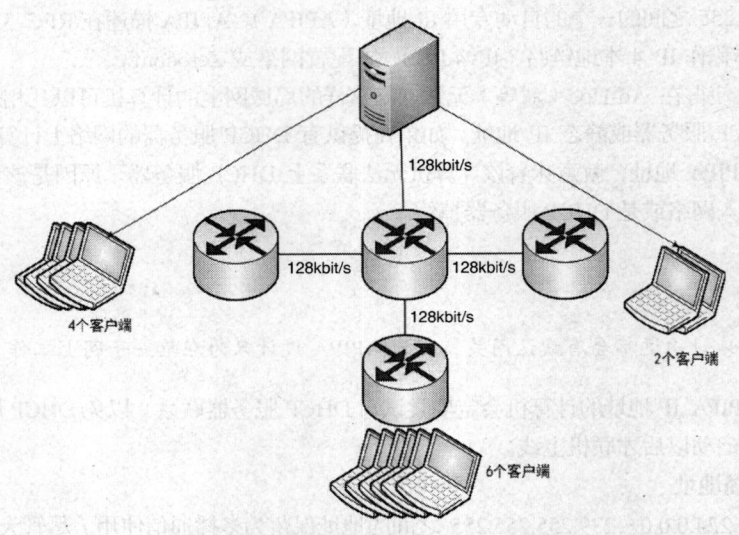

图 1-25　使用多播视频流时所占用的带宽

1.7.2　IP 子网掩码和子网划分

1．子网掩码

RFC 950 定义了子网掩码的使用，子网掩码是一个 32 位的二进制数，其对应网络地址的所有位置都为 1，对应于主机地址的所有位置都为 0。

由此可知，A 类网络的默认子网掩码是 255.0.0.0，B 类网络的默认子网掩码是 255.255.0.0，C 类网络的默认子网掩码是 255.255.255.0。将子网掩码和 IP 地址按位进行逻辑"与"运算，得到 IP 地址的网络地址，剩下的部分就是主机地址，从而区分出任意 IP 地址中的网络地址和主机地址。

子网掩码常用点分十进制表示，还可以用 CIDR 的网络前缀法表示掩码，即"/<网络地址位数>;"。如"138.96.0.0/16"表示 B 类网络 138.96.0.0 的子网掩码为 255.255.0.0。

2．IP 判断

子网掩码告知路由器，IP 地址的前多少位是网络地址，后多少位（剩余位）是主机地址，使路由器正确判断任意 IP 地址是否是本网段的，从而正确地进行路由。

例如，有两台主机，主机 A 的 IP 地址为 222.21.160.6，子网掩码为 255.255.255.192；主机 B 的 IP 地址为 222.21.160.73，子网掩码为 255.255.255.192。现在主机 A 要给主机 B 发送数据，先要判断两个主机是否在同一网段。

（1）主机 A

IP 地址：222.21.160.6，即：11011110.00010101.10100000.00000110

子网掩码：255.255.255.192，即：11111111.11111111.11111111.11000000

按位逻辑与运算结果：11011110.00010101.10100000.00000000

十进制形式（网络地址）：222.21.160.0

（2）主机 B

IP 地址：222.21.160.73， 即：11011110.00010101.10100000.01001001

子网掩码：255.255.255.192，即：11111111.11111111.11111111.11000000

按位逻辑与运算结果：11011110.00010101.10100000.01000000

十进制形式（网络地址）：222.21.160.64

两个结果不同，即两台主机不在同一网络，主机 A 需先发送给默认网关，然后再发送给主机所在网络 B。

3．设置

子网划分是通过借用 IP 地址的若干位主机位来充当子网地址，从而将原网络划分为若干子网而实现的。

划分子网时，随着子网地址借用主机位数的增多，子网的数目随之增加，而每个子网中的可用主机数逐渐减少。以 C 类网络为例，原有 8 位主机位，即 254 个主机地址，默认子网掩码 255.255.255.0。借用 1 位主机位，产生 2 个子网，每个子网有 126 个主机地址；借用 2 位主机位，产生 4 个子网，每个子网有 62 个主机地址……每个子网中，第一个 IP 地址（即主机部分全部为 0 的 IP）和最后一个 IP（即主机部分全部为 1 的 IP）不能分配给主机使用，所以每个子网的可用 IP 地址数为总 IP 地址数量减 2；根据子网 ID 借用的主机位数，我们可以计算出划分的子网数、掩码、每个子网主机数，列表如下：

①划分子网数 ②子网位数 ③子网掩码（二进制）④子网掩码（十进制）⑤每个子网主机数

① 1~2　　② 1 ③ 11111111.11111111.11111111.10000000 ④ 255.255.255.128 ⑤ 126

① 3~4　　② 2 ③ 11111111.11111111.11111111.11000000 ④ 255.255.255.192 ⑤ 62

① 5~8　　② 3 ③ 11111111.11111111.11111111.11100000 ④ 255.255.255.224 ⑤ 30

① 9~16　② 4 ③ 11111111.11111111.11111111.11110000 ④ 255.255.255.240 ⑤ 14

① 17~32　② 5 ③ 11111111.11111111.11111111.11111000 ④ 255.255.255.248 ⑤ 6

① 33~64　② 6 ③ 11111111.11111111.11111111.11111100 ④ 255.255.255.252 ⑤ 2

如上所示的 C 类网络中，若子网占用 7 位主机位时，主机位只剩一位，无论设为 0 还是 1，都意味着主机位是全 0 或全 1。由于主机位全 0 表示本网络，全 1 留作广播地址，这时子网实际没有可用主机地址，所以主机位至少应保留 2 位。

4．计算步骤

（1）确定要划分的子网数。

（2）求出子网数目对应二进制数的位数 N 及主机数目对应二进制数的位数 M。

（3）对该 IP 地址的原子网掩码，将其主机地址部分的前 N 位置取 1 或后 M 位置取 0 即得出该 IP 地址划分子网后的子网掩码。

例如，对 B 类网络 135.41.0.0/16 需要划分为 20 个能容纳 200 台主机的网络（即子网）。因为 16＜20＜32，即：2^4＜20＜2^5，所以，子网位只需占用 5 位主机位就可划分成 32 个子网，可以满足划分成 20 个子网的要求。B 类网络的默认子网掩码是 255.255.0.0，转换为二进制数为 11111111.11111111.00000000.00000000。现在子网又占用了 5 位主机位，根据子网掩码的定义，划分子网后的子网掩码应该为 11111111.11111111.11111000.00000000，转换为十进制数应该为 255.255.248.0。现在再来看一看每个子网的主机数。子网中可用主机位还有 11 位，2^{11}=2048，去掉主机位全 0 和全 1 的情况，还有 2046 个主机 ID 可以分配，而子网能容纳 200 台主机就能满足需求，按照上述方式划分子网，每个子网能容纳的主机数目远大于需求的主机数目，造成了 IP 地址资源的浪费。为了更有效地利用资源，也可以根据子网所需主机数来划分子网。还以上例来说，128＜200＜256，即 2^7＜200＜2^8，也就是说，在 B 类网络的 16 位主机位中，保留 8 位主机位，其他的 8 位当成子网位，可以将 B 类网络 135.41.0.0 划分成 256（2^8）个能容纳 256-2=254 台（去掉全 0 全 1 情况）主机的子网。此时的子网掩码为 11111111.11111111.11111111.00000000，转换为十进制为 255.255.255.0。

上例中分别根据子网数和主机数划分了子网，得到了两种不同的结果，都能满足要求，实际上，子网占用 5～8 位主机位时所得到的子网都能满足上述要求，那么，在实际工作中，应按照什么原则来决定占用几位主机位呢？

一般情况下，在划分子网时，不仅要考虑目前需要，还应了解将来需要多少子网和主机。对子网掩码使用必须要更多的子网位，可以得到更多的子网，节约了 IP 地址资源，若将来需要更多子网时，不用再重新分配 IP 地址，但每个子网的主机数量有限；反之，子网掩码使用较少的子网位，每个子网的主机数量允许有更大的增长，但可用子网数量有限。一般来说，一个网络中的节点数太多，网络会因为广播通信而饱和，所以，网络中的主机数量的增长是有限的，也就是说，在条件允许的情况下，会将更多的主机位用于子网位。

综上所述，子网掩码的设置关系到子网的划分。子网掩码设置的不同，所得到的子网也不相同。

1.8 IPv6

1.8.1 IPv6 的特点

1．IPv6 的背景

由于 IPv4 本身存在一些局限性，因而面临着以下问题。

（1）IP 地址的消耗引起地址空间不足，IP 地址只有 32 位，可用的地址有限，最多接入的主机数不超过 2^{32}。

（2）IPv4 缺乏对服务质量优先级、安全性的有效支持。

（3）IPv4 协议配置复杂，特别是随着个人移动计算机设备上网、网上娱乐服务的增加、多媒体数据流的加入，以及出于安全性等方面的需求，迫切要求新一代 IP 的出现。

为此，互联网工程任务组 IETE 开始着手下一代互联网协议的制定工作。IETE 于 1991 年提出了请求说明，1994 年 9 月提出了正式草案，1995 年底确定了 IPng 的协议规范，被称为 "IPv6"，1995 年 12 月开始进入 Internet 标准化进程。

IPv6 拥有更为庞大的地址空间，是因为 IPv4 只是采用 32 位来表示，而 IPv6 采用 128 位来表示，这样大的一个地址空间，几乎可以容纳无数个节点。正因为 IPv6 使用了 128 位来表示地址，在表示和书写上面具有相当的困难，原来的 IPv4 使用十进制数来表示，而 IPv6 由于地址太长，则采用十六进制数来表示，但无论如何表示，计算机都是处理二进制数。因为十进制数表示时，使用 0 到 9 共十个数字来表示，而十六进制数需要在十进制数原有的基础上多出 6 个数字，即需要多出 11，12，13，14，15，这 6 个数字则采用字母的形式来表示，分别为 A（表示 10），B（表示 11），C（表示 12），D（表示 13），E（表示 14），F（表示 15），这些字母是不区别大小写的。

但是由于 IPv6 拥有 128 位的长度，所以不能直接表示，必须像 IPv4 那样进行分段表示。IPv6 将整个地址分为 8 段来表示，每段之间用冒号隔开，每段的长度为 16 位，表示如下。

XXXX:XXXX:XXXX:XXXX:XXXX:XXXX:XXXX:XXXX

从上面可以看出，IPv6 中每一个段是 16 位，每段共四个 X，其中 X 使用 4 bit 表示，一个 X 就表示一个数字或字母，一个完整的地址共 128 bit。一个 X 使用 4bit 表示，那么 XXXX 的取值范围是 0000～FFFF。

2．IPv6 的技术特点

相对于 IPv4，IPv6 有如下一些显著的优势。

（1）地址容量大大扩展，由原来的 32 位扩充到 128 位，彻底解决 IPv4 地址不足的问题；支持分层地址结构，从而更易于寻址；扩展支持组播和任意播地址，这使得数据包可以发送给任何一个或一组节点。

（2）大容量的地址空间能够真正地实现无状态地址自动配置，使 IPv6 终端能够快速连接到网络上，无需人工配置，实现了真正的即插即用。

（3）报头格式大大简化，从而有效减少路由器或交换机对报头的处理开销，这对设计硬件报头处理的路由器或交换机十分有利。

（4）加强了对扩展报头和选项部分的支持，这除了让转发更为有效外，还对将来网络加载新的应用提供了充分的支持。

（5）流标签的使用可以为数据包所属类型提供个性化的网络服务，并有效保障相关业务的服务质量。

（6）认证与私密性：IPv6 把 IPSec 作为必备协议，保证了网络层端到端通信的完整性和机密性。

（7）IPv6 在移动网络和实时通信方面有很多改进。特别地，不像 IPv4，IPv6 具备强大的自动配置能力，从而简化了移动主机和局域网的系统管理。

1.8.2　IPv6 的地址格式

1．IPv6 的报头结构

新的 IPv6 报头的结构比 IPv4 简单得多，IPv6 报头中删除了 IPv4 报头中许多不常用的域，放入了可选项和报头扩展；IPv6 中的可选项有更严格的定义。IPv4 中有 10 个固定长度的域、2个地址空间和若干个选项，IPv6中只有6个域和2个地址空间。

虽然IPv6报头占40字节，是24字节IPv4报头的1.6倍，但因其长度固定（IPv4报头是变长的），故不需要消耗过多的内存容量。

IPv4中的报头长度（header length）、服务类型（type of service，TOS）、标识符（identification）、标志（flag）、分段偏移（fragment offset）和报头校验和（header checksum）这6个域被删除。报文总长（total length）、协议类型（protocol type）和生存时间（time to live，TTL）3个域的名称或部分功能被改变，其选项（options）功能完全被改变，新增加了2个域，即优先级和流标签。

图1-26所示为具体的IPv4与IPv6报头比较。

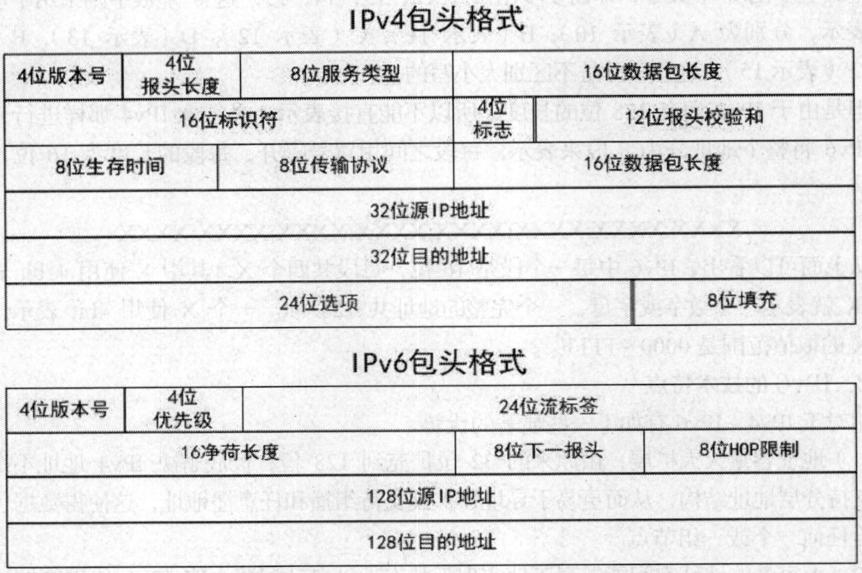

IPv4包头格式

4位版本号	4位报头长度	8位服务类型	16位数据包长度	
16位标识符			4位标志	12位报头校验和
8位生存时间		8位传输协议	16位数据包长度	
32位源IP地址				
32位目的地址				
24位选项				8位填充

IPv6包头格式

4位版本号	4位优先级	24位流标签		
16净荷长度			8位下一报头	8位HOP限制
128位源IP地址				
128位目的地址				

图1-26 IPv4与IPv6报头结构的比较

2．IPv6的地址格式

IPv6地址有三种格式，即首选格式、压缩格式和内嵌格式。

（1）首选格式：在IPv6中，128位地址采用每16位一段，每段被转换成4位十六进制数，并用":"分隔，结果用所谓的"冒号十六进制数"来表示。例如二进制格式的IPv6地址

0010000111011010000000001101001100000000000000000010111100111011
0000000101010101000000001111111111111100010100001001110001011010

每16位分为一段

0010000111011010 0000000011010011 0000000000000000 0010111100111011
0000000101010101 0000000011111111 1111110001010000 1001110001011010

将每个16位段转换成十六进制数字，用":"分隔，结果如下。

21DA:00D3:0000:2F3B:02AA:00FF:FE28:9C5A

（2）压缩格式：用128位表示地址时往往会含有较多0甚至一段全为0，可将不必要的0去掉，即把每个段中开头的0删除。

这样，上述地址就可以表示为：21DA:D3:0:2F3B:2AA:FF:FE28:9C5A

其实还可以进一步简化IPv6地址的表示，冒号十六进制数格式中被设置为0的连续16位信息段可以被压缩为::（即双冒号）。

例如，EF70:0:0:0:2AA:FF:FE9A:4CA2

可以被压缩为 EF70::2AA:FF:FE9A:4CA2

（3）内嵌格式：这是作为过渡机制中使用的一种特殊表示方法。IPv6 地址的前面部分使用十六进制表示，而后面部分使用 IPv4 地址的十进制表示示例如下。

0:0:0:0:0:0:192.168.1.201 或::192.168.1.201
0:0:0:0:0:ffff:192.168.1.201 或::ffff:192.168.1.201

1.8.3 IPv6 地址的分类

IPv6 地址长度为 128 位，按其传输类型划分为单播、任播和多播三种。取消了原 IPv4 中的广播。

（1）单播地址：用来标识单一网络接口，目标地址是单播地址的数据包将发送给以这个地址标识的网络接口。

（2）任播地址：又称泛播地址，用来标识一组网络接口，目标地址是任播地址的数据包将发送给其中路由意义上最近的一个网络接口，地址范围是除了单播地址外的所有范围。

（3）多播地址：用来标识一组网络接口，发送到多播地址的数据包发送给本组中所有的网络接口。

此外，还有回送或返回地址。这是一个测试地址，该地址除最低位是 1 外，其余的位全是 0。

1.8.4 IPv6 域名系统的体系结构

IPv6 网络中的 DNS 与 IPv4 中的 DNS 在体系结构上是一致的，都是采用树形结构的域名空间。虽然 IPv6 协议与 IPv4 协议不同，但并不意味着需要单独设置 IPv6 DNS 体系和 IPv4 DNS 体系。相反，只有是同一体系，才能共同拥有统一的域名空间。也只有这样，在 IPv4 到 IPv6 的过渡阶段，域名可以同时对应于多个 IPv4 和 IPv6 的地址。

总之，IPv6 与 IPv4 相比，在地址空间、地址设定、路由地址构造、安全保密性、网络多媒体等方面有了明显的改进和提高。随着 IPv6 网络的普及，IPv6 地址将逐渐取代 IPv4 地址。

1.9 本章小结

本章详细介绍了网络的一些基础知识，包括计算机网络的概念、分类、常用的网络拓扑结构、网络的参考模型及常用的一些网络协议、IPv4 地址及子网划分和 IPv6 技术的特点。其中要求大家重点掌握最常用的几种网络拓扑结构的特点，熟练掌握 OSI 和 TCP/IP 模型的特点，IP 子网的划分；了解几种常用的网络协议的特点和 IPv6 地址的结构。

1.10 上机实训

（1）在 202.16.100.0/24 的 C 类主网络内，需要划分出 1 个可容纳 100 台主机的子网、1 个可容纳 50 台主机的子网，2 个可容纳 25 台主机的子网，应该如何划分？请写出每个子网的网络号、子网掩码、容纳主机数量和广播地址。

（2）在一个连网的计算机上，请使用 Sniffer 数据包嗅探工具，截获以太网帧，然后对帧的结构进行分析。

1.11 思考与练习

1. 常见的网络拓扑结构有哪些？其特点分别是什么？
2. 简述 OSI 参考模型各层的功能。
3. IP 包头中与分段和重组有关的字段是哪些？
4. ARP 的作用是什么？
5. 对于下述每个 IP 地址，计算所属子网的主机范围。
- 24.177.78.62/27
- 135/159/211/109/19
- 207.87.193.1/30

第 2 章　常用的网络传输介质

网络中连接各个通信设备的物理媒体称为传输介质。其性能特点对传输速率、成本、抗干扰能力、通信距离、可连接的网络节点数目和数据传输的可靠性等均有重大影响。在实际的组网过程中必须根据不同的通信要求，合理地选择传输介质。

传输介质一般分为有线介质和无线介质。有线介质包括同轴电缆、双绞线和光缆，无线介质包括无线短波、微波、蓝牙、红外线等。下面介绍几种常用的传输介质。

2.1　双绞线

双绞线作为一种传输介质是由两根包着绝缘材料细铜线按一定比率相互缠绕而成的，这种相互缠绕改变了电缆原有的电子特性，既可以减少自身串扰，也可以最大程度上防止其他电缆上的信号对这对线缆上信号的干扰。

2.1.1　双绞线的分类

目前，双绞线的分类方式主要有以下几种。

- 按绞线对数分：双绞线按其绞线对数可分为 2 对、4 对、25 对（如 2 对用于电话，4 对用于网络传输，25 对用于电信通信）。
- 按是否有屏蔽层分：双绞线按其是否有屏蔽层可分为屏蔽双绞线（Shielded Twisted Pair，STP）和非屏蔽双绞线（Unshielded Twisted Pair，UTP）。屏蔽双绞线（如图 2-1（a）所示）的外层由铝铂包裹，以减小辐射，但并不能完全消除辐射。屏蔽双绞线价格相对较高，安装时要比非屏蔽双绞线困难。非屏蔽双绞线（如图 2-1（b）所示）无屏蔽外套，直径小，节省所占用的空间，重量轻、易弯曲、易安装，将串扰减至最小或加以消除，具有阻燃性，独立性和灵活性，适用于结构化综合布线。
- 按频率和信噪比分：双绞线可以分为：1 类、2 类、3 类、4 类、5 类、超 5 类、6 类、超 6 类、7 类共 9 种双绞线类型。类型数字越大，版本越新、技术越先进、带宽也越宽，当然价格也越贵。这些不同类型的双绞线标注方法是这样规定的：如果是标准类型则按"cat"方式标注，如常用的 5 类线，则在线的外包皮上标注为"cat5"。而如果是改进版，就按"xe"进行标注，如超 5 类线就标注为"5e"。

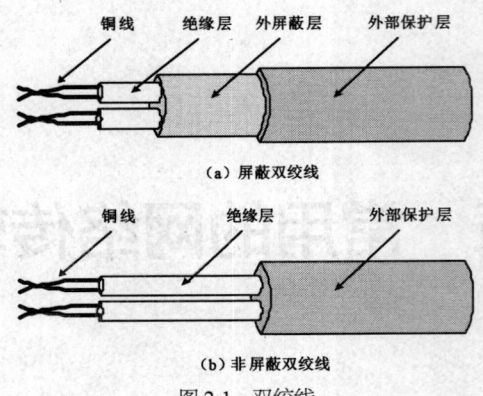

图 2-1 双绞线

双绞线技术标准都是由美国通信工业协会（TIA）制定的，其标准是 EIA/TIA-568B，具体如下。

- 1 类线（CAT 1）：主要用于传输语音（一类标准主要用于 20 世纪 80 年代初之前电话线缆），不用于数据传输。
- 2 类线（CAT 2）：其传输频率为 1MHz，用于语音传输和最高传输速率为 4Mbit/s 的数据传输。
- 3 类线（CAT 3）：指目前 ANSI 和 EIA/TIA568 标准中指定的电缆。该电缆传输频率为 16MHz，用于语音传输及最高传输速率为 10Mbit/s 的数据传输，主要用于 10Mbit/s 双绞线以太网（10Base-T）。
- 4 类线（CAT 4）：这类线传输频率为 20MHz，用于语音传输和最高传输速率为 16Mbit/s 的数据传输，主要用于基于令牌的局域网和 10Mbit/s 双绞线以太网（10Base-T）/100Mbit/s 双绞线以及网（100Base-T）。
- 5 类线（CAT 5）：这类线增加了绕线密度，外套一种高质量绝缘材料，传输频率为 100MHz，用于语音传输和最高传输速率为 100Mbit/s 数据传输，主要用于 100Base-T 和 10Base-T 网络，这是以太网最常用的通信电缆，如图 2-2（a）、（b）所示。
- 超 5 类线（CAT.5e）：是在对现有五类屏蔽双绞线的部分性能加以改善后出现的电缆，不少性能参数（如近端串扰、衰减串扰比、回波损耗等）都有所提高，但其传输带宽仍为 100MHz，通常只被应用于 100Mbit/s 快速以太网，实现桌面交换机到计算机的连接。超五类双绞线也是采用 4 个绕对和 1 条撕裂绳（rip cord），线对的颜色与五类双绞线完全相同，如图 2-2（c）、（d）所示。
- 6 类线（CAT 6）：一般是指六类非屏蔽双绞线，一般用于光电转换器（光纤收发器）、交换机和路由器之间，接口为 RJ-45。六类非屏蔽双绞线的各项参数都有大幅提高，带宽也扩展至 250MHz 或更高。六类双绞线在外形和结构上与五类或超五类双绞线都有一定的差别，不仅增加了绝缘的十字骨架，将双绞线的四对线分别置于十字骨架的四个凹槽内，而且电缆的直径也更粗。6 类电缆的传输频率为 1~250MHz，六类布线系统在 200MHz 时综合衰减串扰比（PS-ACR）应该有较大的余量，它提供 2 倍于超五类的带宽。六类布线的传输性能远远高于超五类标准，最适用于传输速率高于 1Gbit/s 的应用。六类与超五类的一个重要不同点：六类改善了在串扰以及回波损耗方面的性能，对于新一代全双工的高速网络应用而言，优良的回波损耗性能是极重要的。六类标准中取消了基本链路模型，布线标准采用星状拓扑结构，要求的布线距离：永久链路的长度不能超过 90m，信道长度不能超过

100m。单屏蔽只是在外护套内有一层绝缘，而双层则是每根芯线都有一层屏蔽，最后在所有的芯线外面（护套内）还有一层屏蔽层，如图2-2（e）、（f）所示。
- 超6类（CAT.6e）线：是6类线的改进版，同样是 ANSI/EIA/TIA-568B.2 和 ISO 6类/E 级标准中规定的一种非屏蔽双绞线电缆，主要应用于千兆网络中。在传输频率方面与6类线一样，也是200～250MHz，最大传输速率也可达到1000Mbit/s，只是在串扰、衰减和信噪比等方面有较大改善。
- 7类线（CAT 7）：是 ISO 7 类/F 级标准中最新的一种双绞线，主要为了适应万兆位以太网技术的应用和发展。但它不再是一种非屏蔽双绞线了，而是一种屏蔽双绞线，所以它的传输频率至少可达500MHz，又是6类线和超6类线的2倍以上，传输速率可达10Gbit/s，如图2-2（g）所示。

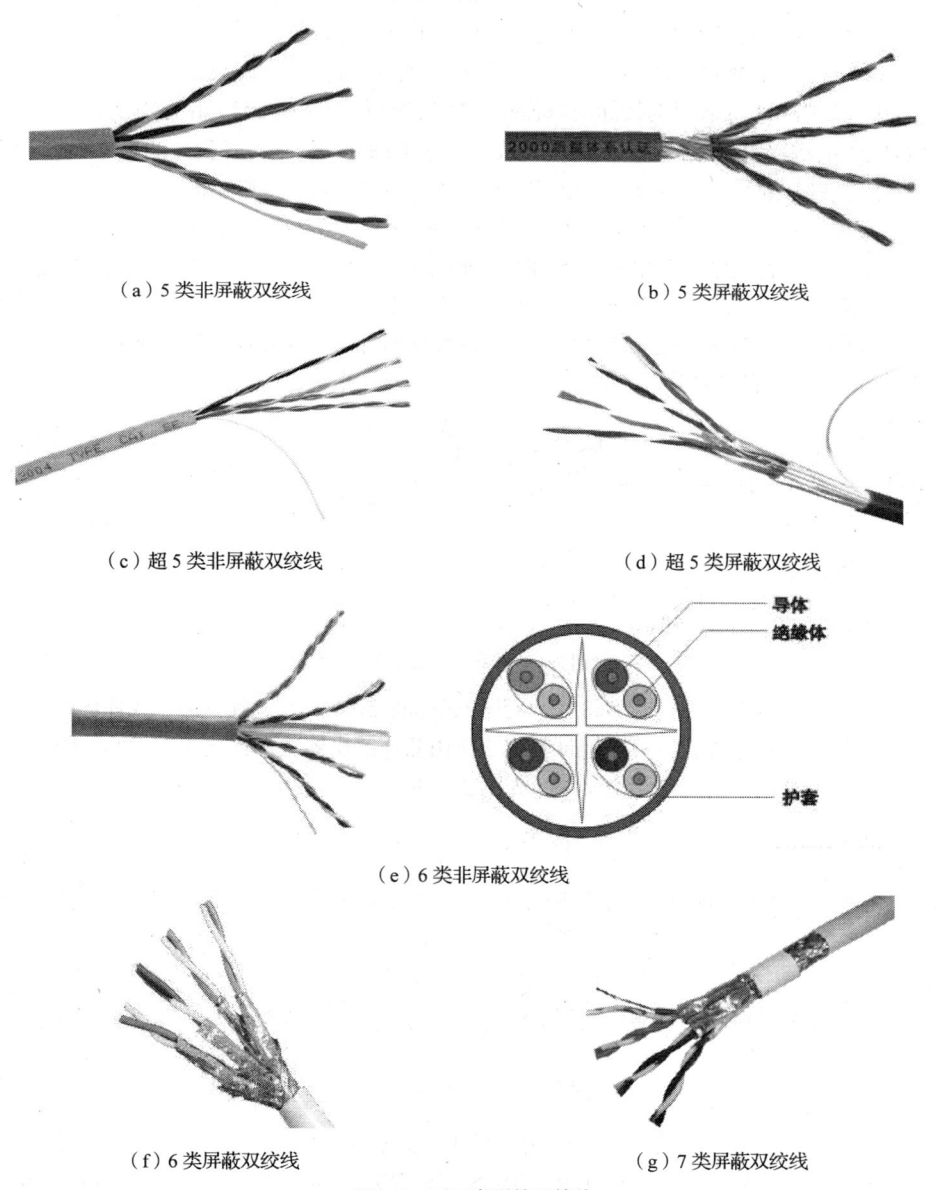

（a）5类非屏蔽双绞线　　　　（b）5类屏蔽双绞线

（c）超5类非屏蔽双绞线　　　（d）超5类屏蔽双绞线

（e）6类非屏蔽双绞线

（f）6类屏蔽双绞线　　　　（g）7类屏蔽双绞线

图2-2　不同类型的双绞线

2.1.2 双绞线的连接方法

目前在局域网中常用的通信线缆就是 5 类双绞线。在 5 类双绞线中有 8 根电线，每根电线用 1、2、3、4、5、6、7、8 进行编号，其颜色顺序分别为棕色、棕白色、橙色、橙白色、蓝色、蓝白色、绿色、绿白色，每种颜色和与之配套的白色线对缠绕在一起。

双绞线的线序标准有两种，即 EIA/TIA 568A 和 EIA/TIA 568B，如图 2-3 所示。

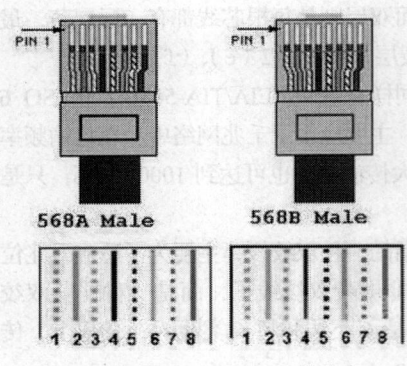

图 2-3 568A 和 568B 双绞线

568A:绿白-1、绿-2、橙白-3、蓝-4、蓝白-5、橙-6、棕白-7、棕-8。

568B: 橙白-1、橙-2、绿白-3、蓝-4、蓝白-5、绿-6、棕白-7、棕-8。

其中 1-2 脚和 3-6 脚是对绞的两对芯线。对绞的电线因为其中传输的信号方向相反，从而使彼此的电磁辐射相互抵消，因此使接收、发送数据之间的干扰降到最低。

在制作双绞线时，按照线序不同可以分为三类：直通线、交叉线和全反线。

- 直通线：直通线根据做法不同可以分为两种，一种是两边都用标准 568A 作水晶头；另一种是两边都用标准 568B 作水晶头（这种方法使用的人比较多，因为该标准对电磁干扰的屏蔽更好）。直通线一般用来连接两个不同性质的接口。如：计算机连路由器、路由器连集线器、路由器连交换机等。由于互连的设备不同，所以使用直通线，如图 2-4 所示。

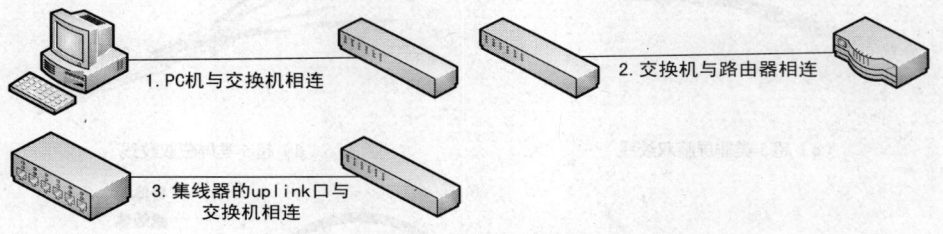

图 2-4 采用直通线的场合

- 交叉线：一头做成标准 568A，一头做成标准 568B。交叉线一般用来连接两个性质相同的端口。如：计算机连计算机、路由器连路由器、集线器连集线器，因为互连的设备相同，所以使用交叉线，如图 2-5 所示。

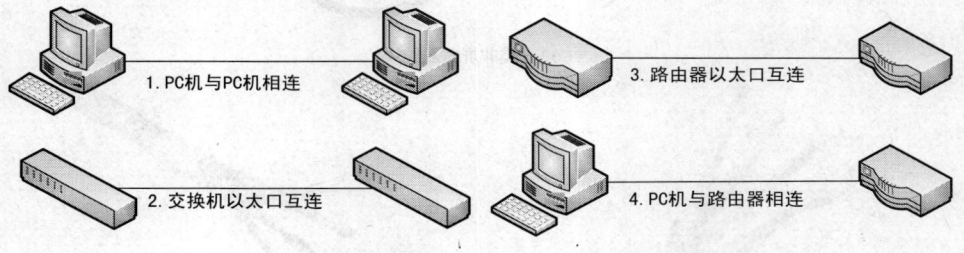

图 2-5 采用交叉线的场合

- 全反线：线序一般是一头为 568B，另外一头的颜色全反过来。做法就是一端的顺序是 1~8，另一端则是 8~1 的顺序。不用于以太网的连接，主要连接电脑的串口和交换机、路由器的 Console 口，也称为配置线（直接连接，非远程访问）。

双绞线的连接器最常见的是 RJ-11 接头和 RJ-45 接头。RJ-11 接头用于连接 3 对双绞线缆，RJ-45 接头用于连接 4 对双绞线缆。RJ-45 接头俗称水晶头，双绞线的两端必须都安装 RJ-45 接头，以便插在以太网卡、集线器（Hub）或交换机（Switch）的 RJ-45 接头上。

水晶头也可分为几种档次。质量差的水晶头其接触探针一般是镀铜的，容易生锈，造成接触不良，网络不通，其次表现为塑扣位扣不紧（通常是变形所致），也很容易造成接触不良，网络中断。水晶头虽小，但在网络中却很重要，在许多网络故障中就有相当一部分是因为水晶头质量不好而造成的。

对于直通线和交叉线而言，只有 1、2、3、6 这四根线在起作用，其余线用作未来功能的扩展。这 4 根线的作用如图 2-6 所示。

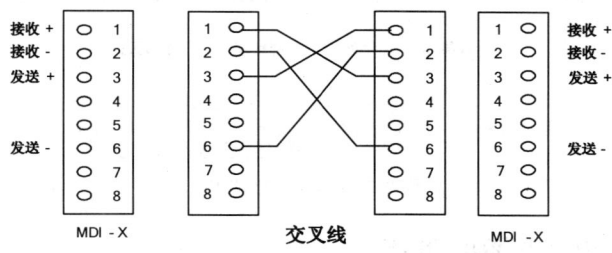

图 2-6　直通线和交叉线

2.1.3　双绞线的优缺点

使用双绞线作为传输介质的优越性在于其技术和标准都非常成熟、价格低廉，而且安装也相对简单。缺点是双绞线对电磁干扰比较敏感，容易被窃听。双绞线目前主要在室内环境中使用。

2.1.4　双绞线的选用

双绞线用于模拟传输或数字传输，其通信距离一般为几千米到十几千米。对于模拟信号的传输，当传输距离太长时要加放大器，以将衰减了的信号放大到合适的大小。对于数字信号的传输则要加中继器，以将失真了的数字信号进行整形。导线越粗，其通信距离就越远，但造价也越高。

双绞线主要用于点到点的连接，如星状拓扑结构的局域网中，计算机与集线器之间常用双绞线来连接，但其长度不超过 100m。双绞线也可用于多点连接。双绞线作为一种多点传输介质，它比同轴电缆的价格低，但性能要差一些。其用途见表 2-1。

表 2-1　双绞线用途

绞合线类别	带宽	典型应用
3	16MHz	低速网路；模拟电话
4	20MHz	短距离的 10Base-T 以太网
5	100MHz	以太网；某些 10Base-T 快速以太网
5F（超五类）	100MHz	100Base-T 快速以太网；100Base-T 吉比特快速以太网
6	250MHz	1000Base-T 吉比特快速以太网
7	600MHz	可能用于以后的 10 吉比特快速以太网

2.2 同轴电缆

同轴电缆是早期计算机网络中常用的一种传输介质，它是一种宽带宽、误码率低且性价比较高的传输介质。

2.2.1 同轴电缆的结构

同轴电缆是一种用途广泛的传输媒介。这种传输媒介由一根空心的外圆柱导体和一根位于中心轴线的内导线组成。内导线、圆柱导体及外界之间用绝缘材料隔开，如图2-7所示。

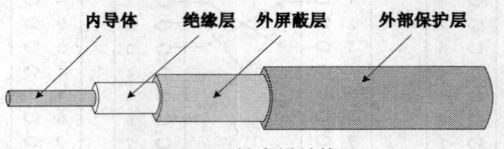

图 2-7　同轴电缆结构图

2.2.2 同轴电缆的种类

根据传输频带的不同，同轴电缆可分为基带同轴电缆和宽带同轴电缆两种类型。

1．基带同轴电缆

基带（Raseband）同轴电缆是特性阻抗为 50Ω 的同轴电缆，用于传送数字信号。通常把表示数字信号的方波所固有的频带称为基带。

2．宽带同轴电缆

宽带（Broad band）同轴电缆是特性阻抗为 75Ω 的公用天线电视（Community Antenna Television，CATV）电缆，用于传输模拟信号。宽带同轴电缆由于其信频带宽，故能将语音、图像、图形、数据同时在一条电缆上传送。宽带同轴电缆的传输距离最长可达 10km（不加中继器）。其抗干扰能力强，可完全避开电磁干扰，可连接上千台设备。

2.2.3 同轴电缆连接设备

同轴电缆主要应用于环形拓扑结构的小型局域网中。采用同轴电缆进行网络连接时，常用到如下接头设备。

- BNC 桶型接头：用于连接两段细同轴电缆。
- BNC 连接器：BNC 电缆连接器由一根中心针、一个外套和卡座组成。每段电缆的两端必须安装 BNC 连接器，如图2-8所示。

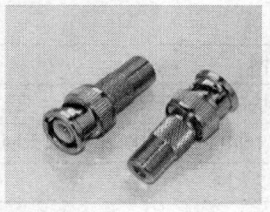

图 2-8　BNC 电缆连接设置

- BNC T 型接头：T 型接头用于连接细缆的 BNC 连接器和网卡，每台工作站都需要一个 T 型接头，如图 2-8 所示。
- 终端匹配器：每个粗同轴电缆网段都必须用 50Ω 系列终端匹配器连接。每个细同轴电缆网段的两端都有必须有一个 50Ω 的 BNC 终端匹配器，直接连接于 BNC T 型接头。

2.2.4 同轴电缆的特点

与双绞线相比，同轴电缆的抗干扰能力强、屏蔽性能好、传输数据稳定、价格也便宜，它不用连接在集线器或交换机上即可使用。同轴电缆的带宽取决于电缆长短，1km 的电缆可以达到 1Gbit/s 到 2Gbit/s 的数据传输速率。它可以使用更长的电缆，但是传输率要降低或使用中间放大器。电缆安装较容易，但日常维护不方便，一旦一个用户出故障，便会影响其他用户的正常工作。目前，同轴电缆大量被光缆取代，但仍广泛应用于有线电视和某些局域网中。

2.3 光纤

光纤是光导纤维的简称，是一种性能非常优秀的网络传输介质。相对于其他传输介质而言，光纤具有很多优点，如低损耗、高带宽和高抗干扰性等。目前，光纤是网络传输介质中发展最为迅速和最有前景的一种。

2.3.1 光纤的基本特性

光纤主要是在要求传输距离较长、布线条件特殊的情况下用于主干网的连接。光纤以光脉冲的形式来传输信号，因此其材质以玻璃或有机玻璃为主。光纤的结构和同轴电缆类似，也是中心为一根由玻璃或透明塑料制成的光导纤维，周围包裹着保护材料，根据需要还可以将多根光纤并合在一根光缆里面。光纤由纤芯、包层和护套组成，如图 2-9 所示。

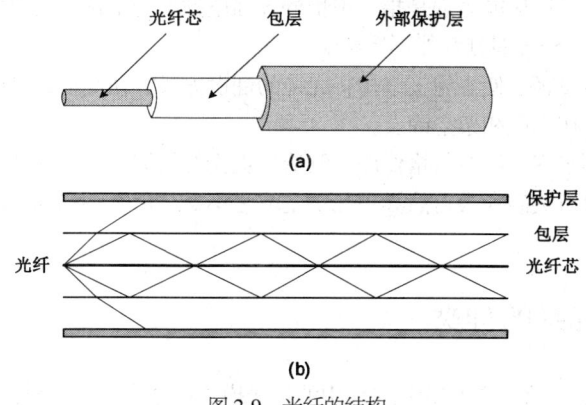

图 2-9 光纤的结构

1．光纤的成分

光导纤维是一种能够传导光信号的极细（1～100μm）且柔软的介质，构成光纤的材料主要有超纯二氧化硅、多成分光导玻璃纤维和塑料纤维等，下面对由这几种材料构成的光纤的特点进行介绍。

- 由超纯二氧化硅制成的光导纤维的技术和价格成本都非常高，一般不建议采用，但是其传输损耗是所有光纤材料中最小的。
- 由多成分光导玻璃纤维材质制作的光纤性价比最高。目前，用户通常使用的就是这种光导纤维。
- 由塑料纤维制造的光纤传输损耗最大，但是成本较低，一般只用于短距离通信。

2. 光纤的构成

要想真正了解光纤的构成，不妨将光纤横向切断，其横截面由光纤芯、包层和保护层三部分组成，如图 2-9（b）所示。其中，光纤芯为光通路；包层由多层反射玻璃纤维构成，用于将光反射到纤芯上。

3. 光纤的优点

光纤是一种新型的传输介质，与双绞线、同轴电缆相比，具有以下几个突出的优点。

- 通信容量大：从理论上讲，一根仅有头发丝粗细的光纤可以同时传输 1000 亿个话路。虽然目前远远未达到如此高的传输容量，但用一根光纤同时传输 24 万个话路的试验已经取得成功，它比传统的双绞线、同轴电缆、微波等介质要高出几十乃至上千倍以上。一根光纤的传输容量如此巨大，而一根光缆中可以包括几十根甚至上千根光纤，如果再加上波分复用技术把一根光纤当作几根、几十根光纤使用，其通信容量之大就更加惊人了。
- 中继距离长：由于光纤具有极低的衰耗系数（目前商用石英光纤已达 0.19dB/km 以下），若配以适当的光发送与光接收设备，可使其中继距离达数百千米以上。这是传统的电缆（1.5km）、微波（50km）等根本无法与之相比拟的。因此光纤通信特别适用于长途一、二级干线通信。据报道，用一根光纤同时传输 24 万个话路、100km 无中继的试验已经取得成功。此外，已在进行的光孤子通信试验，已达到传输 120 万个话路、6000km 无中继的水平。因此，在不久的将来实现全球无中继的光纤通信是完全可能的。
- 保密性能好：光波在光纤中传输时只在其芯区进行，基本上没有光"泄露"出去，因此其保密性能极好。
- 适应能力强：适应能力强是指，不怕外界强电磁场的干扰、耐腐蚀，可挠性强（弯曲半径大于 25cm 时其性能不受影响）等。
- 体积小、重量轻、便于施工维护：光缆的铺设方式方便灵活，既可以直埋、管道铺设，又可以在水底和架空铺设。
- 原材料来源丰富，潜在价格低廉：制造石英光纤的最基本原材料是二氧化硅，来自石英砂，而石英砂在大自然界中几乎是取之不尽、用之不竭的。因此其潜在价格是十分低廉的。

2.3.2 光纤的种类

光纤的分类方式很多，如按光在光纤中的传输模式可分为单模光纤和多模光纤；按最佳传输频率窗口可分为常规型单模光纤和色散位移型光纤；按折射率分布情况可分为突变型和渐变型光纤，但最常见的还是第一种分类方法。下面对其进行介绍。

1. 多模光纤

多模光纤的中心玻璃芯较粗，一般为 50μm 或 62.5μm，可传输多种模式的光。但其模间色散较大，限制了传输数字信号的频率，而且随距离的增加会更加严重。因此，多模光纤传输的距离比较近，一般只有几千米。

多模光纤分为梯度型多模光纤和阶跃型多模光纤。其中，前者选用材料的纯度好，芯径也比阶跃型小，因此实际传输效果较好。

2．单模光纤

单模光纤的中心玻璃芯很细，一般为 9μm 或 10μm，只能传输一种模式的光。这是与多模光纤最大的区别，正因为如此，单模光纤的模间色散很小，对光源的谱宽和稳定性的要求较高，适用于远程通信。

单模光纤和多模光纤的主要区别在于光线在光纤内的传播方式不同，如图 2-10 所示。单模光纤的传输性能优于多模光纤，但价格也较昂贵，多用于长距离、大容量的主干光缆传输系统，一般的局域网中多使用多模光纤。

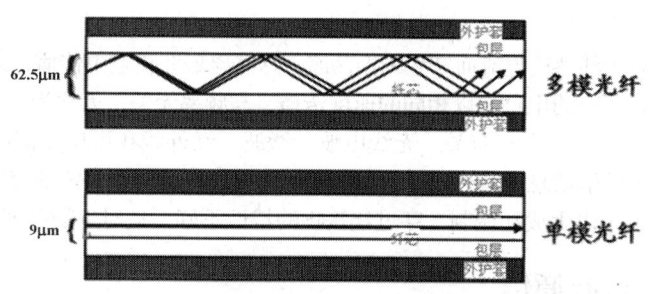

图 2-10　光在单模光纤和多模光纤内的传播方式

2.3.3　光纤通信系统

目前在局域网中实现的光纤通信是一种光电混合式的通信结构。通信终端的电信号与光缆中传输的光信号之间要进行光电转换。光电转换通过光电转换器完成，如图 2-11 所示。

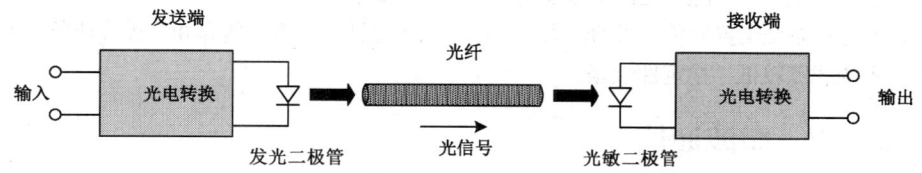

图 2-11　光纤通信系统

在发送端，电信号通过发送器转换为光脉冲在光缆中传输。到了接收端，接收器把光脉冲还原为电信号送到通信终端。由于光信号目前只能单方向传输，所以，目前光纤通信系统通常都是用双芯光纤，一芯用于发送信号，一芯用于接收信号。

2.3.4　光纤的连接方式

目前，光纤主要应用在大型的局域网中用作主干线路，主要有三种连接方式。

- 活动连接：将光纤接入连接头并插入光纤插座。连接头要损耗 10%～20%的光，但是重新配置系统很容易。
- 应急连接：用机械方法将光纤接合，方法是小心地将两根切割好的光纤的一端放在一个套管中，然后钳起来。该方法的特点是连接迅速可靠，但长期使用会不稳定，衰减也会大幅度增加，只能短时间应急用。可以调整光纤以使信号达到最强。这种连接方式会损失大约 10%的光。

- 永久性连接：将两根光纤的连接点融合在一起，融合形成的光纤和单根光纤是相同的，但也有所衰减。

2.4 无线传输媒介

无线传输介质就是一种不用线缆，而是利用可以穿越外太空的大气电磁波来传输信号的一种传输方式。无线信号不需要物理的媒体，它可以克服线缆限制引起的不便，常用来解决某些布线有困难的区域联网问题。无线传输介质具有不受地理条件限制、建网速度快等特点。目前应用于无线通信的手段主要有无线电短波、超短波、微波、红外线、激光以及卫星通信等。

电磁波是发射天线感应电流而产生的振荡波。这些电磁波在空中传播，最后被感应天线接收。在真空中，所有的电磁波以相同的速度传播，与频率无关，大约为 3×10^8m/s。电磁波可运载的信息量与它的带宽有关。无线电波、微波、红外线和可见光都可以通过调节振幅、频率或相位来传输信息。紫外线、X 射线和伽马射线也可以用来传输信息且可以获得更好的效果，但它们难以生成和调制，穿过建筑物的特性不好，且对生物有害。

2.4.1 短波通信

短波通信，又称高频通信，是以波长为 10～100m 的电磁波进行信号传输的一种通信方式，其工作频率范围在 3～30MHz。短波通信可以通过地表以地波形式传播，也可以通过电离层的反射以天波形式传播。这两种传播形式有其各自的频率范围和传输距离。地波传播时，陆地和海洋均会引起信号的衰损，所以短波一般采用天波形式进行传播。在这种方式下，电波经过电离层与地面之间的多次反射，进行远距离通信。

短波通信系统配置简单，机动性大，广泛应用于电话、电报、传真和广播等业务。但是该通信系统载频较低，稳定性较差。

2.4.2 微波通信

微波通信是指利用频率在 300MHz 到 10GHz 的微波信号进行通信。微波通信沿直线进行信号传播，并且不能穿透障碍物，因此微波通信的主要依靠视距通信，超过视距以后需要中继转发。一般相隔 50km 就需要设置中继站，将电波放大转发而延伸。远距离微波通信通常要经过数十次中继，微波通信频带宽、容量大、广泛应用于各种电信业务的传送。微波的传播如图 2-12 所示。

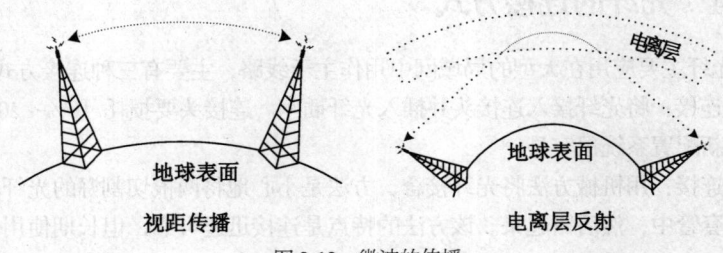

图 2-12 微波的传播

2.4.3 卫星通信

卫星通信是指利用人造卫星进行中转的通信方式。通信卫星一般被发射在赤道上方 3.6 万千米的同步轨道上，与地球的自转同步运行。

1. 通信波段

最适合卫星通信的频率是 1～10GHz 的微波频段。卫星收发信号的频率范围一般都很宽，每个异频雷达收发机处理一个特定范围内的信号。为避免干扰，上行和下行分别使用不同的频率。表 2-2 列出卫星通信四个常用波段的上行频率和下行频率。

表 2-2 常用卫星通信频率

波段	上行频率（GHz）	下行频率（GHz）
L	1.6465～1.66	1.545～1.5585
C	5.925～6.425	3.7～4.2
Ku	14.0～14.5	11.7～12.2
Ka	27.5～30.5	17.7～21.7

在微波频带，整个通信卫星的工作频带约为 500MHz 宽度，为了便于放大发射及减少变调干扰，一般在卫星上设置若干个转发器。每个转发器的工作频带宽度为 36MHz 或 72MHz。卫星通信多采用频分多址复用（FDMA）技术，时分多址复用（TDMA）技术和码分多址复用（CDMA）技术。如图 2-13 所示。

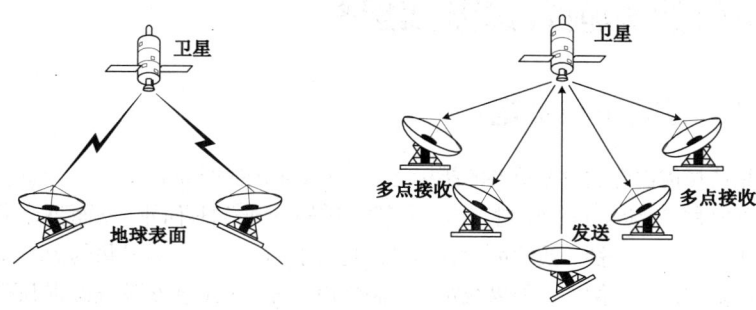

图 2-13 卫星与工作站

2. 卫星通信的特点

卫星通信覆盖范围广，只要在卫星发射的电磁波所覆盖的范围内，任何两点之间都可进行通信。卫星通信容量大，同一信道可用于不同方向或不同区间，同时可在多处接收，能经济地实现广播、多址通信。卫星通信的缺点是传输延时较长，费用较高。

2.4.4 激光通信

激光通信是指用激光束作为信息载体进行空间（包括大气空间、低轨道、中轨道、同步轨道、星际间、太空间）通信。激光空间通信与微波空间通信相比，波长比微波波长明显短，具有高度的相干性和空间定向性。它的特点是：大通信容量、低功耗、体积小、重量轻、高度的保密性、激光空间通信具有较低的建造经费和维护经费。

2.4.5 红外线

无导向的红外线被广泛用于短距离通信，电视、录像机使用的遥控装置都利用了红外线装置。红外线不能穿透坚固的墙壁,这意味着一间房屋里的红外系统不会对其他房间里的系统产生串扰。正是由于这个原因,红外线成为室内无线网的候选对象。在实际应用中,由于红外线具有很高的背景噪声,受日光、环境照明等影响较大,一般要求的发射功率较高,而采用现行技术,特别是 LED,很难获得高的比特速率(>10 Mbit/s)。

2.4.6 蓝牙

蓝牙是一种支持设备短距离通信(一般 10m 内)的无线电技术,能在包括移动电话、PDA、无线耳机、笔记本电脑、相关外设等众多设备之间进行无线信息交换。利用蓝牙技术,能够有效地简化移动通信终端之间的通信,成功地简化设备与 Internet 之间的通信,从而使数据传输更加迅速高效,为无线通信拓宽道路。蓝牙采用分散式网络结构以及快跳频和短包技术,支持点对点及点对多点通信,工作在全球通用的 2.4GHz ISM(即工业、科学、医学)频段。其数据速率为 1Mbit/s,采用时分双工传输方案实现全双式传输。

在这个"网络就是计算机"的时代,伴随着有线网络的广泛应用,以快捷高效,组网灵活为优势的无线网络技术也在飞速发展。无线局域网是计算机网络与无线通信技术相结合的产物。从专业角度讲,无线局域网利用了无线多址信道的一种有效方法来支持计算机之间的通信,并为通信的移动化、个性化和多媒体应用提供了可能。

2.5 网络传输介质的选择

2.5.1 吞吐量和带宽

吞吐量是选择传输介质时最重要的指标之一,它是指在固定时间段内,介质能传输的最大数据量,通常用 Mbit/s 进行度量。由于传输介质的物理特性不同,从而决定了它的最大吞吐量也有所不同。每一种介质的最大吞吐量都是有限的。此外,吞吐量的大小还要受制于噪声和网络设备的性能。例如,如果线路中充满噪声,那么只有更少的线路资源可用于传输数据,系统吞吐量自然就降低了。

带宽能对介质传输的最高频率和最低频率之间的差异进行度量,其范围直接与吞吐量相关。一般来说,带宽越高,吞吐量越大。

2.5.2 网络的成本

在组网的过程中,需要充分考虑网络的成本。不同种类的传输介质的成本是难以准确描述的。它们不仅与硬件有关,而且还与所处的环境场所有关。成本不仅有前期的购买费用,还有后期的维护和扩容费用,需要长远地考虑。

2.5.3 网络传输介质的尺寸和可扩展性

网络传输介质中的每段最大节点数、最大网段长度以及最大连接网段数决定了网络传输介质的尺寸和可扩展性。

1. 每段最大节点数

每段最大节点数与信号衰减有关。在一个网段中,每增加一个设备,势必都将略微衰减信号。为了保证信号清晰，必须对每一个网段限制最大节点数。

2. 网段长度

信号能够传输并仍能被正确解释的最大距离称为最大网段长度。这是因为信号在传输一定的距离后，可能因损失太多以至于无法被正确解释。若超过最大网段长度，数据容易发生丢失。由于介质不同，网段长度也不一样。

3. 最大连接网段数

网络中的信号从发送到接收的过程中存在时间延迟。网络中连通设备和所使用的电缆长度也将影响时间延迟。当连接多个网段时，同样也会增加网络上的时间延迟。限制网络中的最大连接网段数，就是为了限制网络中的时间延迟，避免发生过多的错误。

2.5.4 连接器的通用性

连接电缆线与网络设备的硬件称为连接器。网络中的文件服务器、工作站、交换机或打印机等设备统称为网络设备。在前面已经提到，每种网络传输介质都对应一种特定类型的连接器。所使用的连接器的种类将影响网络安装和维护的成本、增加网段和节点的容易度以及维护网络所需的专业技术知识等。

2.5.5 抗干扰性能

网络中的噪声干扰会使数据信号变形，因此传输介质的抗干扰性就显得尤其重要。

无论是何种传输介质，都会遭遇电磁干扰和射频干扰两种噪声干扰。对任何一种噪声都能够采取措施限制它对网络的干扰。例如，可以远离强大的电磁源进行布线，电缆可以通过屏蔽、加厚或抗噪声算法获得更佳的抗噪性。

2.5.6 安装的灵活性和方便性

在选择网络传输介质时，是否灵活安装也是需要认真考虑的问题，因为这直接关系到施工的复杂程度。如组建一个公司局域网，可能选择双绞线和同轴电缆两种传输介质，考虑安装的灵活性和方便程度，可以选择双绞线，因为同轴电缆的安装比较复杂，而且其扩充性能也有缺陷。

2.5.7 计算机系统间距

所有传输介质都有传输距离上的限制。大多数大型网络会组合使用各种类型的传输介质。一般情况下，距离较短的采用同轴电缆即可，而距离较长的则需要使用光缆或卫星通信。

2.5.8 地理环境

位置也是一个限制因素。易产生电磁干扰或射频干扰噪声的环境，要求采用的介质具有很好的抗干扰能力。如网络建在机械车间，最好选用抗干扰能力较强的屏蔽双绞线或光缆等。

2.6 本章小结

在组网过程中，使用的传输介质既可以是有线的也可以是无线的。有线的传输介质主要有双绞线、同轴电缆和光纤。各种传输介质使用的连接方法各不相同，双绞线一般使用 RJ-45 连接器，按照 EIA/TIA 568A 或 568B 标准进行连接。同轴电缆使用插入式分接头或 BNC 连接头进行连接。光纤使用 FC 圆形带螺纹、SC 卡接式方形、ST 卡接式圆形和 MU 等多种不同的光纤连接器进行连接。

通过本章的学习，要求大家必须熟练掌握双绞线的连接方法，了解其他几种网络传输介质的特点。

2.7　上机实训

双绞线的连接与测试

实训目的：掌握双绞线的连接与测试
实训器材：测线仪、压线钳、非屏蔽双绞线、RJ-45 水晶头
实训内容如下。
（1）了解 TIA/EIA 标准（见图 2-14）
568A 标准线序：绿白　绿　橙白　蓝　蓝白　橙　棕白　棕
568B 标准线序：橙白　橙　绿白　蓝　蓝白　绿　棕白　棕

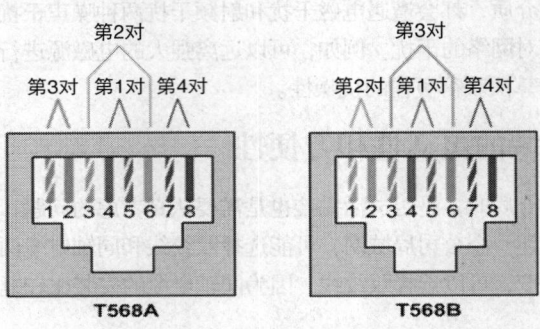

图 2-14　T568A/T568B 线序

（2）何为直通线？何为交叉线？
直通线：双绞线两端所使用的制作线序相同（同为 T568A/T568B）即为直通线；用于连接异种设备，例如：计算机与交换机相连。
交叉线：双绞线两端所使用的制作线序不同（两端分别使用 T568A 和 T568B）即为交叉线；用于连接同种设备，例如：计算机直接相连。
（3）用双绞线制作直通线
① 使用压线钳（见图 2-15）上组刀片轻压双绞线并旋转，剥去双绞线两端外保护皮 2～5cm；
② 按照线序中白线顺序分开四组双绞线，并将此四组线排列整齐；
③ 分别分开各组双绞线并将已经分开的导线逐一捋直待用；
④ 导线分开后交换四号线与六号线位置；
⑤ 将导线收集起来并上下扭动，以达到让他们排列整齐的目的；
⑥ 使用压线钳下组刀片截取 1.5cm 左右排列整齐的导线；

⑦ 将导线并排送入水晶头；
⑧ 使用压线钳凹槽压制排列整齐的水晶头即可。

各步骤注意事项如下。

① 剥去外保护皮时，注意压线钳力度不宜过大，否则容易伤害到导线；
② 四组线最好在导线的底部排列在同一个平面上，以避免导线的乱串；
③ 捋直的作用是便于最后制作水晶头；
④ 交换 4 号线和 6 号线位置是为了达到线序要求；
⑤ 上下扭动能够使导线自然并列在一起；
⑥ 导线顺序：面向水晶头引脚，自左向右的顺序；
⑦ 压制的力度不宜过大，以免压碎水晶头；压制前观察前横截面是否能看到铜芯、侧面是否整条导线在引脚下方、双绞线外保护皮是否在三角楞的下方，符合以上三个条件后方可压制。

（4）双绞线的测试

直通线：测线仪（见图 2-16）指示灯 1-1、2-2、3-3、4-4、5-5、6-6、7-7、8-8 显示即为测试成功；

交叉线：测线仪指示灯 1-3、2-6、3-1、4-4、5-5、6-2、7-7、8-8 显示即为测试成功。

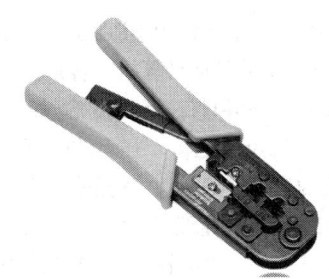

图 2-15　压线钳

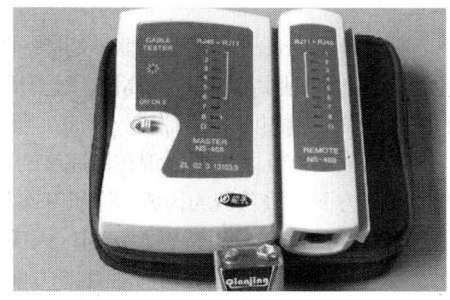

图 2-16　测线仪

（5）实验总结

通过本次实验，掌握了双绞线的制作与测试过程，认识了包括压线钳、测线仪等仪器和制作工具，达到了教学目的。

2.8　思考与练习

1. 双绞线有哪些类型？每种类型有什么特点？
2. 同轴电缆有什么特点？
3. 双绞线有哪两种连接方法？它们有什么区别？
4. 常见的无线传输介质有哪几种？每种的传输性能怎样？
5. 选择网络传输介质时应该考虑哪些方面？

第3章 常用的网络设备

3.1 服务器

3.1.1 服务器概述

服务器(Server)也称伺服器,是指一个能够有效管理资源并且为用户提供服务和资源共享的计算机。它是网络环境中的高性能计算机,它能够侦听网络上的其他计算机(客户机)提交的服务请求,并提供相应的服务。为此,服务器必须具有承担服务并且保障服务的能力。

服务器的高性能主要体现在高速度的运算能力、长时间的可靠运行、强大的外部数据吞吐能力等方面。服务器的构成与微机基本相似,有处理器、硬盘、内存、系统总线等,它们是针对具体的网络应用特别制定的,因而服务器与普通计算机在处理能力、稳定性、可靠性、安全性、可扩展性、可管理性等方面存在比较大的差异。常用的服务器有文件服务器(能使用户在其他计算机访问文件)、数据库服务器和应用程序服务器等。

3.1.2 服务器的分类

1. 按体系架构来划分

按照体系架构来划分,服务器主要有以下两类。

(1)非X86服务器

主要包括大型机、小型机和Unix服务器,这种服务器价格昂贵,体系封闭,但是稳定性好,性能强,主要用在金融、电信等大型企业的核心系统中。

(2)X86服务器

X86服务器就是通常所说的PC服务器,它是基于PC体系结构,使用Intel或其他兼容X86指令集的处理器芯片和Windows操作系统的服务器。这类服务器价格便宜、兼容性好,但是其稳定性较差、安全性不算太高,主要用在中小企业和非关键业务中。

2. 按服务器的综合性能划分

按服务器的综合性能划分,可以分为入门级服务器、工作组服务器、部门级服务器和企业级服务器。

(1)入门级服务器

这类服务器是最基础的一类服务器,也是最低档的服务器。随着PC技术的日益提高,许多入门级服务器与 PC 的配置差不多，所以也有部分人认为入门级服务器与"PC 服务器"等同。这类服务器所包含的服务器特性并不是很多，通常只具备以下几方面特性。
- 有一些基本硬件的冗余，如硬盘、电源、风扇等，但不是必需的。
- 通常采用 SCSI 接口硬盘，也有采用 SATA 接口的。
- 部分部件支持热插拔，如硬盘和内存等，这些也不是必需的。
- 通常只有一个 CPU，但不是绝对。
- 内存容量最大支持 16G。

这类服务器主要采用 Windows 网络操作系统，可以充分满足办公室型的中小型网络用户的文件共享、数据处理、Internet 接入及简单数据库应用的需求。这种服务器与一般的 PC 很相似，有很多小型公司干脆就用一台高性能的品牌 PC 作为服务器，所以这种服务器无论在性能上，还是价格上都与一台高性能 PC 品牌机相差无几。

入门级服务器所连的终端比较有限（通常为 20 台左右），由于它在稳定性、可扩展性以及容错冗余等方面的性能较差，因此仅适用于没有大型数据库数据交换、日常工作网络流量不大，无需长期不间断开机的小型企业。

（2）工作组服务器

工作组服务器是一个比入门级服务器高一个层次的服务器，但仍属于低档服务器之类。从这个名字也可以看出，它只能连接一个工作组（50 台左右）那么多用户，网络规模较小，服务器的稳定性、可扩展性等其他性能方面也比企业级服务器要低很多。工作组服务器具有以下几方面的主要特点。
- 通常仅支持单或双 CPU 结构的应用服务器（但也不是绝对的，特别是 SUN 的工作组服务器就有能支持多达 4 个处理器的工作组服务器，当然这类型的服务器价格方面也就有些不同了）。
- 可支持大容量的内存。
- 功能较全面、可管理性强，且易于维护。
- 采用 Intel 服务器 CPU 和 Windows/NetWare 网络操作系统，但也有一部分是采用 Unix 系列操作系统的。
- 可以满足中小型网络用户的数据处理、文件共享、Internet 接入及简单数据库应用的需求。

工作组服务器较入门级服务器来说性能有所提高，功能有所增强，有一定的可扩展性，但容错和冗余性能仍不完善，也不能满足大型数据库系统的应用，但价格也比前者贵许多，一般相当于两三台高性能的 PC 品牌机总价。

（3）部门级服务器

这类服务器是属于中档服务器，一般都是支持双 CPU 以上的对称处理器结构，具备比较完全的硬件配置，如磁盘阵列、存储托架等。部门级服务器的最大特点就是，除了具有工作组服务器的全部特点外，还集成了大量的监测及管理电路，具有全面的服务器管理能力，可监测如温度、电压、风扇、机箱等状态参数，结合标准服务器管理软件，使管理人员及时了解服务器的工作状况。同时，大多数部门级服务器具有优良的系统扩展性，能够满足用户在业务量迅速增大时能够及时在线升级系统，充分保护了用户的投资。它是中型企业的首选，也可用于金融、邮电等行业。

部门级服务器一般采用 IBM、SUN 和 HP 各自开发的 CPU 芯片，所采用的操作系统一般是 Unix 系列操作系统，Linux 也在部门级服务器中得到了广泛应用。

部门级服务器可连接 100 个左右的计算机用户，适用于对处理速度和系统可靠性高一些的中小型企业网络，其硬件配置相对较高，其可靠性比工作组级服务器要高一些，当然其价格也较高（通常为 5 台左右高性能 PC 价格总和）。由于这类服务器需要安装比较多的部件，所以机箱通常较大，采用机柜式的。

（4）企业级服务器

企业级服务器属于高档服务器行列，正因如此，能生产这种服务器的企业也不是很多，但同样因没有行业标准硬件规定企业级服务器需达到什么水平，所以也看到了许多本不具备开发、生产企业级服务器水平的企业声称自己有了企业级服务器。企业级服务器最起码是采用 4 个以上 CPU 的对称处理器结构，有的高达几十个。

另外，企业级服务器一般还具有独立的双 PCI 通道和内存扩展板设计，具有高内存带宽、大容量热插拔硬盘和热插拔电源、超强的数据处理能力和群集性能等。这种企业级服务器的机箱就更大了，一般为机柜式的，有的还由几个机柜来组成，像大型机一样。企业级服务器产品除了具有部门级服务器全部服务器特性外，最大的特点就是它还具有高度的容错能力、优良的扩展性能、故障预报警功能、在线诊断和 RAM、PCI、CPU 等具有热插拔性能。有的企业级服务器还引入了大型计算机的许多优良特性。这类服务器所采用的芯片也都是几大服务器开发、生产厂商自己开发的独有 CPU 芯片，所采用的操作系统一般也是 Unix 或 Linux 操作系统。

企业级服务器适合运行在需要处理大量数据、高处理速度和对可靠性要求极高的金融、证券、交通、邮电、通信或大型企业。企业级服务器用于联网计算机在数百台以上、对处理速度和数据安全要求非常高的大型网络。企业级服务器的硬件配置最高，系统可靠性也最强。

服务器中配置固态硬盘已经是一个普遍的选择，特别是，如果只有很小比例的服务器存在性能问题的话尤其如此。固态硬盘可以帮助用户解决服务器性能的瓶颈。固态硬盘也可以让高速存储更加接近处理器，并将共享存储网络这个潜在的瓶颈剔除掉。目前有三种固态硬盘的形式作为达标：即硬盘驱动型 SSD、SSD DIMM 和 PCIs SSD。

3．按服务器的外形划分

按服务器的外形来划分，可以分为机架式服务器、刀片式服务器、塔式服务器和机柜式服务器。

（1）机架式服务器

机架式服务器的外形看来不像计算机，而像交换机，有 1U（1U=1.75 英寸=4.445cm）、2U、4U 等规格。机架式服务器安装在标准的 19 英寸机柜里面。这种结构的服务器多为功能型服务器，如图 3-1 所示。

对于信息服务企业（如 ISP/IDC）而言，选择服务器时首先要考虑服务器的体积、功耗、发热量等物理参数。因为信息服务企业通常使用大型专用机房统一部署和管理大量的服务器资源，机房通常设有严密的保安措施、良好的冷却系统、多重备份的供电系统，其机房的造价相当昂贵。如何在有限的空间内部署更多的服务器直接关系到企业的服务成本，通常选用机械尺寸符合 19 英寸工业标准的机架式服务器。机架式服务器也有多种规格，例如 1U、2U、4U、6U、8U 等。通常 1U 的机架式服务器最节省空间，但性能和可扩展性较差，适合一些业务相对固定的使用领域。4U 以上的产品性能较高，可扩展性好，一般支持 4 个以上的高性能处理器和大量的标准热插拔部件。管理也十分方便，厂商通常提供以相应的管理和监控工具，适合大访问量的关键应用，但体积较大，空间利用率不高。

（2）刀片式服务器

刀片式服务器是指，在标准高度的机架式机箱内可插装多个卡式的服务器单元，实现高可用和高密度。每一块"刀片"实际上就是一块系统主板。它们可以通过"板载"硬盘启动自己的操作系统，如 Windows NT/2000、Linux 等，类似于一个个独立的服务器，在这种模式下，每一块母板运行自己的系统，服务于指定的不同用户群，相互之间没有关联，因此相较于机架式服务器和机柜式服务器，单片母板的性能较低。不过，管理员可以使用系统软件将这些母板集合成一个服务器集群。在集群模式下，所有的母板可以连接起来提供高速的网络环境，并同时共享资源，为相同的用户群服务。在集群中插入新的"刀片"，就可以提高整体性能。而由于每块"刀片"都是热插拔的，所以，系统可以轻松地进行替换，并且将维护时间减少到最短，如图 3-2 所示。

图 3-1　机架式服务器（4U）

图 3-2　刀片式服务器

（3）塔式服务器

塔式服务器是最常见的也是使用率最高的一种服务器，它的外形以及结构跟我们平时使用的立式 PC 机差不多。当然，由于服务器的主板扩展性较强、插槽也多出一堆，所以个头比普通主板大一些，因此塔式服务器的主机机箱也比标准的 ATX 机箱要大，一般都会预留足够的内部空间以便日后进行硬盘和电源的冗余扩展，如图 3-3 所示。

平时常说的通用服务器一般都是塔式服务器，它可以集多种常见的服务应用于一身，不管是速度应用还是存储应用都可以使用塔式服务器来解决。

（4）机柜式服务器

在一些高档企业服务器中由于内部结构复杂，内部设备较多，有的还具有许多不同的设备单元或几个服务器都放在一个机柜中，这种服务器就是机柜式服务器。机柜式通常由机架式、刀片式服务器再加上其他设备组合而成，如图 3-4 所示。

图 3-3　塔式服务器

图 3-4　机柜式服务器

对于证券、银行、邮电等重要企业，则应采用具有完备的故障自修复能力的系统，关键部件应采用冗余措施，对于关键业务使用的服务器，也可以采用双机热备份高可用系统或者是高性能计算机，这样的系统可用性就可以得到很好的保证。

网络服务器是网络环境下能为网络用户提供集中计算、信息发表及数据管理等服务的专用计算机。根据不同的计算能力，服务器又分为工作组级服务器、部门级服务器和企业级服务器。服务器操作系统是指运行在服务器硬件上的操作系统。服务器操作系统需要管理和充分利用服务器硬件的计算能力,并提供给服务器硬件上的软件使用。

广义上讲,服务器是指网络中能对其他机器提供某些服务的计算机系统(如果一个 PC 对外提供 FTP 服务,也可以叫服务器)。从狭义上来讲,服务器是专指某些高性能计算机,能够通过网络,对外提供服务。相对于普通 PC 来说,在稳定性、安全性、可靠性等方面都要求更高,因此 CPU、芯片组、内存、磁盘系统、网络等硬件和普通 PC 有所不同。

网络服务器要更好地服务于用户,必须配备相应的网络操作系统。根据服务器硬件配置的不同、提供服务种类的不同、所处网络规模的不同、面向用户数量的不同以及对安全性的要求不同,要求选择配置不同的网络操作系统。

3.1.3 网络操作系统概述

1. 网络操作系统的含义

操作系统是计算机系统中负责提供应用程序的运行环境以及用户操作环境的系统软件,同时也是计算机系统的核心与基石。它的职责包括对硬件的直接监管、对各种计算资源的管理,以及提供诸如作业管理之类的面向应用程序的服务等。

网络操作系统除了能够实现单机操作系统全部功能外,还具备管理网络中的共享资源、实现用户通信以及方便用户使用网络等功能,是网络的心脏和灵魂。网络操作系统是网络用户与计算机网络之间的接口,是计算机网络中管理一台或多台主机的软硬件资源、支持网络通信、提供网络服务的程序集合。

网络操作系统是在网络环境下实现对网络资源的管理和控制的操作系统,是用户与网络资源之间的接口。网络操作系统建立在独立的操作系统之上,为网络用户提供使用网络系统资源的桥梁。在多个用户争用系统资源时,网络操作系统进行资源调剂管理,它依靠各个独立的计算机操作系统对所属资源进行管理,协调和管理网络用户进程或程序,与联机操作系统进行交互。

2. 网络操作系统的特点

网络操作系统的功能相当强大,概括起来主要有以下几个方面。

- 网络操作系统具有操作系统的特征,如支持处理机、协议、自动硬件检测以及应用程序的多重处理。
- 网络操作系统允许在不同的硬件平台上安装和使用,能够支持各种网络协议和网络服务。同时,还提供文件、打印和 Web 等服务。
- 网络操作系统提供必要的网络连接支持,能够连接两个不同的网络。此外,网络操作系统还支持用户管理,可以为用户提供登录和离开网络、远程访问、系统管理以及图形接口等管理服务。
- 网络操作系统提供多用户协同工作的支持,是具有多种网络设置、管理的工具软件,能够方便地完成网络管理。
- 网络操作系统安全性很高,能够进行系统安全性保护和各类用户的存取权限控制,同时,网络操作系统有很高的聚集能力和容错能力。

3.1.4 常用的网络操作系统

1. Windows Server 系列网络操作系统

Windows Server 系列网络操作系统是全球最大的软件开发商——Microsoft(微软)公司开发的。微软公司的 Windows 系统不仅在个人操作系统中占有绝对优势,它在网络操作系统中也是具有非常强劲的力量。这类操作系统配置在整个局域网配置中是最常见的，但由于其稳定性能不是很高，所以微软的网络操作系统一般只是用在中低档服务器中，高端服务器通常采用 Unix、Linux 或 Solaris 等操作系统。在局域网中，微软的网络操作系统主要有：Windows Server 2003、Windows Server 2008、Windows Server 2014。

Windows Server 2008 是目前小型局域网中使用比较多的网络操作系统，它内置的 Web 和虚拟化技术，可增强服务器基础结构的可靠性和灵活性。新的虚拟化工具、Web 资源和增强的安全性可节省时间、降低成本，并且向用户提供了一个动态而优化的数据中心平台。强大的新工具，如ⅡS7、Windows Server Manager 和 Windows PowerShell，能够加强对服务器的控制，并简化 Web、配置和来之不易的任务。先进的安全性和可靠性增加功能，可加强服务器操作系统安全性并保护服务器环境，确保坚实的业务基础。

本章中常用网络服务器的配置主要针对中小型局域网中常用服务器的配置，因此都选用 Windows Server 2008 为操作配置平台。

2．Unix 网络操作系统

Unix 是一个通用的、多用户的、交互型的操作系统，以其良好的网络管理功能为广大用户所称赞。这种网络操作系统稳定和安全性能非常好，但由于它多数是以命令方式来进行操作的，不容易掌握，特别是初级用户。正因如此，小型局域网基本不使用 Unix 作为网络操作系统，Unix 一般用于大型的网站或大型的企、事业局域网中。Unix 网络操作系统历史悠久，其良好的网络管理功能已为广大网络用户所接受，拥有丰富的应用软件的支持。目前 Unix 网络操作系统的版本有：AT&T 和 SCO 的 UNIXSVR3.2、SVR4.0 和 SVR4.2 等。Unix 本是针对小型机主机环境开发的操作系统，是一种集中式分时多用户体系结构。因其体系结构不够合理，Unix 的市场占有率呈下降趋势。

3．Linux 网络操作系统

这是一种新型的网络操作系统，它的最大的特点就是源代码开放，可以免费得到许多应用程序。目前也有中文版本的 Linux，如 Red Hat（红帽子）、红旗 Linux 等。在国内得到了用户充分的肯定，主要体现在它的安全性和稳定性方面，它与 Unix 有许多类似之处。但目前这类操作系统目前使仍主要应用于中、高档服务器中。

总的来说，对特定计算环境的支持使得每一个操作系统都有适合于自己的工作场合，这就是系统对特定计算环境的支持。例如，Windows 2000 Professional 适用于桌面计算机，Linux 目前较适用于小型的网络，而 Windows 2000 Server 和 Unix 则适用于大型服务器应用程序。因此，对于不同的网络应用，需要我们有目的地选择合适的网络操作系统。

3.1.5 选择服务器应考虑的因素

1．可扩展性

服务器必须具有一定的"可扩展性"，这是因为企业网络不可能长久不变，特别是在当今信息时代。如果服务器没有一定的可扩展性，当用户数量一旦增多而服务器无法承担负载任务量的话，一台价值几万、甚至几十万的服务器在短时间内就要遭到淘汰，这是任何企业都无法承受的。为了保持可扩展性，通常需要在服务器上具备一定的可扩展空间和冗余件（如磁盘阵列架位、PCI 和内存条插槽位等）。

可扩展性具体体现在硬盘是否可扩充，CPU 是否可升级或扩展，系统是否支持 Windows、Linux 或 Unix 等多种可选主流操作系统等方面，只有这样才能保持前期投资为后期充分利用。

2．易使用性

服务器的功能相对于 PC 来说复杂许多，不仅指其硬件配置，更多的是指其软件系统配置。服务器要实现如此多的功能，没有全面的软件支持是无法想象的。但是软件系统一多，又可能造成服务器的使用性能下降，管理人员无法有效操纵。所以许多服务器厂商在进行服务器的设计时，除了在服务器的可用性、稳定性等方面要充分考虑外，还必须在服务器的易使用性方面下足功夫。

服务器的易使用性主要体现在服务器是不是容易操作，用户导航系统是不是完善，机箱设计是不是人性化，有没有关键恢复功能，是否有操作系统备份，以及有没有足够的培训支持等方面。

3．可用性

对于一台服务器而言，一个非常重要的方面就是它的"可用性"，即所选服务器能满足长期稳定工作的要求，不能经常出问题。

因为服务器所面对的是整个网络的用户，而不是单个用户，在大中型企业中，通常要求服务器是永不中断的。在一些特殊应用领域，即使没有用户使用，有些服务器也得不间断地工作，这就是要求服务器必须具备极高的稳定性。

一般来说，一些专用的服务器，如大公司所用服务器、网站服务器，以及提供公众服务的 Web 服务器等，其工作开机的次数只有一次，那就是它刚买回全面安装配置好后投入正式使用的那一次，此后，它要一直不间断地工作，直到彻底报废。如果服务器动不动就出毛病，那么网络就不能保持长久正常运作。为了确保服务器具有高的"可用性"，除了要求各配件质量过关外，还可采取必要的技术和配置措施，如硬件冗余、在线诊断等。

4．易管理性

在服务器的主要特性中，还有一个重要特性，那就是服务器的"易管理性"。虽然我们说服务器需要不间断地持续工作，但再好的产品都有可能出现故障，正如人们常说的一句话：不是不知道它可能坏，而是不知道它何时坏。服务器虽然在稳定性方面有足够保障，但也应有必要的避免出错的措施，以及时发现问题，而且出了故障也能及时得到维护。这不仅可减少服务器出错的机会，同时还可大大提高服务器维护的效率。

服务器的易管理性还体现在服务器有没有智能管理系统，有没有自动报警功能，是不是有独立于系统的管理系统，有没有液晶监视器等方面。只有这样，管理员才能轻松管理，高效工作。

3.2 网卡

网卡又叫网络接口卡（Network Interface Card，NIC），也称为网络适配器（Network Adapter），它是计算机与外部局域网进行连接的主要部件。

3.2.1 网卡的功能

网卡是工作在数据链路层的网络设备，是局域网中连接计算机和传输介质的接口，不仅能实现与局域网传输介质之间的物理连接和电信号匹配，还涉及帧的发送与接收、帧的封装与拆封、介质访问控制、数据的编码与解码以及数据缓存等功能。

网卡上有处理器和存储器（包括 RAM 和 ROM）。网卡和局域网之间的通信是通过电缆或双绞线以串行传输方式进行的。而网卡和计算机之间的通信则是通过计算机主板上的 I/O 总线以并行传输方式进行。因此，网卡的一个重要功能就是要进行串行/并行转换。由于网络上的数据率和计算机总线上的数据率并不相同，因此在网卡中必须装有对数据进行缓存的存储芯片和处理器。

网卡最主要的功能就是数据的封装与解封。即，当它发送数据时会将上一层传递过来的数据加上首部和尾部，形成以太网的帧，然后进行发送，接收时会将以太网的帧剥去首部和尾部，然后送交给上一层，完成数据的接收。网卡如图 3-5 所示。

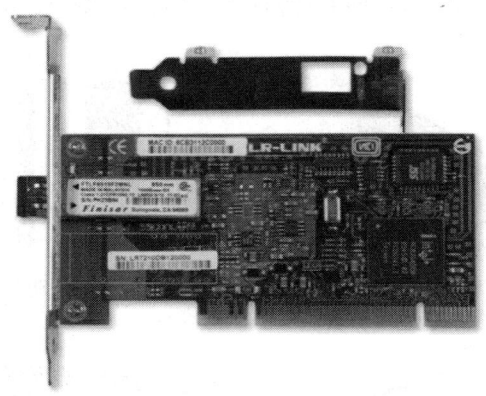

图 3-5　网卡

3.2.2　网卡的分类

网卡的种类较多，根据不同的标准，有不同的分类方法。一般将网卡分为有线网卡和无线网卡。

1．有线网卡

有线网卡是指必须通过有线传输介质才能连入到网络中的网卡，主要包括以下三种类型。

- 集成网卡：集成网卡也就是集成在主板上的网络芯片，现在的主板上都有集成网卡，它也是目前个人计算机的主流网卡类型，如图 3-6（a）所示。
- PCI 网卡：主要由网络芯片、网线接口和金手指等部分组成，如图 3-6（b）所示，在过去使用非常广泛，具有价格低廉和工作稳定等优点。
- USB 网卡：其特点是体积小，携带方便，可以插在计算机的 USB 接口中使用，即插即用，非常适合经常出差的用户，如图 3-6（c）所示。

（a）集成网卡

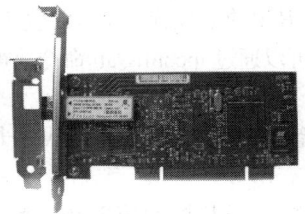
（b）PCI 网卡

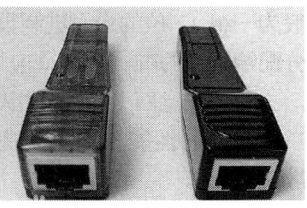
（c）USB 网卡

图 3-6　不同类型的有线网卡

2. 无线网卡

无线网卡是无线网络信号覆盖下通过无线连接网络进行上网使用的无线终端设备。有了无线网卡，还需要一个可以连接的无线网络，如果有无线路由器或者无线 AP 的覆盖，就可以通过无线网卡以无线的方式连接无线网络上网。目前的无线网卡主要包括以下 4 种类型。

- PCI 网卡：这种无线网卡需要安装在主板 PCI 插槽中使用，如图 3-7（a）所示。
- USB 网卡：功能和 USB 有线网卡相同，如图 3-7（b）所示。
- PCMCIA 网卡：一种笔记本电脑专用的外接无线网卡，如图 3-7（c）所示。
- MINI-PCI 网卡：这种无线网卡通常内置在笔记本电脑中，如图 3-7（d）所示。

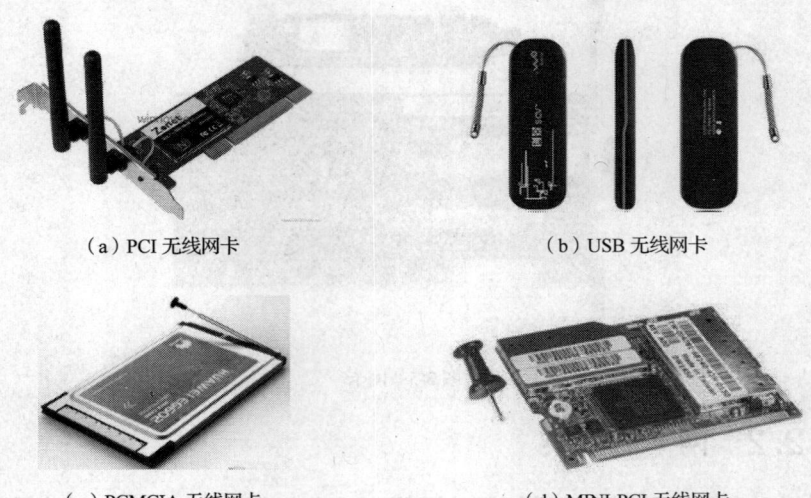

（a）PCI 无线网卡　　　　　　　　（b）USB 无线网卡

（c）PCMCIA 无线网卡　　　　　　（d）MINI-PCI 无线网卡

图 3-7　不同类型的无线网卡

3.2.3　网卡的选择

网卡在计算机网络中扮演着十分重要的角色，因此，选择一款性能良好的网卡能够保证网络稳定、正常地运行。在选择网卡时，需要注意以下几个方面。

（1）留意网卡的编号

每块网卡都有一个属于自己的物理地址，该物理地址又称 MAC 地址，负责与用户直接连接，并进行网卡用户识别，网卡物理地址对应实际信号传输过程。网卡的编号是全球唯一的，未经有关部门许可厂家无权生产网卡。在购买网卡时，一定要注意网卡的编号。

正规厂家生产的网卡上都直接标明了该网卡所拥有的卡号，即该网卡的 MAC 地址，一般为一组 12 位的十六进制数，其中前 6 位代表网卡的生产厂商，后 6 位是由生产厂商自行分配给网卡的唯一号码。卡号可以通过 ipconfig/all 命令获得。

（2）注意网卡的性能指标

网卡的性能指标主要是指传输速率，如果是无线网卡，还需要注意其传输稳定性和散热性。

- 传输速率：网卡与网络交换数据的速度频率，主要有 10Mbit/s、100Mbit/s 和 1000Mbit/s 等几种。10Mbit/s 经换算后实际的传输速率为 1.25Mbit/s，100Mbit/s 经换算后实际的传输速率为 12.5Mbit/s，1000Mbit/s 经换算后实际的传输速率为 125Mbit/s。

- 传输稳定性：目前网卡的生产被几大厂商所垄断，不同产品之间的实际差距并不大，但是选择主流品牌产品才能保证信号传输的稳定。
- 散热性：散热性是无线网卡的另一个重要指标，在狭小的 PCMCI 插槽中，无线网卡如果连续长时间使用，那么其发热量必须足够小，否则容易导致产品加速老化，甚至频繁掉线。

（3）注意网卡的工作模式

通常情况下，网卡有全双工和半双工两种工作模式，与此对应的是全双工网卡和半双工网卡。

- 全双工网卡：网卡在向网络中发送数据的同时，也能从网络中接收数据，发送和接收互不影响，能够同时进行，提高了网卡的使用效率。
- 半双工网卡：网卡在某个时间点上，只能单一地完成向网络发送数据或从网络接收数据的工作，不能同时发送和接收数据。

（4）查看网卡的做工

正规厂商生产的网卡做工精良，用料和布线都十分精细，接口明亮，光泽无晦涩感，很少出现虚焊现象，而且产品中附带有精美包装和详细的说明书、配套安装盘，以及为方便用户使用的各种配件。而质量差的网卡产品，其包装粗糙无光，更没有详细的使用说明。用户在选择时需要仔细查看。

（5）注重品牌

常见的网卡主流品牌有 TP-LINK、水星、D-Link、腾达、迅捷网络、Netcore、华硕和 IP-COM 等，这几家网卡的品质都有保证。

除了上面介绍的几个方面外，在选购网卡时还应注意其是否支持自动网络唤醒功能、是否支持远程启动。此外，也不能缺少驱动程序的支持。

3.3 中继器和集线器

3.3.1 中继器

中继器（Repeater）工作在 OSI 模型的物理层，其功能是在不同电缆段之间转发位信号。网络中的物理信号会随着传输距离的增加而衰减，因此物理网络的覆盖范围会由于所使用的传输介质和信号类型而受到限制。为了扩大信号的传输距离，可以采用中继器对信号进行整理放大，如图 3-8 所示。

中继互连的实质是对网络进行距离上的物理扩展。中继器接收物理网络上的所有信号（包括冲突信号），经过整理、再生、放大，再发送出去，从而扩展网络的范围。中继器将原本分离的多个较小的物理网络（或网段）合并成一个较大的物理网络。

中继器只能用于连接两个相同的局域网，其作用是把一个局域网中传输的电信号增强后再传送到另一个局域网上。它要求所连网络必须是同类型的，而且必须采用相同的协议和速率。因此，从严格的意义上讲，中继器只是扩展了网络的范围，不是真正的网络互连。

图 3-8　中继器

3.3.2 集线器

集线器的英文为"Hub",表示"中心"的意思。集线器是物理层设备,与网卡、网线等同属于局域网中的基础设备,采用 CSMA/CD 访问方式。集线器实际上是中继器的一种,它们的区别仅在于集线器能够提供更多的端口服务,因此集线器又称为多端口中继器,如图 3-9 所示。

图 3-9 集线器

集线器属于纯硬件网络底层设备,是一种不需任何软件支持或只需很少管理软件管理的硬件设备。集线器的主要功能是对接收到的信号进行再生、整形、放大,以扩大网络的传输距离,同时把所有节点集中在以它为中心的节点上。这种由集线器连成的网络外观看似一个星状网络,内部实质上是一条共享总线,因此这种网络拓扑结构也称为星状总线结构。

集线器发送数据时采用广播方式发送。即,当它要向某节点发送数据时,不是直接把数据发送到目标节点,而是把数据包发送到与集线器相连的所有节点。

集线器提供的带宽包括 10Mbit/s、100Mbit/s 和 10/100Mbit/s 自适应 3 种,10/100Mbit/s 自适应集线器可以自动调节当前端口的速率以适应所连设备的速度。

集线器的特点有以下几项。

(1) Hub 是一个多端口的转发器,在以 Hub 为中心设备的网络中,某条线路产生故障时,不会影响其他线路的工作,所以 Hub 在局域网中得到了广泛的应用。

(2) Hub 只是一个多端口的信号放大设备,它在网络中只起到信号再生、放大的作用,其目的是扩大网络的传输范围,不具备信号的定向传送能力,是标准的共享式设备。

(3) 集线器 (Hub) 是一种共享介质的网络设备,它只能工作在半双工模式下。Hub 本身不能识别目标地址,它采用广播方式向所有节点发送数据。例如,同一局域网段的主机 A 给主机 B 传输数据时,数据包在以 Hub 为架构的网络上是以广播方式传输的,即对网络上的所有节点同时发送同一信息,然后再由每一台终端通过验证数据包头的地址信息来确定是否接收。这种由集线器和相连接的主机组成的局域网称为一个网段。这样的一个网段就是一个广播域(或一个冲突域),即任何时候网络中不允许两个以上的节点同时传输数据。

在构建局域网时,集线器是一种常用的、价格低廉的互连设备。可以说,构建局域网最简单的方法是使用集线器,所有的计算机节点通过非屏蔽双绞线与集线器进行一对一的连接。

3.3.3 中继器和集线器的特性

中继器和集线器都是物理层网络互连设备,集线器是多端口的中继器,它们共同的特性如下。

(1) 只能工作在物理层,仅对信号进行透明地整理、再生、放大,不涉及协议的转换。因此,中继互连的网段必须采用一致的数据链路层协议。

(2) 主要用于线性电缆系统(如以太网),实现网络范围的扩充。

(3) 连接的以太网不能形成环路。由于以太网采用的是 CSMA/CD 介质访问方法,网络中的信息没有固定的流动方向,每个独立的以太网就是一个冲突域(CSMA/CD 域)。如果形成环路会导致信号循环叠加而出错。

(4) 连接的各个网段上的节点地址不能相同。

3.3.4 中继器和集线器的缺点

中继器和集线器虽然价格低廉、易于使用，无需任何配置即可工作，但由于其本身特性的限制，它们存在以下缺点。

（1）它们工作在物理层，不能均衡负载，不能阻止广播风暴的发生。

（2）中继器可将分离的多个物理网络（或网段）合并成一个物理网络，如果合并前的每个网段是独立的小冲突域，中继互连后它们被合并成一个大的冲突域。合并后，冲突的概率增加，网络的效率下降。例如以太网用中继器扩展后，冲突概率增加时，带宽可能降为零。这是因为以太网虽为成功的技术，但并非精致的技术，它耗费了大量时间来处理冲突。在正常情况下平均效率仅为 70%，即不可能获得全速。

（3）如果各个网段的介质访问方法不同，即使速率不同，也不可能在物理层进行中继互连。

随着网络交换技术的发展，中继器和共享式集线器现在主要用于一些办公室和家庭等小型网络的互连，以实现一个共享网络，或通过这个网络实现共享上网服务等。如果一个办公室有几台机器，但只有一个 Internet 的上网信息点，可以通过 Hub 将几台机器连接成一个网络，通过对机器的 TCP/IP 进行设置，如 IP 地址、默认网关、DNS 等，实现共享上网。

3.4 网桥

网桥（Bridge）是工作在 OSI 模型的数据链路层中的互连设备。网桥可连接两个使用兼容的地址方案的物理网络，从逻辑上把它们连接为单一的网络，使一个物理网络上的用户可以透明地通过网桥访问另一个物理网络上的资源。其主要功能是隔离不同网段之间的数据通信量，提高网络传输性能，在物理网络之间转发帧。网桥的每个端口连接一个局域网网段，监听与它连接的每个网段上传输的数据帧，如传输的数据帧的目标地址和源地址在同一个网段中，则网桥丢弃该数据帧；否则，网桥将该帧转发到与目标网段相连的端口上。

在局域网的 IEEE 802 标准中，数据链路层包括 MAC 子层及 LLC 子层，因此网桥也分为 MAC 子层网桥和 LLC 子层网桥。MAC 子层网桥只能连接相同的局域网，LLC 网桥可以连接不同的局域网。

图 3-10 所示为使用网桥将两个局域网互连的以太网络，网桥具有以下特点。

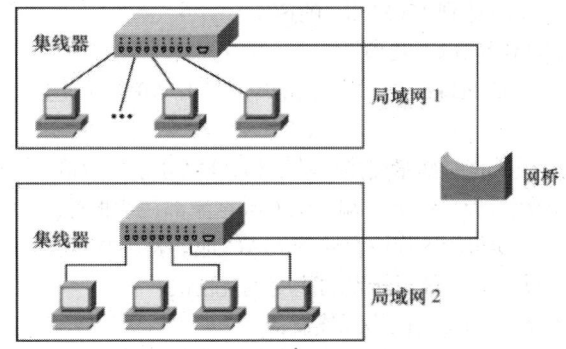

图 3-10 用网桥互连的网络

（1）可实现不同类型的局域网互连。网桥可以连接两个采用不同数据链路层协议、不同传输介质与不同传输速率的网络。两个不同类型的局域网，只要它们的网络层协议相同，且MAC协议的地址方案兼容，就可以通过网桥连通为一个逻辑网络。

（2）可实现大范围的局域网互连。网桥工作在数据链路层，它不受MAC定时特性的限制，连接的距离几乎无限。但在实际应用中，当网桥连接的局域网之间的数据传输量较大时，网桥可能成为网络的数据传输瓶颈，可能会降低网段之间的通信速度。

（3）网桥互连的网络在数据链路层以上采用相同的协议。

（4）网桥有存储转发功能，可依据帧的目标MAC地址和网桥内部的转发表（Forwarding Table）判断是否需要转发，从而对帧进行过滤。

（5）网桥常用于将共享带宽的计算机节点数较多的大局域网分成既相互独立又能相互通信的两个局域网网段，从而改善各个子网段的性能和安全性。

（6）网桥能够隔离冲突，提高网络的效率和可靠性。两个分离的共享局域网是两个分离的冲突域，二者用网桥连通时只是从逻辑上连成一个局域网，即二者在逻辑上属于同一广播域，但二者对应的冲突域并未合并。网桥在中间起到了隔离的作用。

3.5 交换机

3.5.1 交换机简介

以太网交换机（Switch）是交换式局域网的核心设备，是一种基于MAC地址识别、具有封装、转发数据包功能的网络设备。二层交换机属于OSI模型中的数据链路层设备，由多端口的网桥发展而来，图3-11所示为24口交换机。三层交换机结合了二层交换机和路由器的功能，属于OSI模型中的网络层设备。

图3-11　24口交换机

交换机互连网络有以下特性。

（1）交换机连接的每一个网段都是一个独立的广播域，它允许各个网段之间进行通信。

（2）交换机可以互连不同速度和类型的网段，且对网络的大小没有限制。

（3）交换机各端口都独享交换机的带宽，可实现全双工通信，如一台100Mbit/s的24口交换机，其每个端口理论上均可达到100Mbit/s的速率。

衡量交换机性能的指标有以下几项。

（1）包转发率（Million Packet Per Second，MPPS）。MPPS值越大，交换机的交换处理速度越快。

（2）背板带宽。背板带宽是衡量交换机转发和处理数据流能力的重要指标之一。因为交换机的所有端口都挂接在背板总线上，端口间的数据流都在背板总线上传输。

（3）交换机内存。交换机的内存中存储着MAC地址表。内存越大，存储的地址表就越大，所需的MAC地址就越多，数据转发的速度也就越快。

三层交换机是工作在网络层的网络互连设备。

三层交换技术实际上是二层交换技术和路由转发技术的有机结合。相对于路由器设备，三层交换机不是简单的二层交换机和路由器的叠加。三层交换机的路由模块直接叠加在二层交换机的高速背板总线上，突破了传统路由器的接口速率限制，速率可达几十吉比特每秒。三层交换也称为多层交换技术，或IP交换技术。

下面以主机A和主机B通过第三层交换机S互连为例，说明第三层交换机的工作过程。

（1）主机A要给主机B发送数据，通过目标IP地址，主机A用子网掩码获得网络地址，判断目标IP是否与自己在同一网段。

（2）如果在同一网段，但没有转发数据所需的MAC地址，主机A就发送一个ARP请求，主机B返回其MAC地址，主机A用此MAC地址封装数据包并发送给交换机。三层交换机S查找MAC地址表，将数据包转发到相应的端口。此时三层交换机S使用的是二层交换模块，相当于二层交换机，交换机S会像二层交换机一样记录下二者的MAC地址。

（3）如果源主机A和目标主机B不在同一子网，此时数据包被发往一个默认网关，这个默认网关一般在操作系统中已经设好，对应三层交换机S的路由模块。路由模块接收到此数据包后，查询路由表以确定到达目标主机B的路由，并进行转发。

三层交换机是OSI模型中的网络层的网络互连设备，在网络层实现数据包的高速转发。大部分的数据转发，除了必要的路由选择交由路由软件处理以外，其他都是由二层交换模块高速转发。

3.5.2 交换机的功能

交换机的主要功能包括物理编址、网络拓扑结构、错误校验、帧序列以及流量控制。目前交换机还具备了一些新的功能，如对VLAN（虚拟局域网）、链路汇聚的支持等。

交换机的主要功能如下。

（1）交换机提供了大量可供线缆连接的端口，可以实现网络星状拓扑结构。

（2）可以实现信号重整。和中继器、集线器、网桥一样，转发帧时，交换机会重新对信号进行整理，产生一个不失真的电信号。

（3）交换机在每个端口上都使用相同的转发或过滤功能。像网桥那样，交换机了解每一端口相连设备的MAC地址，并将地址与相应的端口映射起来，存放在交换机缓存中的MAC地址表中。当一个数据帧的目标地址在MAC地址表中有映射时，它被转发到连接目标节点的端口，如该数据帧为广播或组播帧，则转发至所有端口。

（4）提高了局域网的性能。交换机的每一端口都是独享交换机的总带宽，而不像集线器那样每个端口共享带宽，这样每个端口在速率上有了带宽的保障。如一个10Mbit/s的24端口以太网交换机，由于每个端口都可以同时工作，所以在数据流量较大时，它的总流量可达到24×10Mbit/s =240Mbit/s。而10Mbit/s的共享式Hub，因为它是属于共享式带宽，同一时刻只能允许一个端口进行通信，当数据流量较大时，Hub的总流量也不会超过10Mbit/s。因此利用交换机互连的网络性能有较大提高。

（5）有消除网络回路的功能。当以太网中存在冗余回路时，以太网交换机通过生成树协议避免回路的产生。

（6）交换机具有MAC地址学习功能。交换机会对发送不成功的数据包再次进行广播发送，找到这个数据包的目标MAC地址后，会将其加入到MAC地址列表中。

（7）交换机可以实现不同类型的网络互连。除了能够连接同种类型的网络之外，交换机还可以在不同类型的网络（如以太网和快速以太网）之间实现互连。如许多交换机提供了快速以太网或FDDI等的高速连接端口用于实现不同类型的高速网络互连。

一般来说,交换机的每个端口都用来连接一个独立的网段,但有时为了提供更快的接入速度,可以把一些重要的网络计算机直接连接到交换机的端口上。这样网络中的关键服务器和重要用户就拥有更快的接入速度,从而支持更大的信息流量。

3.5.3 交换机的分类

交换机的分类标准多种多样,常见的有以下几种。

(1)根据网络覆盖范围,交换机可以分为两类:广域网交换机和局域网交换机。广域网交换机主要应用于电信领域,提供通信用的基础平台。而局域网交换机则应用于局域网,用于连接终端设备,如 PC 及网络打印机等。

(2)根据传输介质和传输速度,交换机可分为以太网交换机、快速以太网交换机、吉比特以太网交换机、10 吉比特以太网交换机、ATM 交换机、FDDI 交换机和令牌环交换机等。

(3)根据交换机应用的层次划分为企业级交换机、校园网交换机、部门级交换机、工作组交换机、桌面型交换机。一般从应用规模看,作为骨干交换机时,支持 500 个信息点以上的大型企业应用的交换机为企业级交换机,支持 300 个信息点以下的中型企业应用的交换机为部门级交换机,而支持 100 个信息点以内的交换机为工作组级交换机。

(4)根据交换机的端口结构划分为固定端口交换机和模块化交换机。

(5)根据工作的协议层划分为二层交换机、三层交换机等。

(6)根据是否支持网管功能划分为可网管交换机和非网管交换机。

下面简单介绍可网管交换机的管理。可网管交换机可以通过串行口(或并行口)、网络浏览器和网络管理软件进行管理。

(1)通过串口管理

在对交换机进行初始设置的时候,必须使用这种管理方式。通过采购时可网管交换机附带的一条电缆,把电缆的一端插在交换机背面的 Console 口,另一端插在普通计算机的串口,然后接通交换机和计算机的电源。打开 Windows 系统中提供的"超级终端"程序,设定好连接参数后,计算机就可以与交换机交互了。这种方式并不占用交换机的带宽,又称为"带外管理"。在这种管理方式下,交换机提供一个菜单驱动的控制台界面或命令行界面,可以使用【Tab】键或方向键在菜单和子菜单里选择命令,按回车键执行相应的命令,或者使用专用的交换机管理命令集管理交换机。

当交换机通过串口管理方式设定好 IP 地址,接入局域网中后,就可以采用远程管理的方式。下面的两种方式都是远程管理,且占用交换机的带宽,因此又称为"带内管理"。

(2)通过 Web 管理

可网管交换机可以通过 IP 地址实现 Web(网络浏览器)管理。使用 Web 管理交换机时,交换机相当于一台 Web 服务器,管理页面存储在交换机的 NVRAM 中。通过单击网页中相应的功能项,在文本框或下拉列表中改变交换机的参数,即可实现对交换机的管理。

(3)通过网络管理软件管理

可网管交换机可以通过简单网络管理协议(SNMP)进行管理。SNMP 是一整套符合国际标准的网络设备管理规范,可网管交换机均遵循此协议。在网管工作站上安装一套 SNMP 网络管理软件,通过局域网就可以很方便地管理网络上的交换机、路由器、服务器等。

3.5.4 交换机的互连方式

为了将多个局域网互连成较大的局域网，需要将多个交换机互连。交换机的互连方式一般有级联和堆叠两种方式。

（1）级联

级联扩展模式是最常规、最直接的一种扩展模式。交换机的级联根据交换机的端口配置情况又有两种不同的连接方式。

① 交换机有"Uplink"（级联）端口。如果交换机备有"Uplink"（级联）端口，则可直接采用这个端口进行级联。在级联时，上一级交换机要连到交换机的普通端口，下层交换机则连到专门的"Uplink"（级联）端口。

这种级联方式的性能比较好，因为级联端口的带宽通常较高。交换机间的级联网线必须是直通线，每段网络不能超过双绞线单段网线的最大长度100m。

② 交换机没有"Uplink"（级联）端口。如果交换机没有"Uplink"（级联）端口，也可以采用交换机的普通端口进行交换机的级联，但这种方式的性能稍差，因为下级交换机的有效总带宽等于上级交换机的一个端口带宽。这时交换机的连接端口都采用交换机的普通端口，交换机间的级联网线必须是交叉线，不能采用直通线，单段长度不要超过100m。

级联方式是组建大型局域网最理想的方式，可以综合各种拓扑设计技术和冗余技术，实现层次化网络结构，被广泛应用于各种局域网中。但为了保证网络的效率，一般建议层数不要超过4层。

（2）堆叠

通过堆叠线缆将交换机的背板连接起来，扩大级联带宽。堆叠方式有菊花链方式和主从式两种，如图3-12所示。提供堆叠接口的交换机之间可以通过专用的堆叠线连接起来。通常，堆叠的带宽是交换机端口速率的几十倍，例如，一台100Mbit/s的交换机，堆叠后两台交换机之间的带宽可以达到几百兆甚至可达到吉比特级。

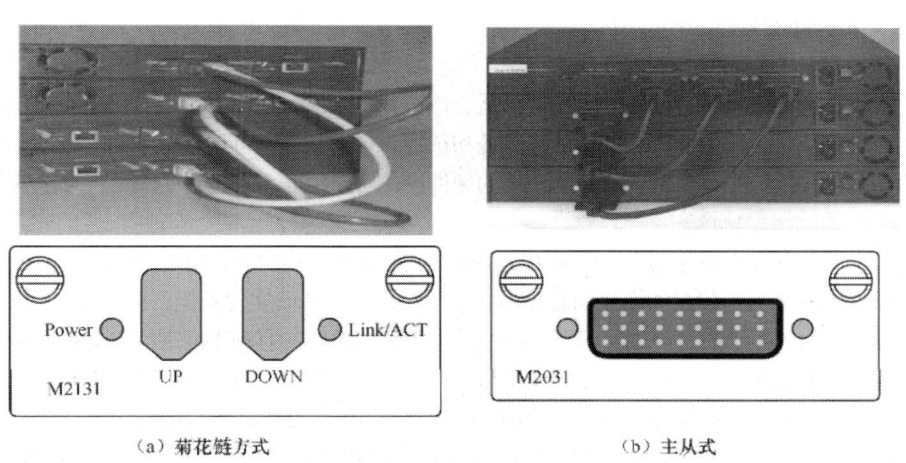

(a) 菊花链方式　　　　　　　　(b) 主从式

图3-12　交换机的堆叠

多台交换机的堆叠是通过将一个提供背板总线带宽的多口堆叠母模块与单口的堆叠子模块相连实现的，并可插入不同的交换机实现交换机的堆叠。上联交换机可以通过上联端口实现与骨干交换机的连接，如图3-12所示。

3.6 路由器

3.6.1 路由器简介

路由器（Router）是工作在网络层的互连设备。所谓"路由"有两个层面的含义，一是指路径的含义，即数据包发送所通过的路径；另一层含义就是指数据包发送的路径选择过程，即通过相互连接的网络把数据包从源地址发送到目标地址的过程。表示源地址和目标地址的是 IP 地址，因此路由的过程是将不同 IP 地址网段的 IP 包进行转发。实现这一功能的设备称为路由器。

路由和交换的主要区别就是交换发生在 OSI 参考模型的第二层（数据链路层），而路由发生在第三层，即网络层。这一区别决定了路由和交换在传送信息的过程中需要使用不同的控制信息，因此路由与交换各自功能的实现方式是不同的。

路由器是互联网的主要节点设备。路由器通过路由决定数据的转发，转发策略称为路由选择（Routing）。作为不同网络之间互相连接的枢纽，路由器系统构成了 Internet 的主体结构。

路由器的主要任务是转发分组，即将某个输入端口收到的分组，按照分组要去的目的地（即目的网络），将该分组从某个合适的输出端口转发给下一跳路由器。下一跳路由器也按同样的方法处理分组，直到该分组到达目的地址。

3.6.2 路由器的功能

路由器运行在 OSI 模型的网络层，其核心功能是在多个网络之间选择最佳路由，以转发报文分组。实际上，路由器将互连网络分成多个逻辑网络，每个逻辑网络都是一个独立的广播域。它与网桥有着本质的区别。网桥独立于上层协议，它连接的各个物理局域网在逻辑上属于单一的网络（一个广播域）。

路由器具有以下特点。

（1）路由器支持各种网际互连协议，适合连接异种网络，如 TCP/IP 网络、AppleTalk 网络、IPX 网络等。路由器具有判断网络地址和选择路径的功能，可用完全不同的数据分组和介质访问方法连接各种子网，各子网使用的硬件设备对路由器而言是透明的，但要求各子网运行相同的网络层协议。

（2）路由器具有最佳路由选择能力。路由器支持多种路由协议，可动态生成路由表，并能根据互连网络当前状况的变化动态更新和修改路由表，从而实现最佳路由选择。

（3）路由器可动态过滤网络信息，拒绝恶意数据的访问，有利于网络的安全和保密。从过滤网络流量的角度来看，路由器的作用与交换机和网桥非常相似。路由器使用专门的软件协议从逻辑上对整个网络进行划分。例如，一台支持 IP 的路由器可以把网络划分成多个子网段，只有指向特殊 IP 地址的网络流量才可以通过路由器。对于每一个接收到的数据包，路由器都会重新计算其校验值，并写入新的物理地址。因此，路由器转发和过滤数据的速度往往要比只查看数据包物理地址的交换机慢。

（4）路由器具有较好的拥塞控制能力，可均衡负载，进行流量控制。

（5）路由器适合构建骨干网络，异种网络互连和多个子网互连一般应采用路由器连接。

但在简单的局域网环境下，可通过三层交换机实现路由的功能，比采用路由器互连的网络转发数据的效率高。

3.6.3 路由器的结构

从路由器的体系结构来看，可以分为第一代单总线单 CPU 结构路由器、第二代单总线主从 CPU 结构路由器、第三代单总线对称式多 CPU 结构路由器、第四代多总线多 CPU 结构路由器、第五代共享内存式结构路由器、第六代交叉开关体系结构路由器和基于机群系统的路由器等多类。

路由器具有 4 个要素：输入端口、交换结构、路由处理器和输出端口。这 4 个要素按功能可分为路由选择部分和分组转发部分。

- 输入端口是物理链路和输入包的入口。输入端口通常由线路卡提供，一块线路卡一般支持 4、8 或 6 个端口。输入端口具有许多功能，包括对数据按数据链路层协议进行帧的封装和解封装，根据输入包的目的地址，查找路由表决定数据包的下一个输出端口，即路由查找功能。路由查找可以使用一般的硬件来实现，或者通过在每块线路上嵌入一个微处理器来完成。其他的功能包括端口将收到的包分成几个预定义的服务级别，提供 QoS 服务。端口可能需要运行一些协议，如数据链路层协议 PPP（点对点协议）或网络层协议 PPTP（点对点隧道协议）等。一旦路由查找完成，必须用交换结构将包送到其输出端口。
- 交换结构用于连接输入端口、输出端口和路由处理器，以便把输入端口的数据包交换给一个或多个输出端口或者路由处理器。如图 3-13 所示，输入端口接收比特信号，按数据链路层协议接收传送分组的帧，并进行处理，如帧解封。若收到的是路由器之间交换路由信息的分组，则送往路由选择处理机构；若是分组，则送往交换结构；查找转发表，选择输出端口将分组转发出去。

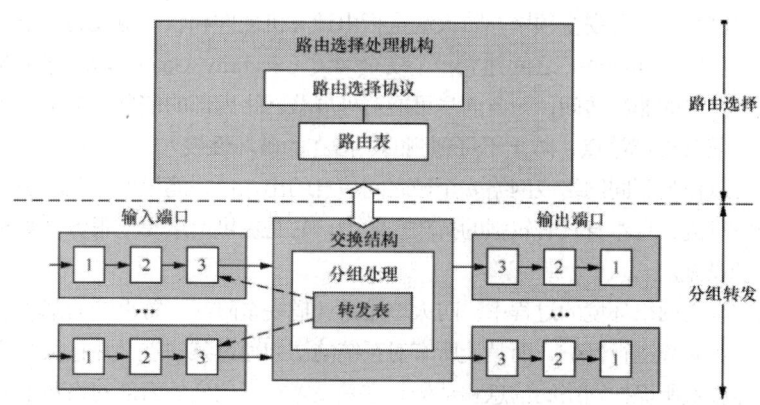

图 3-13 路由器的结构

- 输出端口在包被发送到输出链路之前对包进行存储，可以实现复杂的调度算法以支持优先级等要求。与输入端口一样，输出端口同样支持数据链路层的封装和解封装，以及许多协议。
- 路由处理器主要是根据路由协议生成和维护路由表，运行路由器配置和管理的软件。同时，它还处理那些目的地址不在路由表中的数据包。

还有一些其他的端口，一般是控制端口。由于路由器本身不带输入和终端显示设备，因此需要进行必要的配置后才能正常使用。一般的路由器都带有一个控制端口（"Console"口），它用来与计算机或终端设备进行连接，通过特定的软件（如 Windows 下的"超级终端"）进行路由器的配置。与可网管交换机一样，首次配置路由器必须通过控制端口进行。

3.6.4 路由器与三层交换机的区别

路由器和三层交换机的主要区别如下。

（1）路由器的优点是接口类型丰富，路由能力强大，适用于大型网络间的路由。

（2）三层交换机的优点是可以实现大型局域网内部数据的快速转发。由于大型局域网一般会按照部门、地域等因素划分成一个个小局域网，采用具有快速转发的路由功能的三层交换机可以很好地实现各个小局域网的互访，而二层交换机由于没有路由功能无法实现互访功能。路由器可能由于接口数量有限和路由转发速度慢，会限制网络的性能。

3.7 网关

网关又称为网间协议变换器，在一个计算机网络中，当连接不同类型并且协议差别又较大的网络时，需要选用网关设备。它的功能体现在 OSI 模型的最高层，可对协议进行转换，将数据重新分组，以便在两个不同类型的网络系统之间进行通信。协议转换是一件复杂的事，一般来说，网关只能进行一对一转换，或少数几种特定应用协议的转换，网关很难实现通用的协议转换。

用于网关转换的应用协议有电子邮件、文件传输、远程工作站登录、因特网网关、防火墙等。下面简单介绍一下防火墙的用途。

在计算机网络与信息安全领域，防火墙是指由计算机硬件和软件组成的一个系统，通过这个系统在内部网与 Internet 之间建立一个安全网关（Security Gateway）。其主要功能就是控制对受保护网络的非法访问，一方面尽可能对外屏蔽网络内部的信息、结果和运行状况，另一方面对内屏蔽外部站点，防止不可预测的、潜在的破坏性侵入。

防火墙可以作为不同网络或网络安全域之间信息的出入口，能根据企业的安全策略控制出入网络的信息流，且本身具有较强的抗攻击能力。它是提供信息安全服务，实现网络和信息安全的基础设施。

在构建安全的网络环境的过程中，防火墙是第一道安全防线。防火墙的基本设计思想：不是对每台主机系统进行保护，而是让所有对系统的访问通过某一点，并且保护这一点，并尽可能对外界屏蔽所保护网络的信息和结构。它是设置在可信任的内部网络和不可信任的外部网络之间的一道屏障，可以实施比较广泛的安全策略来控制信息流，防止不可预料的、潜在的入侵破坏。

逻辑上，防火墙是一个分离器，它能有效地监控内部网和 Internet 之间的任何活动，保证内部网络的安全。物理上，防火墙可以是路由器，也可以是个人计算机，或者单独的硬件系统，专门用于把网站或子网和那些可能被子网外的主系统滥用的协议和服务隔绝。防火墙可以从通信协议的各个层次以及应用中获取、存储并管理相关的信息，以便实施系统的访问安全决策控制。

3.8 无线网络设备

在无线网络里，常见的设备有无线接入点、无线路由器、无线网桥以及无线网卡。

3.8.1 无线接入点

无线接入点即无线 AP（Access Point），它是一个无线网络的无线交换机，也是无线网络的核心，如图 3-14 所示。无线接入点主要有路由交换接入一体设备和纯接入点设备。一体设备执行接入和路由工作，纯接入设备只负责无线客户端的接入。纯接入设备通常作为无线网络扩展使用，与其他 AP 或者主 AP 连接，以扩大无线覆盖范围，而一体设备一般是无线网络的核心。

图 3-14 无线 AP

无线 AP 是使用无线设备（如手机、笔记本电脑等）的用户进入有线网络的接入点，主要用于宽带家庭、大楼内部、校园内部、园区内部以及仓库、工厂等需要无线监控的地方，典型距离覆盖几十米至上百米，有时也可以用于远距离传送，目前最远的可以达到 30km 左右，主要技术为 IEEE802.11 系列。大多数无线 AP 还带有接入点客户端模式（AP client），可以和其他 AP 进行无线连接，延展网络的覆盖范围。

单纯性无线 AP 就是一个无线交换机，提供无线信号发射和接收的功能。其工作原理是将网络信号通过双绞线传送过来，经过 AP 产品的编译，将电信号转换成为无线电信号发送出去，形成无线网的覆盖。根据不同的功率，其可以实现不同程度、不同范围的网络覆盖，一般 AP 的最大覆盖达 500m。多数单纯性 AP 本身不具备路由功能，包括 DNS、DHCP、Firewall 在内的服务器功能都必须由独立的路由器或是计算机来完成。目前大多数的 AP 都支持多用户（30～100 台计算机）接入、数据加密和多速率发送等功能，在家庭、办公室内，一个 AP 便可实现所有计算机的无线接入。单纯性 AP 也可对装有无线网卡的计算机做必要的控制和管理，它既可以通过 10BASE-T（WAN）端口与内置有路由功能的 ADSL 调制解调器直接相连，也可以在使用时通过交换机/集线器、宽带路由器再接入有线网络。无线 AP 与无线路由器类似，按照协议标准本身来说，IEEE802.11b 和 IEEE802.11g 的覆盖范围是室内 100m、室外 300m。因此，作为无线网络中重要的环节，无线接入点、无线网关也就是无线 AP，其作用类似于一些有线网络中的集线器。

3.8.2 无线路由器

无线路由器（Wireless Router）是带有无线覆盖功能的路由器，主要应用于用户上网和无线覆盖，如图 3-15 所示。市场上的无线路由器一般都支持专线 xdsl/cable、动态 xdsl 和 PPTP 几种接入方式，还具有其他一些网络管理的功能，如 dhcp 服务、NAT 地址转换、防火墙以及 MAC 地址过滤等功能。

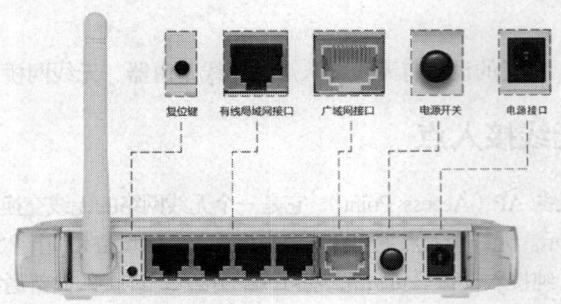

图 3-15　无线路由器

无线路由器如同将单纯性无线 AP 和宽带路由器合二为一的扩展型产品，它不仅具备单纯性无线 AP 的所有功能（如支持 DHCP 客户端、支持 VPN、防火墙以及支持 WEP 加密等），而且还包括了网络地址转换（NAT）功能，可支持局域网用户的网络连接共享，可实现家庭无线网络中的 Internet 连接共享，实现 ADSL 和小区宽带的无线共享接入。

无线路由器可以与所有以太网的 ADSL 调制解调器直接相连，也可以在使用时通过交换机、集线器、宽带路由器等局域网方式再接入。其内置有简单的虚拟拨号软件，可以存储用户名和密码拨号上网，可以实现自动拨号接入 Internet，而无需手动拨号或占用一台计算机作服务器使用。此外，无线路由器一般还具备相对更加完善的安全防护功能。

无线路由器也可以作为有线路由器使用，因为无线路由器一般都有一个 RJ-45 口为 WAN 口，即 UPLink 到外部网络的接口，其余 2～4 个口为 LAN 口，用来连接普通局域网，内部有一个网络交接机芯片，专门处理 LAN 接口之间的信息交换。无线路由器的 WAN 口和 LAN 口之间的路由工作模式一般都采用 NAT 方式。

3.8.3　无线 AP 与无线路由器的区别

（1）从功能上区分

从功能上区别，无线路由器就是 AP、路由功能和交换机的集合体，支持有线、无线组成同一子网。无线 AP 相当于一个无线交换机，接在有线交换机或路由器上，为与其连接的无线网卡从路由器处获得 IP。

- 无线 AP：主要可以提供无线工作站与有线局域网之间的相互访问，在访问接入点覆盖范围内的无线工作站之间也可以通过它进行相互通信。通俗地讲，无线 AP 是无线网和有线网之间沟通的桥梁。由于无线 AP 的覆盖范围是一个向外扩散的圆形区域，因此，应当把无线 AP 放置在无线网络的中心位置，而且各无线客户端与无线 AP 的直线距离最好不超过 30m，以避免因通信信号衰减过多而导致通信失败。
- 无线路由器：无线路由器是单纯型 AP 与宽带路由器的一种结合体。它借助于路由器功能，可实现家庭无线网络中的 Internet 连接共享，实现 ADSL 和小区宽带的无线共享接入。另外，无线路由器可以把通过它进行无线和有线连接的终端都分配到一个子网，这样子网内的各种设备之间交换数据就非常方便。

（2）在实际应用中的区别
- 独立的 AP 一般在需要大量 AP 进行大面积覆盖的公司使用得比较多，所有 AP 通过以太网连接起来并连接到独立的无线局域网防火墙。
- 无线路由器在 SOHO 环境中使用得比较多，在这种环境下，一个 AP 就足够了。整合了宽带接入路由器和 AP 的无线路由器就提供了单个机器的解决方案，它比起两个分开的机器的方案要容易管理和便宜一些。无线路由器一般包括了网络地址转换协议，以支持无线局域网用户的网络连接共享，这是 SOHO 环境中很实用的功能。

（3）从组网拓扑上区分

使用拓扑架构时，无线 AP 和无线路由器的用法是相同的。不过，大部分无线路由器由于具有宽带拨号功能，可以直接与 ADSL 调制解调器连接进行宽带共享。而无线 AP 不能直接与 ADSL 调制解调器连接，所以在使用时必须再添加一台交换机或者集线器。

3.8.4　无线网桥

无线网桥是为使用无线信号进行远距离数据传输的点对点网间互联而设计的，如图 3-16 所示。从作用上来理解无线网桥，它可以用于连接两个或多个独立的网段，这些独立的网段通常位于不同的建筑内，相距几百米到几十千米。所以说它可以广泛应用在不同建筑物间的互联。同时，根据协议不同，无线网桥又可以分为 2.4GHz 频段的 802.11b 或 802.11G 以及采用 5.8GHz 频段的 801.11a 无线网桥。无线网桥有 3 种工作方式：点对点、点对多点和中继连接，特别适用于城市中的远距离通信。它有两种接入方式：IP 接口接入和 IP+E1 双接口接入。

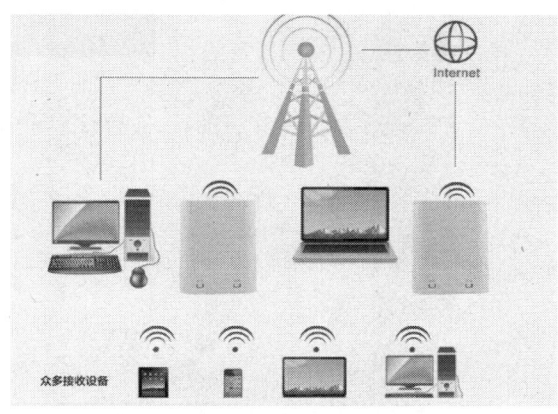

图 3-16　无线网桥工作示意图

无线网桥通常用于室外，主要用于连接两个网络，且不可能只使用一个，必须使用两个以上，而 AP 可以单独使用。无线网桥具有功率大、传输距离远（最大可达约 50km）、抗干扰能力强等特点，不自带天线，一般配备抛物面天线实现长距离的点对点连接。市场上的 802.11n 无线网桥，传输速率可达到 300Mbit/s 以上。不过由于各种因素的影响，实际速率远远低于商家标榜的数值。

3.9　本章小结

计算机网络的网络互联设备从层次上分为物理层的集线器、数据链路层的网卡和交换机及网络层的路由器。

通过本章的学习，要求熟练掌握网卡、集线器、交换机、路由器的功能和特点，并能根据所学知识分析本单位局域网的实际情况并设计出合理的网络组建实施方案。

3.10 上机实训

在实验室对网卡、服务器、交换机、路由器、无线路由器进行外观的识别，以及对其性能和作用的初步讲解，并能够熟练进行这几种设备的物理连接。

3.11 思考与练习

1. 试描述交换机的工作原理。
2. 请描述路由器的工作原理。
3. 交换机与集线器有什么区别？
4. 什么是 VLAN？它有什么特点？
5. 路由器与三层交换机有哪些区别？

第 4 章 网络交换技术与应用

4.1 网桥与交换机

4.1.1 以太网的局限性

1. 共享以太网络

在 20 世纪 80 年代早期,许多网络专业人员都部署如图 4-1 所示类型的以太局域网。最初以太局域网的目的通常是为了让一个小组的用户共享一台打印机。这些早期的局域网所使用的物理介质多为在工作区域内绕来绕去的同轴电缆。由于同轴电缆在办公大楼内不是很普遍,所以那个时期部署局域网通常需要进行定制的、昂贵的同轴电缆安装。局域网设计发展很快,无屏蔽双绞线(UTP)迅速取代了同轴电缆,成为一种常用的物理介质。

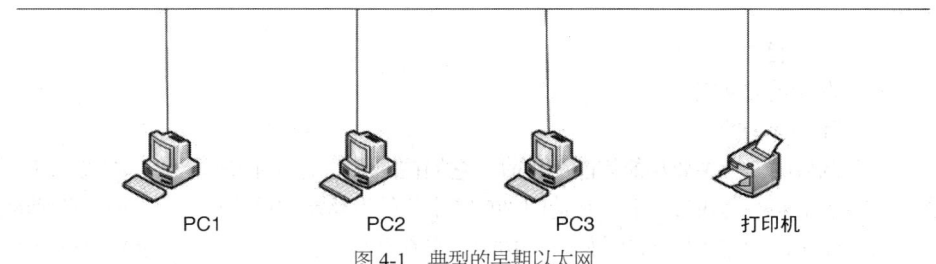

图 4-1 典型的早期以太网

图 4-2 所示是现在大多数共享式局域网都采用双绞线连接至集线器的方式。图 4-1 和图 4-2 所示是两种以太网的一个重要特征,是局域网中的所有终端共享网络容量。每台单独的终端使用共享容量的能力由载波侦听多址访问/冲突检测(CSMA/CD)协议来控制。

根据 CSMA/CD 协议的工作方式,局域网中的时延随着网络应用的增加而急剧上升。

集线器是一个多端口的中继器,它是计算机网络物理层的设备。中继器的主要功能是对局域网上传输的信号进行放大,补偿由于信号长距离传输而造成的衰减。因此,集线器的主要问题是,如果信号是错误的,那么集线器也会中继出错误的信号,进入的是错误的信号,出去的也是错误的信号。

同时,CSMA/CD 也会导致一些问题。例如使用 CSMA/CD 时,设备在线缆上放置一个帧后,它会侦听线缆一段时间(侦听线缆时间由网络接口卡的接口类型决定,如果设备具有

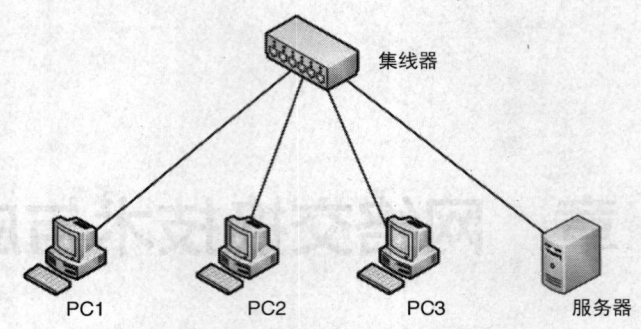

图 4-2 典型的基于集线器的以太网

10Base5 接口，其网络接口卡要根据电信号传输 500m 所用的时间来侦听线缆，不管实际的电缆是否有这么长），以确定是否出现了冲突。如果在此期间没有检测到任何冲突，那么发送站就认为网段上的每个人都成功接收了该帧。

2．冲突、冲突域和拥塞

使用以太网的另一个问题也是由 CSMA/CD 所引起的：网段的设备越多，遇到冲突的可能性越大，特别是很多设备需要经常使用线缆（指共享总线）时。冲突域包括所有第一层介质类型的设备，多台集线器的情况下，冲突可能会对这些设备造成带宽问题。

4.1.2　网桥与交换机

网桥最初用于解决冲突和带宽问题。每个连接到网桥的端口就是一个单独的冲突域。网桥上的端口收到一个帧时，检验 FCS 校验和，FCS 正确，此帧将被从目的端口转发出去。在以太网中，做出转发决定的过程称为透明桥接。

透明网桥主要用在以太网环境中，并设计成对于末端节点透明。透明网桥有如下的三个主要功能。

（1）获取功能。
（2）转发和过滤功能。
（3）消除循环功能。

当透明网桥的三个主要功能都能使用时，它们在网络中是同时起作用的。应该注意，在有些书中列出了网桥的四种功能，在这四种功能中，转发功能和过滤功能成为两个单独的功能。因为 Cisco 认为这两种功能是同一种功能，作者也比较赞同这种看法，所以这里只列出了三种功能。

1．获取功能

网桥基于目标 MAC（介质访问控制）地址做出转发决定。所以它必须"获取" MAC 地址的位置，这样才能准确地做出转发决定。每个以太网物理网段上的工作站都将对所有在网段上传输的帧进行监听。当网桥与物理网段连接时，它会对它监测到的所有帧进行检查。网桥读取帧的源 MAC 地址字段后便做出一个假定。这个假定是，如果它监测到一个来自特殊端口上节点的帧，发送帧工作站的信息就必须驻留在这个端口上。网桥将这个信息放置在一个网桥表中，它在将条目引入网桥表之前，还将执行 FCS，以阻止错误的条目进入网桥表。在 Catalyst 交换机中，这个表称为内容可寻址内存（Content Addressable Memory，CAM）表。网桥表和 CAM 表基本上是相同的，只有一些小的差别，在后面将会提到。

图 4-3 给出了四个工作站：A、B、C 和 D。四个工作站分为两个物理网段，网段中间为网桥，网段通过网桥的两个端口与网桥相连。当工作站 A 向工作站 B 传输信息时，网桥和工作站 B 都将收到这个信息。

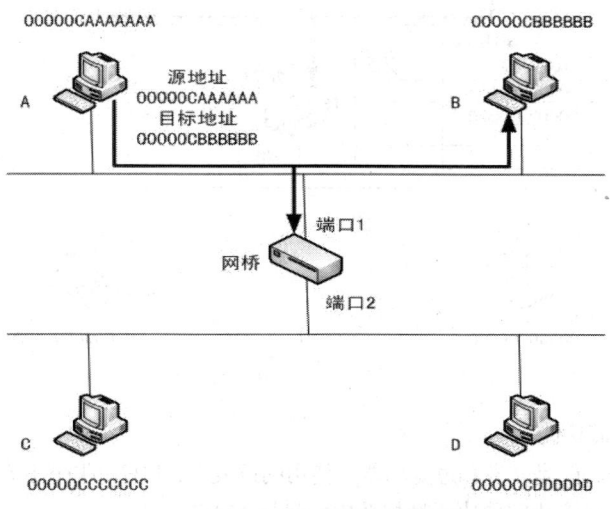

图 4-3　工作站 A 将信息传递至以工作站 B

网桥收到这个信息后，得知工作站 A 与端口 1 相连，因为从这个端口收到了帧信息。网桥把记录工作站 A 的 MAC 地址的条目引入网桥表，如图 4-4 所示。

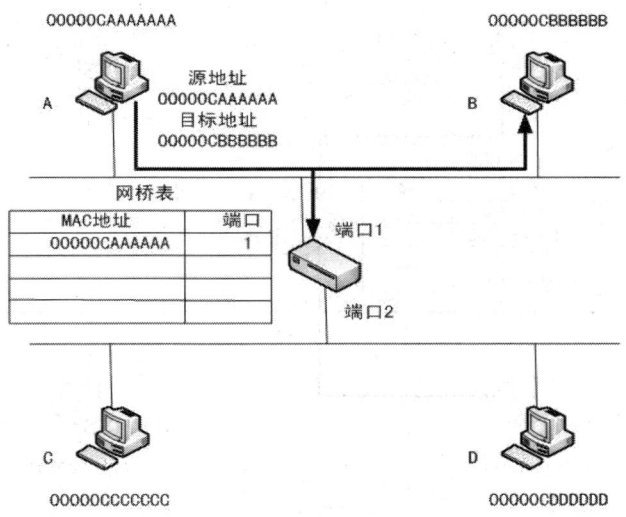

图 4-4　网桥得知工作站 A 与端口 1 相连

相反，当工作站 B 对工作站 A 的信息做出反应后，网桥监测到工作站 B 所发送出的帧，并将其 MAC 地址作为条目引入网桥表中，如图 4-5 所示。

网桥连续地进行"获取"，并将条目保存在网桥表中。如果没有监测到来自 MAC 地址的信息，5min 后网桥将停止"获取"。这个时间间隔对于几乎所有的交换机和网桥都是可以配置的，称为老化时间。另外，条目也可以以手工方式输入网桥表。

最后所有的 MAC 地址都将被网桥获取（假定所有的工作站都在使用中）。

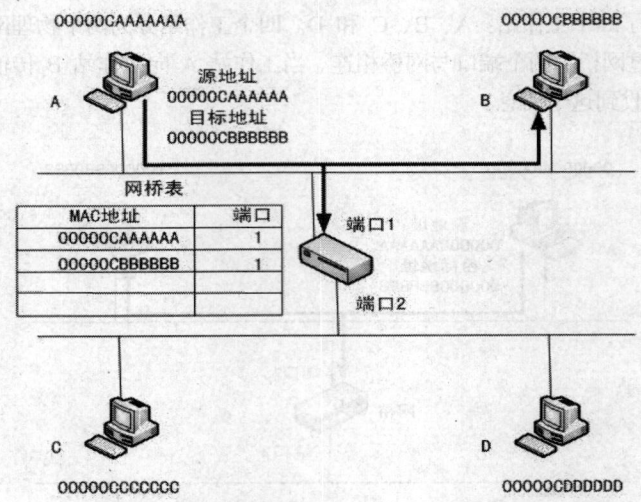

图 4-5　网桥得知工作站 B 与端口 1 相连

2．转发和过滤功能

网桥的第二个功能是转发和过滤功能。使用网桥表后，网桥可以做出转发或不转发（即过滤）帧的决定。这个决定取决于帧报头中的目标 MAC 地址。

如果工作站 A 向工作站 C 传送信息，并且工作站 C 在网桥表中有一个条目，网桥把帧发送至以太网网段 2，如图 4-6 所示。

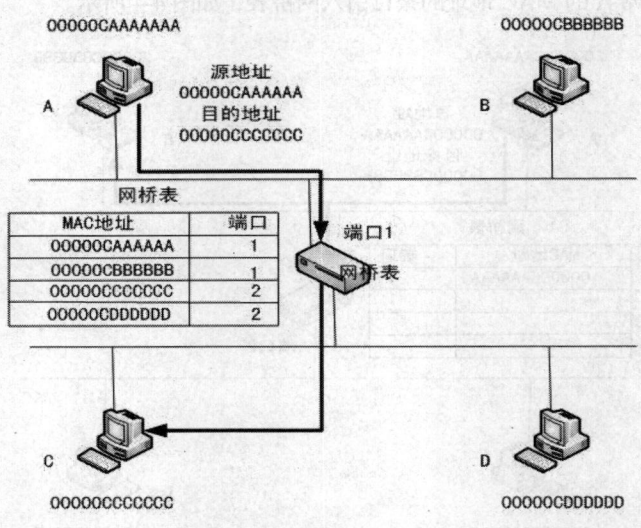

图 4-6　转发

如果工作站 A 向工作站 B 传送信息，帧的发送就没有必要，因为工作站 B 与工作站 A 在同一个物理网段上。这时，网桥进行过滤，即不发送帧信息，如图 4-7 所示。

如果工作站 A 向工作站 C 发送帧，而在网桥表中没有工作站 C，那会出现什么情况呢？网桥将把这个发往网桥不知道的目标 MAC 地址的帧发至所有端口。在这种情况下，网桥充当的是集线器的角色，以确保它没有使信息停止传送。

如果网桥没有对不知道目标 MAC 地址的帧进行发送，工作站 A 不会与工作站 C 进行连通，直至工作站 C 传送一个帧。这种情况是不能接受的。

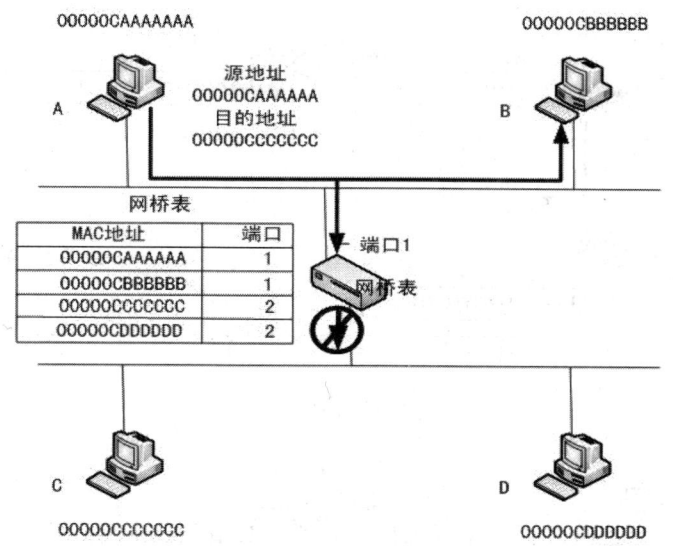

图 4-7 过滤（即不转发）

网桥也转发广播而且向端口进行多点传送，其方式和不知道目标端口的帧的发送方式一样。

3．消除循环功能

透明网桥的最后一个功能是消除循环，这个功能与其他两个功能比较起来是最难理解的。图 4-8 所示为一个有冗余的多重网桥。广播信息从图中右上角的工作站发出。

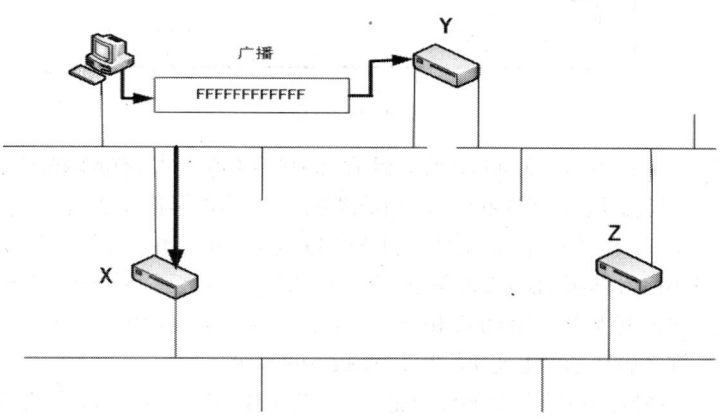

图 4-8 网桥循环

在图 4-9 中，网桥 X、Y 都与第一个物理网段相连，它们先对广播进行监测，监测到广播信息后，便将信息发送至所有的其他端口，这个例子中只有一个其他端口，即端口 Z。

在图 4-10 中，广播在第二个和第三个物理网段进行传播，而这两个网段都和网桥 Z 相连，网桥 Z 监测到这个广播后，又将广播发送到第三个和第二个物理网段。

这种现象称为网桥循环。在网桥循环中，广播将对第三个物理网段产生损害。在实际的运用中，存在数百个物理网段。当工程师们设法对循环进行定位时，这种情况可能会导致数百次死机。一旦循环位置确定后，唯一的解决办法是切断所有连接。

网桥的第三个功能是对循环进行定位并切断多余的连接。为了达到此目的，网桥必须知道其他网桥。当网络上存在一个以上的网桥时，源 MAC 地址位于接收帧的端口这一假设将不成立。网桥和另一网桥交换信息的协议称为 STP（生成树协议）。

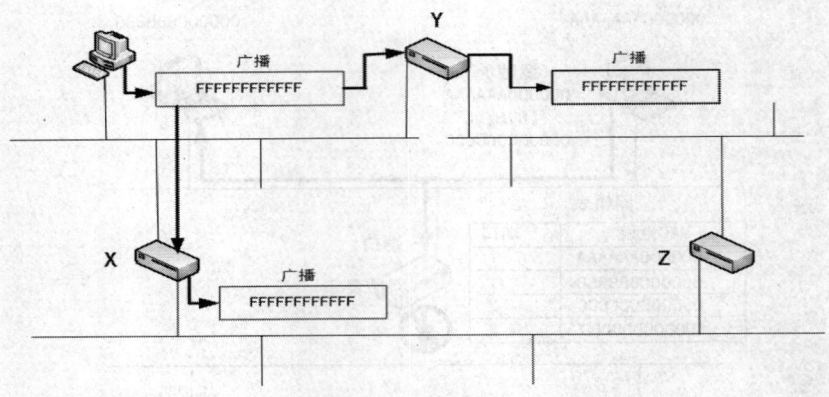

图 4-9 网桥循环

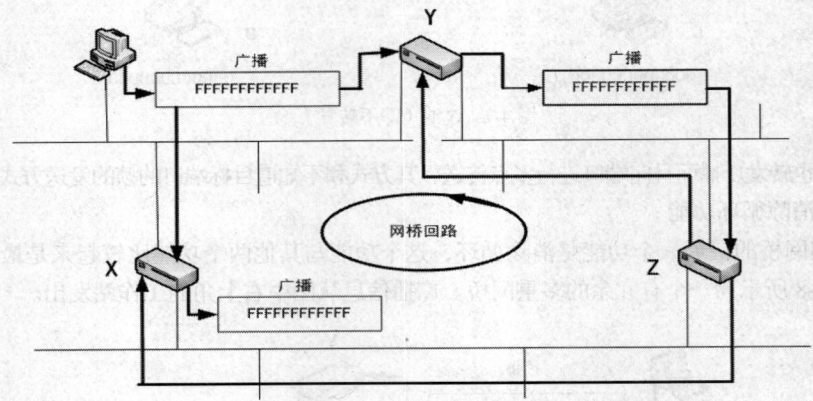

图 4-10 网桥循环

STP 有几种不同的版本,而且这些版本相互之间并不兼容。对所有的网桥和交换机使用相同的 STP 版本进行验证是非常重要的,因为不同类的 STP 版本将导致网桥循环,这将对以太网的物理网段造成损害。两种最通用的 STP 版本为 DEC 和 IEEE。另外还有几种不是很流行的版本。所以,保证不使用非通用版本是非常重要的,因为将来这些版本可能会造成潜在的问题。

大多数交换机一般都只支持 DEC 和 IEEE。Cisco Catalyst 交换机在以太网端口上使用的是 IEEE 版本,在令牌环端口上使用的是 IBM 版本的 STP。

网桥通过生成树协议实现消除循环功能。网桥为了让其他网桥知道它的存在,必须向其他端口传送小的信息包,这是可能导致网桥循环的潜在因素,这些小的信息包称为网桥协议数据单元(Bridge Protocol Data Unit,BPDU)。一个 Catalyst 交换机以每 10min 一个的速度从所有的活动端口发出 BPDU。网桥接收到这个 BPDU 后,便利用一个称为生成树算法(Spanning Tree Algorithm,STA)的数学公式进行计算。通过 STA 计算,网桥就可以知道网络上是否存在循环,当存在循环时,网桥就做出冗余的端口应该被切断的决定。切断端口的过程称为阻塞。受到阻塞的端口仍然是一个活动的端口,即,它仍然可以接收和读取 BPDU。这一过程一直持续到出现失败或者拓扑变化消除循环才能结束。当这一过程结束后,端口便开始发送帧,因为这时循环已经不存在了,如图 4-11 所示。

BPDU 和 STA 的目的是创造一个"非循环"的环境。例如,现实生活中的树是一种进行自然循环的树。所有树干的底部都有树根,树干朝上分成大树枝,大树枝再分成小树枝等。但是,树枝从来都不会蔓延到其他树枝,即形成一个"非循环"的环境。

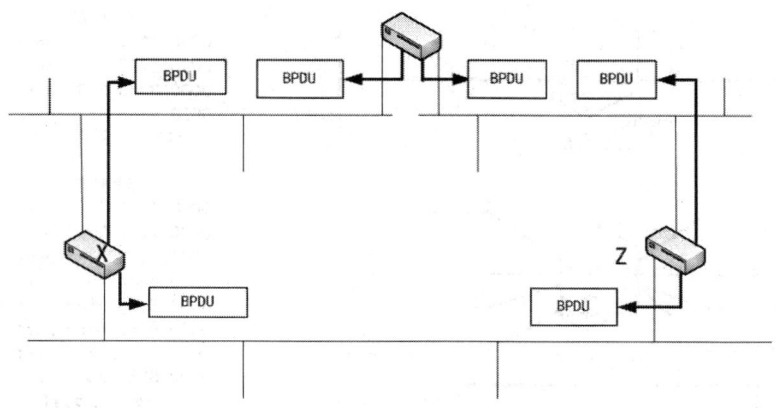

图 4-11　所有网桥将发送 BPDU

STA 看起来是稍微有点复杂，但是只要知道几个小概念，就可以知道哪个端口将处于"阻塞"状态。

交换机和网桥一样，工作在数据链路层。网桥的 3 个主要功能也适合于交换机：学习、转发和清除环路。然而，交换机比网桥有更多的特性。交换机通过利用专用集成电路（Application-Specific Integrated Circuit，ASIC）以硬件的方式做出交换决策。

4.1.3　交换功能

以太网交换机以下列方式将主机隔离。

- 严格限制了冲突的范围。在每个交换机端口上，冲突域包括该交换机端口和直接连接到该端口的设备——单台主机。如果连接交换机该端口的设备是共享介质集线器，冲突域则是该集线器连接的一组主机。
- 主机连接可在全双工模式下运行，因为不会争用介质。主机可以同时传输和侦听。
- 带宽不再是共享的。每个交换机端口通过交换机结构提供到另一个交换机端口的专业带宽，也就是转发路径，当然，这些转发路径是动态可变的。
- 对数据帧中的错误会做处理。对交换机端口收到的每个数据帧都会进行错误检查，对于好的数据帧将重新生成，然后进行转发或传输。这就是存储转发交换技术，收到分组后，交换机先存储起来，然后进行检查，最后决定是否转发。
- 可以将广播流量限制在阈值内。
- 可以执行其他类型的智能过滤或转发。

1．透明桥接

交换机基本上是一台多端口透明网桥，每个交换机端口都有自己的以太网 LAN 网段，同其他网段隔离。其转发完全是根据帧中的 MAC 地址进行的，因此，除非交换机知道帧的目的地，否则不会转发它（交换机不知道目的地在哪时，将做一些合理的处理）。图 4-12 比较了两端口透明网桥、多端口透明网桥和第 2 层交换机。

这样，转发以太网帧的整个过程便成了确定哪个 MAC 地址连接到哪个交换机端口。交换机被明确告知主机的位置或自己获悉这些信息。可以通过交换机的命令行界面配置 MAC 地址的位置，但是如果网络中主机很多或者主机位置经常变动，这种工作难度加大不少。

当然，交换机可以动态获取主机的位置。为动态获取主机位置，交换机要侦听入站帧并维护一个地址信息表。交换机收到帧后，将检查其源 MAC 地址。如果该地址不在地址信息表中，就在表中记录该地址、交换机端口和 VLAN。

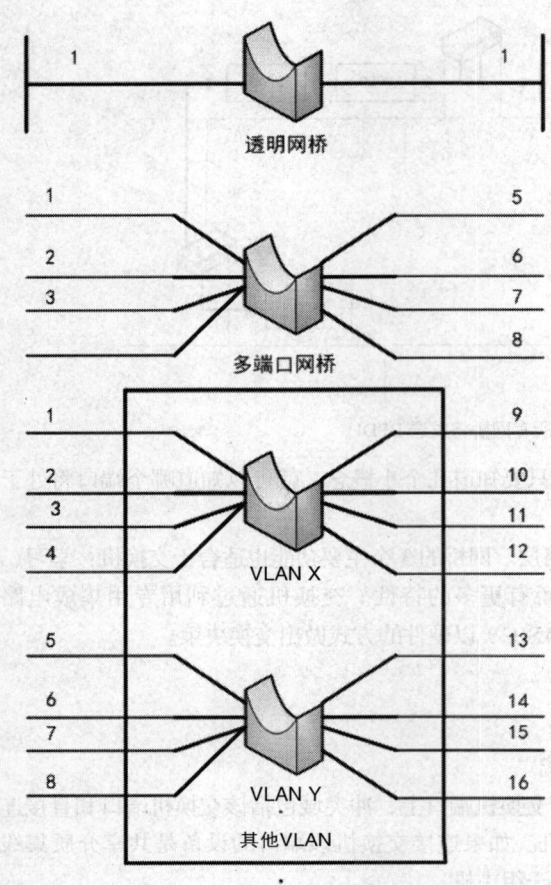

图 4-12 透明网桥和交换机

入站帧还包括目标 MAC 地址。同样，交换机在地址信息表中查找该地址，希望找到其对应的交换机端口和 VLAN 信息。如果找到，就把该数据帧从其对应的交换机端口转发出去。如果没有找到该地址，交换机就会采取更有力的措施，即以"尽力而为"的方式进行转发，也就是将其从源 VLAN 中的所有交换机端口中转发出去。这被称为未知单播泛洪（unknown unicast flooding）。图 4-13 说明了这一过程。出于简化的目的，这里只有一个 VLAN。

交换机不断侦听入站帧，以获取源 MAC 地址。然而，需要注意的是，仅当生成树协议（STP）算法确定端口可以正常使用时，才允许执行学习过程。STP 会确保网络中没有环路，避免帧在网络中递归地转发。如果出现环路，被泛洪的帧将沿该环路前进，进而不断地被泛洪。同样，包含广播或组播目标地址的帧也将被泛洪，这些数据帧的目标地址交换机很清楚，但它们前往多个目的地，根据定义必须进行泛洪。默认情况下，包含多播地址的帧也将被泛洪。

2．帧转发过程

至此，读者应该对第 2 层交换机转发数据帧的过程有一个基本的认识，这有助于深入了解如何配置交换机的复杂功能。图 4-14 所示为典型的第 2 层 Catalyst 交换机转发每个数据帧时执行的决策过程。

数据帧到达交换机端口后，被加入到该端口的入站队列中。这些队列都包含要转发的数据帧，每个队列的优先级和服务等级是不相同的。通过对交换机端口进行配置，可以使重要的数据帧优先于一般的数据帧进行处理或转发。这样，可以使得交换机在入站数据流急剧增加的情况下，避免对时间敏感或比较重要的数据丢失。

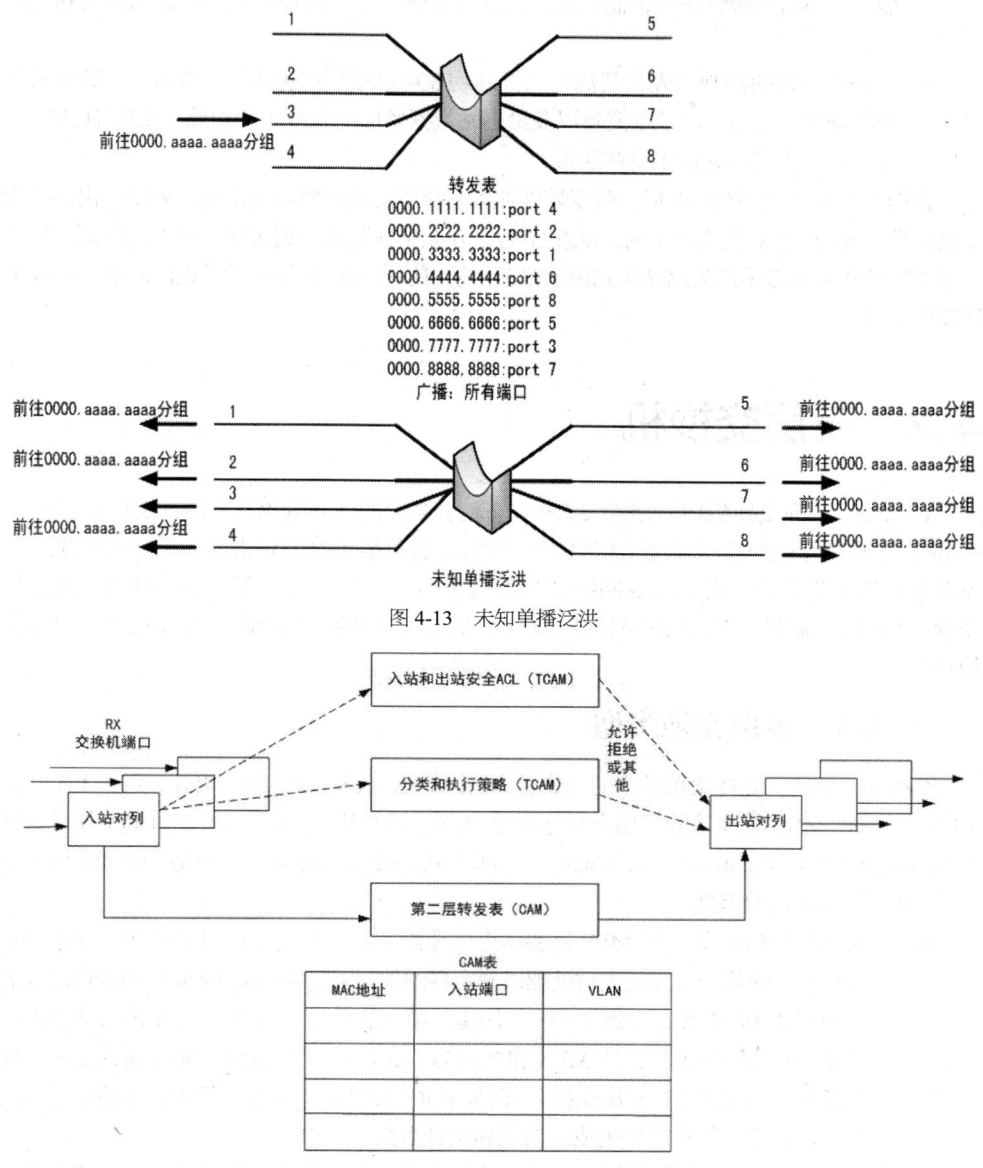

图 4-13 未知单播泛洪

图 4-14 第 2 层 Catalyst 交换机的工作原理

入站队列得到服务，让其中的数据帧出队列时，交换机不仅要决定将数据帧转发到哪个或哪些端口，还要决定是否转发或如何转发。在这个过程中，交换机必须做出 3 个基本决策，一个与确定出站端口相关，另外两个与转发策略相关。这些决策由交换机硬件不同的部分来完成，对其描述具体如下。

- L2 转发表。将数据帧的目标 MAC 地址作为索引或关键字，在内容可寻址存储器（CAM）表或地址表里进行查询。如果找到该地址，则从表中读出相应的出站端口和 VLAN ID；如果没有找到有关该地址的记录，则给该数据帧加上泛洪标记，交换机会自动把该数据帧从其所在 VLAN 内的每个交换机端口转发出去。

- 安全访问控制列表。访问控制列表（ACL）用于根据帧的 MAC 地址、协议类型（对于非 IP 数据帧）、IP 地址、协议和第 4 层端口号来识别。三重内容可寻址存储器（TCAM）包含访问控制列表，这样只需要经过一次查表就可以做出是否转发的决策。
- 服务质量访问控制列表。其他访问控制列表可以根据服务质量（QoS）参数将入站数据帧进行分类，以控制流量以及给出站数据帧标记服务质量参数。使用 TCAM 可以通过一次查询就做出这些决策。

查询 CAM 表和 TCAM 后，数据帧被加入到相应出端口的合适出站队列中。出站队列是根据数据帧的 QoS 值来确定的，QoS 值包含在帧中或随帧一起传输。和入站队列一样，根据重要性和时间敏感性为出站队列提供服务。帧可以在不被其他出站数据流耽搁的情况下被发送出去。

4.2 三层交换机

Catalyst 系列交换机中，诸如 3750（安装了合适的 Cisco IOS 软件映像）、4500、6500 等这些型号的交换机还能根据分组中的第 3 层和第 4 层信息来转发帧。交换机（而不是路由器）等其他设备来完成网络 7 层结构中的第 3 层、第 4 层工作，这被称为多层交换（MLS）。显然，多层交换机同时执行了第 2 层交换，因为高层封装包含在以太网帧中。

4.2.1 多层交换类型

Catalyst 交换机支持两种基本的 MLS：路由缓存 MLS（第一代 MLS）和基于拓扑的 MLS（第二代 MLS）。本节简要地介绍这两种 MLS，虽然基于 Cisco IOS 软件的交换机系列（如 Catalyst 3750、Catalyst 4500、Catalyst 6500）只支持第二代 MLS，但是，读者应该了解两种 MLS 以及它们的差别。

- 路由缓存 MLS。第一代 MLS 需要路由处理器（RP）和交换机引擎（SE）。RP 必须对数据流中的第一个分组进行处理以确定目的地。SE 侦听第一个分组和确定的目的地，并在其 MLS 缓存中建立一个"快捷"项。然后，SE 根据缓存中的快捷项来转发给流中的后续分组。这种 MLS 也被称为 Netflow LAN 交换、基于流的交换、按需交换和"一次路由，多次交换"。在基于 IOS 的 Catalyst 交换机中，不使用这种技术来转发分组，但它能够生成流信息和统计数据。
- 基于拓扑的 MLS。第二代 MLS 使用专用硬件。使用第 3 层路由选择信息建立并填充一个描述网络拓扑的数据库。通过查询该数据库（硬件中的表），可以高速地转发分组。数据库中的最匹配项被用作正确的第 3 层目的地。当路由选择拓扑发生变化时，可以动态地更新硬件中的数据库，而不会影响性能。这种 MLS 被称为 Cisco 快速转发（CEF）。运行在交换机中的路由选择进程将当前的路由选择表数据库下载到硬件的转发信息库（FIB）中。

4.2.2 分组转发过程

第 3 层分组穿越多层交换机的过程与第 2 层交换机中相似。显然，需要增加一些做出第

3 层转发决策的方法。另外，分组被转发时，可能发生一些意外的事情。图 4-15 所示为典型的多层交换机的决策过程。到达交换机端口的分组被加入到合适的入站队列中，就像在第 2 层交换机中一样。

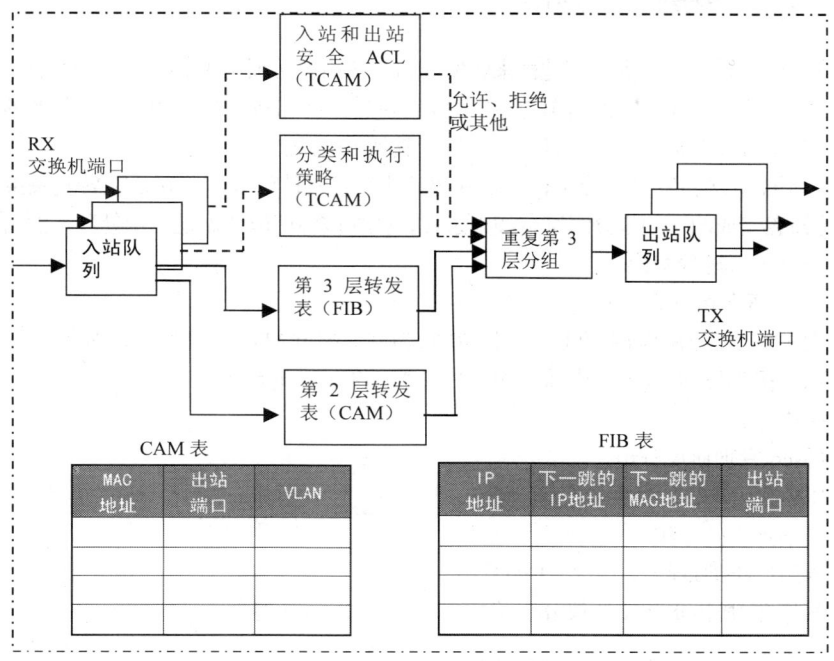

图 4-15　Catalyst 多层交换机的工作原理

从入站队列中取出分组，并查看第 2 层和第 3 层目标地址。然后，根据两个地址表决定将分组转发到哪里，但仍根据访问控制列表决定如何转发分组。和第 2 层交换机一样，这些多层决策也是在硬件中同时执行的。

- L2 转发表。将数据帧目标 MAC 地址作为索引来查询 CAM 表。如果帧中包含要转发的第 3 层分组，则目标 MAC 地址为交换机上第 3 层端口的 MAC 地址。在这种情况下，CAM 表查表结果只用于决定要在第 3 层处理帧。
- L3 转发表。使用目标 IP 地址作为索引来参考 FIB 表。在表中找到最匹配项（包括地址和子网掩码），并获得下一跳的第 3 层地址。FIB 表还包含下一跳的第 2 层 MAC 地址和出站端口（以及 VLAN ID），因此没有必要进一步执行查表。
- 安全 ACL。入站和出站访问控制列表被编制为 TCAM 表项，这样只需执行一次查表就能决定是否转发分组。
- QoS ACL。只需对 QoS TCAM 执行一次查表，就能够对分组进行分类、执行策略和进行标记。

与第 2 层交换一样，分组最终必须加入到合适出口端口的合适出站队列中。然而，在多层交换过程中，下一跳是从 FIB 表中获得的，就像路由器所做的那样。第 3 层地址用于确定下一跳及其第 2 层地址。只有第 2 层地址被使用，第 2 层帧才能被转发。

必须用下一跳的第 2 层地址替换帧中原来的目标地址（多层交换机）。将帧转发到下一跳之前，还必须将其第 2 层源地址改为多层交换机的第 2 层地址。然后像优良的路由器所做的那样，将第 3 层分组中的存活时间（Time-To-Live，TTL）值减 1。

由于修改了第 3 层分组内容（TTL 值），因此必须重新计算第 3 层报头校验和。由于第

2 层和第 3 层的内容都已被修改，因此必须重新计算第 2 层校验和。即，加入出站队列之前，必须重写整个以太帧，这是在硬件中高速完成的。

4.2.3 多层交换异常

要采用前面描述的同步决策过程来转发分组，分组就必须是"MLS 就绪的"，且不需要执行额外的决策。例如，CEF 能够在主机之间直接转发大部分 IP 分组，条件是源地址和目标地址（包括 MAC 和 IP）已知且不需要设置其他 IP 参数。

CEF 不能直接转发其他分组，而必须对其执行更具体的处理。这是在转发决策过程中通过快速检查完成的。如果分组符合如下条件，就将被标记以便做进一步处理，然后发送给交换机 CPU 进行进程交换。

- ARP 请求和应答。
- 要求路由器做出响应的 IP 分组（TTL 为零、超过 MTU、需要分段等）。
- 像单播那样转发的 IP 广播（DHCP 请求、IP 辅助地址功能）。
- 路由选择协议更新。
- Cisco 发现协议分组。
- IPX 路由选择协议和服务通告。
- 需要加密的分组。
- 导致网络地址转换（NAT）的分组。
- 其他非 IP 和非 IPX 协议分组（AppleTalk、DECnet 等）。

4.2.4 交换中使用的表

Catalyst 交换机维护多种供交换过程中使用的表。这些表是为第 2 层交换或 MLS 定制的，存储在速度非常快的存储器中，以便能够同时比较帧或分组的多个字段。

所有 Catalyst 交换机都使用 CAM 表进行第 2 层交换。帧到达交换机端口后，将读取其源 MAC 地址并将其记录到 CAM 表中，帧所到达的端口号和 VLAN 都被记录到该表，同时加上时间戳。如果在一个交换机端口获悉的 MAC 地址已经迁移到另一个端口，则将 MAC 地址和时间戳记录到最新到达端口对应的表项中，然后删除原来的表项。如果 MAC 地址已出现在相应到达端口对应的表项中，则更新时间戳。

交换机通常有一个很大的 CAM 表，可以包含很多地址供转发帧时查询。然而，CAM 表并没有足够的空间来存储大型网络中的每个地址，为管理 CAM 表空间，应删除过时表项（有一段时间没有获悉的地址）。默认情况下，将空闲 CAM 表项保留 300s 后删除。可以使用下面的配置命令来修改默认设置。

`Switch(config)#mac address-table aging-time seconds`

默认情况下，通过入站帧动态获悉 MAC 地址，也可以静态配置 CAM 表项，在其中包含无法获悉的 MAC 地址。为此，可以使用下面的配置命令。

`Switch(config)#mac address-table static mac-address vlan vlan-id interface type mod/num`

在这里，使用交换机端口和 VLAN 来限定 MAC 地址（3 个用句点分隔的十六进制数）。在交换机端口上获悉主机的 MAC 地址后，如果该主机被移到另一个交换机端口，将出现什么情况呢？通常，主机的原始 CAM 表表项将在 300s 后作废，并在新端口上获悉其 MAC 地址。为避免出现重复的 CAM 表项，从另一个交换机端口获悉 MAC 地址后，交换机将删除该 MAC 地址的原有表项。这样做是安全的，因为 MAC 地址是唯一的，同一台主机不可能出现在多个交换机端口上，除非网络有问题。如果交换机同时在多个端口上获悉到同一个 MAC 地址，将生成一条错误消息，指出该 MAC 地址在接口之间来回跳动。

4.2.5 三重内容可寻址存储器

在传统的路由选择中，ACL 可以匹配、过滤和控制特定的数据流。访问控制列表由一条或多条访问控制条目（ACE，也叫匹配语句）组成，将按顺序对这些语句进行评估。评估访问控制列表需要时间，这增加了分组的转发延迟。然而，在多层交换机中，匹配 ACL 的过程是在硬件中实现的。通常使用 TCAM，只需执行一次查表操作，就能根据整个 ACL 对分组进行评估。大多数交换机有多个 TCAM，因此可以同时评估入站和出站的安全 ACL 和 QoS ACL，这些操作甚至可以同第 2 层或第 3 层转发决策并行进行。

Catalyst IOS 软件有两个与 TCAM 操作相关的组件。

- 特性管理器（FM）。在创建或配置访问控制列表后，特性管理器软件将匹配语句编制（合并）为 TCAM 表项，这样就可以以帧转发速度查询 TCAM。
- 交换数据库管理器（SDM）。在有些 Catalyst 交换机中，可以将 TCAM 划分为不同的功能分区。如果需要，SDM 软件将配置或调整 TCAM 分区，在 Catalyst 4500 和 6500 交换机中，TCAM 是固定的，不能重新分区。

4.3 VLAN 的划分

4.3.1 VLAN 概述

虚拟局域网（Virtual Local Area Network，VLAN）可以是由少数几台家用计算机构成的网络，也可以是数以百计的计算机构成的企业网络。VLAN 所指的 LAN 特指使用路由器分割的网络——广播域。

在此先复习一下广播域的概念。广播域，指的是广播帧（目标 MAC 地址全部为 1）所能传递到的范围，亦即能够直接通信的范围。严格地说，并不仅仅是广播帧，多播帧（Multicast Frame）和目标不明的单播帧（Unknown UnicastFrame）也能在同一个广播域中畅行无阻。

本来，二层交换机只能构建单一的广播域，不过使用 VLAN 功能后，它能够将网络分割成多个广播域。那么，为什么需要分割广播域呢？那是因为，如果仅有一个广播域，有可能会影响到网络整体的传输性能。

图 4-16 所示是一个由 5 台二层交换机（交换机 1~5）连接了大量客户机构成的网络。假设这时，计算机 A 需要与计算机 B 通信。在基于以太网的通信中，必须在数据帧中指定目标 MAC 地址才能正常通信，因此计算机 A 必须先广播"ARP 请求（ARP Request）信息"，来尝试获取计算机 B 的 MAC 地址。

交换机 1 收到广播帧（ARP 请求）后，会将它转发给除接收端口外的其他所有端口，接着交换机 2 收到广播帧后也会转发到其他所有端口，交换机 3、4、5 也还会转发到其他所有端口，最终 ARP 请求会被转发到同一网络中的所有客户机上，如图 4-17 所示。

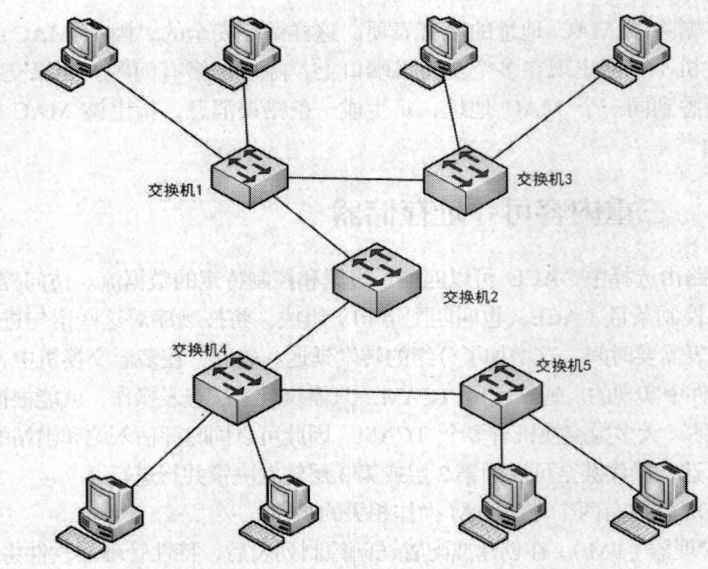

图 4-16 交换网络

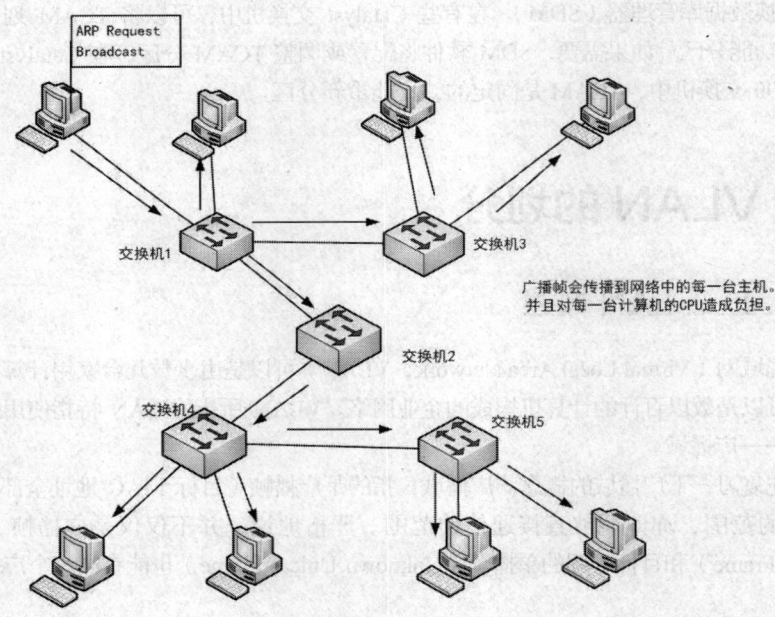

图 4-17 ARP 广播包

这个 ARP 请求原本是为了获得计算机 B 的 MAC 地址而发出的，即，只要计算机 B 能收到就万事大吉了。可是事实上，数据帧却传遍整个网络，导致所有的计算机都接收到了它。如此一来，一方面广播信息消耗了网络整体的带宽，另一方面，收到广播信息的计算机还要消耗一部分 CPU 时间来对它进行处理。造成了网络带宽和 CPU 运算能力的大量无谓消耗。

广播信息真是那么频繁出现的吗？答案是肯定的。实际上广播帧会非常频繁地出现。利用 TCP/IP 协议栈通信时，除了前面出现的 ARP 外，还有可能需要发出 DHCP、RIP 等很多其他类型的广播信息。

ARP 广播，是在需要与其他主机通信时发出的。当客户机请求 DHCP 服务器分配 IP 地址时，就必须发出 DHCP 的广播。而使用 RIP 作为路由协议时，每隔 30s 路由器都会对邻近的其他路由器广播一次路由信息。RIP 以外的其他路由协议使用多播传输路由信息，这也会被交换机转发。除了 TCP/IP 以外，NetBEUI、IPX 和 Apple Talk 等协议也经常需要用到广播。例如在 Windows 下双击打开"网络计算机"时就会发出广播（多播）信息（Windows XP 除外）。

下面是一些常见的广播通信。
- ARP 请求：建立 IP 地址和 MAC 地址的映射关系。
- RIP：一种路由协议。
- DHCP：用于自动设定 IP 地址的协议。
- NetBEUI：Windows 下使用的网络协议。
- IPX：Novell Netware 使用的网络协议。
- Apple Talk：苹果公司的 Macintosh 计算机使用的网络协议。

如果整个网络只有一个广播域，那么一旦发出广播信息，就会传遍整个网络，并且对网络中的主机带来额外的负担。因此，在设计 LAN 时，需要注意如何才能有效地分割广播域。

传统的交换网络，整个网络是一个大的广播域，无法隔离广播和故障，一旦某一地方出现问题，整网都不能正常工作。

4.3.2 VLAN 划分的必要性

分割广播域时，一般都必须使用到路由器。使用路由器后，可以路由器上的网络接口为单位分割广播域。

但是，通常情况下路由器上不会有太多的网络接口，其数目多在 1~4 个。随着宽带连接的普及，宽带路由器（或者叫 IP 共享器）变得较为常见，但是需要注意的是，它们上面虽然带着多个（一般 4 个左右）连接 LAN 一侧的网络接口，但实际上是路由器内置的交换机，并不能分割广播域。

况且使用路由器分割广播域，所能分割的个数完全取决于路由器的网络接口个数，使得用户无法自由地根据实际需要分割广播域。

与路由器相比，二层交换机一般带有多个网络接口。因此如果能使用它分割广播域，那么无疑运用上的灵活性会大大提高。

用于在二层交换机上分割广播域的技术，就是 VLAN。通过利用 VLAN，可以自由设计广播域的构成，提高网络设计的自由度。

解决的办法进行 VLAN 划分。所谓 VLAN 划分，就是在交换机级别对整网进行逻辑的划分。VLAN 之间的流量默认是隔离的。两台主机如果属于不同的 VLAN，默认，它们之间是不能通信的。一般来说，VLAN 是按照部门划分的。而且，每个 VLAN 必须是一个独立的子网。实际上是在交换机级别实现了部分路由器隔离的功能。不同 VLAN 之间如果要通信，必须通过三层交换机或者路由器进行数据转发，因为路由器可以隔离广播域，一般来说是通过三层交换机进行转发，因为路由器的处理速度比交换机慢很多，大大影响了不同VLAN 间通信的效率。三层交换的转发速度还是线性转发。

4.3.3 VLAN 划分方法

VLAN 划分方法主要包括静态和动态两种。其中，静态的划分 VLAN 的方法容易实现,便于管理。下面举例说明。

具体要求:使用 Cisco Packet Tracer 模拟软件按图 4-18 所示创建 VLAN2、VLAN3,PC0、PC1 属于 VLAN2,PC2、PC3 属于 VLAN3。

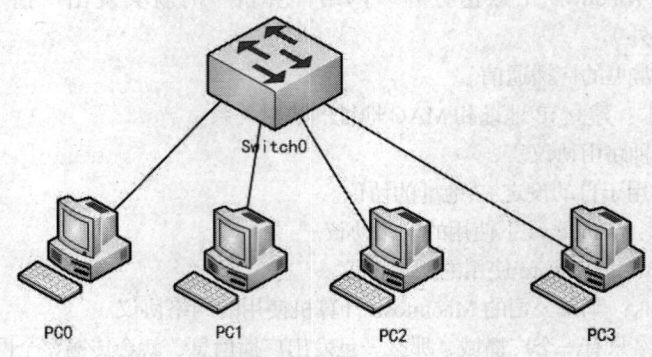

图 4-18 划分 VLAN 拓扑图

整体思路:先在交换机全局配置模式下定义 VLAN,然后在接口配置模式下,配置接口类型以及接口所能承载的 VLAN。

具体配置如下。

1. 交换机的配置

```
en //进入特权配置模式
show version //查看交换机的型号、配置等
show flash //查看交换机的存储,保存 IOS 的地方,模拟环境下内容是空的
show vlan /查看交换机的 vlan 信息
show mac-address-table //查看交换机的 mac 地址表
```

2. 创建 VLAN

```
en //进入特权配置模式
conf t//进入全局配置模式
vlan 2//创建 VLAN2
name ww //VLAN2 的 VLAN 名,可以不定义 VLAN 名
no VLAN2//删除 VLAN
```

3. 把接口定义到 VLAN 中

```
en //进入特权配置模式
conf t//进入全局配置模式
int f0/1//进入接口配置模式下
switchport mode access//把接口定义为主机(访问)端口,而不是中继端口
switchport access vlan 2//把接口 f0/1 划分给 VLAN 2
end
show vlan//在全局配置模式下查看配置是否成功
```

交换机接口有很多种状态,因为,这个接口连接的可能是一个主机,也可能是令一个交换机,所以,首先要设置接口的状态。

如何把批量端口划入 VLAN 呢?具体命令如下。

```
en //进入特权配置模式
conf t//进入全局配置模式
int range f0/1 - 20//进入批量接口配置模式下,接口 f0/1-f0/20 注意"-"前后有空格
```

```
switchport mode access//把接口定义为主机（访问）端口，而不是中继端口
switchport access vlan 2//把接口f0/1划分给VLAN 2
```
VLAN之间的流量是隔离的，一个接口只能属于一个VLAN，如果说，两个交换机只有一根线相连，而且，两个交换机有相同的VLAN（VLAN1、VLAN2、VLAN3），那么，两个交换机相连的那根线应该属于哪个VLAN呢？如图4-19所示。

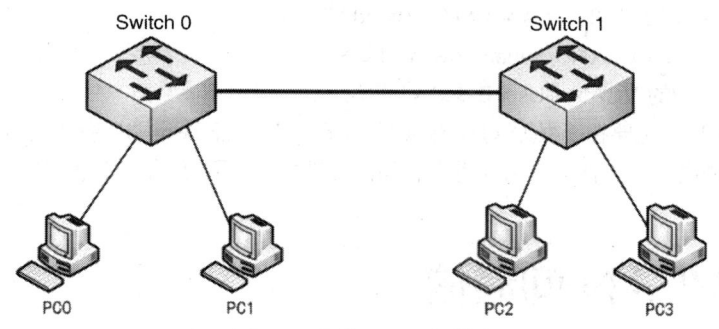

图4-19 划分VLAN拓扑图

trunk接口，可以承载不同VLAN的流量，交换机相连的接口默认协商为trunk接口，多个交换机互联的接口都是trunk接口，所有流入trunk接口的流量，都会加上一层封装，封装后可以标示数据流属于哪个VLAN，到达对面交换机后，再分别分发到不同的VLAN，一旦划分VLAN，所有的广播帧，组播帧和未知的单播帧都只能在自己的VLAN中泛洪。

trunk接口有两种封装方式：ISL（思科私有）和802.1Q（公有的标准）。

例如：把接口f0/1设置为trunk接口。
```
en //进入特权配置模式
conf t//进入全局配置模式
int f0/1//进入接口配置模式下
switchport trunk encapsulation dot1q//先指定trunk封装
switchport mode trunk//把接口定义为trunk接口
```

> **注意啦**
>
> 图4-19所示的两台交换机接口要起同样的设置。

关于VLAN的访问链接还要从交换机的端口类型讲起。

交换机的端口，可以分为访问链接（Access Link）和汇聚链接（Trunk Link）。

访问链接指的是"只属于一个VLAN，且仅向该VLAN转发数据帧"的端口。在大多数情况下，访问链接所连的是客户机。

通常设置VLAN的顺序是：①生成VLAN；②设定访问链接（决定各端口属于哪一个VLAN）。

设定访问链接的手法，可以是事先固定的、也可以是根据所连的计算机而动态改变设定。前者被称为"静态VLAN"，后者自然就是"动态VLAN"了。

- 静态VLAN：静态VLAN又被称为基于端口的VLAN（Port Based VLAN）。顾名思义，就是明确指定各端口属于哪个VLAN的设定方法。

由于需要一个个端口地指定，因此当网络中的计算机数目超过一定数字（比如数百台）

后，设定操作就会变得繁杂无比。并且，客户机每次变更所连端口，都必须同时更改该端口所属 VLAN 的设定——这显然不适合那些需要频繁改变拓扑结构的网络。
- 动态 VLAN：动态 VLAN 则是根据每个端口所连的计算机，随时改变端口所属的 VLAN。这就可以避免上述的更改设定之类的操作。动态 VLAN 可以大致分为以下 3 类。

① 基于 MAC 地址的 VLAN（MAC Based VLAN）。
② 基于子网的 VLAN（Subnet Based VLAN）。
③ 基于用户的 VLAN（User Based VLAN）。

其间的差异，主要在于根据 OSI 参照模型哪一层的信息决定端口所属的 VLAN。关于动态 VLAN 的内容，不作为本书的重点，如需要进一步学习可查阅相关资料。

4.4 VLAN 间通信

4.4.1 VLAN 间路由的必要性

两台计算机即使连接在同一台交换机上，只要所属的 VLAN 不同就无法直接通信。接下来将要学习的就是如何在不同的 VLAN 间进行路由，使分属不同 VLAN 的主机能够互相通信。

首先，为什么不同 VLAN 间不通过路由就无法通信呢？在 LAN 内的通信，必须在数据帧头中指定通信目标的 MAC 地址。而为了获取 MAC 地址，TCP/IP 下使用的是 ARP。ARP 解析 MAC 地址的方法，则是通过广播。即，如果广播报文无法到达，那么就无从解析 MAC 地址，亦即无法直接通信。

计算机分属不同的 VLAN，也就意味着分属不同的广播域，自然接收不到彼此的广播报文。因此，属于不同 VLAN 的计算机之间无法直接互相通信。为了能够在 VLAN 间通信，需要利用 OSI 参照模型中更高一层——网络层的信息（IP 地址）来进行路由。

路由功能，主要由路由器提供。在今天的局域网里经常利用带有路由功能的交换机——三层交换机（Layer 3 Switch）来实现。接下来分别看看使用路由器和三层交换机进行 VLAN 间路由时的情况。在使用路由器进行 VLAN 间路由时，与构建横跨多台交换机的 VLAN 时的情况类似，还是会遇到"该如何连接路由器与交换机"这个问题。路由器和交换机的接线方式，大致有以下两种。
- 将路由器与交换机上的每个 VLAN 分别连接。
- 不论 VLAN 有多少个，路由器与交换机都只用一条网线连接。

最容易想到的，当然还是"把路由器和交换机以 VLAN 为单位分别用网线连接"了。将交换机上用于和路由器互联的每个端口设为访问链接，然后分别用网线与路由器上的独立端口互联。如图 4-20 所示，交换机上有 2 个 VLAN，那么就需要在交换机上预留 2 个端口用于与路由器互联；路由器上同样需要有 2 个端口；两者之间用 2 条网线分别连接。

如果采用这个办法，大家应该不难想象它的扩展性很成问题。每增加一个新的 VLAN，都需要消耗路由器的端口和交换机上的访问连接，而且还需要重新布设一条网线。而路由器，通常不会带有太多 LAN 接口的。新建 VLAN 时，为了对应增加的 VLAN 所需

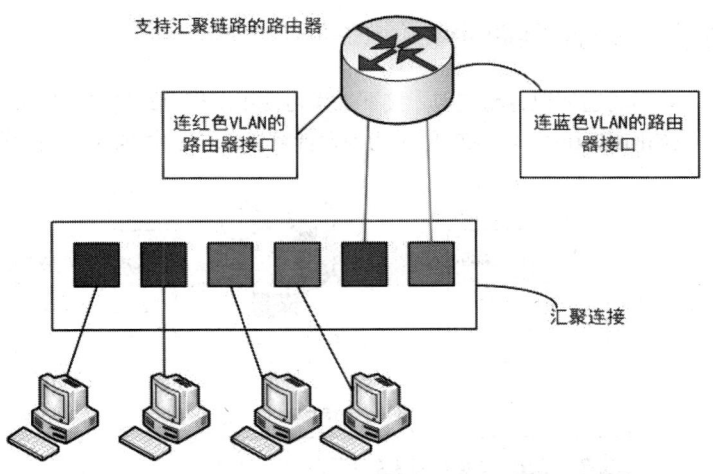

图 4-20　利用物理接口实现 VLAN 通信

的端口，就必须将路由器升级成带有多个 LAN 接口的高端产品，这部分成本、还有重新布线所带来的开销，都使得这种接线法成为一种不受欢迎的办法。

那么，第二种办法"不论 VLAN 数目多少，都只用一条网线连接路由器与交换机"呢？当使用一条网线连接路由器与交换机、进行 VLAN 间路由时，需要用到汇聚链路。

具体实现过程：首先将用于连接路由器的交换机端口设为汇聚链路，而路由器上的端口也必须支持汇聚链路。双方用于汇聚链路的协议自然也必须相同。接着在路由器上定义对应各个 VLAN 的"子接口（Sub Interface）"。尽管实际与交换机连接的物理端口只有一个，但在理论上可以把它分割为多个虚拟端口。

VLAN 将交换机从逻辑上分割成了多台，因而用于 VLAN 间路由的路由器，也必须拥有分别对应各个 VLAN 的虚拟接口，如图 4-21 所示。

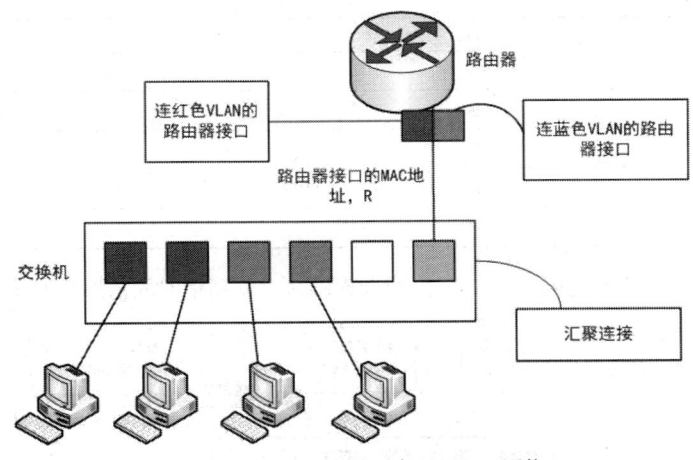

图 4-21　利用逻辑子接口实现 VLAN 通信

如采用这种方法，即使之后在交换机上新建 VLAN，仍只需要一条网线连接交换机和路由器。用户只需要在路由器上新设一个对应新 VLAN 的子接口就可以了。与前面的方法相比，扩展性要强得多，也不用担心需要升级 LAN 接口数不足的路由器或是重新布线。

4.4.2 VLAN 间路由

同一 VLAN 内的通信很容易实现。接下来学习使用汇聚链路连接交换机与路由器时，VLAN 间路由是如何进行的。图 4-22 所示为各台计算机以及路由器的子接口设定 IP 地址。

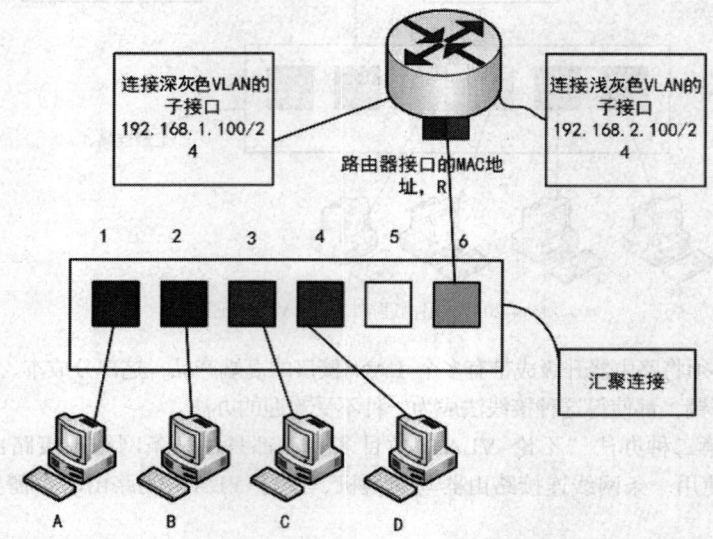

图 4-22 VLAN 间通信的配置

深灰色 VLAN（VLAN ID=1）的网络地址为 192.168.1.0/24，浅灰色 VLAN（VLAN ID=2）的网络地址为 192.168.2.0/24。各计算机的 MAC 地址分别为 A/B/C/D，路由器汇聚链接端口的 MAC 地址为 R。交换机通过对各端口所连计算机 MAC 地址的学习，生成表 4-1 所示的 MAC 地址列表。

表 4-1 MAC 地址表

VLAN	mac	port	type
深灰	A	1	access
深灰	B	2	access
浅灰	C	3	access
浅灰	D	4	access
深灰、浅灰	R	6	trunk

首先考虑计算机 A 与同一 VLAN 内的计算机 B 之间通信时的情形，如图 4-23 所示。

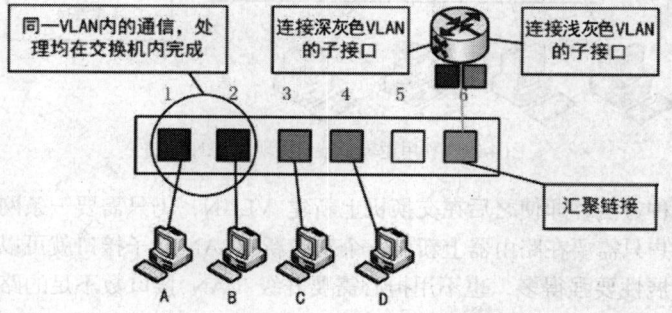

图 4-23 相同 VLAN 通信子接口的配置

计算机 A 发出 ARP 请求信息，请求解析 B 的 MAC 地址。交换机收到数据帧后，检索 MAC 地址列表中与收信端口同属一个 VLAN 的表项。结果发现，计算机 B 连接在端口 2 上，于是交换机将数据帧转发给端口 2，最终计算机 B 收到该帧。收发信双方同属一个 VLAN 之内的通信，一切处理均在交换机内完成。

接下来介绍不同 VLAN 间的通信。计算机 A 与计算机 C 之间通信时的情况，如图 4-24 所示。

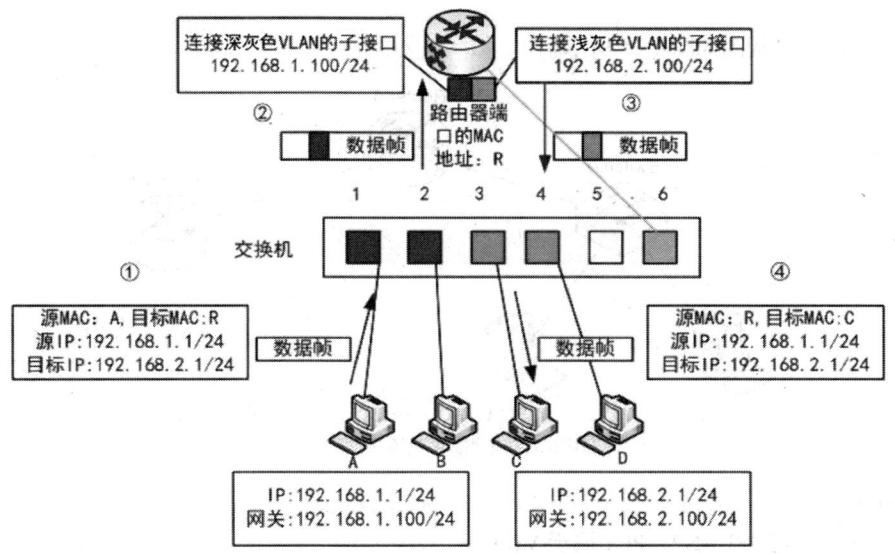

图 4-24　不同 VLAN 通信子接口的配置

计算机 A 从通信目标的 IP 地址（192.168.2.1）得出 C 与本机不属于同一个网段。因此会向设定的默认网关（Default Gateway，GW）转发数据帧。在发送数据帧之前，需要先用 ARP 获取路由器的 MAC 地址。

得到路由器的 MAC 地址 R 后，接下来就是按图 4-27 中所示的步骤发送往 C 去的数据帧。①的数据帧中，目标 MAC 地址是路由器的地址 R、但内含的目标 IP 地址仍是最终要通信的对象 C 的地址。这一部分的内容，涉及局域网内经过路由器转发时的通信步骤，本书不再详述。

交换机在端口 1 上收到①的数据帧后，检索 MAC 地址列表中与端口 1 同属一个 VLAN 的表项。由于汇聚链路会被看作属于所有的 VLAN，因此这时交换机的端口 6 也属于被参照对象。这样交换机就知道往 MAC 地址 R 发送数据帧，需要经过端口 6 转发。

从端口 6 发送数据帧时，由于它是汇聚链接，因此会被附加上 VLAN 识别信息。由于原先是来自深灰色 VLAN 的数据帧，因此如图中的②所示，会被加上深灰色 VLAN 的识别信息后进入汇聚链路。路由器收到②的数据帧后，确认其 VLAN 识别信息，由于它是属于深灰色 VLAN 的数据帧，因此交由负责深灰色 VLAN 的子接口接收。

接着，根据路由器内部的路由表，判断该向哪里中继。

由于目标网络 192.168.2.0/24 是浅灰色 VLAN,，且该网络通过子接口与路由器直连，因此只要从负责浅灰色 VLAN 的子接口转发就可以了。这时，数据帧的目标 MAC 地址被改写成计算机 C 的目标地址；并且由于需要经过汇聚链路转发，因此被附加了属于浅灰色 VLAN 的识别信息。这就是图中③的数据帧。

交换机收到③的数据帧后,根据 VLAN 标识信息从 MAC 地址列表中检索属于蓝色 VLAN 的表项。由于通信目标——计算机 C 连接在端口 3 上、且端口 3 为普通的访问链接,因此交换机会将数据帧除去 VLAN 识别信息后(数据帧④)转发给端口 3,最终计算机 C 才能成功地收到这个数据帧。进行 VLAN 间通信时,即使通信双方都连接在同一台交换机上,也必须经过如下流程:"发送方——交换机——路由器——交换机——接收方"。

4.4.3 单臂路由示例

实例拓扑结构图如图 4-25 所示。

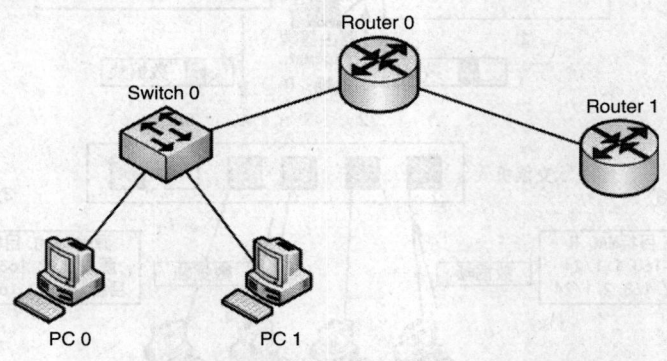

图 4-25 单臂路由示例拓扑图

说明如下。
- PC0 属于 VLAN2,PC1 属于 VLAN3。
- 交换机 Switch0 的 fa0/1 口连接 PC0;fa0/2 口连接 PC1;fa0/3 口连接路由器 Router0 的 fa0/0 口。
- 路由器 Router0 的 fa0/1 口连接路由器 Router1 的 fa0/0 口。
- 路由器 Router0 担当单臂路由的角色,路由器 Router1 担当 ISP。

此示例要完成的内容如下。
- 单臂路由
- DHCP
- NAT
- 静态默认路由

具体配置如下。

1. 单臂路由和 DHCP

(1)对交换机 Switch0 进行如下配置

① 前期配置

```
en
conf t
line con 0
loggsyn
no ip domain-loo
ho SW1
```

② VLAN 配置

```
vlan 2
vlan 3
end
```

③ 端口配置
```
conf t
int f0/1
switchport mode access
switchport access vlan 2  //f0/1端口设置为access,连接vlan 2
int f0/2
switchport mode access
switchport access vlan 3
int f0/3
switchport mode trunk  //f0/3端口设置为trunk干道
end
```
（2）对路由器Router0进行如下配置。

① 前期配置
```
en
conf t
line con 0
loggsyn
no ip domain-loo
ho R1
```
② 路由器负责3个VLAN间通信，所以要在路由器的f0/0口上配置3个子接口。
```
int f0/0
noshu
int f0/0.1
encapsulation dot1Q 1  //1表示子接口f0/0.1对应vlan 1
ip add 10.1.1.1 255.255.255.0  //子接口f0/0.1ip

int f0/0.2
encapsulation dot1Q 2  //1表示子接口f0/0.2对应vlan 2
ip add 10.1.2.1 255.255.255.0  //子接口f0/0.2ip

int f0/0.3
encapsulation dot1Q 3  //1表示子接口f0/0.3对应vlan 3
ip add 10.1.3.1 255.255.255.0  //子接口f0/0.3ip
```
③ 路由器负责为下面的主机动态分配地址，在路由器上配置DHCP服务器。3个VLAN定义3个地址池。
```
conf t
ipdhcp pool vlan1
network10.1.1.0 255.255.255.0
default-router10.1.1.1

ipdhcp pool vlan2
network10.1.2.0 255.255.255.0
default-router10.1.2.1

ipdhcp pool vlan3
network10.1.3.0 255.255.255.0
default-router10.1.3.1
```
（3）对主机设置：DHCP方式获得IP

说明：此时单臂路由和DHCP已经完成，验证实验结果如下。

使用ipconfig命令分别察看PC0、PC1的IP地址。

在 PC0 上 ping 网关 10.1.1.1，然后 ping PC1 的 IP 地址。

如果在 PC0 上能 ping 通 PC1，同时我们注意到两台主机的 IP 地址不在一个子网内，属于不同的 VLAN，说明，VLAN 间通信完成了。

2．NAT 和静态默认路由

（1）对路由器 Router0 上进行如下配置。

```
en
conf t
ip nat inside source list 10 interface f0/1 overload
access-list 10 10.0.0  0.0.255.255//访问控制列表控制nat，表示对哪些IP进行nat
（或者）access-list 10 10.0.0  0.0.3.255
```

在 f0/0.2 和 f0/0.3 接口上调用访问控制列表，进行 nat。注意：定义子接口，必须在子接口上进行应用 nat 规则。

```
conf t
int f0/0.2
ip nat inside
int f0/0.3
ip nat inside//对进入f0/0.3子接口数据包进行地址转换
int f0/1
ip nat outside//所有要通过路由器进行nat转换的数据包，都看作f0/1的数据包，源地址转变为f0/1的IP。
```

在 Router0 上定义默认路由

```
conf t
ip route 0.0.0.0 0.0.0.0 12.1.1.2
ip route 10.1.0.0 255.255.252.0 null 0//防止路由环路，路遇匹配的原则为最长匹配原则，如果有一个从R2进入R1目标地址为10.1.4.?的数据包，在没有此条路由信息的情况下，它会匹配静态默认路由0.0.0.0 0.0.0.0 12.1.1.2，出现路由环路。
end
```

通过 show ip route 命令可以查看路由表。

（2）在 Router1 上进行如下配置。

```
en
conf t
line con 0
loggsyn
no ip domain-loo
ho R2

conf t
int f0/0
ip add 12.1.1.2 255.255.255.0
noshu
end
```

3．查看结果

在 Router0 上开启 debug 命令，查看 nat

```
en
debug ip nat
```

在 PC0 上去 ping 12.1.1.2（Router1），在 Router0 上查看结果。

4.4.4 三层交换机

使用路由器进行 VLAN 间路由时会遇到一些问题。

只要能提供 VLAN 间路由，就能够使分属不同 VLAN 的计算机互相通信。但是，如果使用路由器进行 VLAN 间路由，随着 VLAN 之间流量的不断增加，很可能导致路由器成为整个网络的瓶颈。

交换机使用专用途集成电路（Application Specified Integrated Circuit，ASIC）处理数据帧的交换操作，在很多机型上都能实现以缆线速度（Wired Speed）交换。而路由器即使以缆线速度接收到数据包，也无法在不限速的条件下转发出去，因此会成为速度瓶颈。就 VLAN 间路由而言，流量会集中到路由器和交换机互联的汇聚链路部分，这一部分容易成为速度瓶颈。并且从硬件上看，由于需要分别设置路由器和交换机，在一些空间狭小的环境里可能连设置的场所都成问题。

为了解决上述问题，三层交换机应运而生。三层交换机，本质上就是"带有路由功能的（二层）交换机"。路由属于 OSI 参照模型中第三层网络层的功能，因此带有第三层路由功能的交换机才被称为"三层交换机"。

三层交换机的内部结构如图 4-26 所示。

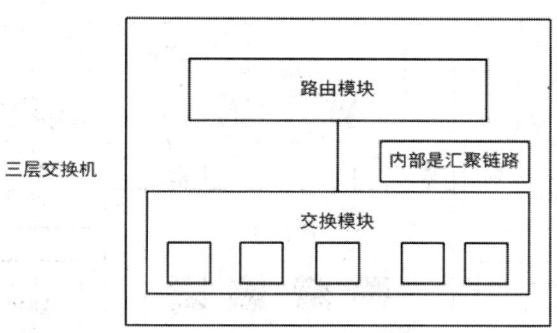

图 4-26　三层交换机的内部结构简图

在一台设备内，分别设置了交换机模块和路由器模块；而内置的路由模块与交换模块相同，使用 ASIC 硬件处理路由。因此，与传统的路由器相比，可以实现高速路由。并且，路由与交换模块是汇聚链接的，由于是内部连接，可以确保相当大的带宽。

使用三层交换机可以完成 VLAN 间路由（VLAN 内通信）。

在三层交换机内部数据究竟是怎样传播的呢？基本上，它和使用汇聚链路连接路由器与交换机时的情形相同。

假设有如图 4-27 所示的 4 台计算机与三层交换机互联。当使用路由器连接时，一般需要在 LAN 接口上设置对应各 VLAN 的子接口；而三层交换机则是在内部生成 VLAN 接口。VLAN 接口，是用于各 VLAN 收发数据的接口。（注：在 Cisco 的 Catalyst 系列交换机上，VLAN 接口被称为 SVI——Switched Virtual Interface）。

为了与使用路由器进行 VLAN 间路由对比，先考虑一下计算机 A 与计算机 B 之间通信时的情况。首先是目标地址为 B 的数据帧被发到交换机；通过检索同一 VLAN 的 MAC 地址列表发现计算机 B 连在交换机的端口 2 上；因此将数据帧转发给端口 2。

使用三层交换机进行 VLAN 间路由（VLAN 间通信）。

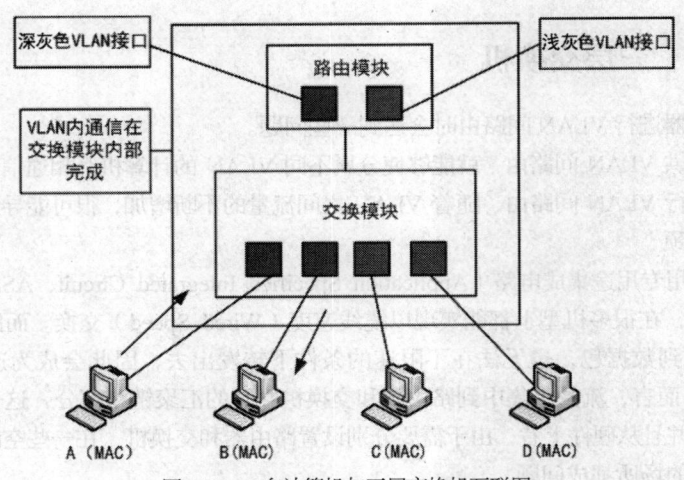

图 4-27　4 台计算机与三层交换机互联图

接下来设想一下计算机 A 与计算机 C 间通信时的情形。针对目标 IP 地址，计算机 A 可以判断出通信对象不属于同一个网络，因此向默认网关发送数据（Frame 1），如图 4-28 所示。

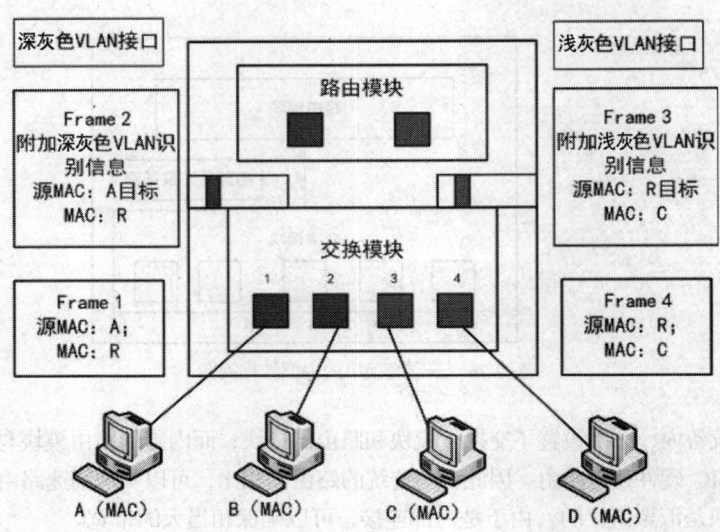

图 4-28　带有 VLAN 标识的数据帧

交换机通过检索 MAC 地址列表后，经由内部汇聚链接，将数据帧转发给路由模块。在通过内部汇聚链路时，数据帧被附加了属于深灰色 VLAN 的 VLAN 识别信息（Frame 2）。

路由模块在收到数据帧时，先由数据帧附加的 VLAN 识别信息分辨出它属于深灰色 VLAN，据此判断由深灰色 VLAN 接口负责接收并进行路由处理。因为目标网络 192.168.2.0/24 是直连路由器的网络、且对应浅灰色 VLAN；因此，接下来就会从浅灰色 VLAN 接口经由内部汇聚链路转发回交换模块。在通过汇聚链路时，这次数据帧被附加上属于浅灰色 VLAN 的识别信息（Frame 3）。

交换机收到这个帧后，检索浅灰色 VLAN 的 MAC 地址列表，确认需要将它转发给端口 3。由于端口 3 是通常的访问链接，因此转发前会先将 VLAN 识别信息除去（Frame 4）。最终，计算机 C 成功地接收到交换机转发来的数据帧。

整体的流程,与使用外部路由器时的情况十分相似——都需要经过发送方→交换模块→路由模块→交换模块→接收方。

4.5 三层交换机应用案例

4.5.1 三层交换机应用举例

某企业两个部门,技术部和销售部。分别处于不同的办公室,为了安全和便于管理对两个部门的主机进行了 VLAN 的划分。技术部和销售部分处于不同的 VLAN。现由于业务的需求,需要两个部门的主机能够相互访问。

三层交换机具备网络层的功能,实现 VLAN 相互访问的原理是:利用三层交换机的路由功能,通过识别数据包的 IP 地址,查找路由表进行选路转发。三层交换机利用直连路由可以实现不同 VLAN 之间的相互访问。三层交换机给接口配置 IP 地址,采用 SVI(交换虚接口)的方式实现 VLAN 间互连。拓扑结构如图 4-29 所示。

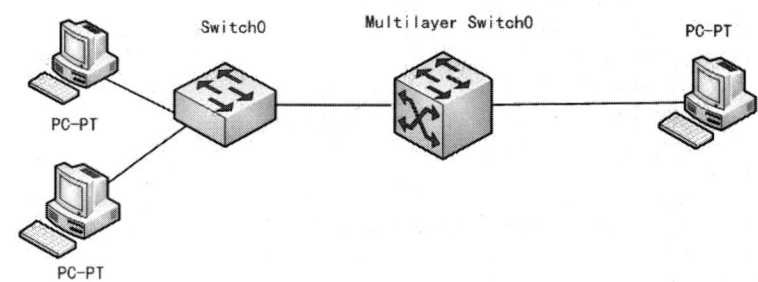

图 4-29 三层交换机配置示例拓扑图

具体配置如下。
(1)设置二层交换机
```
Switch>
Switch>en
Switch#conf t
Switch(config)#line con 0
Switch(config-line)#loggsyn
Switch(config-line)#logg synchronous
Switch(config-line)#exec-t 0 0
Switch(config-line)#exit
Switch(config)#no ip domain lookup
Switch(config)#vlan 2
Switch(config-vlan)#vlan 3
Switch(config)#end
Switch#
Switch#show vlan

Switch#conf t
Enter configuration commands, one per line.  End with CNTL/Z.
Switch(config)#int f0/2
Switch(config-if)#switchport mode access
Switch(config-if)#switchport access vlan 2
```

```
Switch(config-if)#int f0/3
Switch(config-if)#switchport mode access
Switch(config-if)#switchport access vlan 3
Switch(config-if)#end
Switch#
Switch#show vlan
Switch#
Switch#conf t
Switch(config)#int f0/1
Switch(config-if)#switchport mode trunk
Switch(config-if)#end
Switch#
Switch#show vlan
Switch#
```

（2）配置三层交换机

```
Switch>en
Switch#conf t
Switch(config)#line con 0
Switch(config-line)#logging synchronous
Switch(config-line)#exec-t 0 0
Switch(config-line)#exit
Switch(config)#no ip domain lookup
Switch(config)#vlan 2
Switch(config-vlan)#vlan 3
Switch(config-vlan)#end
Switch#
Switch#conf t
Switch(config)#int f0/1
Switch(config-if)#switchport mode trunk
Switch(config-if)#end
Switch#show vlan
Switch#
Switch#conf t
Switch(config)#interface vlan 2
Switch(config-if)#ip address 192.168.1.1 255.255.255.0
Switch(config-if)#no shutdown
Switch(config-if)#exit
Switch(config)#interface vlan 3
Switch(config-if)#ip address 192.168.2.1 255.255.255.0
Switch(config-if)#no shutdown
Switch(config-if)#exit
Switch(config)#int f0/2
Switch(config-if)#switchport mode access
Switch(config-if)#switchport access vlan 2
Switch(config-if)#end
Switch#show vlan
Switch#show ip route    //查看路由表，会发现两条直连路由
Codes: C - connected, S - static, I - IGRP, R - RIP, M - mobile, B - BGP
       D - EIGRP, EX - EIGRP external, O - OSPF, IA - OSPF inter area
       N1 - OSPF NSSA external type 1, N2 - OSPF NSSA external type 2
       E1 - OSPF external type 1, E2 - OSPF external type 2, E - EGP
       i - IS-IS, L1 - IS-IS level-1, L2 - IS-IS level-2, ia - IS-IS inter area
       * - candidate default, U - per-user static route, o - ODR
       P - periodic downloaded static route

Gateway of last resort is not set
```

```
C    192.168.1.0/24 is directly connected, Vlan2
C    192.168.2.0/24 is directly connected, Vlan3
Switch#
```

4.5.2 综合案例

案例：DHCP 中继以及 VLAN 间通信。图 4-30 所示为某单位核心交换机连接 VLAN2、VLAN3、100 三个 VLAN，分布路由器连接内网和外网总部。

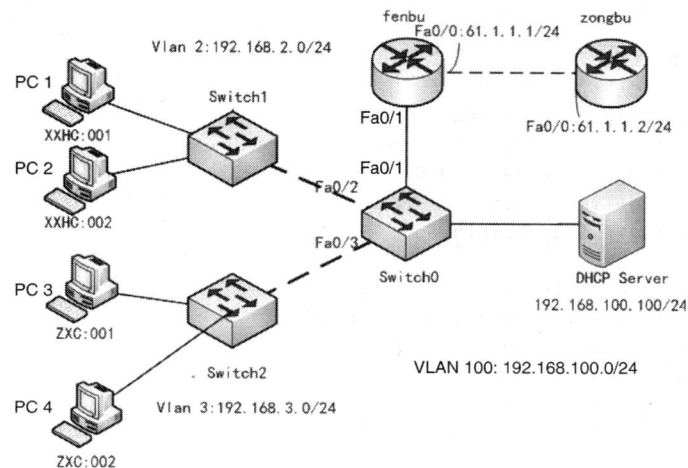

图 4-30 组网案例连接图

目的及要求如下。

（1）路由器实现 VLAN 中继的配置。

（2）VLAN 2、VLAN 3 客户机可以通过 DHCP 方式获得 IP。

（3）VLAN 间可以通过 fenbu 路由器实现通信。

（4）NAT 的实现：fenbu 路由器充当内网连接 zongbu 的设备，内网计算机通过 fenbu 路由 NAT 功能完成网络地址转换后访问总部。

（5）访问控制列表的使用。

参考配置如下。

（1）switch0 配置

```
Switch>en
Switch#conf t
Enter configuration commands, one per line. End with CNTL/Z.
Switch(config)#vlan 2
Switch(config-vlan)#name XXHC
Switch(config-vlan)#vlan 3
Switch(config-vlan)#name ZXC
Switch(config-vlan)#vlan 100
Switch(config-vlan)#nameDHCPServer
Switch(config-vlan)#exit
Switch(config)#int fa0/2
Switch(config-if)#switchport mode access
Switch(config-if)#switchport access vlan 2
Switch(config-if)#int fa0/3
Switch(config-if)#switchport mode access
```

```
Switch(config-if)#switchport access vlan 3
Switch(config-if)#int fa0/4
Switch(config-if)#switchport mode access
Switch(config-if)#switchport access vlan 100
Switch(config-if)#int fa0/1
Switch(config-if)#switchport mode trunk
Switch(config-if)#end
```

（2）fenbu 配置

```
Router>
Router>en
Router#conf t
Router(config)#line con 0
Router(config-line)#loggsyn
Router(config-line)#logg synchronous
Router(config-line)#exec-t 0 0
Router(config-line)#exit
Router(config)#no ip domain loo
Router(config)#ho fenbu
fenbu(config)#int fa0/0
fenbu(config-if)#ip add 61.1.1.1 255.255.255.0
fenbu(config-if)#no shu

fenbu(config-if)#int fa0/1
fenbu(config-if)#no shu

fenbu(config-if)#
fenbu(config-if)#int fa0/1.1
upfenbu(config-subif)#
fenbu(config-subif)#encapsulation dot1Q 1
fenbu(config-subif)#ip add 192.168.1.1 255.255.255.0
fenbu(config-subif)#int fa0/1.2
fenbu(config-subif)#encapsulation dot1Q 2
fenbu(config-subif)#ip add 192.168.2.1 255.255.255.0
fenbu(config-subif)#no shu

fenbu(config-subif)#int fa0/1.3
fenbu(config-subif)#encapsulation dot1Q 3
fenbu(config-subif)#ip add 192.168.3.1 255.255.255.0
fenbu(config-subif)#no shu

fenbu(config-subif)#int fa0/1.4
fenbu(config-subif)#encapsulation dot1Q 100
fenbu(config-subif)#ip add 192.168.100.1 255.255.255.0
fenbu(config-subif)#int fa0/1.2
fenbu(config-subif)#ip helper-address 192.168.100.100//使用此命令不仅可以转发
UDP 数据包，还可以转发 TFTP、DNS 等数据包。
fenbu(config-subif)#int fa0/1.3
fenbu(config-subif)#ip helper-address 192.168.100.100
fenbu(config-subif)#exit

fenbu(config)#ip route 0.0.0.0 0.0.0.0 61.1.1.2//默认路由
fenbu(config)#end
fenbu#
```

（3）fenbu：NAT 配置
```
fenbu#conf t
fenbu(config)#access-list 2 permit 192.168.2.0 0.0.0.255
fenbu(config)#ip nat inside source list 2 interfacefa0/0 overload
fenbu(config)#int fa0/1
fenbu(config-if)#int fa0/1.2
fenbu(config-subif)#ip nat inside
fenbu(config-subif)#exit
fenbu(config)#int fa0/0
fenbu(config-if)#ip nat outside
fenbu(config-if)#end
fenbu#
fenbu(config)#access-list 3 permit 192.168.3.0 0.0.0.255
fenbu(config)#ip nat inside source list 3 interfacefa0/0 overload
fenbu(config)#int fa0/1
fenbu(config-if)#int fa0/1.3
fenbu(config-subif)#ip nat inside
fenbu(config-subif)#exit
fenbu(config)#int fa0/0
fenbu(config-if)#ip nat outside
fenbu(config-if)#end
fenbu#
fenbu#debug ip nat
IP NAT debugging is on
fenbu#
```

（4）zongbu 配置
```
Router>en
Router#conf t
Router(config)#int fa0/0
Router(config-if)#ip add 61.1.1.2 255.255.255.0
Router(config-if)#no shu

Router(config-if)#end
Router#
Router#conf t
Router(config)#ho zongbu
zongbu(config)#
```

（5）switch1 配置
```
Switch>en
Switch#conf t
Switch(config)#vlan 2
Switch(config-vlan)#name XXHC
Switch(config-vlan)#exit
Switch(config)#int range fa0/1 - 3
Switch(config-if-range)#switchport mode access
Switch(config-if-range)#switchport access vlan 2
Switch(config-if-range)#end
Switch#
```

（6）Switch2 配置
```
conf t
Enter configuration commands, one per line.  End with CNTL/Z.
Switch(config)#vlan 3
```

```
Switch(config-vlan)#name ZXC
Switch(config-vlan)#exit
Switch(config)#interface range fa0/1 - 3
Switch(config-if-range)#switchport mode access
Switch(config-if-range)#switchport access vlan 3
Switch(config)#end
Switch#
```

(7) DHCP 服务器的配置

配置 2 个地址池，IP 地址分别为 192.168.2.0 /24 和 192.168.3.0 /24。网关分别为 192.168.2.1 和 192.168.3.1。

进行如下测试。

① VLAN 2、3 主机互相 ping，能够通信。

② 在 fenbu 路由器上开启 debug ipnat，分别从从 VLAN 2、VLAN 3 的主机上 ping 61.1.1.2，查看 NAT。

4.6 本章小结

本章以网络交换技术为切入点，以网络交换技术应用为落脚点，主要介绍了与交换机这一网络设备相关的技术及其应用。首先，从交换机的发展历程介绍网桥与交换机的基本原理与主要功能，其次，重点讲述了三层交换机的相关原理，最后，以 VLAN 划分及 VLAN 间通信为例，讲解三层交换机实现 VLAN 间通信的方法。

通过本章的学习要求大家理解交换机的基本原理，掌握使用二层、三层交换机实现划分 VLAN 以及 VLAN 间通信的方法与操作，了解三层交换机的综合应用场合及其操作方式。

4.7 上机实训

利用 Packet Tracer 模拟软件完成 4.3、4.4 节中的操作实验以及 4.5 节中的应用案例。

4.8 思考与练习

1. 简述网桥与交换机的基本原理。
2. 详细说明三层交换机实现分组转发过程。
3. 什么是 VLAN？组网过程中为什么要进行 VLAN 划分？
4. VLAN 划分的方法有哪些？
5. 实现 VLAN 间通信的常用方法有哪些？
6. 简述三层交换机与路由器实现 VLAN 间通信的操作区别。

第 5 章 路由器技术基础

接入因特网的任何一台电脑，要与别的机器相互通信并交换信息就必须拥有一个唯一的网络"地址"。数据并不是从它的"出发点"直接就被传送到"目的地"的，相反，数据在传送之前按照特定的标准划分成长度一定的片断（即数据包）。每一个数据包中都加入了目的计算机的网络地址，这就好比套上了一个写好收件人地址的信封，这样的数据包在网上传输的时候才不会"迷路"。数据包往往要经过网络上为数众多的通信设备或者计算设备的依次转发、接力传递才能到达目的地。

5.1 路由技术概述

5.1.1 原理与功能

所谓路由，就是指通过相互连接的网络把信息从源地点移动到目标地点的活动。要描述互连网络上的计算机是怎样相互寻址的，最好的类比是邮局服务系统。当邮寄一封信时，需要提供公寓号码、街区名称、城镇名等。当邮局接收到发往另一个城镇的信件时，邮政人员首先将它发送到目的城镇所在的分局。从那里，这封信被交给负责特定街区的某个邮递员，最终，这封信被投递到目的地。

与信件投递的方式类似，在计算机网络中，发往互连网络的信息首先被送到与目标网络直接或间接相连的路由器。作为不同网络之间互相连接的枢纽，路由器系统构成了基于 TCP/IP 的互联网络的主体脉络，并实际上起着数据分发中心的作用。当发送方提供了目的地机器的接口号、主机号、子网号和网络号等信息后，路由器负责把信息送到与目标网段相连的其他路由设备或主机，这一过程不断重复，直至信息被送达。

由于路由器工作在 OSI 模型中的网络层，路由器通常利用网络层定义的"逻辑"上的网络地址（即 IP 地址）来区别不同的网络，在实现网络互连的同时也保持各个网络的独立性。

发送到其他网络的数据先被送到路由器，再由路由器转发出去。所以，路由器通常有多个接口，用于连接多个 IP 子网。每个接口的 IP 地址的网段号要求与所连接的 IP 子网的网段号相同。不同的接口为不同的网段号，对应不同的 IP 子网，这样才能使各子网中的主机通过自己子网的 IP 地址把要求出去的 IP 分组送到路由器上。由于是在网络层的互连，路由器可方便地连接不同类型的物理网络，并与不同的链路层协议相配合，只要网络层运行的是

IP，通过路由器就可互连起来。

在实施数据转发前，路由器会根据当前所连接网络的状态决定每个数据包的传输路径。为了实现这一目标，路由器需要生成并维护一张称为"路由信息表"的表格，表中跟踪记录到达不同网段的接口或是下一跳地址，以及相关的状态信息。路由器使用路由信息表并根据传输距离和通信费用等因素来决定一个每个数据包的最佳传输路径。正是这种特点决定了路由器的"智能性"，它能够根据相邻网络的实际运行状况自动选择和调整数据包的传输，尽最大的努力以最优的路线和最小的代价将数据包传递出去。

图 5-1 所示为两个主机间借助于路由器实现数据包转发的过程，具体如下。

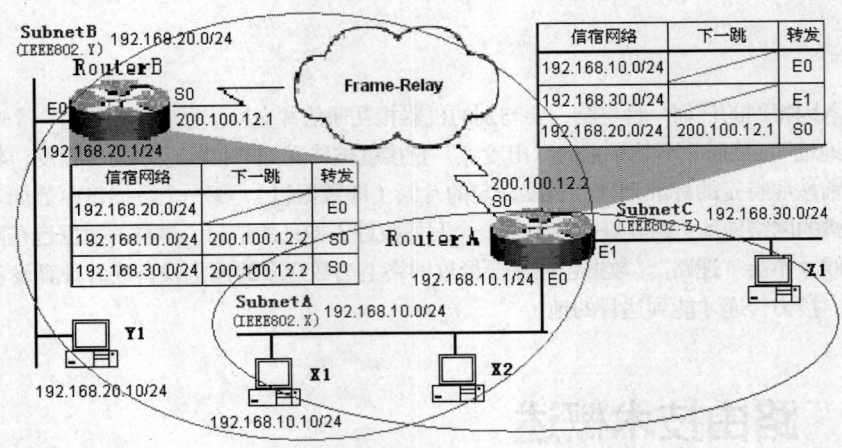

图 5-1 路由表及路由过程示意图

主机 X1 发送一个目的 IP 地址为 192.168.20.10/24（Y1）的 IP 数据报，目的网络（192.168.20.0/24）与源网络（192.168.10.0/24）为不同网络，交给主机 X1 的默认网关 Router A（192.168.10.1）转发。

Router A 收到 IP 数据报，其网络层查询路由表，根据 IP 数据报携带的目的主机 192.168.20.10/24 确定下一跳为 200.100.12.1（Router B），RouterA 从 S0 接口转发 IP 数据报。

Router B 收到 IP 数据报，其网络层查询路由表，网络 192.168.20.0/24 直接连接在 RouterB 的 E0 接口，所以 Router B 从 E0 接口转发 IP 数据报。主机 Y1 收到从主机 X1 来的 IP 数据报。

需要指出的是，在这一数据传递过程中，从数据包发出开始，直到其到达目的地，途径的每个设备都会按上下层协议间的约定对数据进行必要的封装，以保证其有效传输，其数据封装与拆封过程如图 5-2 所示，具体过程如下。

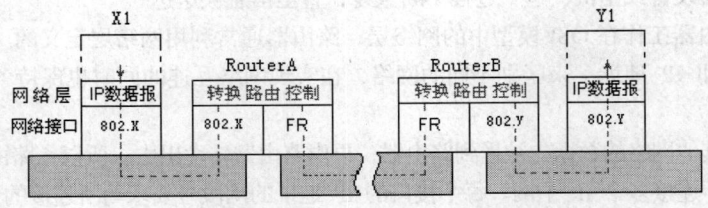

图 5-2 数据传递过程中的封装与拆封

主机 X1 网际层将发送数据封装为 IP 数据报交给网络接口，其网络接口（802.X）将 IP 数据报逐层封装为 802.X 格式通过 Subnet A 网络发送出去。Router A 收到 X1 发出的信号，其局域网接口（802.X）逐层拆封，还原为网络层的 IP 数据报；然后将 IP 数据报通过广域网接口（FR）重新封装为帧中继格式通过广域网转发。Router B 的工作方式与路由器 A 相似，但在与主机 Y1 的通信中使用了 802.Y 协议。需要指出的是，此处 802.X 与 802.Y 并不是真实的标准协议名称，只是用于泛指 IEEE 802 标准系列中的某一种协议。

通过对以上过程的推演，不难看出，路由器最基本的两项活动是"决定转发路径"和"传输信息单元（也被称为数据包）"，通常分别称之为"寻径"和"转发"。其中，数据包的传输和交换相对较为简单和直接，而路由的确定则更加复杂一些。

1．寻径

即判定到达目的地的最佳路径，由路由选择算法来实现。由于涉及不同的路由选择协议和路由选择算法，这一过程要相对复杂一些。为了判定最佳路径，路由选择算法必须启动并维护包含路由信息的路由表，其中路由信息依赖于所用的路由选择算法而不尽相同。路由选择算法将收集到得不同信息填入路由表中，根据路由表可将目标网络与下一跳（next hop）的关系告诉路由器。路由器间可以定时互通信息，进行路由更新和修改路由表使之正确反映网络的拓扑变化。路由器会根据一些量度值来决定最佳路径，但选取最佳路径的方法并不止一种，成熟有效的方法会以路由选择协议（routing protocol）形式固定下来。当前网络中比较典型的有路由信息协议（RIP）、开放式最短路径优先协议（OSPF）和边界网关协议（BGP）等。选择通畅快捷的近路，能大大提高通信速度，节约网络系统资源，提高网络系统畅通率，从而让网络系统发挥出更大的效益来。

2．转发

即通过"寻径"活动找出得最佳路径传送信息分组。路由器首先在路由表中查找，判明是否知道如何将分组发送到下一个站点（路由器或主机），如果路由器不知道如何发送分组，也没有默认路由的设置时，通常将该分组丢弃；否则就根据路由表的相应表项将分组发送到下一个站点，如果目的网络直接与路由器相连，路由器就把分组直接送到相应的接口上。这就是路由转发协议（routed protocol）。

路由转发协议和与前面提到的路由选择协议是相互配合又相互独立的概念，前者使用后者维护的路由表，同时后者要利用前者提供的功能来发布路由协议数据分组。下文中提到的路由协议，除非特别说明，都是指路由选择协议，这也是普遍的习惯。

除了实现基本的网络互连外，数据处理与网络管理是路由器的另外两类重要功能。其中数据处理提供了包括分组过滤、分组转发、优先级、复用、加密、压缩和防火墙等功能。网络管理则是指路由器提供了包括配置管理、性能管理、容错管理和流量控制等功能。路由器承载的功能越多，负载越重，对路由器的处理能力的要求也就越高。这时选取什么样的路由策略、软硬件的稳定性与可靠性等，都变成了影响网络互连的质量的重要因素。

通常，人们也会把路由和交换机进行对比，这主要是因为在普通用户看来两者所实现的功能是完全一样的。其实，路由和交换之间的主要区别就是，交换发生在 OSI 参考模型的第二层（数据链路层），而路由发生在第三层，即网络层。这一区别决定了路由和交换在移动信息的过程中需要使用不同的控制信息，所以两者实现各自功能的方式是不同的。使用路由器转发和过滤数据的速度往往要比只查看数据包物理地址的交换机慢。但是对于那些结构复杂的网络，使用路由器可以提高网络的整体效率，尤其是涉及需要在广域网上跨网段传输数据时则只能使用路由设备来完成。

5.1.2 路由器的分类

按功能及特性的不同，对常用路由器可以做如下分类。

1．接入路由器

接入路由器连接家庭或 ISP 内的小型企业客户。早期的接入路由器只提供 SLIP 或 PPP 连接，随着技术的不断发展，也逐渐支持诸如 PPTP 和 IPSec 等虚拟私有网络协议。诸如 ADSL 等技术的运用，有效提升了家庭接入网络的可用带宽，这将进一步增加接入路由器的负担。由于这些趋势，接入路由器将来会支持许多异构和高速接口，并在各个接口能够运行多种协议，同时还要避开电话交换网。

2．企业级路由器

企业或校园级路由器连接许多终端系统，其主要目标是以尽量便宜的方法实现尽可能多的端点互连，并且进一步要求支持不同的服务质量。有路由器参与的网络能够将机器分成多个碰撞域，并因此能够控制一个网络的大小。单位成本较贵的路由器接口，允许对其进行更为复杂的功能配置，可以有效地支持 QoS、广播和组播等技术的使用。企业级路由器通常还要保证与能与企业网络中各种历史遗留的技术和多种制式的协议（包括 IP、IPX 和 Vine 等）相互兼容。它们还要支持防火墙、包过滤以及大量的管理和安全策略以及 VLAN 划分等功能。虽然所要求的功能种类丰富，但这些功能往往体现在软件的配置上，对硬件的整体性能要求并不高。

3．骨干级路由器

骨干级路由器实现企业级网络的互联，最重要的技术指标往往是其处理与响应速度和可靠性，代价与花费则处于次要地位。硬件可靠性可以采用热备份、双电源、双数据通路等技术来获得，所以这些技术对骨干级路由器而言差不多是基本配置。骨干 IP 路由器的主要性能瓶颈是在转发表中查找某个路由所耗的时间。当收到一个数据包时，输入接口在转发表中查找该包的目的地址以确定其目的接口，路由条目越多或者当包要发往许多目的接口时，势必增加路由查找的代价。除了性能瓶颈问题，对于骨干级路由器，其稳定性也是一个不容忽视的问题。在高速路由器技术规范中，高速路由器的可靠性与可靠性规定应达到以下要求。

- 系统应达到或超过 99.999%的可用性；
- 无故障连续工作时间：MTBF > 10 万 h；
- 故障恢复时间：系统故障恢复时间小于 30min；
- 系统应具有自动保护切换功能。主备用切换时间应小于 50ms；
- SDH 和 ATM 接口应具有自动保护切换功能，切换时间应小于 50ms；
- 要求设备具有高可靠性和高稳定性。主处理器、主存储器、交换矩阵、电源、总线仲裁器和管理接口等系统主要部件应具有热备份冗余。线卡要求 $m+n$ 备份并提供远端测试诊断功能。电源故障能保持连接的有效性；
- 系统必须不存在单故障点。

为了更好地实现以上性能指标，高速骨干级路由器通常会非常注重冗余与备份机制，如思科的 12016 路由器能够配置冗余输入/输出模块、冗余网络交换模块和路由控制处理器。网络交换功能在输入/输出模块之间呈分布式配置，其优点是如果一个模块失效，网络交换功能即刻由另一个模块自动承担起。为有效地避免单点失效，使用独立的路由计算功能。路由计算和 I/O 功能可以独立运行，这也意味着其中一个发生故障时，不会影响另外一个系统的运行。例如，拔掉出故障的路由处理器，路由器仍将继续向前传送数据包。

5.1.3 路由器硬件结构

总体来说，路由器就是一台计算机，不过是缺少了终端显示设备，以及键盘鼠标等输入设备，因此要实现对路由器的操作必须借助于其他设备。传统路由器的硬件组成如图 5-3 所示。

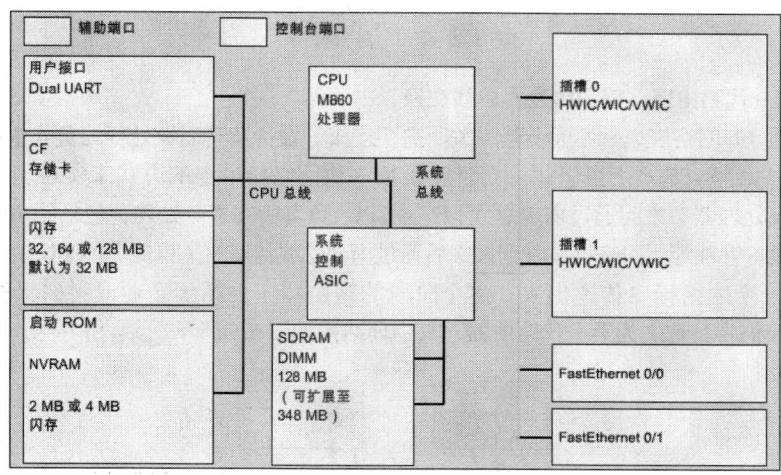

图 5-3　路由器硬件组成

需要指出的是，路由器中配置了四种不同类型的存储设备，且各有分工。
- 只读存储器（ROM），用于保存系统加电自检代码（POST）和系统引导区代码（BootStrap）。
- 闪存（Flash Memory），是可擦除、可编程的 ROM，断电后内容不消失，主要用于存放路由器的操作系统，在启动过程中复制到 RAM，然后再由 CPU 执行。
- 非易失性 RAM（NVRAM），速度较快，成本也比较高，断电后内容不丢失。用于保存启动配置文件，包括 IP 地址、路由协议、主机名等信息。由于 NVRAM 仅用于保存启动配置文件，故其容量较小，通常在路由器上只配置 32～128K 大小的 NVRAM。
- 随机存取存储器（RAM）用于在运行期间暂时存放操作系统和数据的存储器，让路由器能迅速地访问这些信息。运行期间，RAM 中包含路由表项目、ARP 缓冲项目、日志项目和队列中排队等待发送的分组。除此之外，还包括运行配置文件、正在执行的代码、IOS 操作系统程序和一些临时数据信息。

与通用计算机设备的另一个显著不同是路由设备通常配备多种输入/输出接口（I/O Interfaces），以提供与其他网络介质的互接和设备的管理控制。各类接口的布局大致如图 5-4 所示，主要分为局域网接口、广域网接口、控制台接口（Console Port）、辅助接口（Auxiliary Port）等。常见的局域网接口包括以太网、令牌环网、快速以太网、FDDI 接口等，而广域网接口则主要包括同步接口、异步接口等。图 5-3 中 WIC 指广域网接口卡，HWIC 指高速广域网接口卡，VWIC 指语音/广域网接口卡。

虽然路由器的基本原理结构并不复杂，但随着其功能不断增强，重要性不断增加，其硬件结构也随之发生了很大变化。下面对路由器硬件结构与核心技术特点的演进过程进行简要介绍。

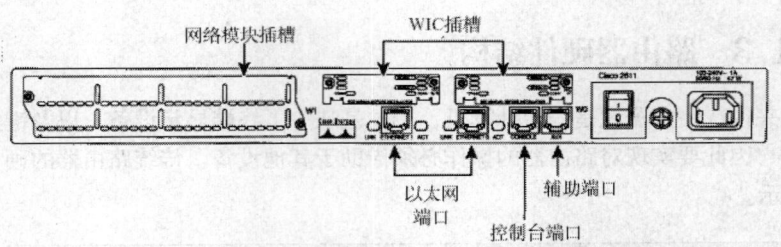

图 5-4　路由器外部接口

1．第一代路由器：集中转发，总线交换

最初的 IP 网络规模并不大，其网关所需要连接的设备及其需要处理的负载也很小。这时网关（路由器）基本上可以用一台计算机插多块网络接口卡的方式来实现。接口卡与 CPU（中央处理器）之间通过内部总线相连，CPU 负责所有事务处理，包括路由收集、转发处理、设备管理等。网络接口收到报文后通过内部总线传递给 CPU，由 CPU 完成所有处理后从另一个网络接口传递出去。这个阶段的路由器主要用于企业或科研机构连接到 Internet，我们将其称之为第一代路由器，其物理结构如图 5-5 所示。

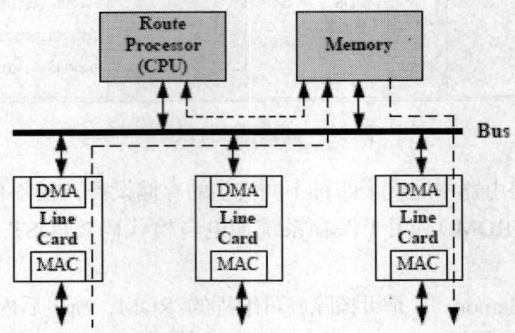

图 5-5　单总线结构路由器结构框图

2．第二代路由器：半分布式转发，接口模块化，总线交换

在第一代路由器中，由于每个报文都要经过总线送交 CPU 处理，随着网络用户的增多，网络流量不断增大，接口数量、总线带宽和 CPU 的瓶颈效应越来越突出。为了解决这个问题，第二代路由器在网络接口卡上进行了一些智能化处理。

由于网络用户通常只访问少数几个地方，因此可将少数常用的路由信息采用 Cache 技术保留在业务接口卡上，使大多数报文直接通过业务板 Cache 的路由表进行转发，减少对总线和 CPU 的请求，仅仅对 Cache 中找不到的报文送交 CPU 处理进行集中转发的处理。第二代路由器的物理结构如图 5-6 所示。

第二代路由器的分布式转发令路由器的整体性能有了较大提升，并可根据具体的网络环境提供丰富的连接方式和接口密度，在互联网和企业网中都获得过广泛应用。

3．第三代路由器：全分布转发，总线交换

20 世纪 90 年代出现的 Web 技术使 IP 网络得到了迅猛发展，用户的访问面获得了极大的拓宽，访问的地方也不再像过去那样固定，于是经常出现无法从 Cache 找到路由的现象，总线、CPU 的瓶颈效应再次出现。另外，由于用户的增加，路由器接口数量不足引发的问题也再次暴露出来了。为了解决这些问题，第三代路由器应运而生。第三代路由器的物理结构如图 5-7 所示。

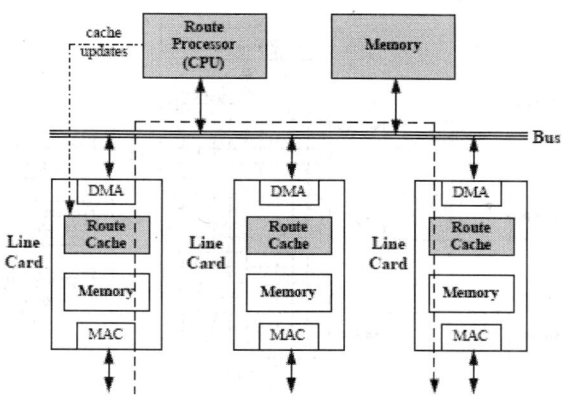

图 5-6 带 Cache 的单总线路由器结构框图

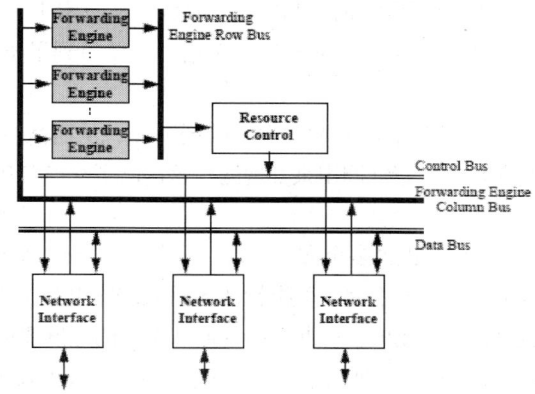

图 5-7 路由器中使用多个并行的转发引擎

第三代路由器采用全分布式结构，路由与转发分离，由主控板负责整个设备的管理和路由的收集、计算功能，并将计算出的转发表下发到各业务板，而各业务板则根据保存的路由转发表独立地进行路由转发。此外，总线技术也得到了较大的发展，总线与业务板之间的数据转发完全独立于主控板，实现了并行高速处理，使路由器的处理性能成倍提高。

第三代路由器将转发性能提高了数倍，并具备了一个业务灵活扩展、性能不断提升的体系结构，在 20 世纪 90 年代中期成为因特网骨干主流设备。

4．第四代路由器：ASIC 分布转发，网络交换

在 20 世纪 90 年代中后期，随着 IP 网络的商业化，用户数目迅猛增加，网络流量特别是核心网络的流量以指数级数增长，传统的基于软件的 IP 路由器无法再满足网络的发展需要。以常见的主干节点 2.5GPOS（Packet Over Sonet/SDH，POS）接口为例，按照 IP 最小报文 40 字节计算，2.5GPOS 接口线速的流量约为 6.5Mpps（packet per second），而且报文处理中还包含了诸如 QoS 保证、路由查找、二层帧头的剥离/添加等操作，传统的做法不可能实现这些功能。于是，一些厂商开始引入专用集成电路（Application Specific Integrated Circuit，ASIC）实现方式，将转发过程的所有细节全部通过硬件的方式来实现，此外还在交换网上采用了 CrossBar 或共享内存的方式，解决内部交换的问题，使路由器的性能达到千兆比特，即早期的千兆交换式路由器（Gigabit Switch Router，GSR）。第四代路由器的物理结构如图 5-8 所示。

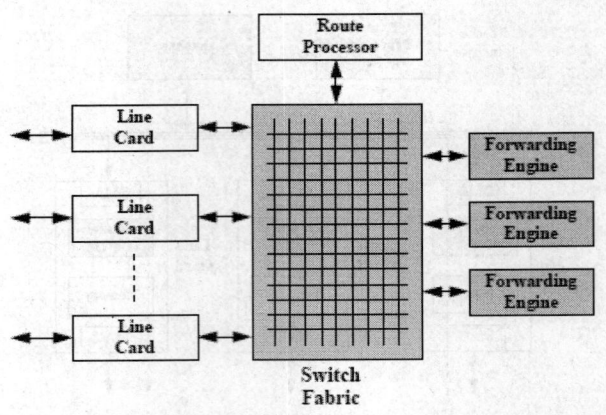

图 5-8　交换式路由器结构框图

交换结构的引入逐步克服了共享总线的以上缺点。从技术上，目前使用较多的交换结构有共享内存和 Crossbar 两种。Crossbar 由于结构简单得到了更多的青睐和更广泛的采用。

- 共享内存结构是通过共享输入输出端口的缓冲器，从而减少了对总存储空间的需求。分组的交换是通过指针调用来实现的，这提高了交换容量，但它的速度受限于内存的访问速度。
- Crossbar 结构可以同时提供多个数据通路。一个 Crossbar 结构由 $N \times N$ 交叉矩阵构成。当交叉点 (X, Y) 闭合时，数据就从 X 输入端输出到 Y 输出端。交叉点的打开与闭合是由调度器来控制的。因此，Crossbar 结构的速度要取决于调度器的速度。调度器是 Crossbar 交换结构的核心，它在每个调度时隙内收集各输入端口有关数据包队列的信息，经过一定的调度算法得到输入端口和输出端口之间的一个匹配，提供输入端口到输出端口的通路。

Crossbar 结构可以支持高带宽的原因主要有两个：①线路卡到交换结构的物理连接被简化为点到点连接，这使得该连接可以运行在非常高的速率；②它的结构可以支持多个连接同时以最大速度传输数据，这一点极大地提高了整个系统的吞吐量。只要同时闭合多个交叉节点，多个不同的端口就可以同时传输数据。从这个意义上，所有的 Crossbar 在内部是无阻塞的，因为它可以支持所有端口同时以最大速率传输（交换）数据。

数据包通过 Crossbar 时，可以是以定长单元的形式（通过数据包的定长分割），也可以不进行分割直接进行变长交换。一般高性能的 Crossbar 交换结构都采用了定长交换的方式，在数据包进入 Crossbar 以前把它分割为固定长度的 cells，等这些 cells 通过交换结构以后再按照原样把它组织成原来的变长包。

交叉开关和共享内存都能够达到比较高的吞吐率。共享内存的特点是实现简单，能达到比较高的吞吐率，但是其可扩展性比较差，当线路接口卡数量较多时，性能将受到一定的影响。而交叉开关能够达到比较高的速率，扩展性好，但是需要设计完善的调度算法并用高速硬件实现调度器。随着人们对交叉开关调度算法研究的深入，已经设计并实现了许多性能良好、实现简单的调度算法。因此，目前高性能路由器都趋向于使用交叉开关作为交换结构。

但是交叉开关和共享内存结构仍属于单级交换结构范畴。当设计大型系统时，单级交换结构有两个基本问题：①对于小规模系统，每端口成本还算合理，但随着规模的扩大，其成本涨得也特快；②所有的单级交换结构在技术上受限于其尺寸与速度。一旦达到这些极限，单级交换机无法再增加端口或提升线路速率。正因为如此，可扩展的交换系统必须采用多级结构。

多级交换结构是由多个交换单元互联起来的，每个交换单元具有一整套输入输出，与普通交换机类似，提供输入输出的连接。通过互联多个小的交换单元，就可以制造一个大型的、可扩展的交换结构。多级结构之间的不同取决于交换单元之间是如何互联的。典型的结构包括 Benes 网、Butterfly 网、Clos 网等形式。

Benes 网使用方形交换单元（即输入输出端口数相同）进行多级互联。一般来说，3 级 N 部 Benes 网的每一级均可以用 N 个输入/输出端口和 N 个交换单元来构造。这个格形结构在每个输入端和每个输出端之间形成 N 个可能的通路。Benes 输出可以扩展至任意奇数级。

5．第五代路由器技术：网络处理器分布转发，网络交换

在第四代路由器中采用了硬件转发模式，解决了带宽容量和性能不足的瓶颈问题，但是也留下了隐患。基于 ASIC 的硬件转发在获取高性能的同时，牺牲了业务灵活性。这与 ASIC 技术实现方式相关，在设计 ASIC 芯片时，对转发流程做了大量优化，使得 IP 转发以简单而固定的方式来实现，从而固化下来，做到硬件化。如果在 IP 转发中还要做一些复杂的额外处理，ASIC 就无能为力了。而且，ASIC 的设计周期很长，通常需要 2～3 年才能设计出一个稳定运行的 ASIC 芯片。而在 IP 互联网领域，业务发展非常迅速，平均每半年就会兴起一项新的业务，而这些业务可能就对转发流程有影响，需要转发程序适度调整来获得高品质支持。

在宽带互联网迅速发展的同时，IP 网络技术的缺陷也越来越充分地暴露出来，人们经过深刻的反醒后意识到，业务才是网络的真正价值所在，一切技术都必须围绕着业务进行。于是，网络管理、用户管理、业务管理、MPLS、VPN、可控组播、IP-QoS 和流量工程等各种新技术纷纷出现。IP 标准也逐步修改成熟。新技术的出现和标准化的进展对高速路由器的业务功能提出了越来越高的要求。

基于这些问题，第四代路由器 ASIC 技术的不灵活性、业务提供周期长等缺陷也不可避免地显现出来。第五代路由器在硬件体系结构上继承了第四代路由器的成果，在关键的 IP 业务流程处理上则采用了可编程的、专为 IP 网络设计的网络处理器技术。网络处理器（NP）通常由若干微处理器和一些硬件协处理器组成，多个微处理器并行工作，通过软件来控制处理流程。对于一些复杂的标准操作（如内存操作、路由表查找算法、QoS 拥塞控制算法、流量调度算法等）可采用硬件协处理器来提高处理性能，实现业务灵活性与高性能的有机结合。

5.1.4 路由器的未来发展趋势

虽然路由器技术已经发展到第五代，但每一代路由器都是为了满足相应网络发展的需求而提出的，在实际应用中每一代路由器都有其应用空间：第一代路由器（低端路由器）目前广泛服务于远程分支、网点、甚至家庭；第二代路由器（中端路由器）仍是企业网的主流联网设备；第三代路由器（高端路由器）当前主要应用于电信网络边缘和行业网络骨干，而第四代路由器（核心路由器）主要应用于 IP 网络骨干汇聚和城域网环境；第五代路由器（新一代核心路由器）作为新兴的路由设备，目前正在逐渐取代第四代路由器在骨干网络和城域网络中的地位。

高端路由器和核心路由器作为现代通信网络的核心设备，是国家信息安全战略的重要组成，通常应用于大型行业和电信级的网络环境，具备高性能、高可靠性、高安全性和严格的服务质量保证等特点，也代表了未来路由技术的发展方向。可以预见，未来核心级路由器将继续挑战更高的骨干带宽和业务性能，如更高密度的接口，更高性能的业务处理能力，具备更全面的业务特性、更丰富的接入方式和更灵活的适应能力。

中低端路由器虽然主要面向企业网环境，但近年来，越来越多的企业开始将 ERP、财务、OA、决策支持、语音、视频等关键业务承载到 IP 网络，这种应用的变化需要企业路由器具备与行业网络相似的高性能、高可靠性、高安全性和严格的服务质量保证。而 MPLS VPN、组播、语音、QoS 等业务也逐渐成为企业路由器必须支持的门槛业务特性。随着宽带网络的普及，中低端路由器需要支持更加丰富的宽带接入方式，如 XDSL、LAN、Cable、WLAN 等，并向中小型办公环境和家庭网络环境延伸，这将为路由器的发展提供更为广阔的空间。

核心路由器、高端路由器和中低端路由器技术正在不断融合，这是非常值得关注的一个发展趋势：

（1）电信、行业网络环境越来越复杂和多样化，高端路由器和核心路由器开始融合了很多中低端路由器的特点，如高密度低速接口、丰富的接入方式，简单高效的管理模式，以提高对不同网络环境的适应能力；

（2）中低端路由器的设计已经开始融合了越来越多的高端特性，如高性能、高可靠性、高安全性和严格的服务质量保证等，并需针对企业、个人应用进行优化设计，将业务智能化和高品质服务不断地推向网络边缘。

基于"业务与性能并重，业务平滑演进"的设计理念，业务高性能、集成化、业务智能化、高可靠、高安全、易使用是路由器发展的主要趋势。高性能不仅指转发的高性能，还包括业务的高性能和高品质服务，路由器在处理各种业务时应游刃有余，而转发性能不应出现明显的下降。路由器提供的业务能力不是解决"有"或"无"的问题，而是如何提供高品质的业务保证。为了灵活应对多样化的业务环境，新一代路由器必须支持全面的 IP 业务能力，并进行优化设计，包括完善的路由、MPLS、VPN、组播、语音、安全、QoS、IPv6、宽带接入等，各种业务流程融合无间。同时，为了满足集成一体化组网的需求，路由器还需要融合防火墙、入侵防御、VPN 网关、语音网关、宽带接入、以太网交换机、无线网关等功能。

新一代路由器应该更加智能化，具备更加灵活的业务感知和处理能力。例如，业务部署的灵活性要求路由器必须根据不同的应用环境，灵活地进行业务组合，并可根据需求的变化进行灵活的调整；业务感知的灵活性要求路由器能够实时感知网络中业务和流量的变化，并灵活地生成相应的 QoS 策略，可感知网络受到的或潜在的威胁，并及时调整安全策略。

5.2 路由器接口及其常规连接

路由器所在的网络位置比较复杂,既可是内部子网边缘,也可位于内、外部网络边缘。同时为了实现强大的适用性,它需要连接各种网络。因此,路由器接口也就必须多种多样。

5.2.1 路由器常用接口类型

路由器的接口主要分网络接口和配置接口两类,下面分别介绍。

1. 网络接口

常见的以太网接口主要有 AUI、BNC 和 RJ-45 接口,还有 FDDI、ATM、千兆以太网等都有相应的网络接口。

- AUI 接口

AUI 接口是用来与粗同轴电缆连接的接口,它是一种"D"型 15 针接口,这在令牌环网或总线型网络中是一种比较常见的接口之一,目前已较少使用。路由器可通过粗同轴电缆收发器实现与 10Base-5 网络的连接。但更多的则是借助于外接的收发转发器(AUI-to-RJ-45),实现与 10Base-T 以太网络的连接。当然,也可借助于其他类型的收发转发器实现与细同轴电缆(10Base-2)或光缆(10Base-F)的连接。AUI 接口的示意如图 5-9 所示。

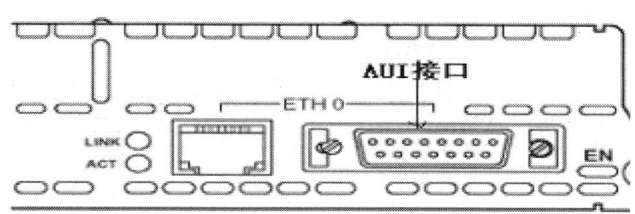

图 5-9 AUI 接口

- RJ-45 接口

RJ-45 接口是一种最常见的接口,它是目前局域网布线大量使用的双绞线以太网接口。因为在快速以太网中也主要采用双绞线作为传输介质,所以根据接口的通信速率不同 RJ-45 接口又可分为 10Base-T、100Base-TX 和 1000Base-T 等多类。其中,10Base-T 网的 RJ-45 接口在路由器中通常是标识为"ETH",而 100Base-TX 网的 RJ-45 接口则通常标识为"10/100bTX"。

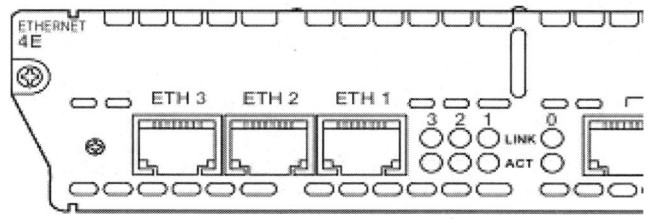

图 5-10 10Base-T 网的 RJ-45 接口

图 5-10 所示为 10Base-T 网的 RJ-45 接口,而图 5-11 所示的为 10/100Base-TX 网的 RJ-45 接口。其实这两种 RJ-45 接口仅就接口本身而言是完全一样的,但接口中对应的网络电路结构是不同的,所以也不能随便接。另外,不同速率的 RJ-45 接口对接入的塑料接头(俗

称水晶头，也称 RJ-45 连接器）和线缆要求也不相同，如千兆以太网中就要求使用介质超 5 类或 6 类双绞线，并配有专用接头。

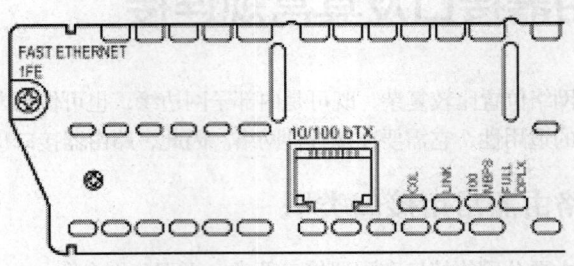

图 5-11　10/100Base-TX 网的 RJ-45 接口

利用 RJ-45 接口也可以建立广域网与局域网 VLAN（虚拟局域网）之间，以及与远程网络或 Internet 的连接。如果使用路由器为不同 VLAN 提供路由时，可以直接利用双绞线连接至不同的 VLAN 接口。但要注意这里的 RJ-45 接口所连接的网络通常是 100Mbit/s 快速以太网或更高速度的网络。如果必须通过光纤连接至远程网络，或连接的是其他类型的接口时，则需要借助于收发转发器才能实现彼此之间的连接。图 5-12 所示为快速以太网（Fast Ethernet）接口。

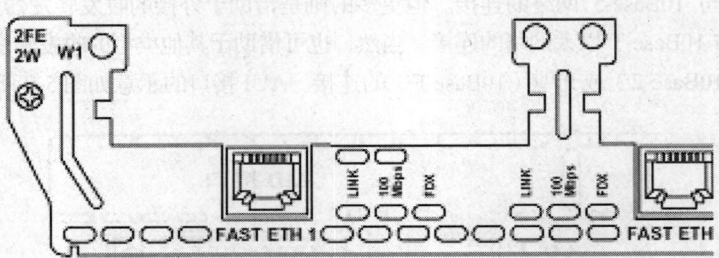

图 5-12　快速以太网接口

- SC 接口

SC 接口即常说的光纤接口，它是用于与光纤的连接。光纤接口通常是不直接用光纤连接至工作站，而是通过光纤连接到快速以太网或千兆以太网等具有光纤接口的交换机。这种接口一般在高档路由器才具有，都以"100b FX"标注，如图 5-13 所示。需要注意的是，光纤接口本身也有多种，其中路由器与交换机上用的最多的是 SC 卡接式方型接头。

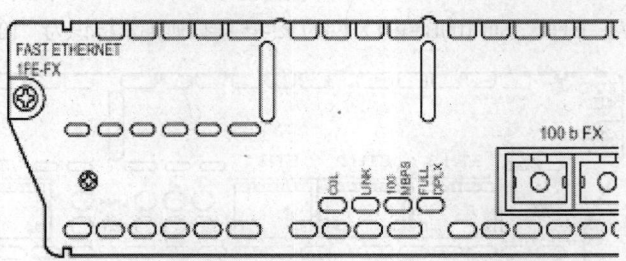

图 5-13　SC 接口

- 高速同步串口

在路由器的广域网连接中，"高速同步串口"（SERIAL）是应用相对较多的一种接口，如图 5-14 所示。

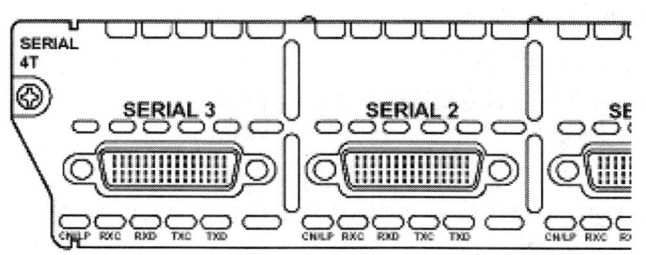

图 5-14　高速同步串口

这种接口主要是用于目前应用非常广泛的 DDN、帧中继（Frame Relay）、X.25、PSTN（模拟电话线路）等物理网络的连接。在企业网之间有时也通过 DDN 或 X.25 等广域网连接技术进行专线连接。这种同步接口要求的速率一般较高，通过这种接口所连接的网络的两端都要求实时同步。

- 异步串口

异步串口（ASYNC）主要是应用于 Modem 或 Modem 池的连接，如图 5-15 所示。它主要用于实现远程计算机通过公用电话网拨入网络。因为这种接口所使用的通信方式速率较低，这种异步接口相对于上面介绍的同步接口来说在速率上要求较为宽松，也不要求网络的两端保持实时同步，只要求能连续即可。

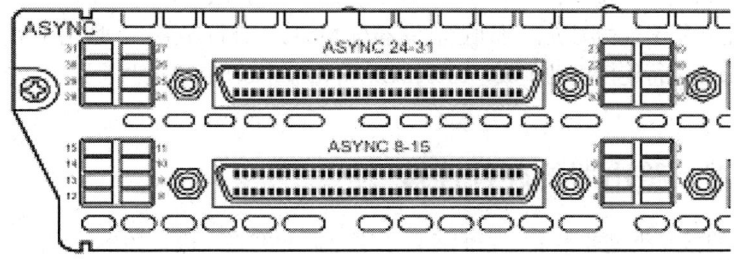

图 5-15　异步串口

- ISDN BRI 接口

因 ISDN 这种互联网接入方式连接速度上有它独特的一面，所以在当时 ISDN 刚兴起时在互联网的连接方式上还得到了充分的应用。ISDN BRI 接口用于 ISDN 线路通过路由器实现与 Internet 或其他远程网络的连接，可实现 128kbit/s 的通信速率。ISDN 有两种速率连接接口：一种是 ISDN BRI（基本速率接口）；另一种是 ISDN PRI（基群速率接口）。ISDN BRI 接口是采用 RJ-45 标准，与 ISDN NT1 的连接使用 RJ-45-to-RJ-45 直通线。图 5-16 所示的 BRI 为 ISDN BRI 接口。

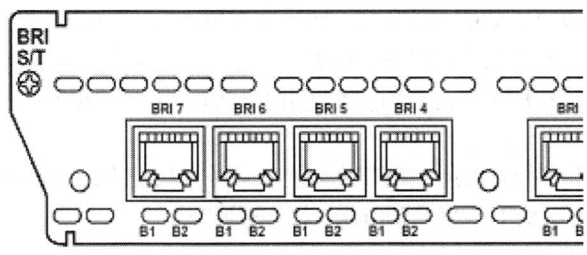

图 5-16　ISDN BRI 接口

2. 路由器配置接口

路由器的配置接口一般有两种,分别是"Console"和"AUX"。"Console"通常是用来进行路由器的基本配置时通过专用连线与计算机连用的,而"AUX"是用于路由器的远程配置连接用的。

- Console 接口

Console 接口使用配置专用连线直接连接至计算机的串口,利用终端仿真程序(如 Windows 下的"超级终端")进行路由器本地配置。路由器的 Console 接口多使用 RJ-45 接头,并使用 RJ-45 转串口的转接器来实现与计算机串口间的连接。图 5-17 所示就包含了一个 Console 配置接口。

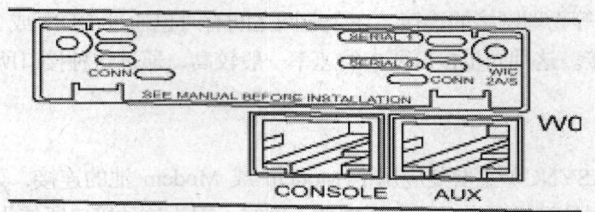

图 5-17 Console 和 AUX 接口

- AUX 接口

AUX 接口为异步接口,通常与 Console 接口同时提供,因为它们各自的用途不一样。AUX 接口主要用于远程配置,可通过收发器与 Modem 进行连接。一般情况下,通过 AUX 接口与 Modem 进行连接借助于 RJ-45 to DB9 或 RJ-45 to DB25 的收发器。该接口图示仍参见图 5-17。

5.2.2 路由器的硬件连接

路由器的接口类型非常多,它们各自用于不同的网络连接,如果不明白各自接口的作用,就很可能进行错误的连接,导致网络连接不正确,网络不通。下面通过对路由器的几种网络连接形式来进一步理解各种接口的连接应用环境。路由器的硬件连接按接口类型,也主要分与局域网设备之间的连接、与广域网设备之间的连接以及与配置设备之间的连接三类。

1. 路由器与局域网接入设备之间的连接

局域网设备主要是指集线器与交换机,交换机通常使用的接口只有 RJ-45 和 SC,而集线器使用的接口则通常为 AUI、BNC 和 RJ-45。

- RJ-45 to RJ-45

这种连接方式就是路由器所连接的两端都是 RJ-45 接口的,如果路由器和集线设备均提供 RJ-45 接口,那么,可以使用双绞线将集线设备和路由器的两个接口连接在一起。需要注意的是,与集线设备之间的连接不同,路由器和集线设备之间的连接不使用交叉线,而是使用直通线,即,跳线两端的线序完全相同。再一个要注意的是,集线器设备之间的级联通常是通过专用的级联接口进行的,而路由器与集线器或交换机之间的互联是通过普通接口进行的。

另外,路由器和集线设备接口通信速率应当尽量匹配,否则,宁可使集线设备的接口速率高于路由器的速率,并且最好将路由器直接连接至交换机。

- AUI to RJ-45

这种情况主要出现在路由器与集线器相连。如果路由器仅拥有 AUI 接口,而集线设备提供的是 RJ-45 接口，那么，必须借助于 AUI-to-RJ-45 收发器才可实现两者之间的连接。当然，收发器与集线设备之间的双绞线跳线也必须使用直通线，图 5-18 所示为连接示意图。

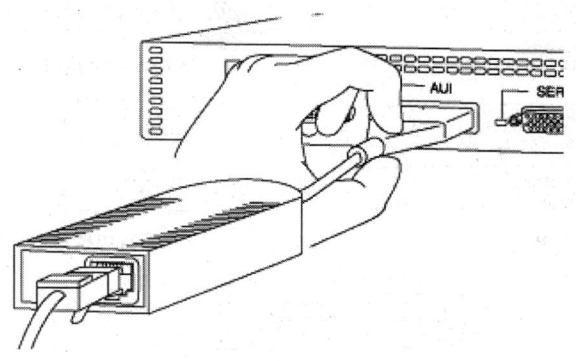

图 5-18　AUI 到 RJ-45 接口的连接示意图

- SC-to-RJ-45 或 SC-to-AUI

这种情况一般是路由器与交换机之间的连接，如交换机只拥有光纤接口，而路由设备提供的是 RJ-45 接口或 AUI 接口，那么必须借助于 SC-to-RJ-45 或 SC-to-AUI 收发器才可实现两者之间的连接。收发器与交换机设备之间的双绞线跳线同样必须使用直通线。但是实际上出现交换机为纯光纤接口的情况非常少见。

2．路由器与广域网接入设备的连接

路由器的主要应用是与互联网的连接，路由器与互联网接入设备的连接情况主要有以下几种。

- 通过异步串行口连接

异步串口主要是用来与 Modem 设连接，用于实现远程计算机通过公用电话网拨入局域网络。除此之外，也可用于连接其他终端。当路由器通过电缆与 Modem 连接时，必须使用 AYSNC-to-DB25 或 AYSNC-to-DB9 适配器来连接。路由器与 Modem 或终端的连接如图 5-19 所示。

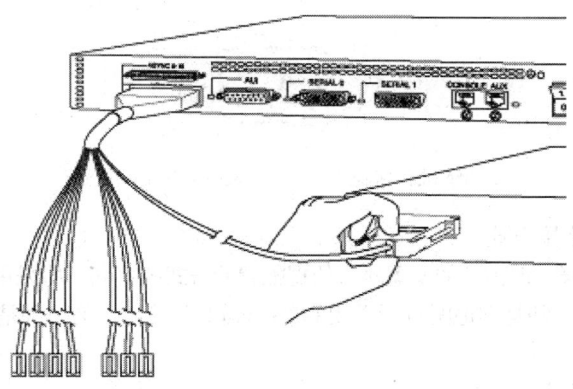

图 5-19　路由器与 Modem 连接示意图

- 同步串行口

在路由器中所能支持的同步串行接口类型比较多，如 Cisco 系统就可以支持 5 种不同类型的同步串行接口，分别是：EIA/TIA-232 接口、EIA/TIA-449 接口、V.35 接口、X.21 串行电缆总成和 EIA-530 接口，所对应的接口适配器如图 5-20 所示。

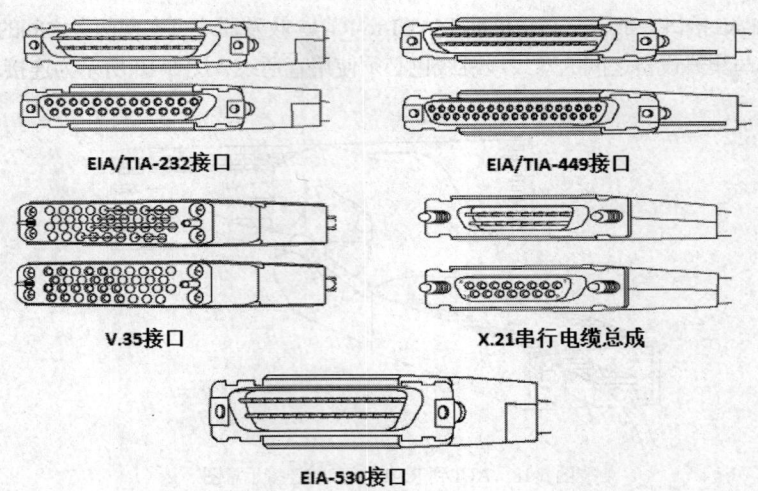

图 5-20　五种同步串行接口适配器示意图

一般来说适配器连线的两端是采用不同的外形。一般称带插针的适配器头一端称之为"公头",而带有孔的适配器一端通常称之为"母头"。实际使用中,"公头"也称为数据终端设备(Data Terminal Equipment,DTE)连接适配器,"母头"也称为数据通信设备(Data Communications Equipment,DCE)连接适配器。需要注意的是"EIA-530"接口两端都是一样的接口类型。

同步串行口与 Internet 接入设备连接如图 5-21 所示,在连接时只需要对应看一下连接用线与设备端接口类型就可以知道如何正确选择了。

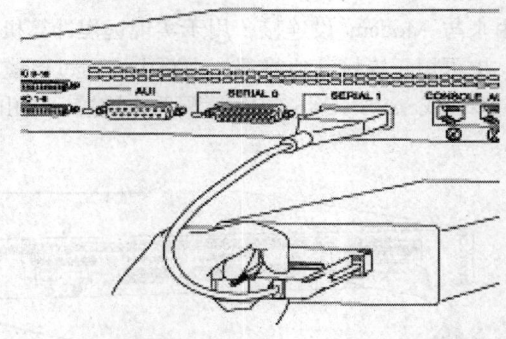

图 5-21　同步串行口与 Internet 设备连接

3．配置接口连接方式

与前面讲的一样,路由器的配置接口依据配置的方式的不同,所采用的接口也不一样,主要的仍是两种:一种是本地配置所采用的"Console"接口,另一种是远程配置时采用的"AUX"接口。

● Console 接口的连接方式

当使用计算机配置路由器时,必须使用翻转线将路由器的 Console 口与计算机的串口/并口连接在一起,这种连接线一般来说需要特制,根据计算机端所使用的是串口还是并口,选择制作 RJ-45 to DB-9 或 RJ-45 to DB-25 转换用适配器,如图 5-22 所示。

● AUX 接口的连接方式

当需要通过远程访问的方式实现对路由器的配置时,就需要采用 AUX 接口进行了。

AUX 其实与上面所讲的接口结构与 RJ-45 一样，只是里面所对应的电路不同，实现的功能也不同而已，根据 Modem 所使用的接口情况不同，来确定通过 AUX 接口与 Modem 进行连接所也必须借助于 RJ-45 to DB9 或 RJ-45 to DB25 的收发器的选择。

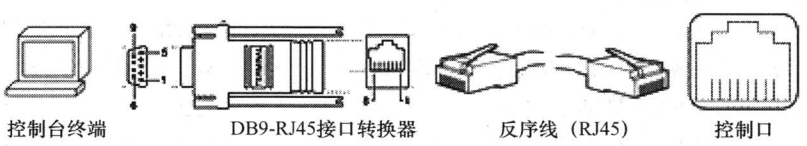

图 5-22 Console 接口连接示意图

5.3 路由设备与通用路由平台

5.3.1 主流路由设备介绍

目前，我国中高端路由器市场，主要设备厂商有 Juniper、Cisco、Lucent、华为、Unisphere 和中兴等。其中，Juniper 是高端路由器市场的领导者，与 Juniper 纯做高端产品的思路不同，思科、华为、中兴等品牌的产品在高、中、低端都有覆盖，同时在交换设备、网络安全设备上也都有成系列的产品。思科、华为等品牌还针对自身的产品，建立了成熟的培训与资格认证机制，目前这两种资格认证已经逐渐成为了市场认可的网络工程师等相关行业的职业技能评价标准。

相对于中低端传统路由器而言，高端路由器是骨干网建设的核心设备，需要具备高可靠性、高扩展性和高性能等关键特征，其设计及生产的技术难度也更大。但从国家信息及网络安全性的战略角度出发，培养和发展自有品牌的技术实力，逐步夺回已被国外厂商占领的核心市场是提高网络安全性的关键所在。随着国产厂商在高端路由器领域产品研发和市场开拓的力度不断加大，以华为、中兴、大唐等为代表的民族企业，正在迅速切入高端路由设备市场，华为 NE 系列、中兴 ZXR 系列的高端路由器已在电信、移动等众多运营商市场得到大规模商用，已经成为打破高端路由器市场垄断的主力军。

城域网 NE 系列路由器为华为面向运营商数据通信网络的高端路由器产品。除 NE 系列外，华为还有 AR46-20、AR28-31、AR2809、AR1820 等低端产品可用于企业内网。下面就几种常见 NE 系列路由器进行介绍。

1．华为 NE80E（NetEngine 80E）路由器

NetEngine80E 核心路由器是华为推出的高端网络产品，主要应用在 IP 骨干网、IP 城域网以及其他各种大型 IP 网络的边缘位置，与 NE5000E、NE40E 路由器产品配合组网，形成结构完整、层次清晰的 IP 网络解决方案。

作为新型第五代路由器，NE80E 采用了业界领先的高性能网络处理器技术，充分继承了第四代全分布式硬件处理的架构，有机结合了软件的灵活性和硬件的高性能，既提供线速转发性能，又具备快速良好的业务升级和扩展能力，最大限度地保证用户投资，加速 IP 网络向宽带化、安全化、业务化和智能化方向发展。

NE80E 具备核心路由器所需的强大 IP 业务处理能力，同时融合了二层以太交换能力，具有丰富的 IP 边缘业务特性，包括以太网交换处理、MPLS VPN、隧道和流队列等，支持以太网时钟,并可实现 IPv4 向 IPv6 的平滑过渡,是 IP 骨干网和 IP 城域网向宽带化、安全化、业务化发展的重要源动力。

2．华为 NE40E（NetEngine 40E）路由器

NE40E 是华为推出的高端网络产品,主要应用在 IP 骨干网、IP 城域网以及其他各种大型 IP 网络的边缘位置,与 NE5000E、NE80E 核心路由器产品配合组网,可形成结构完整、层次清晰的 IP 网络解决方案,主要包括 NE40E-X16、NE40E-X8、NE40E-X3 和 NE40E,适应不同规模的网络组网需求。

NE40E 基于 CLOS 分布式多级交换架构,采用分布式的硬件转发和无阻塞交换技术,具有良好的线速转发性能,优异的扩展能力,完善的 QoS 机制和强大的业务处理能力;其基于最新的可扩展 2T 平台,每个槽位最大提供 48 个 10GE 端口。强大的汇聚接入能力,凭借丰富的特性支持,可以灵活部署 L2VPN、L3VPN、组播、组播 VPN、MPLS TE、QoS 等,实现业务运营级的可靠性承载;支持丰富的增值业务特性,如 GRE 隧道、IPSec 安全隧道、NetStream 等;同时,NE40E 全面支持 IPv6,可以实现 IPv4 到 IPv6 的平滑过渡。因此,NE40E 可以灵活应用在 IP/MPLS 网络的边缘、核心,简化网络结构,提供丰富的业务类型和可靠的服务质量,是 IP/MPLS 承载网向宽带化、安全化、业务化、智能化发展的重要源动力。NE40E 还支持一虚多、多虚一等虚拟化特性。

3．华为 NE20E/20（NetEngine 20E-S）路由器

NE20E/20 系列路由器是华为自主开发的面向电信运营商和行业客户的高性能边缘接入路由器,包括 NE20E-8、NE20-8、NE20-4、NE20-2 四款产品,旨在满足企业网汇聚和运营商边缘的电信级高可用性的要求,具有很强的可伸缩性、可配置性,支持多种接口和业务特性,可以同时部署 L2VPN、L3VPN、MVPN。支持灵活的 VS（Virtual System）技术。支持将一台路由器虚拟成多个逻辑路由器,且相互之间资源隔离,不同的业务可以部署在不同的 VS 上。

采用高可靠的模块化设计方式,关键组件支持热插拔与热备份;提供互为冗余备份的双电源（1+1 备份）模块,无源背板的设计方式;提供软件热补丁技术,实现设备完全平滑升级;支持动态路由协议、MPLS 流量工程,提供 IP/MPLS 快速重路由、虚拟路由冗余协议（VRRP）等保护机制,有效保证了全网运行的高速可靠。

路由处理能力:支持 RIP、OSPF、BGP、IS-IS 等单播路由协议和 IGMP、PIM、MBGP、MSDP 等多播路由协议,支持路由策略以及策略路由。

5.3.2　路由器软件平台与 VRP

路由器能完成相关工作,除了要有基本的硬件设备为基础外,所运行的软件平台也非常重要。软件平台一方面是整个路由器功能实现的重要组成,另一方面也为路由器的配置与管理提供了基本条件。从涉及的功能来看,专用路由设备上所运行的软件不仅承担了操作系统的职能,还集成了专用功能软件的职能,如路由表的生成与各种路由协议的执行。

为了能够适应路由设备中硬件的不断发展与演化,路由设备的软件平台要具有运行稳定、易扩展、通用性强等特征。为了满足这些特性,在路由设备发展的早期,出现了不少基于 Linux 的定制操作系统,如 Vyatta、ClearOS、Endian、RouterOS 等。通过定制对软件平台的功能进行裁剪与优化,强化其用于实现路由及其相关扩展功能。这些定制操作系统可以安装到任何基于 X86 架构的个人计算机与服务器上,拥有基本的路由功能的同时,也提供防火墙、入侵防护、VPN、反病毒、Web 安全、故障切换和内容过滤等服务。以这种方式

配置的路由设备具备了担当接入级或部分企业级路由节点的能力，具有低成本、易实现等显著特点，但由于其不依赖专用的硬件设备，也就无法通过专用的硬件设备来优化其性能。软、硬件的完全分层，导致整体效率不高，所以难于承载骨干级或核心网络的路由任务。

与以上思路不同，目前主流路由及交换设备厂商都开发出了基于自身硬件特征的专用软件平台，如思科的 IOS 系统、华为的通用路由平台（Versatile Routing Platform，VRP）。这些专用软件不仅能与底层的硬件设备紧密集成，更在软件层面进行了大量的优化配置，能够为不同类型、不同型号的设备提供形式统一的访问接口，便于维护人员系统地学习和掌握。在逐渐成为行业标准后，大量专职培训机构的设立更近一步降低了系统的学习成本，企业很容易直接招聘到符合自身技术需求的网络管理与维护人员，进一步提高了生产效率，降低了运营成本。这一结果也反作用于市场，进一步强化了相关品牌设备的市场占有量，比如在 20 世纪末一些国外网络设备厂商就几乎达到了对路由器市场的垄断。

下面，以华为 VRP 系统为例，简单介绍一下路由器软件平台的一般架构及其核心功能。VRP 是华为所有基于 IP/ATM 构架的数据通信产品操作系统平台。运行 VRP 操作系统的华为产品包括路由器、局域网交换机、ATM 交换机、拨号访问服务器、IP 电话网关、电信级综合业务接入平台、智能业务选择网关，以及专用硬件防火墙等。核心交换平台基于 IP 或 ATM。作为华为公司从低端到核心的全系列路由器、以太网交换机、业务网关等产品的软件核心引擎，VRP 提供以下功能。

- 实现统一的用户界面和管理界面。包括统一的实时操作系统内核、IP 软转发引擎、路由处理和配置管理平面。
- 实现控制平面功能，并定义转发平面接口规范，实现各产品转发平面与 VRP 控制平面之间的交互。
- 实现网络接口层，屏蔽各产品链路层对于网络层的差异。

VRP 操作系统采用分层设计，分为物理层硬件相关驱动界面、实时操作系统和任务调度接口、IP/ATM 转发中心和路由策略管理、系统管理和配置服务、路由应用层和业务服务层等。

华为 VRP 提供组件化体系结构，具备丰富功能特性及基于应用的可裁剪和可伸缩能力。虽然每个具体产品会有其独立的物理架构，但通过统一的开放接口，都可以很好地与上层的操作系统很好的对接。这些开放的接口包括：IP 协议开关表，转发平面接口规范、网络接口层、VOS/配置管理公共接口等。NOS（网络操作系统）中核心模块主要用于实现路由管理、MPLS 基本功能、IP 协议栈等功能，这些功能是实现各种路由协议的基础，如：单播路由协议、多播路由协议、路由协议光网络扩展、路由协议 TE 扩展、MPLS TS、IPSec、IP VPN、分组话音/视频、FTP、Telnet 等应用。该基础上也为产品功能进一步的扩展打下了基础。

除了以上核心功能外，VRP 中还提供了丰富的配置管理和系统服务。其中配置管理功能主要包括 CLI、SNMP、配置管理平面、信息中心、告警、维护/诊断等功能。而系统服务则主要包括 VOS、Mbuf、热备份总控、VR 管理等功能。

5.3.3 VRP 与 IOS 的比较

华为的 VRP 平台借鉴了思科的命令行风格，并在大部分命令配置上与思科产品保持了一致性或相似性，这一点便于熟知思科产品的用户非常方便地使用华为产品，但是其中所有软硬件技术均为自己的知识产权。VRP 支持命令行中文显示，便于国人使用。

VRP 是一个以 IP 技术为核心的网络操作平台，集成了较为完善的 IP 路由技术、IP 交换技术、IP 服务质量、IP 多媒体技术和 IP 安全技术。由于 VRP 是一个全新的平台，且起步较晚，它没有为了保持异种网络兼容性而不得不背负的沉重包袱。所以作为一个以提供纯 IP 业务为技术方向的系统，VRP 系统的实现中充分保持并发挥了 IP 协议族简洁、高效的特点。与之相比，Cisco IOS 由于发展时间较长，为了满足老客户的无缝集成或升级新的设备，必须要保持与历史版本的兼容性，比如对 AppleTalk、DecNet、Banyan 等网络的支持，同时还要考虑保持和古典网络协议的兼容性。对于新客户而言，即使不使用这些协议，用户还是要为这些古典协议付出额外的效率、维护和花费。但不断膨大的系统，不但降低了系统的性能和可靠性，也增加了不必要的投资，这也是 IOS 的版本为何如此之多的原因。所以，大而全是 IOS 的优点，同时也是他的缺点。

对于中国用户而言，VRP 在开发的过程中，紧密跟随 RFC 标准、ITU-T 标准和中国国家标准，并严格保证交付的软件系统对这些标准的顺从性。同时积极参加国家 IP 相关国家标准的制定工作。通过有效的协议标准顺从性测试和对国家标准制定的积极参与，VRP 系统始终作为一个开放的系统，可以在所有协议特性上与其他数据通信厂商/电信厂商的 IP 产品进行良好互通。与之相比，IOS 在其软件中大量的使用了私有协议，如扩展的 HDLC、IGRP/EIGRP、CDP 等；这些私有协议在用户构建网络时妨碍了网络结构的扩展能力，培养私有协议的维护管理人员也增大了网络的总运营成本；与此同时，用户也无法预知运行私有协议为网络的安全带来的潜在威胁。

VRP 平台是基于成熟的商用操作系统调度内核的开放式结构，平台可以提供的全部业务都以组件的形式被添加到 VRP 软件系统中去。组件和组件之间通过标准软总线接口进行连接，有效地保证了 VRP 软件的可伸缩能力。用户可以根据自己的组网实施需要对 VRP 软件系统的组件进行裁剪；同时，开放的软总线接接口也为第三方业务无缝的添加到系统提供了可能性。与之相比，思科 IOS 的软件缺乏可剪裁能力，缺乏根据用户网络部署需要对软件进行定制的能力，所有的业务、特性和协议都被固化在一起，不利于支持急剧增加的新业务。

VRP 网上运行版本较为单一，有限的几个网上版本之间 100%严格兼容。思科提供的产品中，软件版本频繁升级，不同软件版本之间存在协议的互通性问题和配置管理的兼容性问题，这些问题增大了网络整体的维护难度，更限制了网络平滑扩容的可能性。思科的 IOS 背负的太多的历史负担，版本多达数百个，同时无休止的兼并和收购又要让原属于多个厂家的产品纳入思科 IOS 的旗下，每个版本都需要考虑兼容性，打了太多的补丁，造成网络运行中的隐患。

5.4 路由器基本配置方法

一般而言，路由器设备不像交换机或集线器等设备插上线路就能用，往往需要根据所连接的网络及用户的需求进行正确的配置后才能使用。

5.4.1 配置方法

路由器的常规配置方法通常有以下几种。
- 通过 Console 口进行设置：接终端或运行终端仿真软件的微机，这种方式是用户对路由器进行设置的主要方式。
- 通过 AUX 口接 Modem：通过电话线与远方的终端或运行终端仿真软件的微机相连，进行远程配置。
- 通过 TELNET 方式进行设置：可以在网络的任意位置对路由器进行远程配置，但需要事先完成用户的授权等安全性配置。
- 通过 TFTP 服务器下载路由器配置文件：可以用任何没有特殊格式的纯文本编辑器编辑路由器配置文件，并将其放在 TFTP 服务器的根目录下，采用手动方式或 Auto Inatall 方式下载路由器配置文件。

这些方式中最常用的就是使用 Console 接口和 Telnet 两种方式，新购置路由器的第一次设置必须通过第一种方式进行。路由器第一次设置完成后，可以在具备连通性的任意网络节点，通过路由器某接口 IP 地址以 Telnet 方式进行远程登录，在所打开的命令行窗口完成其余的配置工作。下面着重介绍通过 Console 口的设置方式。

步骤 1：连接 PC 和路由器。新购置的路由设备都提供了一条 Console 线，任选个人计算机的 COM1 或 COM2 接口，选用 RJ45-DB9 或 RJ45-DB25 的转换头将路由器的 Console 口与其相连即可。

步骤 2：启动超级终端程序。依次单击"开始"→"程序"→"附件"→"超级终端"，启动超级终端程序，并进行必要的设置，图 5-23 所示为 COM1 口的属性设置。

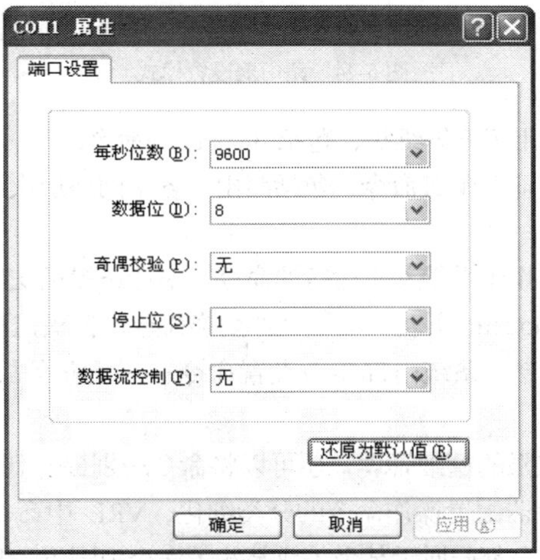

图 5-23 COM1 属性设置

步骤 3：待终端通信参数设置完毕后，打开路由器电源，按 Enter 键，就进入初始配置了，如图 5-24 所示。

步骤 4：该模式采用对话方式，即一问一答的方式实现对路由器其他运行时参数的配置。

5.4.2 命令级别与命令视图

为更好地保证对路由器的安全访问，各类路由设备操作平台通常都会设置不同级别的用户权限。以 VRP 为例，其控制命令从低到高划分为 16 个级别。默认况下，命令按如下 0～3 级进行注册。

- 0 级（参观级）：网络诊断工具命令（ping、tracert）、从本设备出发访问外部设备的命令（Telnet 客户端）等。

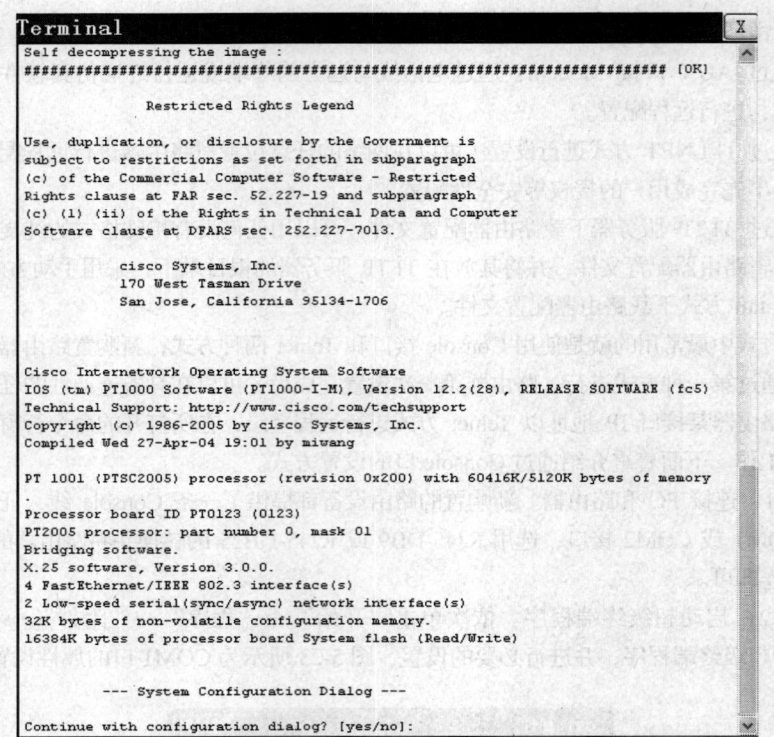

图 5-24　路由器设置模式

- 1 级（监控级）：用于系统维护，包括 display 等命令。
- 2 级（配置级）：业务配置命令，包括路由、各个网络层次的命令，向用户提供直接网络服务。
- 3 级（管理级）：用于系统基本运行的命令，对业务提供支撑作用，包括文件系统、FTP、TFTP、Xmodem 下载、配置文件切换命令、备板控制命令、用户管理命令、命令级别设置命令、系统内部参数设置命令；用于业务故障诊断的 debugging 命令等。

如果用户需要实现权限的精细管理，还可以将命令级别提升到 0~15 级。

为了实现对各类路由器配置操作命令的分类细化，VRP 中命令行接口被划分为若干个命令视图，系统的所有命令都归属于某个（或某些）命令视图下，只有在相应的视图下才能执行该视图下的命令。常用的几类视图包括用户视图、系统视图、接口视图、协议视图等。图 5-25 所示为完整的视图关系说明图。

VRP 的命令行接口同时还提供了如下两种在线帮助。

- 完全帮助：直接键入"?"符号，用于提示可用的命令及其相关参数；
- 部分帮助：在输入命令过程中，键入"?"符号，系统可以协助您在输入命令行时，给予以该字符串开头的所有关键字或参数的提示。输入命令的某个关键字的前几个字母，按〈tab〉键，可以显示出完整的关键字，前提是这几个字母可以唯一标示出该关键字，否则，连续按〈tab〉键，可出现不同的关键字，用户可以从中选择所需要的关键字。

所有用户键入的命令，如果通过语法检查，则正确执行，否则系统将会向用户报告错误信息。表 5-1 列出了常见错误信息出现的可能原因。

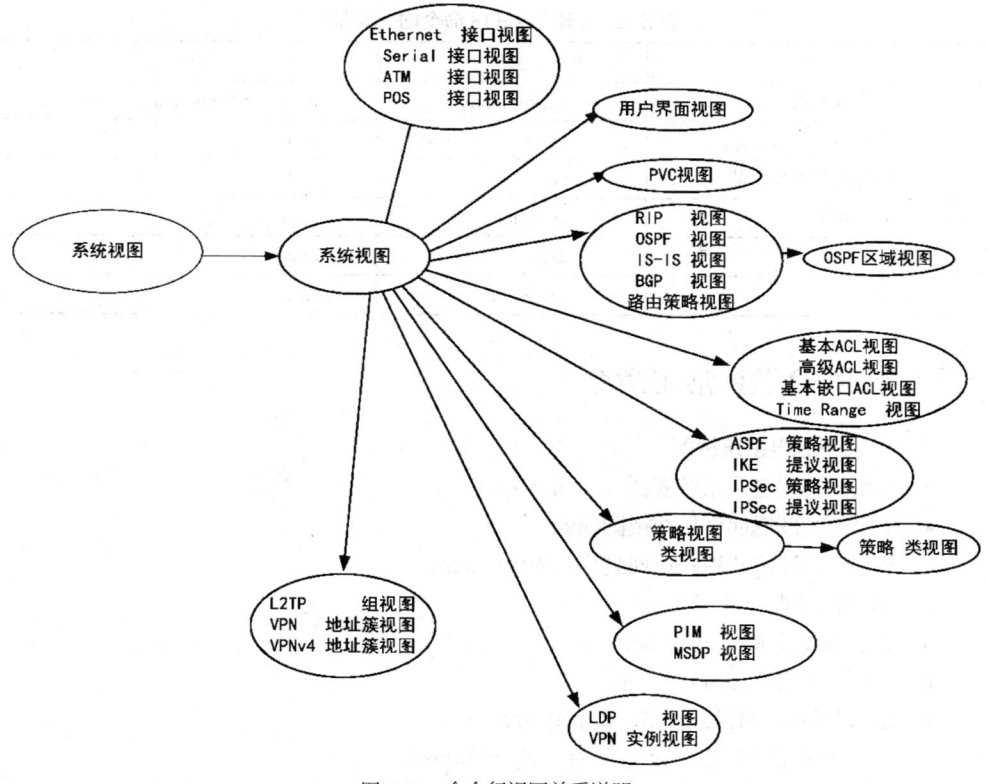

图 5-25 命令行视图关系说明

表 5-1 命令行常见错误信息表

英文错误信息	错误原因
Unrecognized command	没有查找到命令
	没有查找到关键字
Wrong parameter	参数类型错
	参数值越界
Incomplete command	输入命令不完整
Too many parameters	输入参数太多
Ambiguous command	输入命令不明确

除了丰富的帮助特性外，命令行界面也提供了一些很实用的编辑特性，用户利用某些特定的键进行命令的编辑或者获得帮助。如命令行接口提供类似 Doskey 功能，能够自动保存用户键入的历史命令，用户可以随时调用命令行接口保存的历史命令，并重复执行。通过"上光标键"或者〈Ctrl_P〉，可以访问上一条历史命令，反之通过"下光标键"或者〈Ctrl_N〉，可以访问下一条历史命令。通过"display history-command"命令，可以返回用户键入命令的历史信息。

VRP 的与思科 IOS 对网络设备的配置方法和配置策略基本上相似，只是命令的表达形式上有所不同，表 5-2 列出了两者的主要差异。

表 5-2 VRP 与 IOS 命令的主要差异

操作	IOS	VRP
查看当前配置	show running	display current-configuration
保存配置	write	save
执行命令的相反功能	no	undo
设置主机名	hostname	sysname
退出	exit	quit
删除	erase	reset

5.4.3 VRP 常用命令

1. 进入和退出系统视图
- 从用户视图进入系统视图 system-view
- 从系统视图返回到用户视图 quit
- 从任意的非用户视图返回到用户视图 return

2. 状态信息查询
- 显示系统版本 display version
- 显示终端用户 display users
- 显示当前视图的运行配置 display this
- 显示技术支持信息 display diagnostic-information

3. 配置文件管理
- 查看路由器的当前配置 display current-configuration
- 查看路由器的起始配置 display saved-configuration
- 保存当前配置 save
- 擦除存储设备路由器配置文件 reset saved-configuration
- 比较配置文件 compare configuration

4. 切换语言模式
- 切换为英文模式（默认）language-mode English
- 切换为中文模式 language-mode chinese

5. 设置系统时钟
- 设置 UTC 标准时间 clock datetimeHH:MM:SS YYYY/MM/DD
- 设置所在的时区 clock timezonetime-zone-name { add | minus } offset
- 取消时区设置 undo clock timezone
- 设置采用夏时制 clock summer-time time-zone-name { one-off | repeating } start-time end-time add-time
- 取消夏时制 undo clock summer-time

5.5 上机及项目实训

下面将以图 5-26 所示网络拓扑为例，简述华为设备中该拓扑中各设备连接的配置过程。任务描述如下：PC0 的 COM1 口通过 Console 线连接到 RouterA 的 Consloe 口，PC1 的以太网口通过直通线连接到 Switch0 的 Fastethernet0/1 口，Switch0 的 Fastethernet0/24 口通过直通线与 RouterA 的 Fastethernet0/0 口。

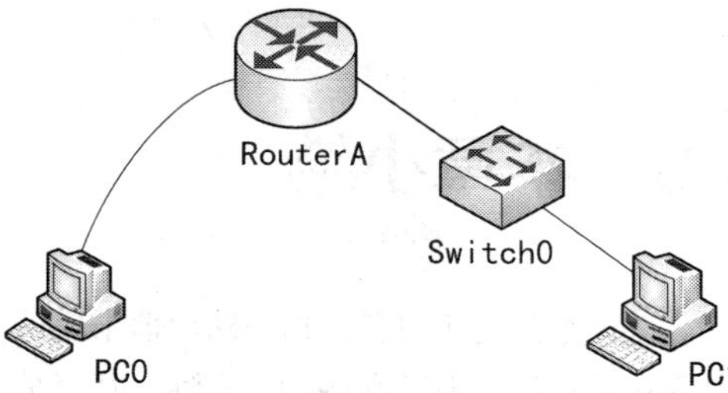

要求如下。

- 利用 PC0 通过终端方式登录路由器，更改路由器的名称为 RouterA，设置标语（内容自定）；
- 为 RouterA 的 Fastethernet0/0 分配 192.168.1.1 的地址，子网掩码为 255.255.255.0，为 PC1 分配 192.168.1.2 的地址，子网掩码为 255.255.255.0；
- 为远程终端设置口令，以使 PC1 可以通过 telnet 方式登录路由器。

图 5-26 网络拓扑图

实施步骤如下。

步骤 1：按图 5-26 所示完成硬件连接；为了简化实验过程，可以直接使用模拟器模拟两台路由器，建立直连后将其中的一台仅作为 PC 使用。

步骤 2：启动超级终端程序，登录路由器，然后依次进行下面的命令配置。

```
<Quidway>system-view                           //进入特权模式
[Quidway]sysname RouterA                       //更改主机名称
[RouterA]interface Ethernet 0/0/0              //进入路由器接口视图
[RouterA-Ethernet0/0/0]ip add 192.168.1.1 255.255.255.0 //分配IP地址和子网掩码
[RouterA-Ethernet0/0/0]quit
[RouterA]user-interfacevty 0 4                 //进入VTY用户视图
[RouterA-ui-vty0-4]authentication-mode password   //选择验证模式
[RouterA-ui-vty0-4]set authentication password simple wu   //配置验证密码
[RouterA-ui-vty0-4]user privilege level 3      //设定用户为管理级别
[RouterA-ui-vty0-4]quit
```

需要注意的是，以上使用的是"password 验证"，这是一种仅需要登录用户输入正确口令的验证方式。VRP 中还提供另外一种"AAA 本地验证"，登录用户需要输入正确的用户名与口令。其配置过程如下。

```
[RouterA]aaa                                    //进入安全相关视图
[RouterA-aaa]local-user wj01 password cipher 123  //新建wj01用户，密码：123
[RouterA-aaa]local-user wj01 level 3//设定用户为管理级别
[RouterA-aaa]quit
[RouterA]user-interfacevty 0 4                 //进入VTY用户视图
[RouterA-ui-vty0-4]authentication-mode aaa     //选择验证模式"AAA"
[RouterA-ui-vty0-4]quit
```

步骤 3：在 PC1 上设置 IP 地址为 192.168.1.2，子网掩码为 255.255.255.0；

```
<Quidway>system-view
[Quidway]sysname PC1
[PC1]interfaceEthernet 0/0/0
[PC1-Ethernet0/0/0]ip address 192.168.1.2 255.255.255.0
[PC1-Ethernet0/0/0]return
<PC1>telnet 192.168.1.1                        //测试使用telnet方式登录
```

5.6　本章小结

作为网络的骨干设备，核心路由器市场份额相对较小，但其所处的位置及所发挥的作用确是无可替代的。尤其在城际、省际、甚至是洲际间的骨干网络、核心链路上路由器每分每秒都在默默地完成着信息数据寻径与转发的职责，离开了路由设备，互联网就会完全瘫痪。

虽然路由器的职能并不复杂，但要使其能高效地发挥作用，能满足更高速率下的数据处理要求，其所涉及的技术却并不简单。路由器相关核心技术的运用，即代表了一个国家或者企业的大规模集成电路设计制造、软件系统设计、微电子等高技术领域储备的综合实力，也是涉及谁来掌控网络的核心问题，是国家信息安全的制高点。

5.7　思考与练习

1. 路由技术与路由器在网络中所发挥的主要作用有哪些？
2. 简述路由器的基本硬件结构及其各功能部件所发挥的主要作用。
3. 简要说明常见路由器接口及其连接方式。

第 6 章　常用路由协议

6.1　路由协议概述

6.1.1　静态路由与动态路由

路由器完成路由功能的核心是构建并拥有一张有效的路由表。依照不同的构建方式可将路由表条目大致分为两类：静态路由与动态路由。

1．静态路由

静态路由是指在路由器中配置固定的路由表项，通常由管理员设置，除非人为干预，否则不会发生变化。静态路由引入路由表后自动生效，且不需要对网络的实时变化做出响应，所以实现简单、运行效率高，一般用于网络拓扑结构相对固定的网络中。静态路由配置简单，可靠性高，所以也是保障路由连通性的最后手段。

默认路由是静态路由的一种典型应用。如果将互连网络理解为由多级路由设备构建的树状结构，默认路由一般指向更靠近根节点的上一级路由设备，以确保当路由表中找不到与目标地址相匹配的表项时，将数据包转交至更高层次的路由设备来处理。默认路由的设置体现了路由的分级管理思想，接入级路由设备可以通过设置默认路由来减化或合并路由条目，从而节省计算资源、弱化硬件需求、提高设备的运行效率。

2．动态路由

与静态路由相反，动态路由是指互连的路由设备主动共享网络间的状态信息，而后通过计算动态生成的路由表条目。网络状态的实时变化会通过路由设备在网络内定向传播，引发各路由器重新计算路由，并实时更新其路由表以动态地反映网络拓扑变化。动态路由适用于网络规模大、网络拓扑复杂的网络。由于要周期性检测网络状态，计算生成路由表条目，所以动态路由的生成会相对占用更多的带宽和 CPU 资源。每种动态路由协议的机制不同，侧重点不同，在不同网络中的适用程度与运行效率也不尽相同，所以选择动态路由协议时需要充分考虑各种因素。

动态路由的生成需要通过启用相关路由协议来实现。多台相连路由设备间只有对所使用的动态路由协议达成一致，才能具备全网自动更新路由表的强大功能。路由表的实时更新在一定程度上保证了路由条目的有效性，能适应网络的动态变化是动态路由协议的最大优势。但随着网络范围的扩大，涉及的路由设备也会增多，其拓扑结构的复杂度也会不断上升，网络连通情况的变化要传递到全网，会需要更多的转发次数和更长的传播时间，路径计算的复杂度也会上升。这些因素都将最终导致动态路由条目的更新响应时延变长。通过优化路由协议可以有针对性的解决一些问题，但不存在哪一种方法可以解决所有这些问题。所以每一种动态路由协议在具有其特定优势的同时，也一定会存在一些无法克服的缺点或不足。

由于互联网本身规模庞大，且还处于不断的增长和变化之中，想要通过一种协议对其进行统一的管理显然也是不现实的，目前比较成熟的做法是，将整个互联网划分为若干个自治系统（Autonomous System，AS），分片进行管理。

自治系统，也称自治域，是指由单个实体管理，具有统一管理机构、统一路由策略的网络。在这里单个实体，通常指单独的因特网服务提供者（Internet Service Provider，ISP）。一个大洲、一个国家或一个企业内部的网络都可以根据实际的管理需要划分为一个或多个自治域。

根据是否在一个自治域内部使用，动态路由协议可分为内部网关协议（Internal Gateway Protocol，IGP）和外部网关协议（External Gateway Protocol，EGP）两类。

- 内部网关协议，顾名思义仅用于自治域内部的多台路由设备之间，比较常用的包括路由信息协议（RIP）、开放式最短路径优先协议（OSPF）、内部网关路由协议（IGRP）、增强内部网关路由协议（EIGRP）以及中间系统到中间系统路由交换协议（IS-IS）等。
- 外部网关协议（EGP）则主要用于多个自治域之间的路由选择与生成，其种类较少，常用的是BGP和BGP-4。

在互联网中，各个自治域可以运行不同的内部网关协议。而BGP协议用于多个自治域之间，它的主要功能是与其他自治域内运行BGP协议的相关路由设备交换网络可达信息。多自治域间的信息交换，保证了当某个自治域内部的主机希望访问其他自治域内主机时，相关路由设备可以有效地对信息进行路由。

6.1.2　路由选择算法与设计目标

路由算法在路由协议中处于起着至关重要作用的核心地位。它根据收集到的不同信息计算并判断寻径的结果，将目的网络与下一站的关系告诉路由器，写入路由表。

具体在运行过程中，路由器会按照某种路由通信协议，查找路由表，路由表中列出整个互联网络中包含的各个节点，以及节点间的路径情况和与它们相联系的传输开销。如果到特定的节点有一条以上路径，则基于预先确定的准则选择最优（最经济）的路径。另外由于各种网络段及其相互连接的情况可能发生变化，按路由情况的信息需要及时更新。通常更新操作会按路由协议规定的时间间隔定时执行。网络中的每个路由器按照一定规则动态地更新它所保持的路由表，以便保持有效的路由信息。

采用何种算法往往需要综合考虑以下设计目标。

（1）最优化：指路由算法选择最佳路径的能力。

（2）简洁性：算法设计简洁，利用最少的软件和开销，提供最有效的功能。

（3）坚固性：路由算法处于非正常或不可预料的环境时，如硬件故障、负载过高或操作失误时，都能正确运行。由于路由器分布在网络连接点上，所以在它们出故障时会产生严重后果。好的路由器算法通常能够经受各种变化情况的考验，并在各种网络环境下被证实是可靠的。

（4）快速收敛：收敛是在最佳路径的判断上所有路由器达到一致的过程。当某个网络事件引起路由可用或不可用时，路由器就发出更新信息。路由更新信息遍及整个网络，引发重新计算最佳路径，最终达到所有路由器一致公认的最佳路径。收敛慢的路由算法会造成路径循环或网络中断。

（5）灵活性：路由算法可以快速、准确地适应各种网络环境。例如，某个网段发生故障，路由算法要能很快发现故障，并为使用该网段的所有路由选择另一条最佳路径。

路由算法中有两类应用较为普遍，分别是基于链路状态和基于距离向量的算法。

1．距离向量算法

距离向量算法也称为 Bellman-Ford 算法，其典型特征是以到达目标网络所经过的路由数（即跳数 hop）大小来确定最佳路径。这一类算法要求路由器周期性发送自己的全部或部分路由表信息到相邻路由设备。接收到相邻设备发来的路由信息后，路由器会将其与已有的路由条目进行合并或更新，从而实现路由表的维护。网络上出现的各种动态变化，都会引发路由设备调整自己的路由表，并在下一个时间周期到来后，将这一路由表的变化发送给其邻居节点。任何好的或者不好的信息都会以这种逐跳的方式向全网扩散传播。

2．链路状态算法

链路状态算法也称最短路径算法、接口状态算法，以创建该算法的人来命名，也称为 Dijkstra 算法，其典型特征是根据路由器接口状态，确定最佳路径。当路由器启动或网络结构发生变化时，以组播方式发送与自身相连的相关链路状态变化信息到互联网上所有的节点，这其中也包含那些并非直接相连，但使用了同一动态路由协议节点。路由器收到一组链路状态信息后，会对区域中的网络拓扑结构有一个完整的观察，并形成一个以自己为根的最小生成树。最小生成树体现了到达任一目标网络或主机的完整路径，从而形成相应的路由表条目。

一般而言，链路状态算法消耗的网络带宽较少，这主要是因为链路状态算法仅将少量链路状态信息发送至网络各处，而距离向量算法需要发送大量路由表信息至邻接路由器。由于链路状态算法收敛更快，它在一定程度上比距离向量算法更不易产生路由循环。但另一方面，链路状态算法在计算最小生成树时，往往需要有更强的 CPU 能力和更多的内存空间，所以在这方面消耗的资源要远多于距离向量算法。

路由算法虽有以上两种大致分类，但在解决实际问题的过程中，用于生产环境下的成熟路由协议，往往会结合多种度量标准，通过加权运算，作为寻径的标准，配以不同的路由算法生成最终的路由表。如 EIGRP 虽然属于距离矢量协议，但在计算路由时会参考路径长度、可靠性、时延、带宽、负载、最大传输单元和通信成本等信息。BGP 在更新信息时，会包括网络号/自治域路径等成对信息，以及到达某个特定网络须经过的自治域串，这些更新信息通过 TCP 传送出去，以保证传输的可靠性。所以 BGP 既不是基于纯粹的链路状态算法，也不是基于纯粹的距离向量算法。

6.1.3 常用 IGP 路由协议

1．路由信息协议

RIP（Routing Information Protocol）于 1970 年，由美国 Xerox（施乐）公司首先开发。它是一个用于网关（路由器）和主机间交换路由信息的距离向量协议。RIP 首先被 BSD UNIX 上的 Berkeley 分布路由软件广泛使用，后来用于提供广域网的路由信息。在 1988 年被标准化在 RFC1058 规范中，是应用较早、使用较普遍的一种内部网关协议。该协议基于 Bellham-Ford 算法，支持最大跳数为 15，适用于小型同构网络。

RIP 是典型的距离向量协议，使用距离来决定最佳路径。以通过路由跳数来衡量路径的远近，到目的地具有最低跳数的路径是被选中的路径。如果首选的路径不能正常工作，那么具有较高跳数的路径作为备份。除到达目的地的最佳路径外，任何其他信息均予以丢弃。确认路由信息后，路由器会将其通告给相邻路由器，最终通过类似于接力传递的方式将正确的路由信息逐渐扩散到全网。

2．增强内部网关路由协议

思科公司在 1994 年随 IOS 9.21 发布了 EIGRP（Enhanced IGRP），它同样是距离向量路由协议，但属于思科公司私有。EIGRP 采用散播更新算法（Diffusing Update Algorithm，DUAL）和链路状态路由协议相结合的方式，破除了传统的距离向量和链路状态协议的一些局限。虽仍属于距离向量协议的范围，但也拥有链路状态协议的许多特征。该协议支持最大跳数为 224，所以能够满足较大网络规模的应用。

EIGRP 使用散射更新算法，基于拓扑表来寻找到达每个目的端的最低度量无环路径。这个具有最小成本道路的下跳路由器被指定为后继，并且它是路由表中下一跳 IP 地址。DUAL 算法也会去寻找一个可行性后继（或者下一个最优路径），它被存储在拓扑数据库中。如果路由器失去了它的后继，并且有一个可利用的可行性后继就不需要重新计算。路由器就使可行性后继成为后继，并向路由表中加入一条新路径，使自己处于被动状态。如果没有可利用的可行性后继，则路由器进入目的端网络的主动状态，询问邻居是否有一条至所给目的端的路径。

本地路由器的链路状态发生变化时，EIGRP 会在新信息基础上重新计算拓扑结构表，并仅向涉及到受这些变化直接影响的路由器发送广播。这使带宽和 CPU 资源的利用效率更高。EIGRP 对路径的度量值是一个 32 位数，使用链路的带宽、延迟、可靠性、存放、跳数和最大传输单元（Maximum Transmission Unit，MTU）共 6 种不同特征以及可配置的 K 值来计算，提供了弹性较大的路由选择。其最大的缺点是没有标准化，仅为思科公司专有。同其他距离矢量协议相同，该协议也存在收敛慢的问题。

3．开放式最短路径优先协议

网间工程任务组织（Internet Engineering Task Framework，IETF）于 1988 年成立了内部网关协议工作组，专门设计用于因特网的基于最短路径优先（SPF）算法的 IGP。OSPF（Open Shortest Path First）协议的"开放"是针对当时某些厂家的"私有"路由协议而言的。

OSPF 是一种链路状态路由选择协议，该协议采用 Dijkstra 算法，路由选择的变化基于网络中路由器物理连接的状态与速度，每一个物理连接的状态变化被立即广播到网络中的每一个路由器。作为链接状态路由协议，OSPF 用链路状态算法来计算在每个区域中到所有目的地的最短路径时，将链路状态通告（Link State Advertisement，LSA）扩散到同一级区域内所有路由器。LSA 包含当前路由器的接口状态（包括 IP 地址、网络类型等），以及路由器和它邻居间的联系，每 30min 交换一次，除非网络拓扑结构有变化。

1991 年，OSPF2 诞生，这是该协议第一次标准化，开放性使得 OSPF 协议具有强大的生命力和广泛的用途。OSPF 协议能服务于大型、异构网络，可以对每种 IP 服务类型计算各自的路由集，还可以给每个 IP 服务类型指派一个单独的开销费用。当对同一个目的地址存在着多个相同费用的路由时，可以平均分配流量，实现负载均衡。OSPF 支持可变长度子网划分，可以更高效地利用网络地址资源。采用多播而不是广播形式，减少了不参与 OSPF 协议的系统负载。

4．中间系统到中间系统路由交换协议

ISO IS-IS（Intermediate System to Intermediate System）协议是 OSI 的标准内部网关协

议，严格地讲是一个分级的链接状态路由协议。IS-IS 协议采用 DECnet PhaseV 路由算法，实际上与 OSPF 协议非常相关，它也使用 Hello 协议寻找毗邻节点，使用一个多播协议发送链接信息。

IS-IS 协议把网络进行分级管理，把任何没有路由功能的网络节点称为终端系统（ES）；而路由器定义为中间系统（IS）。ES 和 IS 之间采用 ES-IS（ISO9542）协议，允许 ES 和 IS 之间相互发现。IS 和 IS 之间采用 IS-IS 协议，IS-IS 提供 IS 之间的路由，结合起来形成 OSI 协议的基础。ES-IS 可以支持三种不同类型的子网：点到点子网（如 HDLC）、广播子网（如以太网）和普通拓扑结构子网（如 X.25）。IS-IS 也可以在不同的子网上操作，包括广播型的 LAN、WAN 和点到点链路。

由中间系统（路由器）连接起来的一系列终端系统称为区域，它处于最低一级。将多个区域互联起来称为路由域。每个路由域是一个独立的管理区域，与 AS 类似。分两级路由：区域内的站点路由（第一级）和区域间的区域路由（第二级）。即，第一级路由器形成第一级区域，而第二级路由器在第一级区域之间形成一个路由域内部的路由骨干。第一级路由器只需要具有如何到达最近的第二级路由器的信息，就可以进行区域间的通信。

在 IS-IS 路由中，每个 ES 都位于一个指定的区域内，ES 通过接听 IS Hello 包，获得最近的路由器（IS）的信息。当一个 ES 需要向另一个 ES 发送数据时，它首先将包发送给网络中与它直接相连的一个路由器。然后路由器确定包的目的地址，使用最佳路径路由此包。如果目的 ES 在同一子网上，或是在相同区域中的另外一个子网上，那么本地路由器将相应地转发包。如果目的 ES 位于另一个区域中，那么第一级路由器将把包转发给最近的第二级路由器。在通过了连续的第二级路由器之后，该包将到达目的区域中的第二级路由器。在目的区域中，路由器通过最佳路径传送包，直到包到达目的 ES 为止。

路径的长度等于链路的合计值，链路可具有的最大值为 64，路径的最大值为 1024。IS-IS 使用一个默认度量值。协议另外还指定了三种其他的可选度量值：延时代价、花费代价（通信费用）和错误代价（差错率）。

该协议也有一些明显的缺点。IS-IS 使用一个小的度量值（6bit），严重限制了能与它进行转换的信息。消息中描述链接状态的数据位只有 8bit，而路由器通告的记录限制为 256 个。最后，由于受 OSI 约束，使得该协议的发展比较缓慢。

6.2 RIP

6.2.1 RIP 工作原理

RIP 是内部网关协议中最先得到广泛使用的协议。应用简便，易于配置，能够工作在多种路由器品牌共存的复杂环境中是其显著特征。RIP 采用距离矢量算法，也称贝尔曼—福德（Bellman-Ford）算法，即路由器根据距离选择路由，所以也称为距离向量协议。RIP 作为一种较为简单的动态路由协议，在实际使用中有着广泛的应用。目前 RIP 有两个版本：RIPv1 和 RIPv2。

RIP 提供跳跃计数作为尺度来衡量路由距离，跳跃计数是一个包到达目标所必须经过的路由器的数目。RIP 中的"距离"也称为"跳数"，是因为每经过一个路由器，跳数就加 1，而好的路由就是它通过的路由器的数目少，即"距离短"。为限制收敛时间，RIP 规定一条路径最多只能包含 15 个路由器，"距离"的最大值为 16 时被定义为无穷大，即目的网络或主机不可达。这限制了 RIP 所适用的网络规模。

运行 RIP 时，路由器仅和相邻路由器交换信息，而交换的信息是路由器自身当前所知道的全部路由表信息。RIP 使用更新和请求两种数据分组传输路由信息。更新信息用于广播自己的路由表，其中每一路由表项由两部分组成：可达的 IP 地址和到达该地址的距离。请求信息则用于寻找网络上能发出 RIP 报文的其他设备。

RIP 要求网络中的每一个路由器都要维护从它自己到其他每一个目的网络的距离记录。路由器收集所有可到达目的地的不同路径，并且保存有关到达每个目的地的最少站点数的路径信息，除到达目的地的最佳路径外，任何其他信息均予以丢弃。同时，路由器也把所收集的路由信息用 RIP 通知相邻的其他路由器。这样，正确的路由信息逐渐扩散到了全网。

RIP 使用 UDP 作为它的传输协议，端口是 520。通过广播报文来交换路由信息，广播地址 255.255.255.255，主要传递路由信息（路由表）来广播路由。RIP 每隔 30s 发送一次路由刷新报文，如果在 180s 内收不到从某一网络邻居发来的路由刷新报文，则将该网络邻居的所有路由标记为不可达。如果在 300s 之内收不到从某一网上邻居发来的路由刷新报文，则将该网上邻居的路由从相应协议路由表中清除。

路由器在刚刚开始工作时，只知道到直接连接的网络的距离（此距离定义为 1）。以后，每一个路由器也只和数目非常有限的相邻路由器交换并更新路由信息。经过若干次更新后，所有的路由器最终都会知道到达本自治系统中任何一个网络的最短距离和下一跳路由器的地址。

于 1993 年发布的 RIP2 是在 RFC1388 中对 RIP 定义进行完善扩充而产生的第二版本，它支持 IPv6 规范的 128 位地址；通过引入子网屏蔽与每一路由广播信息一起使用实现了对可变长子网掩码（Variable Length Subnet Masks，VLSM）的支持；除广播外还增加了多播功能，可以减少不收听报文的主机负载。协议配置上还可选择启用检验功能，通过简单的鉴别机制进一步增强了安全性。

不同于 RIPv1，RIPv2 是无类距离矢量路由协议，其更新消息包中包含了子网掩码信息与下一跳地址，并使用多播地址发送更新，多播地址 224.0.0.9。这样做的好处是在同一网络中那些没有运行 RIP 的主机可以避免接收 RIP 的广播报文。以组播方式发送报文还可以使运行 RIPv1 的主机避免错误地接收和处理 RIPv2 中带有子网掩码的路由。

6.2.2 路由环路问题

RIP 广泛应用于局域网及结构较简单、连续性强的地区性网络。它具有简单、便于配置、开销较小等优点。但也存在一个问题，当网络出现故障时，要经过比较长的时间才能将此信息传送到所有的路由器，收敛速度较慢。而且 RIPv1 版本中每隔 30s 一次的路由信息广播，因为需要在路由器之间交换完整的路由表信息，随着网络规模的扩大，开销也就增加，很容易形成网络的广播风暴。所以对于复杂环境及大型网络，一般不使用 RIP。

因为 RIP 路由协议的工作原理具有"坏消息传播得慢"的特点，当每台路由器不能同时或接近同时完成路由表的更新时，就有可能产生"路由环路"。

举例来说，路由器 A 连接目标网络 C，并将这一信息转发到路由器 B。此时，如果目标网络 C 变为不可达，则路由器 A 会将针对目标网络 C 的路由表项的 metric 值置为 16，即标记为目标网络不可达，并准备在每 30s 进行一次的路由表更新中发送出去。如果在这条信息还未发出的时候，A 路由器收到了来自 B 的路由更新报文，而路由器 B 中包含着关于网络 C 的 metric 为 2 的路由信息，根据前面提到的路由更新方法，路由器 A 会错误地认为有一条通过路由器 B 的路径可以到达目标网络 C，从而更新其路由表，将对于目标网络 C 的路由表项的 metric 值由 16 改为 3，而对应的端口变为与路由器 B 相连接的端口。很明显，路由器 A 会将该条信息发给路由器 B，路由器 B 在并无有效可达网络 C 的路由条目情况下，会再次更新其路由表，将 metric 改为 4；该条信息又从路由器 B 发向路由器 A，路由器 A 将 metric 改为 5。这一过程不断延续，直至最后双方的路由表关于目标网络 C 的 metric 值都变为 16，此时，才真正得到了正确的路由信息。这种现象称为"计数到无穷大"现象，虽然最终完成了收敛，但是收敛速度很慢，而且浪费了网络资源来发送这些循环的分组。

概括来讲，距离矢量路由协议中路由环路问题的解决方法主要包含以下几种。

1．水平分割

其规则就是从一个接口接收到的路由不能再从这个接口发送出去。比如有三台路由器 A、B、C，B 向 C 学习到访问网络 10.4.0.0 的路径以后，不再向 C 声明自己可以通过 C 访问 10.4.0.0 网络的路径信息，A 向 B 学习到访问 10.4.0.0 网络路径信息后，也不再向 B 声明，而一旦网络 10.4.0.0 发生故障无法访问，C 会向 A 和 B 发送该网络不可达到的路由更新信息，但不会再学习 A 和 B 发送能够到达 10.4.0.0 的错误信息。

2．路由中毒（也称为路由毒化）

原理是这样的：假设有三台路由器 A、B、C，当网络 10.4.0.0 出现故障无法访问时，路由器 C 便向邻居路由发送相关路由更新信息，并将其度量值标为无穷大，告诉它们网络 10.4.0.0 不可到达，路由器 B 收到毒化消息后将该链路路由表项标记为无穷大，表示该路径已经失效，并向邻居 A 路由器通告，依次毒化各个路由器，告诉邻居 10.4.0.0 这个网络已经失效，不再接收更新信息，从而避免了路由环路。

3．控制更新时间（即抑制计时器）

抑制计时器用于阻止定期更新的消息在不恰当的时间内重置一个已经坏掉的路由。抑制计时器告诉路由器把可能影响路由的任何改变暂时保持一段时间，抑制时间通常比更新信息发送到整个网络的时间要长。当路由器从邻居接收到以前能够访问的网络现在不能访问的更新后，就将该路由标记为不可访问，并启动一个抑制计时器，如果再次收到从邻居发送来的更新信息，包含一个比原来路径具有更好度量值的路由，就标记为可以访问，并取消抑制计时器。如果在抑制计时器超时之前从不同邻居收到的更新信息包含的度量值比以前的更差，更新将被忽略，这样可以有更多的时间让更新信息传遍整个网络。

4．触发更新

正常情况下，路由器会定期将路由表发送给邻居路由器。而触发更新就是立刻发送路由更新信息，以响应某些变化。检测到网络故障的路由器会立即发送一个更新信息给邻居路由器，并依次产生触发更新通知它们的邻居路由器，使整个网络上的路由器在最短的时间内收到更新信息，从而快速了解整个网络的变化。但这样仍然有问题存在，有可能包含更新信息的数据包被某些网络中的链路丢失或损坏，其他路由器没能及时收到触发更新，因此就产生了结合抑制的触发更新，抑制规则要求一旦路由无效，在抑制时间内，到达同一目的地有同样或更差度量值的路由将会被忽略，这样触发更新将有时间传遍整个网络，从而避免了已经损坏的路由重新插入到已经收到触发更新的邻居中，也就解决了路由环路的问题。

6.3 OSPF 协议

6.3.1 OSPF 基本工作原理

OSPF 是一种链路状态路由选择协议。运行 OSPF 协议的路由器收集其所在网络区域上各路由器的连接状态信息，即链路状态信息（Link-State），汇总形成链路状态数据库。当路由器掌握了同一区域内所有路由器的链路状态信息，也就等于了解了区域内整个网络的拓扑状况。随后，路由器可以利用"最短路径优先算法（Shortest Path First，SPF）"，形成以自己为根到所有目标网络的最短路径优先树，再从这个最短路径优先树中形成 IP 路由表。

最短路径树算法是 OSPF 路由协议的基础。每一个路由器根据一个统一的数据库会计算出自治域内的网络拓扑结构图，该结构图类似于一棵树，称为最短路径树。在 OSPF 路由协议中，最短路径树的树干长度，即 OSPF 路由器至每一个目的地路由器的距离，称为 OSPF 的 Cost，其算法为：Cost=100×106/链路带宽。链路带宽一般以 bit/s 来表示。即，OSPF 的 Cost 与链路的带宽成反比，带宽越高，Cost 越小，表示 OSPF 到目的地的距离越近。举例来说，FDDI 或快速以太网的 Cost 为 1，2M 串行链路的 Cost 为 48，10M 以太网的 Cost 为 10 等。从这一点来看，OSPF 中的花费计算较单纯比较跳数的 RIP 更具实用性。

作为一种典型的链路状态路由协议，OSPF 遵循链路状态路由协议的统一算法，可大致概括为以下三个步骤。

（1）当路由器初始化或当网络结构发生变化（例如增减路由器，链路状态发生变化等）时，路由器会产生链路状态通告（Link-State Advertisement，LSA），该通告里包含路由器上所有相连链路，即所有端口的状态信息。

（2）所有路由器会通过一种被称为泛洪（Flooding）的方法来交换链路状态数据，即路由器将其 LSA 数据包传送给所有与其相邻的 OSPF 路由器，相邻路由器根据其接收到的链路状态信息更新自己的数据库，并将该链路状态信息转送给与其相邻的其他路由器，直至稳定的一个过程。

（3）当网络重新稳定下来，即 OSPF 路由协议收敛下来时，所有的路由器会根据其各自的链路状态信息数据库计算出各自的路由表。该路由表中包含路由器到每一个可到达目的地的 Cost，以及到达该目的地所要转发的下一个路由器（next-hop）。

路由器完成 LSA 的交换，达到稳定状态后，只有链接状态或路由设备本身的状态发生变化时，才会再次发生 LSA 的交换。当网络状态比较稳定时，网络中传递的链路状态信息是比较少的，即，当网络稳定时，网络中是比较安静的。这也正是链路状态路由协议区别于距离矢量路由协议的一大特点。

OSPF 直接使用 IP，而不是 TCP 或 UDP 作为它的传输协议。在 IP 首部的协议字段，有其单独的值 89。因此，OSPF 也能服务于一些大型、异构网络。

6.3.2 OSPF 高级特性

由于 OSPF 是开放的路由协议，而启用 OSPF 协议的路由器会相互交换链路信息，为保证路由设备不受到非法侵入或所管理范围之外的路由设备的干扰，相互交换信息的路由器之间必须建立基本的邻居（Neighbors）关系。形成邻居关系的路由器的互连端口必须属于同一个子网。

邻居关系是通过 Hello 报文来实现的，该报文以多播方式在每个端口定期发送。路由器一旦在其相邻路由器的 Hello 报文中发现他们自己，他们就可以成为邻居关系了，但在这之前，它们需要通信以确认对方。当管理员为 OSPF 协议配置了相关验证口令，则两台路由设备必须交换相同的密码，才能成为邻居。这样的安全验证机制，有效地提高了路由设备的安全性与可控性，但需要注意的是，在路由器上启动 OSPF 协议后，默认情况下是没有设置安全密码的，管理员必须主动为其进行设置。

OSPF 协议能够正常工作的另一个前提是路由设备间链路状态信息的有效交换。不同于 RIP 的仅在相邻路由器之间交换路由条目，OSPF 协议要求每一条链路状态通告（LSA）都能及时送达到全网范围，即，路由器会收到与自己并不相邻的路由设备所发出的 LSA 更新信息。如果仅考虑端到端的直连网络，这一问题并不突出，但在更为复杂的网络拓扑结构，如同一网段内有多台互为邻居的路由设备，或是路由相连构成环形回路，当多台路由设备都检测出同一状态更新，并希望相互告知时，邻居间的两两信息交换，就会导致大量重复信息的发送。如果对这一过程不加控制，很可能会形成全网范围的消息风暴。为避免这一问题，OSPF 协议在邻居关系基础上，又定义了邻接关系（Adjacency）。

OSPF 协议规定，只有形成邻接关系的路由设备之间才会真正交换链路状态信息，以减少特定网段上的交换信息。根据网络的拓扑结构的不同，不同的 OSPF 网络类型里会以邻居关系为基础，按照不同的原则来形成邻接关系。这一原则的核心是在每一个多址可达网段上选择一个路由器作为指定路由器（Designated Router，DR），再选择另外一个路由器作为备份的指定路由器（Backup Designated Router，BDR），没有被指定的路由设备称为 DRother。网段中的每台路由设备都只能与 DR 或 BDR 建立邻接关系，这保证了在链路状态发生变更时，路由器会仅与 DR 交换更新信息，然后 DR 将负责将这些更新信息转发给该网段上的其他路由器。当 DR 失效时，BDR 将接替履行这一职能。

邻接关系的指定让 DR 或 BDR 成为信息交换的中心，而不是让每个路由器与该网段上其他路由器两两做更新信息的交换。因为只存在两个节点，端到端直连网络彼此间是天然的邻接关键，必然有一台设备是 DR，而另一台是 BDR。但在另外的一些广播型网络和非广播型多路访问网络，多台路由器间就必须使用 Hello 协议进行选举，推出一个 DR。推举出的 DR 会与参与推举的其他路由器建立邻接关系，成为邻接关系的路由器会持有完全一致的链路状态数据库。

根据路由器所连接的物理网络不同，OSPF 协议将网络划分为四种类型：广播多路访问型（Broadcast MultiAccess）、非广播多路访问型（None Broadcast MultiAccess，NBMA）、点到点型（Point-to-Point，P-P）、点到多点型（Point-to-MultiPoint，P-MP）。其中，广播多路访问型网络如 Ethernet、Token Ring、FDDI，NBMA 型网络如 Frame Relay、X.25、SMDS，Point-to-Point 型网络如 PPP、HDLC。不同的网络类型中，DR 或 BDR 的推举机制也会有所不同，其链路状态更新的泛洪方式也有所不同。

在 P-P 网络，路由器是以组播方式将更新报文发送到组播地址 224.0.0.5。在 P-MP 和虚链路网络中路由器以单播方式将更新报文发送至邻接邻居的接口地址。在广播型网络，DRother 路由器只能和 DR 或 BDR 形成邻接关系，所以更新报文将发送到 224.0.0.6，相应的 DR 以 224.0.0.5 泛洪 LSA，并且 BDR 只接收 LSA，不会确认和泛洪这些更新，除非 DR 失效。在 NBMA 型网络，LSA 以单播方式发送到 DR 与 BDR，并且 DR 以单播方式发送这些更新。

6.3.3 OSPF 区域

最短路径优先树的计算，意味着路由器运行 OSPF 需要占用更多 CPU 资源。在大型网络中每一台路由器都需要各自独立的重复这种计算，对 CPU 的利用率会有很大的影响。为此，OSPF 提出将网络分成独立的层次域，称为区域（Area）。每个路由器仅与他们自己区域内的其他路由器交换 LSA，从而降低对网络资源的占用，同时也能降低 CPU 的计算量。再引入区域的概念后，整个自治域内网络成为双层结构，双层网络结构的两个重要元素是区域、自治系统，它们的关系如图 6-1 所示。

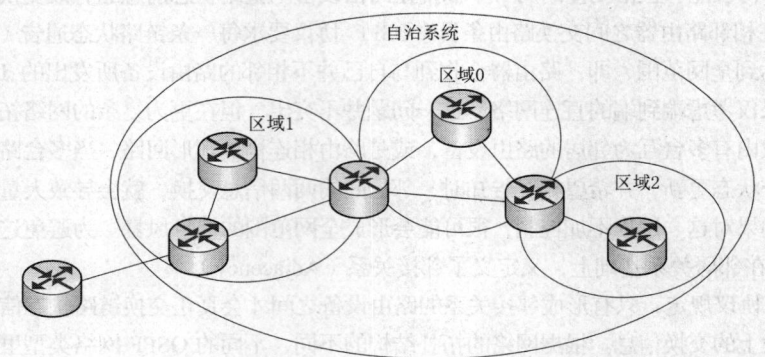

图 6-1 自治系统和区域的联系

OSPF 协议引入"分层路由"的概念，是为了能够适用于规模很大的网络。OSPF 往往将一个自治系统分割成一个"主干"连接的一组各自相互独立的部分，这些相互独立的部分称为"区域"（Area），"主干"的部分称为"主干区域"。每个区域就如同一个独立的小网络，该区域内的 OSPF 路由器只保存该区域的链路状态。每个路由器的链路状态数据库都可以保持合理的大小，路由计算的时间、报文数量都不会过大。

区域是一组连续的网络，从逻辑上对自治系统进行划分后，每一部分叫做一个区域。每一个区域都有一个 32bit 的区域标识符（用点分十进制表示）。区域一般不能太大，在一个区域内的路由器最好不超过 200 个。

OSPF 完成区域划分后的主干区域（Backbone Area），标识符规定为 0.0.0.0。主干区域的作用是用来连通其他在下层的区域。原则上每个非骨干区域都必须直接连接到骨干区域，因此每一个区域都必须有一个区域边界路由器与主干区域相连。主干区域是一个传递区域，因为其他区域都要通过它进行通信。如图 6-2 所示，与主干区域相连的边界路由器上有区域1、2 的链路状态信息。通过这些信息，这些边界路由器能够计算出至相应目的地的路由，并将这些路由信息广播至与其相连接的区域，以便让该区域内部的路由器找到与区域外部通信的最佳路由。

处于自治系统边界的路由器（Autonomous System Border Router，ASBR）则需承担起自治系统外部交换路由信息的重任。除了在自治域内的 LSA 泛洪，一个自治域 AS 的边界路由器会将 AS 外部路由信息广播至整个 AS 中所有区域。为了使这些 AS 外部路由信息生效，AS 内部的所有的路由器都必须知道 AS 边界路由器的位置，该路由信息是区域边界路由器对域内广播的。

根据以上 LSA 的泛洪机制不难看出，对于非骨干区域，虽然并不与其他区域直连，但通过其区域边界路由器仍会有大量的路由信息被广播。尤其对于 AS 边界路由器来说，AS

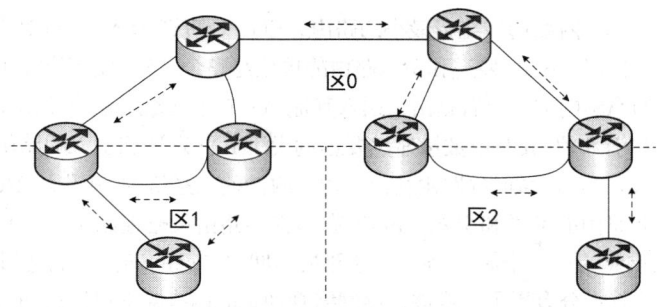

图 6-2　在 OSPF 网络中由区边界路由器引起的区内 LSA 泛洪

外部往往有大量的路由信息，如果将这些信息都广播到 AS 内部，将占用大量的网络资源。为了解决这一问题，OSPF 协议中引入了末节区域（Stub Area）这一概念。

末节区域是一类特殊的 OSPF 区域，这类区域不接收或扩散 LSA，对于产生大量 LSA 的网络，这种方式能有效地减少 Stub 区域内路由器的 LSDB，并缓解 SPF 计算对路由器资源的占用。通常情况下，Stub 区域位于自治系统的边界。同时，为保证 Stub 区域去往自治系统外的报文能正确转发，Stub 区域的 ABR 将通过 Summary-LSA 向本区域内发布一条缺少路由，并且只在本区域内扩散。

6.4　BGP

6.4.1　BGP 基本概念

BGP（Border Gateway Protocol）是一种自治系统间的动态路由发现协议，它的基本功能是在自治系统间自动交换无环路的路由信息，通过交换带有自治系统号（AS）序列属性的路径可达信息，来构造自治区域的拓扑图，从而消除路由环路并实施用户配置的路由策略。与 OSPF 和 RIP 等在自治区域内部运行的协议不同，BGP 是一类 EGP，经常用于不同 ISP 之间。

BGP 协议从 1989 年以来就已经开始使用。它最早发布的三个版本分别是 RFC1105（BGP-1）、RFC1163（BGP-2）和 RFC1267（BGP-3），当前使用的是 RFC1771（BGP-4）。BGP 支持无类别域间选路（Classless Interdomain Routing，CIDR），通过路由聚合（Routes Aggregation）可以有效地减少日益增大的路由表。BGP-4 正迅速成为事实上的 Internet 边界路由协议标准。

与 OSPF、RIP 等的内部路由协议不同，BGP 的着眼点不在于发现和计算路由，而在于控制路由的传播和选择最好的路由。通过在交换的路由信息中携带所经历的自治系统路径信息，可以彻底解决路由循环问题。为了更好地控制路由传播和路由选择，BGP 为共享的路由信息附带丰富的属性信息。

BGP 协议工作在传输层，使用 TCP 交换路由信息，虽然增加了信息传递的开销，但也同时提高了协议的可靠性。与 OSPF，RIP 等 IGP 相比，BGP 的拓扑图要更抽象和粗略一些，因为其拓扑图的每一个端点都代表了一个 AS 区域，图中的边也是 AS 之间的链路。链路的开销也不再是简单的跳数，而是要计算数据包经过每一个端点（AS 自治区域）时的所花费的代价，这一代价一般由域内的 IGP 来负责计算。这也体现了 EGP 和 IGP 是分层的关系，即 IGP 负责在 AS 内部选择花费最小的路由，EGP 负责选择 AS 间花费最小的路由。

作为外部网关协议，BGP 发送和引入路由的单位是整个 AS 自治区域，即 BGP 要发送本地路由器所在的 AS 内部的所有路由，引入其他 AS 自治区域的所有路由（假设不使用路由策略控制发送和引入）。其路由数量显然要远远大于 IGP 发送和引入的路由数量。

同时，作为 AS 自治区域间的路由协议，由于政治的、经济的等原因，BGP 需要按照不同的路由属性控制路由的发送和引入。BGP 有丰富的路由策略控制手段，其中自治系统的统一编号就是很重要的一个措施。当网络管理员不期望自己的通信数据通过某个自治系统时，这种编号方式就十分有用了。或许，该网络管理员的网络完全可以访问这个自治系统，但由于它可能是由竞争对手在管理，或是缺乏足够的安全机制，因此，可能要回避它。通过采用路由协议和自治系统编号，路由器就可以确定彼此间的路径和路由信息的交换方法。自治系统的编号范围是 1 到 65535，其中，1～65411 是注册的因特网编号，65412～65535 是专用网络编号。

6.4.2　BGP 的工作机制

BGP 系统作为应用层协议运行在一个特定的路由器上。系统初启时通过发送整个 BGP 路由表交换路由信息，之后为了更新路由表只交换更新消息。系统在运行过程中，是通过接收和发送 keep-alive 消息来检测相互之间的连接是否正常。

发送 BGP 消息的路由器称为 BGP 发言人，它不断地接收或产生新路由信息，并将它广告给其他的 BGP 发言人。当 BGP 发言人收到来自其他自治系统的新路由广告时，如果该路由比当前已知路由好、或者当前还没有可接受路由，它就把这个路由广告给自治系统内所有其他的 BGP 发言人。一个 BGP 发言人也将同它交换消息的其他 BGP 发言人称为同伴（peer），若干相关的同伴可以构成同伴组（group）。

一般情况下，一条路由是从自治系统内部产生的，它由某种内部路由协议发现和计算，传递到自治系统的边界，由自治系统边界路由器（ASBR）通过 EBGP 连接传播到其他自治系统中。路由在传播过程中可能会经过若干个自治系统，这些自治系统称为过渡自治系统。图 6-3 所示为以拓扑图中路由器 AS5 为例的 BGP 工作机制示意图。若这个自治系统有多个边界路由器，这些路由器之间运行 IBGP 来交换路由信息。这时内部的路由器并不需要知道这些外部路由，它们只需要在边界路由器之间维护 IP 连通性。路由到达自治系统边界后，若内部路由器需要知道这些外部路由，ASBR 可以将路由引入内部路由协议。外部路由的数量是很大的，通常会超出内部路由器的处理能力，因此引入外部路由时一般需要过滤或聚合，以减少路由的数量，极端的情况是使用默认路由。还有一种自治系统称为 Stub AS，如：AS1、AS6、AS7。其内部只有一个 ASBR 通过 EBGP 连接外部，同外部其他 AS 的通信要靠过渡自治系统来转接。

对一个具体的 ASBR 来说，其路由的来源有两种：从对等体接收的或者从 IGP 引入的。对于接收的路由，根据其属性（如 AS 路径、团体属性等）进行过滤，并设置某些属性（如本地优先、MED 值等），之后若需要，将具体的路由聚合为超网路由。BGP 可能从多个对等体收到目的地相同的路由，根据规则选择最好的路由并加入 IP 路由表。对

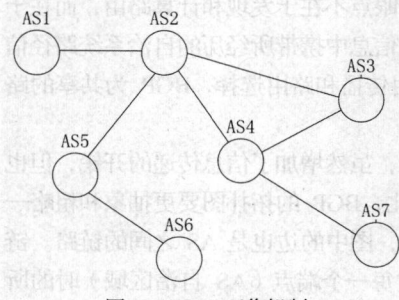

图 6-3　BGP 工作机制

于 IGP 路由，则要经过引入策略的过滤和设置。BGP 发送优选的 BGP 路由和引入的 IGP 路由给对等体。

BGP 在路由器上一般分为两种运行方式：IBGP（Internal BGP）和 EBGP（External BGP）。以图 6-4 所示的拓扑图为例，如果两个交换 BGP 报文的对等体属于同一个自治系统，那么这两个对等体就是 IBGP 对等体（Internal BGP），如 RTB 和 RTD。如果两个交换 BGP 报文的对等体属于不同的自治系统，那么这两个对等体就是 EBGP 对等体（External BGP），如 RTA 和 RTB。

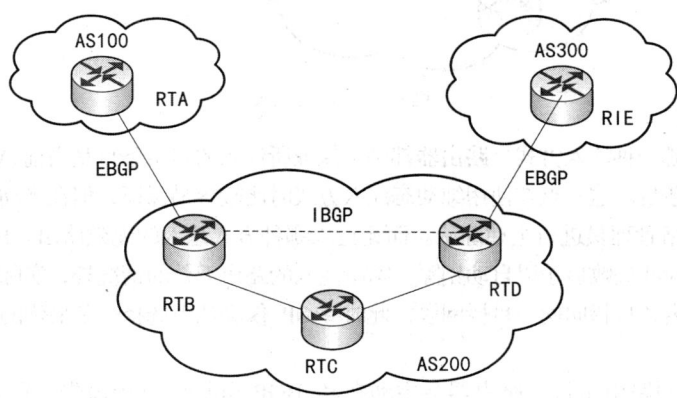

图 6-4　BGP 的两种邻居——IBGP 和 EBGP

虽然 BGP 是运行于自治系统之间的路由协议，但是一个 AS 的不同边界路由器之间也要建立 BGP 连接，只有这样才能实现路由信息在全网的传递，如 RTB 和 RTD，为了建立 AS100 和 AS300 之间的通信，需要在它们之间建立 IBGP 连接。

IBGP 对等体之间不一定是物理上直连的，但必须保证逻辑上全连接（TCP 连接能够建立即可）。路由器都默认要求 EBGP 对等体之间是有物理上的直连链路，但也提供改变这个默认设置的配置命令。

6.4.3　BGP 路由注入与传播

BGP 路由协议是运行在自治系统之间的路由协议，它的主要工作是在自治系统之间传递路由信息，而不是去发现和计算路由信息。发现和计算路由信息的任务由 IGP（如 RIP、OSPF）路由协议来完成，而后通过配置命令的方式注入到 BGP 路由表中。注入的方式可分为三类：纯动态注入、半动态注入、静态注入。

（1）纯动态注入，是指路由器将通过 IGP 路由协议动态获得的路由信息无保留地直接注入到 BGP 路由表中。纯动态注入方式不对路由信息做任何过滤和选择，配置简单，但往往会导致路由表的迅速膨胀。

（2）半动态注入，是指路由器有选择性地将 IGP 发现的动态路由信息注入到 BGP 系统中去。它和纯动态注入的区别在于不是将 IGP 发现的所有路由信息注入到 BGP 中去。如图 6-5 所示，路由器 RTB 通过 OSPF 协议动态地发现去往网络 18.0.0.0/8 的路由，再通过配置命令静态将其注入到 BGP 中，一般称这样一种路由注入方式为半动态注入。

（3）静态注入，是指路由器将静态配置的某条路由注入到 BGP 系统中。在图 6-5 所示的拓扑图中，如果路由器 RTB 首先建立一条去往网络 18.0.0.0/8 的静态路由，再通过配置命令将其静态注入到 BGP 中，一般称这样一种路由注入方式为静态注入。

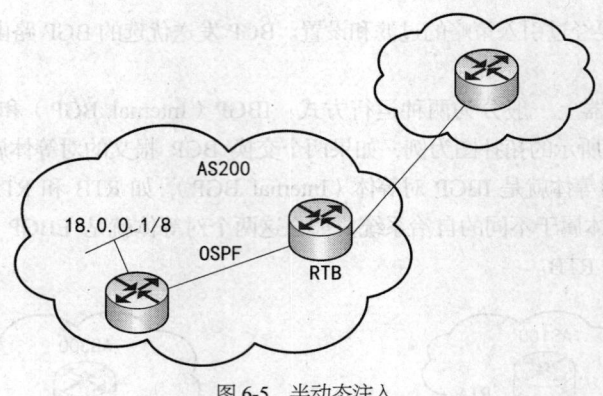

图 6-5 半动态注入

无论采用哪一种注入方式，路由器都必须保证所注入的路由条目是当前 AS 内部已经验证可达的路由条目。这一点在使用纯动态注入方式时比较容易保证，但在半动态或静态注入时，就需要网络管理员进行主动确认。而无论以哪种方式注入的无效路由，BGP 都会在注入后的连通性检测失败后予以自动剔除。除所注入的路由无效的情况外，实际配置中也有可能出现多条路由条目指向同一目标网段，此时 BGP 仅会从中选择一条最优的路径放入自己的路由表。

注入成功的路由条目，路由器会主动在其 BGP 邻居间进行通告，通告还要遵守以下原则。

（1）BGP 发言人只把自己使用（在 BGP 路由表中有效）的路由通告给相邻体；

（2）BGP 发言人从 EBGP 邻居获得的路由会向它所有 BGP 相邻体通告（包括 EBGP 和 IBGP）；

（3）BGP 发言人从 IBGP 邻居获得的路由不向它的 IBGP 相邻体通告；

（4）BGP 发言人从 IBGP 获得的路由是否通告给它的 EBGP 相邻体要依 IGP 和 BGP 同步的情况来决定；

（5）连接一建立，BGP 发言人将把自己所有 BGP 路由通告给新相邻体。

这些通告原则都是 BGP 的设计者在设计 BGP 路由协议时硬性规定的，做这样的规定主要是为了避免引入无效路由或由于路由条目的重复引入构成路由环路。如第 3 条规定就避免了路由器将自己从某个 IBGP 邻居处通过 IGP 学习到的路由再通告给该 IBGP 邻居。而在两个 EBGP 邻居间，由于默认属于不同 AS，不会建立 IGP 形式的动态路由学习机制，所以就不存在这样的限制。而第 4 条规定则是为了强调，一个 BGP 路由器不将从内部 BGP 对等体得知的路由信息通告给外部对等体，除非该路由信息也能通过 IGP 得知。因为若一个路由器能通过 IGP 得知该路由信息，则可认为路由能在 AS 中传播，内部通达已有了保证。

BGP 所强调的路由信息在 AS 内部的通达性，也称之为 BGP 同步。在图 6-6 中，如果 RTB 把去往 10.1.1.1/24 的路由信息封装在 UPDATE 报文中，通过由 RTC、RTD 间建立的 IBGP 对等体关系通告给 RTE，而 RTE 也不考虑同步问题，直接接收了这样一条路由信息并通告给 RTF。那么，如果 RTF 或 RTE 有去往 10.1.1.1/24 的数据报文要发送，这个数据报文要想到达目的地必须经过 RTD 和 RTC，由于先前没有考虑同步问题，RTD 和 RTC 的路由表中没有去往 10.1.1.1/24 的路由信息，数据报文到了 RTD 就会被丢弃。因此，只有在保证了路由条目在 AS 内部的通达性，才可以放心将这个学习到的路由再通告给其他邻居，也就是 BGP 必须与 IGP（如 RIP、OSPF 等）同步。

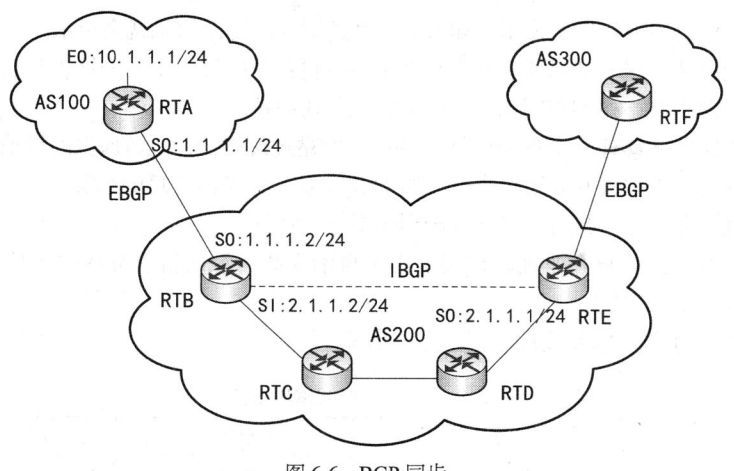

图 6-6 BGP 同步

BGP 本身并不承担 BGP 同步的职能，这一问题会交由网络管理员来处理。但当一个路由器从 IBGP 对等体收到一个目的地的更新信息，在把它通告给其他 EBGP 对等体之前，BGP 路由器会主动验证该目的地通过自治系统内部能否到达，即验证该目的地是否存在于 IGP，非 BGP 路由器是否可传递业务量到该目的地。若 IGP 认识这个目的地，才接收这样一条路由信息并通告给 EBGP 对等体，否则将把这个路由当作与 IGP 不同步，不进行通告。

在图 6-6 中，RTE 通过 IBGP 邻居关系获得去往 AS100 内网络 10.1.1.1/24 的路由，RTE 不会马上将其添加到自己的路由表中，也不会向 RTF 通告。RTE 看 OSPF 是否也能获得去往 10.1.1.1/24 路由。如果 OSPF 能就说明 IGP 和 BGP 是同步的，RTE 就把该路由添加到路由表中，并通告给 RTF。如 OSPF 没能获得去往 10.1.1.1/24 路由，则 IGP 和 BGP 不同步，RTE 不会把去往 10.1.1.1/24 的路由添加到路由表中，也不会向 RTF 通告该路由。解决的方法有很多，最简单的办法是 RTB 把 BGP 路由信息注入到 OSPF 路由表中，再由 OSPF 通告到 RTE，这样就同步了。但是一般不建议这样做，因为 BGP 路由表很大，注入到 OSPF 中来会给系统带来很大负担。其他的解决办法如：可以在 RTB 上配置一条去往 10.1.1.1/24 的静态路由，再把该静态路由注入到 OSPF 中，这样也可以达到同步。

虽然从技术上来讲，将 BGP 学习到的路由引入到 IGP 路由（如 OSPF、RIP）协议的路由表也是可以实现的。但在实际应用中，因为 BGP 涉及的路由条目数通常比较大，对路由器的配置性能也有较高的要求，对于 AS 内部不承担 BGP 职能的路由器而言，在其运行的 IGP 中注入数量众多的 BGP 路由条目会带来很大的系统负载，更有可能严重干扰系统的正常运行。所以 AS 内部的 IBGP 对等体间，应尽量避免借助其他非 BGP 路由器来实现路由传递。

6.4.4 BGP 路由属性

BGP 路由属性是一套参数，这些参数会随着路由更新发给相邻的对等体。由于它对路由条目给出了更为详尽的描述，使得 BGP 路由器能够对路由进行过滤和选择。在配置路由策略时管理员可以广泛地使用路由属性，但不是所有路由属性都要用上。

事实上，每一种路由属性分别具有以下四种性质。

- 必遵属性：在路由更新数据报文中必须存在的路由属性，这种属性域在 BGP 路由信息中有着不可替代的作用，如果缺少必遵属性，路由信息就会出错。
- 可选属性：这一类属性不一定存在于路由更新数据报文中，网络管理员设置它完全是根据需要。如 MED 属性，可以用来控制选路。
- 过渡属性：具有 AS 间可传递性的属性就是过渡属性，过渡属性的域值可以被传递到其他 AS 中去并继续起作用。如 Origin 属性，路由信息的起源一旦确定，域值会一直存在，无论此路由信息被传到哪个 AS 中去。
- 非过渡属性：只在本地起作用，出了自治系统，域值就恢复成缺省值。如 Local-preference。

表 6-1 列出了几种常用属性的基本分类情况。

表 6-1 BGP 中的常用属性

类型代码	属性名	必遵/可选	过渡/非过渡
1	Origin	必遵	过渡
2	AS-Path	必遵	过渡
3	Next-hop	必遵	过渡
4	MED	可选	非过渡
5	Local-preference	可选	非过渡
6	Community	可选	过渡

每个属性都有特定的含义并可以灵活地运用，使得 BGP 的功能十分强大。BGP 属性可以扩展到 256 种。出于篇幅考虑，以下仅对几种常用的属性进行介绍。

1．Origin 起点属性

定义路径信息的来源，标记一条路由是怎样成为 BGP 路由的。如 IGP、EGP、Incomplete 等。起点属性是一个必遵过渡属性，它是指示路由更新的起源。表 6-2 列出了 BGP 所允许 3 种类型的起源。

表 6-2 起源属性的 3 种类型

值	意义
0	IGP——路由信息为起始 AS 内部
1	EGP——路由信息为起始 AS 通过 EGP 得来
2	INCOMPLETE——路由信息通过其他方法得来

BGP 在其路由判断过程中会考虑起点属性来判断多条路由之间的优先级。具体来说，在其他因素相同的情况下，BGP 优先选用具有最小起点属性值的路由，即按 IGP、EGP、Incomplete 的顺序选择路由。

网络管理员可以手工配置某条路由的起点属性。但一般情况下，起点属性会按以下原则自动赋予。
- 聚合路由或静态注入的路由看成是 AS 内部的，起点类型设置为 IGP。
- 通过其他 IGP 注入的路由起点类型设置为 Incomplete。
- 通过 EGP 对等体得到的路由起点类型设置为 EGP。

2．As-Path AS 路径属性

该属性用于表明路由经过的 AS 的序列，即列出在到达所通告的网络之前所经过的 AS 的清单。它可以防止路由循环，并用于路由的过滤和选择。

BGP 发言人在转发路由前，会将自己的 AS 系统号前置到接收到的 AS 路径的头部。

BGP 路由器不会接受 AS 路径属性中包含的本 AS 系统号的路由，因为这表明该路由已经被本自治系统处理过了，从而避免了生成路由环路的可能。同时，AS 路径属性也在影响路由选择。在其他因素相同的情况下，BGP 会选择 AS 路径较短的路由加入路由表。如图 6-7 所示，AS200 内的网络 D18.0.0.0/8 经 AS200、AS300、AS400 到达 AS100 的路径为 d1（400 300 200），经 AS200、AS500 到达 AS100 的路径为 d2（500 200），这时 BGP 优先选择较短的路径 d2。

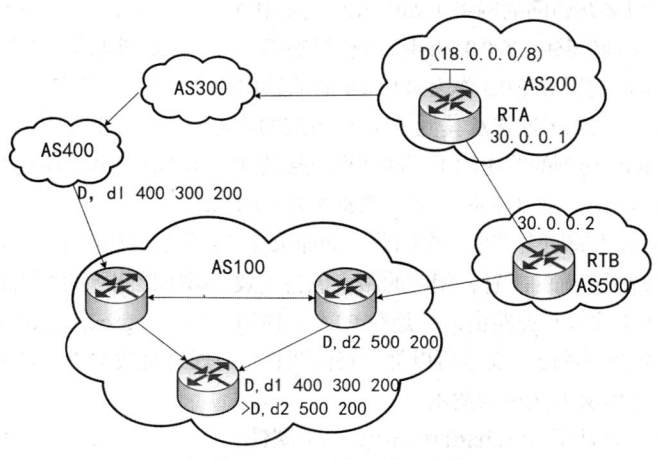

图 6-7　BGP AS 路径生成示意

网络管理员可以通过加入伪 AS 号码的方法来增加路径长度，从而影响路径选择。例如，在图 6-7 所示网络中，可以在 RTA 上配置在它将路由 D 18.0.0.0/8 发往 30.0.0.2 时，将其 AS Path 列表再加上两个自治系统号 200、200，这样当这条路由被传递到 AS100 里路由设备时，其 AS Path 列表则为：d2（500 200 200 200），这样 d2 的 AS Path 就比 d1 的要长了，而 AS100 中的路由器就会认为路径 d1 为较优的路由了。

3．下一跳（Next—hop）属性

该属性包含到达更新消息所列网络的下一跳边界路由器的 IP 地址，作为一条路由而言，下一跳地址是构成路由表条目的重要信息，也是一个公认必遵属性。图 6-8 中分别表明了 RTA、RTB 与 RTC 三台路由器中 BGP 路由的下一跳属性构成。

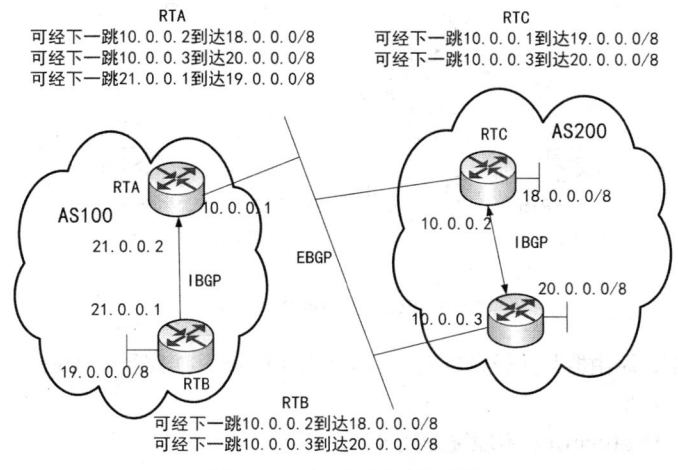

图 6-8　BGP 下一跳属性示例

在 IGP 中，OSPF 协议依靠最小生成树分析来决定路由条目的下一跳地址，RIP 则在转发路由时直接将下一跳改为自身接口地址。与上述两者不同，BGP 中的下一跳概念稍微复杂，它可以是以下三种形式之一。

（1）BGP 在向 EBGP 对等体通告路由时，下一跳属性是本地 BGP 与对端连接的端口地址。如图 6-8 所示，RTC 在向 RTA 通告路由 18.0.0.0/8 时，下一跳属性为 10.0.0.2；RTA 在向 RTC 通告路由 19.0.0.0/8 时，下一跳属性为 10.0.0.1。

（2）对于可以多路访问的网络（如以太网或帧中继），下一跳情况有所不同：RTC 在向 EBGP 路由器 RTA 通告路由 20.0.0.0/8 时，发现本地端口 10.0.0.2 同此路由的下一跳 10.0.0.3 为同一共享子网，因此使用 10.0.0.3 作为向 EBGP 通告路由的下一跳，而不是 10.0.0.2。

（3）BGP 在向 IBGP 通告从其他 EBGP 得到的路由时，不改变路由的下一跳属性，本地 BGP 将从 EBGP 得到的路由的下一跳属性直接传递给 IBGP。如图 6-8 所示，RTA 通过 IBGP 向 RTB 通告路由 18.0.0.0 时，下一跳属性为 10.0.0.2。

第（3）种形式下有时会产生一个问题，即如果 RTB 不知道如何去往 10.0.0.2，则即使对 BGP 协议进行了正确的配置，相应的路由也会失效。解决该问题的方法有两种：一是在 RTA 的 BGP 视图下注入直连路由；二是在 RTA 上使用 "peer ｛ group-name ｜ peer-address ｝ next-hop-local" 命令，该配置命令可以强迫路由器将下一跳地址改为发送者的本地地址。一般情况下，第二种解决方法更为适用。

4．MED（Multi-Exit-Discriminators）属性

MED 属性是可选属性，当某个 AS 有多个入口时，可以用 MED 属性来帮助其外部的 EBGP 对等体选择一个较好的入口路径。一条路由的 MED 值越小，其优先级越高。

在图 6-9 中，可以设置 RTB 通告的网段 D（18.0.0.0/8）的 metric 值为 10，RTC 在通告网段 D 时 metric 值为 20，这样 RTA 就会优先选择 metric 值较小、经过路由器 RTB 的路径作为到达网络 D 的路由。虽然在当前拓扑图下，这样做并不合理，但其本身并不影响各网段路由的连通性。

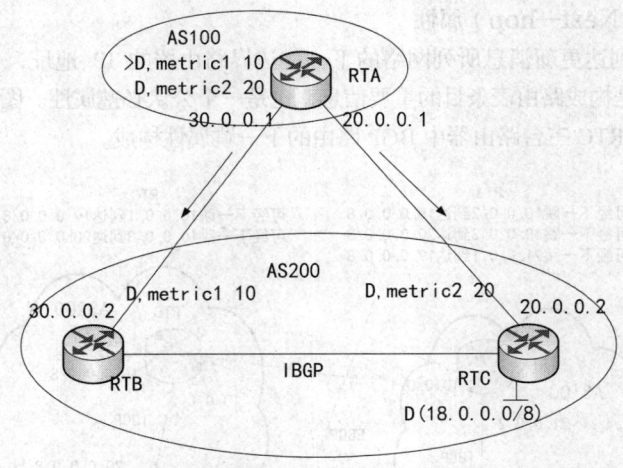

图 6-9　BGP 协议 MED 属性示例

一般情况下，路由器只比较来自同一 AS 中各 EBGP 邻居路径的 MED 值，不比较来自不同 AS 的 MED 值。

5．Local-Preference 本地优先属性

本地优先级属性是可选属性，本地优先级属性是赋予一条路由的优先级程度，用以比较

到相同目的地的不同路由。反映了 BGP 发言人对每个外部路由的偏好程度。本地优先级属性值越大，路由的优选程度就越高。本地优先级属性只用于 AS 内部，只在 IBGP 对等体之间被交换，而不被通告给 EBGP 对等体。简单来说，本地优先级属性就是用来帮助 AS 区域内部的路由器选择到 AS 区域外部使用较好的出口。即选择本地优先级较高的出口点。

需要注意的是：配置本地优先级的属性值仅仅会影响离开该 AS 的业务量，不会影响进入该 AS 的业务量。默认情况下，本地优先级属性值为 100。

以图 6-10 所示拓扑为例，RTB 把通过 RTD 接收路由的本地优先级设置为 local—pref1 100，RTC 把通过 RTE 接收的路由的本地优先级设置为 local—pref2 200，这样 RTA 就会优先选择本地优先级高的 local—pref2。

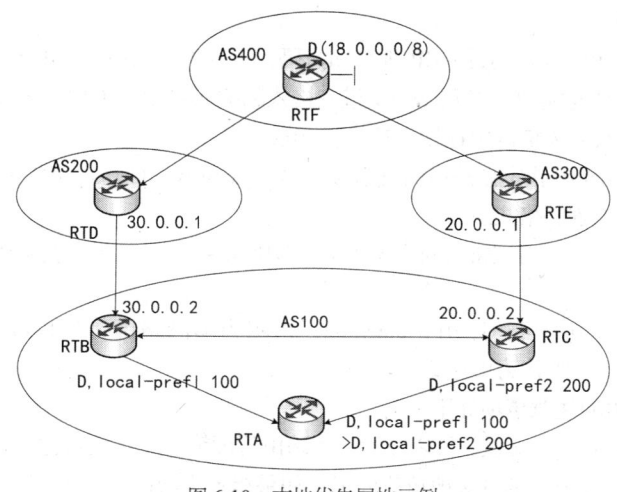

图 6-10 本地优先属性示例

需要注意的是，同一台 BGP 路由器可以为所接收到的每一条外部路由设置不同的本地优先级，以此体现其对不同路由条目的侧重程度。将这样的属性传递给自己的 IBGP 邻居后，后者在存在多条链接外部的数据通路时，可以通过比较这一属性来实现有效负载均衡。

对本地优先属性和 MED 属性做一个对比可以看出：本地优先属性是在 AS 内部控制 IBGP 邻居访问外部路由时走哪条路好，而 MED 属性则是控制向外部 EBGP 邻居告知本 AS 内部的路由走哪条路更好；本地优先只在 AS 内部有效，在通过外部对等体通告路由的时候，本地优先被过滤掉，而 MED 属性则只在外部对等体关系中有效，在内部对等体之间通告路由的时候，MED 属性被忽略掉。

属性的增加为路由条目赋予了更多的评价信息，结合各类属性，一般本地 BGP 路由选择的过程如下。

（1）如果此路由的下一跳不可达，忽略此路由。
（2）借助于 Local-Preference 属性，选择本地优先级较大的路由。
（3）如果本地优先级相同，选择本地路由器始发的路由。
（4）借助于 As-Path 属性，选择 AS 路径较短的路由。
（5）借助于 Origin 属性，依次选择起点类型为 IGP，EGP，INCOMPLETE 类型的路由。
（6）借助于 MED 属性，选择 MED 较小的路由。
（7）选择 RouterID 较小的路由。

6.5 上机实训

6.5.1 静态路由配置举例

1．配置或删除静态路由

添加一个静态路由到路由表的语法如下。

```
[undo] ip route-static ip-address { mask | mask-length } { interfacce-name | gateway-address } [ preference preference-value] [ reject | blackhole ]
```

参数说明如下。

- ip-address 和 mask 为目的 IP 地址和掩码，点分十进制格式，由于要求掩码 32 位中"1"必须是连续的，因此点分十进制格式的掩码可以用掩码长度 mask-length 来代替，掩码长度为掩码中连续"1"的位数；
- interfacce-name 指定该路由的发送接口名，gateway-address 为该路由的下一跳 IP 地址（点分十进制格式）；
- preference-value 为该路由的优先级别，范围 0~255，如果不指定优先级，则默认为 60；
- reject 指明为不可达路由，blackhole 指明为黑洞路由，如果没有指明 reject 或 blackhole，则默认为可达路由。

配置静态路由的注意事项如下。

（1）对优先级的不同配置，可以灵活应用路由管理策略。配置到达相同目的地的多条路由，并指定相同优先级，则可实现负载分担；如果指定不同优先级，则可实现路由备份。

（2）在配置静态路由时，既可指定发送接口，也可指定下一跳地址，到底采用哪种方法，需要根据实际情况而定：对于支持网络地址到链路层地址解析的接口或点到点接口，指定发送接口即可；对于 NBMA 接口，如封装 X.25 或帧中继的接口、拨号口等，支持点到多点，这时除了配置 IP 路由外，还需在链路层建立二次路由，这种情况配置静态路由不能指定发送接口，应配置下一跳 IP 地址。

在静态路由配置完成后，可以使用 display ip routing-table 命令对配置情况进行检查。

2．基于静态路由的负载分担配置举例

任务描述：网络拓扑图如图 6-11 所示。要求在路由器 B 上配置到达路由器 A 的 10.1.1.1 网段实现三条线路的负载均衡。

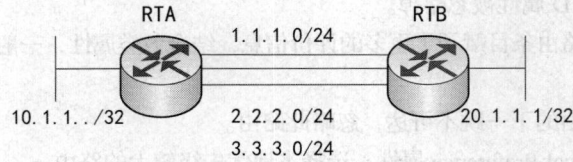

图 6-11 静态路由负载分担

实现配置如下。

步骤 1：RTA 的基本配置

```
<Quidway>system-view
[Quidway]sysname RTA
```

```
[RTA]interfaceLoopBack 0
[RTA-LoopBack0]ip add 10.1.1.1 32
[RTA-LoopBack0]quit
[RTA]interfaceEthernet 0/0/0
[RTA-Ethernet0/0/0]ip add 1.1.1.1 24
[RTA-Ethernet0/0/0]quit
[RTA]interfaceEthernet 0/0/1
[RTA-Ethernet0/0/1]ip add 2.2.2.1 24
[RTA-Ethernet0/0/1]quit
[RTA]interfaceEthernet 0/0/2
[RTA-Ethernet0/0/2]ip add 3.3.3.1 24
[RTA-Ethernet0/0/2]quit
[RTA]display ip interface brief
[RTA]display ip routing-table
```

步骤2：RTB 的基本配置

```
<Quidway>system-view
[Quidway]sysname RTB
[RTB]interfaceLoopBack 0
[RTB-LoopBack0]ip add 20.1.1.1 32
[RTB-LoopBack0]quit
[RTB]interfaceEthernet 0/0/0
[RTB-Ethernet0/0/0]ip add 1.1.1.2 24
[RTB-Ethernet0/0/0]quit
[RTB]interfaceEthernet 0/0/1
[RTB-Ethernet0/0/1]ip add 2.2.2.2 24
[RTB-Ethernet0/0/1]quit
[RTB]intether 0/0/2
[RTB-Ethernet0/0/2]ip add 3.3.3.2 24
[RTB-Ethernet0/0/2]quit
[RTB]ip route-static 10.1.1.1 255.255.255.255 1.1.1.1
[RTB]ip route-static 10.1.1.1 255.255.255.255 2.2.2.1
[RTB]ip route-static 10.1.1.1 255.255.255.255 3.3.3.1
[RTB]display ip routing-table
```

在执行完该配置后，可以通过在 RTB 路由器上执行 display ip routing-table 命令，查看相关的路由信息，其结果应该如图 6-12 所示。

```
[RTB]display ip routing-table
Route Flags: R - relay, D - download to fib
------------------------------------------------------------------------
Routing Tables: Public
         Destinations : 10      Routes : 12

Destination/Mask    Proto  Pre  Cost    Flags NextHop         Interface

       1.1.1.0/24   Direct 0    0           D 1.1.1.2         Ethernet0/0/0
       1.1.1.2/32   Direct 0    0           D 127.0.0.1       InLoopBack0
       2.2.2.0/24   Direct 0    0           D 2.2.2.2         Ethernet0/0/1
       2.2.2.2/32   Direct 0    0           D 127.0.0.1       InLoopBack0
       3.3.3.0/24   Direct 0    0           D 3.3.3.2         Ethernet0/0/2
       3.3.3.2/32   Direct 0    0           D 127.0.0.1       InLoopBack0
      10.1.1.1/32   Static 60   0          RD 1.1.1.1         Ethernet0/0/0
                    Static 60   0          RD 2.2.2.1         Ethernet0/0/1
                    Static 60   0          RD 3.3.3.1         Ethernet0/0/2
      20.1.1.1/32   Direct 0    0           D 127.0.0.1       InLoopBack0
     127.0.0.0/8    Direct 0    0           D 127.0.0.1       InLoopBack0
     127.0.0.1/32   Direct 0    0           D 127.0.0.1       InLoopBack0
[RTB]
```

图 6-12　RTB 上静态路由表查询结果

在这个例子中，如果将命令

`[RTB]ip route-static 10.1.1.1 255.255.255.255 3.3.3.1`

改为

`[RTB]ip route-static 10.1.1.1 255.255.255.255 3.3.3.1 perference 100`

此时，由于另外两条路由采用了默认的优先级 60，而手工设定的优先级为 100，较另两条路由低，所以该路由将成为前两条路由的备份路由。使用 display ip routing-table protocol static 命令可以查看到这一路由变化，如图 6-13 所示。也可以使用 shutdown 命令来断开 0/0/0 与 0/0/1 两个接口，来直接观察路由表的变化。

```
[RTB]display ip routing-table protocol static
Route Flags: R - relay, D - download to fib
------------------------------------------------------------------
Public routing table : Static
         Destinations : 1        Routes : 3
Static routing table status : <Active>
         Destinations : 1        Routes : 2

Destination/Mask    Proto  Pre  Cost     Flags NextHop    Interface
    10.1.1.1/32    Static  60   0          RD  1.1.1.1    Ethernet0/0/0
                   Static  60   0          RD  2.2.2.1    Ethernet0/0/1

Route Flags: R - relay, D - download to fib
------------------------------------------------------------------
Static routing table status : <Inactive>
         Destinations : 1        Routes : 1

Destination/Mask    Proto  Pre  Cost     Flags NextHop    Interface
    10.1.1.1/32    Static  100  0           R  3.3.3.1    Ethernet0/0/2

[RTB]
```

图 6-13 静态备份路由

读者可进一步思考，此时如果在 RTA 上执行 ping 20.1.1.1 命令会产生什么结果？为什么会产生这样的结果？如何解决所出现的问题。

6.5.2 OSPF 协议路由器配置

1．华为 OSPF 协议配置命令

- 配置路由器的 ID：router id router-id

注意啦

Router ID 是一个 32bit 的无符号整数，是一台路由器的唯一标识，在整个自治系统内唯一。首先，路由器选取它所有的 loopback 接口上数值最高的 IP 地址；如果路由器没有配置 IP 地址的 loopback 接口，那么路由器将选取它所有的物理接口上数值最高的 IP 地址。需要注意的是，用作路由器 ID 的接口不一定非要运行 OSPF 协议。

- 启动 OSPF 视图：ospf [process-id] [router-id]
- 进入 OSPF 区域视图：area area-id
- 在指定网段运行 OSPF 协议：network ip-address wildcard-mask
- 在区域视图下配置路由聚合：abr-summary ip-address mask [advertise|not-advertise|cost cost]
- 显示 OSPF 的链路状态：display ospf lsdb
- 设置接口的 DR 选举优先级：ospf dr-priority priority_number
- 配置一个区域为 Stub：stub [no-summary]
- 配置发送到 Stub 区域默认路由的花费值：default-cost value

2．多区域 OSPF 协议综合应用举例

任务描述：网络拓扑图如图 6-14 所示。要求除 RTE 外的所有路由器都运行 OSPF，并

将整个自治系统划分为 Area0、Area1、Area2 三个区域，其中 RTB 和 RTC 作为 ABR 来转发区域之间的路由。在 RTE 上仅使用静态路由，并通过 RTD 将该路由引入整个 OSPF 区域。配置完成后，每台路由器都应学到 AS 内的到所有网段的路由。并在此基础上，实现对 RTA 上的 110.1.1.1 与 110.1.1.2 两个网段的路由汇总，配置 Area1 为 Stub 区域，在 Area0 内实现区域内路由器的相互认证。

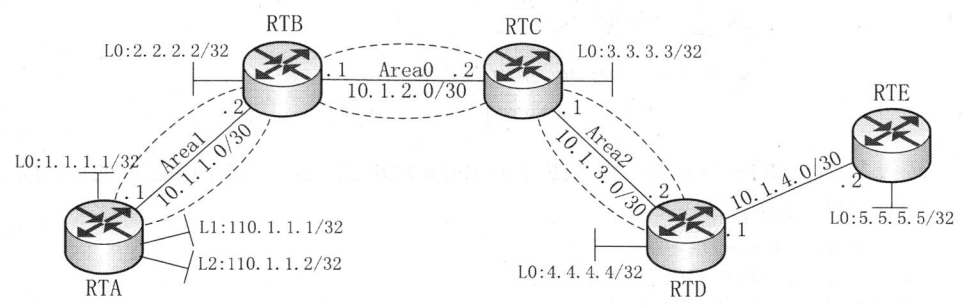

图 6-14 多区域 OSPF 配置拓扑图

实现配置如下。

步骤 1：五台路由器各接口的基本配置，由于这一步骤较为简单，以下仅以 RTC 为例给出配置过程。

```
<Quidway>system-view
[Quidway]sysname RTC
[RTC]interface LoopBack 0
[RTC-LoopBack0]ip address 3.3.3.3 32
[RTC-LoopBack0]quit
[RTC]interface Serial 0/0/0
[RTC-Serial0/0/0]ip address 10.1.2.2 30
[RTC-Serial0/0/0]quit
[RTC]interface Serial 0/0/1
[RTC-Serial0/0/1]ip address 10.1.3.1 30
[RTC-Serial0/0/1]quit
```

步骤 2：配置各区域的 OSPF 基本协议（以 RTC 与 RTD 为例）。

RTC 的配置如下。

```
[RTC]router id 3.3.3.3
[RTC]ospf 1
[RTC-ospf-1]area 0              //在区域 0 内
[RTC-ospf-1-area-0.0.0.0]network 10.1.2.0 0.0.0.3
[RTC-ospf-1-area-0.0.0.0]quit
[RTC-ospf-1]area 2//在区域 2 内
[RTC-ospf-1-area-0.0.0.2]network 3.3.3.3 0.0.0.0
[RTC-ospf-1-area-0.0.0.2]network 10.1.3.0 0.0.0.3
[RTC-ospf-1-area-0.0.0.2]return
```

RTD 的配置如下。

```
[RTD]router id 4.4.4.4
[RTD]ospf 1
[RTD-ospf-1]area 2
[RTD-ospf-1-area-0.0.0.2]network 4.4.4.4 0.0.0.0
[RTD-ospf-1-area-0.0.0.2]network 10.1.3.0 0.0.0.3
[RTD-ospf-1-area-0.0.0.2]return
```

与之类似，在完成 RTA、RTB 两台路由器的 OSPF 设置后，可以通过 ping 命令检测三个区域间的连接性。在 RTD 上执行 "ping 1.1.1.1"，结果应如图 6-15 所示。

```
[RTD]ping 1.1.1.1
       PING 1.1.1.1: 56  data bytes, press CTRL_C to break
         Reply from 1.1.1.1: bytes=56 Sequence=1 ttl=253 time=80 ms
         Reply from 1.1.1.1: bytes=56 Sequence=2 ttl=253 time=70 ms
         Reply from 1.1.1.1: bytes=56 Sequence=3 ttl=253 time=100 ms
         Reply from 1.1.1.1: bytes=56 Sequence=4 ttl=253 time=50 ms
         Reply from 1.1.1.1: bytes=56 Sequence=5 ttl=253 time=60 ms

       --- 1.1.1.1 ping statistics ---
         5 packet(s) transmitted
         5 packet(s) received
         0.00% packet loss
         round-trip min/avg/max = 50/72/100 ms
```

图 6-15 基本 OSPF 配置完成后的检验

步骤 3：配置 RTE 与 RTD，在 RTE 上使用静态路由建立其与其他路由器间的连通性。RTE 的配置如下。

```
<Quidway>system-view
[Quidway]sysname RTE
[RTE]interface LoopBack 0
[RTE-LoopBack0]ip address 5.5.5.5 32
[RTE-LoopBack0]quit
[RTE]interface Ethernet 0/0/0
[RTE-Ethernet0/0/0]ip address 10.1.4.2 30
[RTE-Ethernet0/0/0]quit
[RTE]ip route-static 0.0.0.0 0.0.0.0 10.1.4.1//配置默认路由
```

RTD 的配置如下。

```
[RTD]interface Ethernet 0/0/0
[RTD-Ethernet0/0/0]ip address 10.1.4.1 30
[RTD-Ethernet0/0/0]quit
[RTD]ip route-static 5.5.5.5 255.255.255.255 10.1.4.2  //配置静态路由
```

提示：此时 RTD 与 RTE 间应该已能互相 ping 通对方的环回接口地址，但 RTE 仍无法 ping 通 RTC 或是其他两个路由器的相关地址。

```
[RTD]ospf 1
[RTD-ospf-1]import-route static //在OSPF上引入静态路由
```

在 RTD 上执行命令 "display ospf lsdb"，得到结果如图 6-16 所示。从图中可以看出，到目的地址 5.5.5.5 的链路被加入了 OSPF 链路状态数据库。

在完成该配置后，从拓扑图中任何位置应该都能 ping 通地址 5.5.5.5，但却不能 ping 通地址 10.1.4.2，读者可以思考一下这一问题，并提出相关的解决方案。

```
[RTD-ospf-1]display ospf lsdb
          OSPF Process 1 with Router ID 4.4.4.4
                  Link State Database

                    Area: 0.0.0.2
 Type      LinkState ID    AdvRouter       Age   Len   Sequence   Metric
 Router    4.4.4.4         4.4.4.4         4     60    80000012   1
 Router    3.3.3.3         3.3.3.3         220   60    8000000F   1
 Sum-Net   2.2.2.2         3.3.3.3         220   28    80000003   1563
 Sum-Net   10.1.2.0        3.3.3.3         220   28    8000000A   1562
 Sum-Net   10.1.1.0        3.3.3.3         220   28    80000003   3124
 Sum-Net   1.1.1.1         3.3.3.3         200   28    80000002   3125
 Sum-Net   110.1.1.0       3.3.3.3         200   28    80000002   3125

                  AS External Database
 Type      LinkState ID    AdvRouter       Age   Len   Sequence   Metric
 External  5.5.5.5         4.4.4.4         3     36    80000001   1
```

图 6-16 导入静态路由后的 OSPF 链路状态数据库

步骤 4：实现并验证基于 OSPF 的路由汇聚。

为实现对 RTA 上 110.1.1.1 与 110.1.1.2 两地址的汇总。首先在 RTC 上通过 "display ip routing-table" 命令，检查相关路由表项，结果如图 6-17 所示。

```
<RTC>display ip routing-table
Route Flags: R - relay, D - download to fib
------------------------------------------------------------
Routing Tables: Public
         Destinations : 15       Routes : 15

Destination/Mask    Proto   Pre  Cost    Flags NextHop     Interface
      1.1.1.1/32    OSPF    10   3125      D   10.1.2.1    Serial0/0/0
      2.2.2.2/32    OSPF    10   1563      D   10.1.2.1    Serial0/0/0
      3.3.3.3/32    Direct  0    0         D   127.0.0.1   InLoopBack0
      4.4.4.4/32    OSPF    10   1563      D   10.1.3.2    Serial0/0/1
     10.1.1.0/30    OSPF    10   3124      D   10.1.2.1    Serial0/0/0
     10.1.2.0/30    Direct  0    0         D   10.1.2.2    Serial0/0/0
     10.1.2.1/32    Direct  0    0         D   10.1.2.1    Serial0/0/0
     10.1.2.2/32    Direct  0    0         D   127.0.0.1   InLoopBack0
     10.1.3.0/30    Direct  0    0         D   10.1.3.1    Serial0/0/1
     10.1.3.1/32    Direct  0    0         D   127.0.0.1   InLoopBack0
     10.1.3.2/32    Direct  0    0         D   10.1.3.2    Serial0/0/1
    110.1.1.1/32    OSPF    10   3125      D   10.1.2.1    Serial0/0/0
    110.1.1.2/32    OSPF    10   3125      D   10.1.2.1    Serial0/0/0
    127.0.0.0/8     Direct  0    0         D   127.0.0.1   InLoopBack0
    127.0.0.1/32    Direct  0    0         D   127.0.0.1   InLoopBack0
```

图 6-17　实施路由汇聚前 RTC 的路由表

在 RTB 上配置如下。

[RTB]ospf 1
[RTB-ospf-1]area 1//在区域 1 内
[RTB-ospf-1-area-0.0.0.1]abr-summary 110.1.1.0 255.255.255.0 advertise

提示： 实施路由汇聚必须在指定的区域内，通过边界路由器来实现。

完成 RTB 的配置后，再次检查 RTC 的路由表，结果如图 6-18 所示。

```
<RTC>display ip routing-table
Route Flags: R - relay, D - download to fib
------------------------------------------------------------
Routing Tables: Public
         Destinations : 14       Routes : 14

Destination/Mask    Proto   Pre  Cost    Flags NextHop     Interface
      1.1.1.1/32    OSPF    10   3125      D   10.1.2.1    Serial0/0/0
      2.2.2.2/32    OSPF    10   1563      D   10.1.2.1    Serial0/0/0
      3.3.3.3/32    Direct  0    0         D   127.0.0.1   InLoopBack0
      4.4.4.4/32    OSPF    10   1563      D   10.1.3.2    Serial0/0/1
     10.1.1.0/30    OSPF    10   3124      D   10.1.2.1    Serial0/0/0
     10.1.2.0/30    Direct  0    0         D   10.1.2.2    Serial0/0/0
     10.1.2.1/32    Direct  0    0         D   10.1.2.1    Serial0/0/0
     10.1.2.2/32    Direct  0    0         D   127.0.0.1   InLoopBack0
     10.1.3.0/30    Direct  0    0         D   10.1.3.1    Serial0/0/1
     10.1.3.1/32    Direct  0    0         D   127.0.0.1   InLoopBack0
     10.1.3.2/32    Direct  0    0         D   10.1.3.2    Serial0/0/1
    110.1.1.0/24    OSPF    10   3125      D   10.1.2.1    Serial0/0/0
    127.0.0.0/8     Direct  0    0         D   127.0.0.1   InLoopBack0
    127.0.0.1/32    Direct  0    0         D   127.0.0.1   InLoopBack0
```

图 6-18　实施路由汇聚后 RTC 的路由表

步骤 5： 将 Area 1 设定为 Stub 区域，进一步降低区域内路由设备上路由表的复杂度。

为更好地对比结果，在完成各项配置前首先在 RTA 上的查看其路由表与链路状态数据库，结果分别如图 6-19、图 6-20 所示。

RTA 的配置如下。

[RTA]ospf 1
[RTA-ospf-1]area 1//在区域 1
[RTA-ospf-1-area-0.0.0.1]stub

RTB 的配置如下。

[RTB]ospf 1
[RTB-ospf-1]area 1//在区域 1
[RTB-ospf-1-area-0.0.0.1]stub no-summary //不显示摘要信息

```
[RTA]display ip routing-table
Route Flags: R - relay, D - download to fib
------------------------------------------------------------------------
Routing Tables: Public
         Destinations : 14        Routes : 14

Destination/Mask    Proto   Pre  Cost       Flags NextHop        Interface
       1.1.1.1/32   Direct  0    0            D   127.0.0.1      InLoopBack0
       2.2.2.2/32   OSPF    10   1563         D   10.1.1.2       Serial0/0/0
       3.3.3.3/32   OSPF    10   3125         D   10.1.1.2       Serial0/0/0
       4.4.4.4/32   OSPF    10   4687         D   10.1.1.2       Serial0/0/0
       5.5.5.5/32   O_ASE   150  1            D   10.1.1.2       Serial0/0/0
      10.1.1.0/30   Direct  0    0            D   10.1.1.1       Serial0/0/0
      10.1.1.1/32   Direct  0    0            D   127.0.0.1      InLoopBack0
      10.1.1.2/32   Direct  0    0            D   10.1.1.2       Serial0/0/0
      10.1.2.0/30   OSPF    10   3124         D   10.1.1.2       Serial0/0/0
      10.1.3.0/30   OSPF    10   4686         D   10.1.1.2       Serial0/0/0
     110.1.1.1/32   Direct  0    0            D   127.0.0.1      InLoopBack0
     110.1.1.2/32   Direct  0    0            D   127.0.0.1      InLoopBack0
     127.0.0.0/8    Direct  0    0            D   127.0.0.1      InLoopBack0
     127.0.0.1/32   Direct  0    0            D   127.0.0.1      InLoopBack0
```

图 6-19　设定为 Stub 以前 RTA 的路由表

```
[RTA]display ospf lsdb

         OSPF Process 1 with Router ID 1.1.1.1
                 Link State Database

                     Area: 0.0.0.1
Type      LinkState ID    AdvRouter      Age   Len   Sequence    Metric
Router    2.2.2.2         2.2.2.2        16    60    80000004    1562
Router    1.1.1.1         1.1.1.1        49    84    80000006    1562
Sum-Net   3.3.3.3         2.2.2.2        90    28    80000001    1563
Sum-Net   4.4.4.4         2.2.2.2        90    28    80000001    3125
Sum-Net   10.1.3.0        2.2.2.2        90    28    80000001    3124
Sum-Net   10.1.2.0        2.2.2.2        90    28    80000001    1562
Sum-Asbr  4.4.4.4         2.2.2.2        90    28    80000001    3124

                 AS External Database
Type      LinkState ID    AdvRouter      Age   Len   Sequence    Metric
External  5.5.5.5         4.4.4.4        878   36    80000001    1
```

图 6-20　设定为 Stub 以前 RTA 的链路状态表

完成配置后，仍以 RTA 为例，检验配置，其结果分别如图 6-21、图 6-22 所示。

```
[RTA]display ip routing-table
Route Flags: R - relay, D - download to fib
------------------------------------------------------------------------
Routing Tables: Public
         Destinations : 10        Routes : 10

Destination/Mask    Proto   Pre  Cost       Flags NextHop        Interface
       0.0.0.0/0    OSPF    10   1563         D   10.1.1.2       Serial0/0/0
       1.1.1.1/32   Direct  0    0            D   127.0.0.1      InLoopBack0
       2.2.2.2/32   OSPF    10   1563         D   10.1.1.2       Serial0/0/0
      10.1.1.0/30   Direct  0    0            D   10.1.1.1       Serial0/0/0
      10.1.1.1/32   Direct  0    0            D   127.0.0.1      InLoopBack0
      10.1.1.2/32   Direct  0    0            D   10.1.1.2       Serial0/0/0
     110.1.1.1/32   Direct  0    0            D   127.0.0.1      InLoopBack0
     110.1.1.2/32   Direct  0    0            D   127.0.0.1      InLoopBack0
     127.0.0.0/8    Direct  0    0            D   127.0.0.1      InLoopBack0
     127.0.0.1/32   Direct  0    0            D   127.0.0.1      InLoopBack0
```

图 6-21　完成设置后 RTA 的路由表

```
[RTA]display ospf lsdb

         OSPF Process 1 with Router ID 1.1.1.1
                 Link State Database

                     Area: 0.0.0.1
Type      LinkState ID    AdvRouter      Age   Len   Sequence    Metric
Router    2.2.2.2         2.2.2.2        39    60    80000003    1562
Router    1.1.1.1         1.1.1.1        42    84    80000008    1562
Sum-Net   0.0.0.0         2.2.2.2        561   28    80000001    1
```

图 6-22　完成设置后 RTA 的链路状态表

步骤 6：在 Area 0 内的两台路由设备 RTB 与 RTC 间配置区域认证。

首先仅配置 RTB 如下。

[RTB]ospf 1

```
[RTB-ospf-1]area 0  //进入区域视图
[RTB-ospf-1-area-0.0.0.0]authentication-mode md5   //设置认证模式为md5
[RTB-ospf-1-area-0.0.0.0]quit
[RTB-ospf-1]quit
[RTB]interfaceSerial 0/0/1   //进入接口视图
[RTB-Serial0/0/1]ospfauthentication-mode md5 1 wj001   //组1：密码：wj001
```

由于此时仍未对 RTC 进行认证配置，可以检查 RTB 的工作状态，查看其路由表，结果如图 6-23 所示。

```
[RTB]display ip routing-table
Route Flags: R - relay, D - download to fib
-------------------------------------------------------------------------
Routing Tables: Public
         Destinations : 12        Routes : 12

Destination/Mask    Proto   Pre   Cost    Flags  NextHop      Interface
       1.1.1.1/32   OSPF    10    1563      D    10.1.1.1     Serial0/0/0
       2.2.2.2/32   Direct  0     0         D    127.0.0.1    InLoopBack0
      10.1.1.0/30   Direct  0     0         D    10.1.1.2     Serial0/0/0
      10.1.1.1/32   Direct  0     0         D    10.1.1.1     Serial0/0/0
      10.1.1.2/32   Direct  0     0         D    127.0.0.1    InLoopBack0
      10.1.2.0/30   Direct  0     0         D    10.1.2.1     Serial0/0/1
      10.1.2.1/32   Direct  0     0         D    127.0.0.1    InLoopBack0
      10.1.2.2/32   Direct  0     0         D    10.1.2.2     Serial0/0/1
     110.1.1.1/32   OSPF    10    1563      D    10.1.1.1     Serial0/0/0
     110.1.1.2/32   OSPF    10    1563      D    10.1.1.1     Serial0/0/0
     127.0.0.0/8    Direct  0     0         D    127.0.0.1    InLoopBack0
     127.0.0.1/32   Direct  0     0         D    127.0.0.1    InLoopBack0
```

图 6-23　仅 RTB 开启认证配置后的路由表

开始 RTC 的配置如下。

```
[RTC]ospf 1
[RTC-ospf-1]area 0
[RTC-ospf-1-area-0.0.0.0]authentication-mode md5
[RTC-ospf-1-area-0.0.0.0]quit
[RTC-ospf-1]quit
[RTC]interfaceSerial 0/0/0
[RTC-Serial0/0/0]ospfauthentication-mode md5 1 wj001
```

完成配置后，再次检查 RTB 的路由表，结果如图 6-24 所示。

```
[RTB]display ip routing-table
Route Flags: R - relay, D - download to fib
-------------------------------------------------------------------------
Routing Tables: Public
         Destinations : 16        Routes : 16

Destination/Mask    Proto   Pre   Cost    Flags  NextHop      Interface
       1.1.1.1/32   OSPF    10    1563      D    10.1.1.1     Serial0/0/0
       2.2.2.2/32   Direct  0     0         D    127.0.0.1    InLoopBack0
       3.3.3.3/32   OSPF    10    1563      D    10.1.2.2     Serial0/0/1
       4.4.4.4/32   OSPF    10    3125      D    10.1.2.2     Serial0/0/1
       5.5.5.5/32   O_ASE   150   1         D    10.1.2.2     Serial0/0/1
      10.1.1.0/30   Direct  0     0         D    10.1.1.2     Serial0/0/0
      10.1.1.1/32   Direct  0     0         D    10.1.1.1     Serial0/0/0
      10.1.1.2/32   Direct  0     0         D    127.0.0.1    InLoopBack0
      10.1.2.0/30   Direct  0     0         D    10.1.2.1     Serial0/0/1
      10.1.2.1/32   Direct  0     0         D    127.0.0.1    InLoopBack0
      10.1.2.2/32   Direct  0     0         D    10.1.2.2     Serial0/0/1
      10.1.3.0/30   OSPF    10    3124      D    10.1.2.2     Serial0/0/1
     110.1.1.1/32   OSPF    10    1563      D    10.1.1.1     Serial0/0/0
     110.1.1.2/32   OSPF    10    1563      D    10.1.1.1     Serial0/0/0
     127.0.0.0/8    Direct  0     0         D    127.0.0.1    InLoopBack0
```

图 6-24　RTB 与 RTC 同时开启认证后路由表的变化

6.5.3　BGP 协议路由器配置

1. 华为 BGP 协议常用配置命令

- 启动 BGP 视图：bgp as-number
- 创建一个对等体组：groupgroup-name [internal|exteranl]

- 为 EBGP 对等体组指定自治系统号：peer *group-name* as-number *as-number*
- 向对等体组中加入一个对等体：peer peer-addressgroup *group-name* [as-number *as-number*]
- 直接通过 IP 地址组建对等体：peer *peer-address* as-number *as-number*
- 删除一个对等体：undo peer *peer-address*
- 指定路由更新报文的源接口：peer *peer-address* connect-interface *interface-ID*
- 设定将 EBGP 邻居发送的路由下一跳改为自身地址：peer *peer-address* next-hop-local
- 当 EBGP 邻居为非直连路由时，指定到达该邻居的最大跳数：peer *peer-address* ebgp-max-hop *value*
- 通告相关网段：network *ip-address wildcard-mask*
- 配置子网路由自动聚合：summary
- 配置本地路由聚合：aggregate *address-mask* [as-set] [detail-suppressed] [*suppress*-policy *policy-name*] [origin-policy *policy-name*] [attribute-policy *policy-name*]
- 配置 BGP 路由的本地优先级：default local-preference *value*
- 配置系统的 MED：default med *med-value*
- 指定 Route-policy 中在原 AS 路径前加入 AS 号：apply as-path *as-number-1* [*as-number-2* [*as-number-3*…]]

2．AS 间 BGP 配置综合应用举例

任务描述：网络拓扑图如图 6-25 所示。在该拓扑图上配置不同 AS 及同一 AS 内部的 BGP 连接。使用直连网段保证各路由器间的两两连通；使用各路由器的 Loopback 0 接口做为路由器的标识接口，实现其相应的邻接关系，保证全网 BGP 路由的自动更新；将各路由器的其他环回接口所发布的地址作为 BGP 的通告内容，保证其全网可以 ping 通。

对于 AS200 域内的三台路由器可以尝试两种配置方案：一是 IBGP 的全连接；二是以 RTC 做为反射路由器实现路由更新。对于 RTA 与 RTD 上的多环回接口可以配置其做适当的路由聚合。

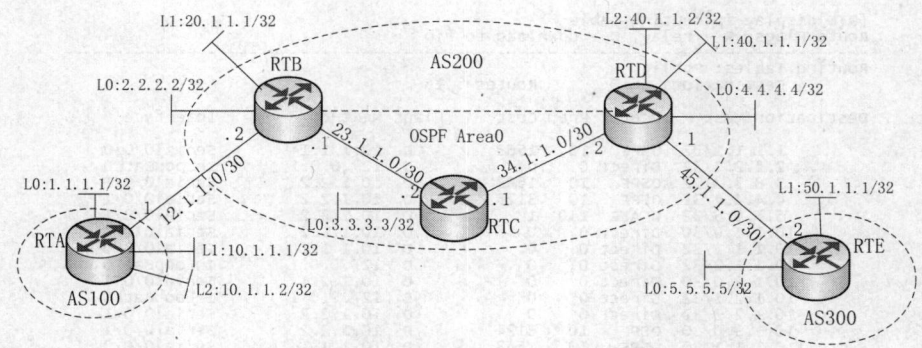

图 6-25　华为 BGP 综合应用拓扑图

实现配置如下。

步骤 1：五台路由器各接口的基本配置，由于这一步骤较为简单，以下仅以 RTD 为例给出配置过程。

```
<Quidway>system-view
[Quidway]sysname RTD
[RTD]interface LoopBack 0
[RTD-LoopBack0]ip add 4.4.4.4 32
```

```
[RTD-LoopBack0]interface LoopBack 1
[RTD-LoopBack1]ip add  40.1.1.1 32
[RTD-LoopBack1]interface LoopBack2
[RTD-LoopBack2]ip add  40.1.1.232
[RTD-LoopBack2]quit
[RTD]interface Serial 0/0/0
[RTD-Serial0/0/0]ip add  34.1.1.2 30
[RTD-Serial0/0/0]q
[RTD]interface Serial 0/0/1
[RTD-Serial0/0/1]ip add  45.1.1.130
[RTD-Serial0/0/1]q
```

步骤 2：在 AS200 内，配置 IBGP 的底层承载协议。本例中使用 OSPF 协议，实现 RTB、RTC、RTD 三台路由器间的 ospf 全连通。以下仅以 RTB 为例，给出其配置过程。

```
[RTB]ospf 1
[RTB-ospf-1]area 0
[RTB-ospf-1-area-0.0.0.0]network 2.2.2.2 0.0.0.0
[RTB-ospf-1-area-0.0.0.0]network 23.1.1.0 0.0.0.3
[RTB-ospf-1-area-0.0.0.0]q
[RTB-ospf-1]q
[RTB]display ip routing-table
[RTB]ping 4.4.4.4
```

注意啦

配置完成后，应使用相关命令检查路由表，确定三台路由器间的连通性。同时应注意的是在 RTB 的 OSPF 中，并不需要通告其与 RTA 相连的 12.1.1.0/30 网段。

步骤 3：建立基本的 IBGP 与 EBGP 连接。

- 直连方式建立 EBGP 连接

RTA 的配置：

```
[RTA]bgp 100
[RTA-bgp]peer 10.1.1.2 as-number 200
```

RTB 的配置：

```
[RTB-bgp]bgp 200
[RTB-bgp]peer 12.1.1.1 as-number 100
```

提示：以直连方式 BGP 连接配置虽然简单，但由于直连端口本身并不总是可靠，而 EBGP 的核心目标通常是实现不同 AS 间的路由通告，这时更倾向于将一个复杂的 AS 仅看成一个点，不同 AS 间的核心线路也应该有充分的备份。这样的配置方式，当直连链路出现故障时，即使启用了备份线路，也需要重新配置 EBGP 连接。所以在实际配置 BGP 邻接关系时，无论是 EBGP 或是 IBGP，都更倾向于使用路由器本地的环回接口实现这一关系。

- 使用环回端口建立 EBGP 连接以 RTD 与 RTE 为例

RTD 的配置如下。

```
[RTD]bgp200
[RTD-bgp]peer 5.5.5.5 as-number 300
[RTD-bgp]peer 5.5.5.5 connect-interfaceloop 0    //指定 loopback 0 为对应接口
[RTD-bgp]peer 5.5.5.5 ebgp-max-hop 2//非直连，将 ebgp 最大跳数设为 2
[RTD-bgp]quit
[RTD]ip route-static 5.5.5.5 32 45.1.1.2 //增加到 5.5.5.5/32 网段的静态路由
```

RTE 的配置如下。

```
[RTE]bgp 300
[RTE-bgp]peer4.4.4.4 as-number 200
[RTE-bgp]peer4.4.4.4 connect-interfaceloop 0
[RTE-bgp]peer4.4.4.4 ebgp-max-hop 2
[RTE-bgp]q
[RTE]ip route-static 4.4.4.4 32 45.1.1.1
```

- 使用环回端口建立 IBGP 连接，以 RTB 与 RTD 为例

RTB 的配置如下。

```
[RTB]bgp 200
[RTB-bgp]peer 4.4.4.4 as-number 200
[RTB-bgp]peer 4.4.4.4 connect-interface loop 0
```

RTD 的配置如下。

```
[RTD]bgp 200
[RTD-bgp]peer 2.2.2.2 as-number 200
[RTD-bgp]peer 2.2.2.2 connect-interface loop 0
```

提示：此时，虽然 RTB 与 RTD 间的物理连接要通过 RTC 的中转，但这并不妨碍两者间建立 IBGP 的连接，因为底层的 OSPF 协议已经保证了 2.2.2.2 与 4.4.44.接口间的路由转发。

同样也可以通过该命令检查 RTB 上的邻接关系，如图 6-26 所示，或发布路由验证路由信息的通告。

```
[RTD]display bgp peer
 BGP local router ID : 40.1.1.2
 Local AS number : 200
 Total number of peers : 2           Peers in established state : 2

 Peer            V    AS   MsgRcvd  MsgSent  OutQ  Up/Down      State       PrefRcv

 2.2.2.2         4    200        3        4     0 00:01:47     Established       1
 5.5.5.5         4    300      108      137     0 13:47:38     Established       1
```

图 6-26 检查 BGP 邻接关系

RTA 的配置如下。

```
[RTA]bgp 100
[RTA-bgp]network 10.1.1.1 32       //发布对 10.1.1.1/32 网段的通告
```

检查 RTD 上的路由信息，结果如图 6-27 所示。

```
[RTD]dis bgp routing-table
 Total Number of Routes: 2

 BGP Local router ID is 40.1.1.2
  Status codes: * - valid, > - best, d - damped,
                h - history,  i - internal, s - suppressed, S - Stale
                Origin : i - IGP, e - EGP, ? - incomplete

     Network             NextHop         MED       LocPrf      PrefVal Path/Ogn

   i 10.1.1.1/32         12.1.1.1          0         100            0  100i
  *> 50.1.1.1/32          5.5.5.5          0                        0  300i
```

图 6-27 在 RTD 上检查通告的 BGP 路由信息

从该路由表中可以看出，此时 RTD 上虽然收到 10.1.1.1/32 网段的路由信息，但并不是一条有效路由信息（缺少*与>标记）。出现这一问题的原因有两个方面，其中比较直观的是 10.1.1.1/32 网段的 nexthop 指向的是 12.1.1.1，这一地址由于并没有使用 OSPF 进行通告，所以仍是一个不可达地址。而不通告这一地址的原因是这是一个 AS 外的地址，不应由 OSPF 来通告。解决这一问题的通常方法如下。

修改 RTB 与 RTD 上的配置，增加如下指令。

RTB:
[RTB]bgp 200
[RTB-bgp]peer 4.4.4.4 next-hop-local //通告外部路由时，下一跳改为自己
RTD:
[RTD]bgp 200
[RTD-bgp]peer 2.2.2.2 next-hop-local

配置完成后，再次检查 BGP 路由，结果如图 6-28 所示，对比图 6-27 可以看出，10.1.1.1/32 变为一条有效路由。

```
[RTD]display bgp routing-table
Total Number of Routes: 2
BGP Local router ID is 40.1.1.2
Status codes: * - valid, > - best, d - damped,
              h - history, i - internal, s - suppressed, S - Stale
              Origin : i - IGP, e - EGP, ? - incomplete
    Network           NextHop        MED        LocPrf    PrefVal Path/Ogn
*  i  10.1.1.1/32     2.2.2.2        0          100       0       100i
*>    50.1.1.1/32     5.5.5.5        0                    0       300i
```

图 6-28 在 RTD 上再次检查通告的 BGP 路由信息

至此，已经完成了 IBGP 与 EBGP 关系的基本建立，确立了 RTA 与 RTB，RTB 与 RTD，RTD 与 RTE 三组 BGP 对等体。完成了两个网段的通告测试。虽然如此，但整个网络的连通性依然有很大的问题，在 RTD 上执行 ping 10.1.1.1 命令会发现，仍然无法连接。产生这一问题的根源在于 RTD 是通过 RTC 中转与 RTB 间的路由通信。虽然 BGP 的连接都建立成功，但仍不能保证 ping 通，因为对于 RTC 而言，10.1.1.1/32 仍是一个未知网段，这一点可以通过检查 RTC 的路由表来进行验证。

针对这一问题，虽然通过在 RTB 上将 BGP 路由导入到其 OSPF 域是一种解决办法，但这种方法通常会带来更大的副作用，所以一般并不采用。解决这一问题的另一种思路是在 RTC 上也同样配置 BGP 路由协议，增加 RTB 与 RTC，RTC 与 RTD 两对对等体。这样做的好处是在 RTB、RTC 与 RTD 之间构成了全互连的对等体关系，也就保证了实际通路中的每一台路由器都获得了相同的路由信息，从而保证其连通性。

全互连的结构有其可靠性，但也使得建立对等体的工作变得繁重，假设 RTB 与 RTD 间不止有一个路由器，而是更多次中转、转发时，考虑一下需要建立的对等关系就不难看出该方法的复杂性。解决这一问题的方法是建立 BGP 路由反射。

步骤 4：将 RTC 配置为域内的 BGP 路由反射器。

RTB 的配置如下。

[RTB]bgp 200
[RTB-bgp]undo peer 4.4.4.4 //先解除与 RTD 的对等体关系
[RTB-bgp]peer 3.3.3.3 as-number 200 //建立与 RTC 的对等体关系
[RTB-bgp]peer 3.3.3.3 connect-interfaceLoopBack 0
[RTB-bgp]peer 3.3.3.3 next-hop-local

RTD 的配置如下。

[RTD]bgp 200
[RTD-bgp]undo peer 2.2.2.2
[RTD-bgp]peer 3.3.3.3 as-number 200
[RTD-bgp]peer 3.3.3.3 connect-interfaceLoopBack 0
[RTD-bgp]peer 3.3.3.3 next-hop-local

RTC 的配置如下。

```
[RTC]bgp 200
[RTC-bgp]peer 2.2.2.2 as-number 200
[RTC-bgp]peer 2.2.2.2 connect-interfaceLoopBack 0
[RTC-bgp]peer 2.2.2.2 reflect-client//将 RTB 作为自己的反射客户端
[RTC-bgp]peer 4.4.4.4 as-number 200
[RTC-bgp]peer 4.4.4.4 connect-interfaceLoopBack 0
[RTC-bgp]peer 4.4.4.4 reflect-client
```

完成配置后，可以分别检查五台路由器的路由表，以验证配置的正确性。同时，在 RTA 上执行相关的 ping 命令，可得到如图 6-29 所示结果。注意在执行 ping 命令时，由于路由器有多个接口地址，所以应使用-a 参数指定源地址，而不能使用默认地址。

```
<RTA>ping -a 10.1.1.1 50.1.1.1
    PING 50.1.1.1: 56  data bytes, press CTRL_C to break
    Reply from 50.1.1.1: bytes=56 Sequence=1 ttl=252 time=100 ms
    Reply from 50.1.1.1: bytes=56 Sequence=2 ttl=252 time=70 ms
    Reply from 50.1.1.1: bytes=56 Sequence=3 ttl=252 time=30 ms
    Reply from 50.1.1.1: bytes=56 Sequence=4 ttl=252 time=40 ms
    Reply from 50.1.1.1: bytes=56 Sequence=5 ttl=252 time=110 ms

  --- 50.1.1.1 ping statistics ---
    5 packet(s) transmitted
    5 packet(s) received
    0.00% packet loss
    round-trip min/avg/max = 30/70/110 ms
```

图 6-29　在 RTA 上检查 RTE 所发布的路由

通过以上配置，以基本实现了基于 BGP 的全拓扑连通。在各个路由器上只要再做适当的通告就能保证全网地址 ping 通。这一过程，读者可以参考以上配置过程，自行加以完善。

步骤 5：配置路由聚合。

RTD 的配置如下。

```
[RTD]bgp 200
[RTD-bgp]network 40.1.1.1 32
[RTD-bgp]network 40.1.1.2 32
```

在区域的边界 RTB 设置如下。

```
[RTB]bgp 200
[RTB-bgp]aggregate 40.1.1.0 255.255.255.252 detail-suppressed
```

提示：detail-suppressed 的使用将让 RTB 向外发路由时只保留聚合后的路由。如果不加该参数，RTB 则会在路由表中添加一条新的聚合路由，并保留原来的路由项。

路由聚合的结果可以通过检查 RTA 的路由表来查看，结果如图 6-30 所示。

```
[RTA]display ip routing-table
Route Flags: R - relay, D - download to fib
------------------------------------------------------------------------------
Routing Tables: Public
        Destinations : 10       Routes : 10

Destination/Mask    Proto  Pre  Cost       Flags NextHop         Interface

      1.1.1.1/32    Direct 0    0              D 127.0.0.1       InLoopBack0
     10.1.1.1/32    Direct 0    0              D 127.0.0.1       InLoopBack0
     10.1.1.2/32    Direct 0    0              D 127.0.0.1       InLoopBack0
     12.1.1.0/30    Direct 0    0              D 12.1.1.1        Serial0/0/0
     12.1.1.1/32    Direct 0    0              D 127.0.0.1       InLoopBack0
     12.1.1.2/32    Direct 0    0              D 12.1.1.2        Serial0/0/0
     40.1.1.0/30    BGP    255  0              D 12.1.1.2        Serial0/0/0
     50.1.1.1/32    BGP    255  0              D 12.1.1.2        Serial0/0/0
    127.0.0.0/8     Direct 0    0              D 127.0.0.1       InLoopBack0
    127.0.0.1/32    Direct 0    0              D 127.0.0.1       InLoopBack0
```

图 6-30　实施路由聚合后 RTA 的路由表

6.6　本章小结

如果说基本的硬件结构是路由器的骨骼，那么丰富的路由协议就是路由器的灵魂。各种动态路由协议为路由器发挥功能提供了强大动力。但从整个网络来看，网络结构的设计，网络地址的有效划分，同样是重要一环，路由器的建设与配置只是整个网络规划中的一个环节，与整体有着不可分割的紧密联系。

动态路由虽然有强大的学习能力和动态适应性，但合理的规划网络，主动对繁杂的路由条目进行聚合，降低整个系统的负载，是网络维护中的重头戏，从而可以节约带宽，提高运行效率。

在实际工作中，稳定的网络规划与设计及地址分配，往往会让路由器的配置也相对固定，在完成必要的优化后，路由器更需要的是经年累月的稳定运行。稳定的功能远比花哨的配置来得更实际，哪怕只是几条静态路由，只要能稳定地担负其职责，就是好的配置。不断优化配置，通过细节的优化来改善性能，同时提高安全性与健壮性，才是王道。

从网络管理员的角度来看，很可能很多知识在日常维护中都难以用到，但从网络技术的全局来看，不能很好地掌握路由技术的管理员，也不可能真正掌握到网络管理工作的精髓。

6.7　思考与练习

1. 简述静态路由与动态路由各自的优势与不足。
2. 结合 RIP，简述距离向量型路由选择算法的主要特征及工作原理。
3. 结合 OSPF 协议，简述链路状态路由选择算法的主要特征及工作原理。
4. 简述 BGP 作为域间路由协议所起到的主要作用。

第 7 章 FTP 服务器的配置

FTP（File Transfer Protocol）是一个用来在两台计算机之间传送文件的通信协议。这两台计算机中，一台是 FTP 服务器，另一台是 FTP 客户端。FTP 客户端可以从 FTP 服务器上下载文件，也可以将文件上传到 FTP 服务器。

本章将要介绍的主要内容如下。

- 安装 FTP 服务器
- FTP 网站的基本设置
- 物理目录与虚拟目录
- FTP 网站的用户隔离设置

7.1 安装 FTP 服务器

目前有两个版本的 FTP 服务器可供安装，其中一个内置在 Windows Server 2008 的 Internet 信息服务（ⅡS）中，它与旧版本的 FTP 服务器相同，功能较少；另一个版本需要从微软网站下载，这个版本的功能较强，包括以下新功能。

- 它与 Windows Server 2008 的ⅡS 充分集成，因此我们可以通过ⅡS 全新的管理界面来管理 FTP 服务器。而且还可以将 FTP 服务器集成到现有的网站中，也就是一个网站中同时包含网站与 FTP 服务器。
- 支持最新的因特网标准，例如支持 FTP over SSL（FTPS）、IPv6 与 UTF8。
- 支持虚拟主机名（virtual host name）。
- 更强的用户隔离功能。
- 更强的记录功能，让我们更容易掌控 FTP 服务器的运行。

本章选择安装从微软网站下载的版本，请自行连接微软网站 http://www.microsoft.com/downloads，然后通过关键词"Microsoft FTP Service for ⅡS 7.0"来查找与下载这个版本的安装文件，它分为 32 位与 64 位两个版本。

7.1.1 实例环境介绍

通过图 7-1 来解说与练习本章内容。图中的域名并没有在 Internet 上经过申请注册，而是随意设置的，当然也没有注册图中的 DNS 服务器。本次练习将在虚拟机上实现。请按如图 7-1 所示先自行架设好 3 台虚拟计算机，然后按照以下说明来设置。

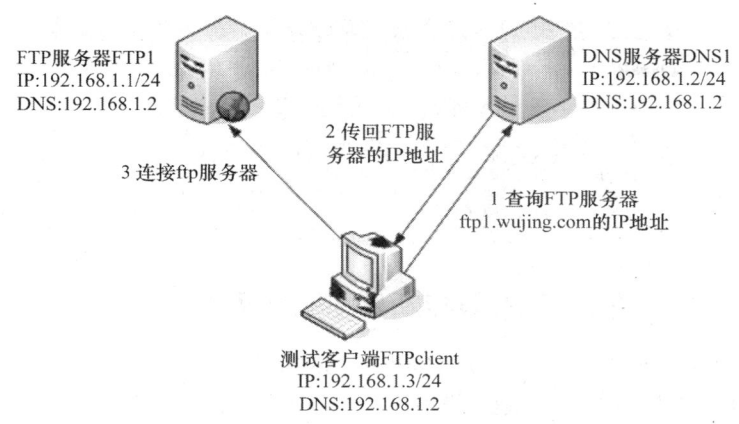

图 7-1　搭设的 3 台虚拟计算机

1．FTP 服务器 FTP1 的设置

此计算机为 Windows Server 2008 操作系统，请按图 7-1 来设置其 IP 地址与首选 DNS 服务器的 IP 地址（这里采用 TCP/IPv4，故可取消选择 TCP/IPv6）。

2．DNS 服务器 DNS1 的设置

此计算机为 Windows Server 2008 操作系统，请按图 7-1 来设置其 IP 地址与首选 DNS 服务器的 IP 地址。然后通过选择"开始"→"服务器管理器"→"角色"→"添加角色"安装好 DNS 服务器，并在其中新建一个名为 wujing.com 的正向查找区域，然后在此区域中新建 FTP 服务器的主机记录，如图 7-2 所示。

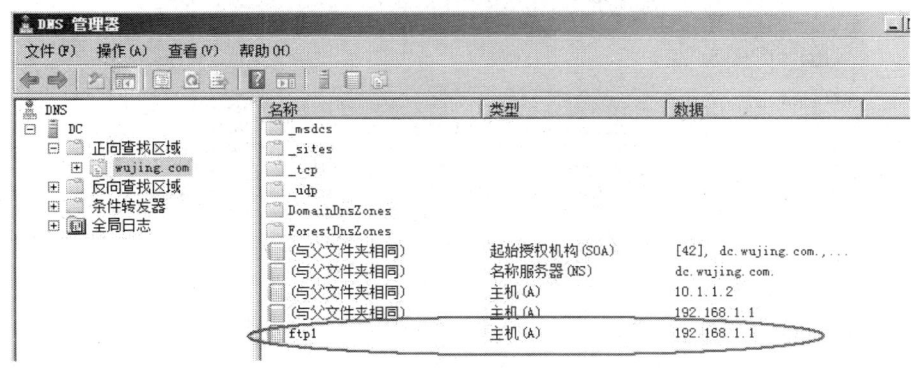

图 7-2　设置 DNS1

3．测试计算机 FtpClient 的设置

该计算机为 Windows XP 操作系统，请按图 7-1 来设置其 IP 地址与首选 DNS 服务器的 IP 地址。为了让此计算机能够解析到 FTP 服务器 ftp1.wujing.com 的 IP 地址，请将其首选 DNS 服务器直接指定到 DNS 服务器 192.168.1.2。请在此计算机上选择"开始"，在"开始搜索"中输入"cmd"，图 7-3 所示利用 ping 命令来测试是否可以解析到 ftp1.wujing.com 的 IP 地址，图 7-3 是成功解析到 IP 地址的界面。

 注意啦

若 Windows Server 2008 计算机默认已经启用 Windows 防火墙，它会阻挡 ping 命令的数据包，就会出现在"Request time out（请求超时）"。

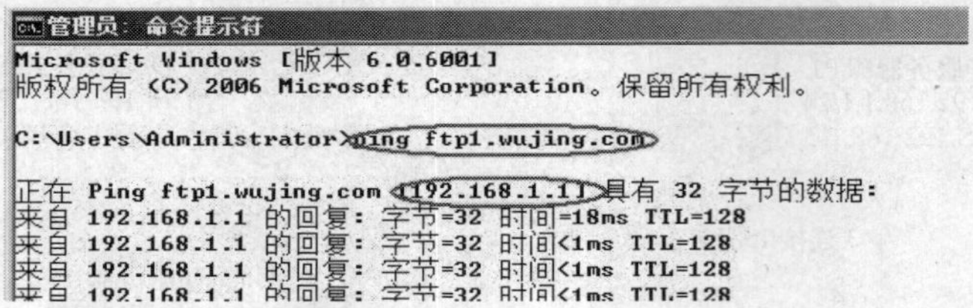

图 7-3　成功解析到 IP 地址的界面

7.1.2　安装 FPT 服务与新建 FTP 网站

请在 FTP 服务器上以系统管理员身份登录，并完成以下工作。

（1）若此服务器尚未安装"进程模型与ⅡS 管理器"，请先安装。安装方法：选择"开始"→"服务器管理器"→"功能"→"添加功能"，展开"Windows 进程激活服务"，选择"进程模型"，在弹出的对话框中展开"远程服务器管理工具"→"角色管理工具"，选择"Web 服务器（ⅡS）工具"，然后按提示完成操作。

（2）继续安装 FTP 服务，也就是运行从微软网站下载的 Microsoft FTP Service for ⅡS 7.0，然后按照界面指示来安装。

1．创建新的 FTP 网站

即将创建第 1 个 FTP 网站，而这个网站需要一个用来存储文件的文件夹，即需要一个主目录（home directory），因此请事先利用资源管理器新建好此文件夹。假设它是 c:\myftproot，并随意复制几个文件到此文件夹中，以供测试时使用，如图 7-4 所示。

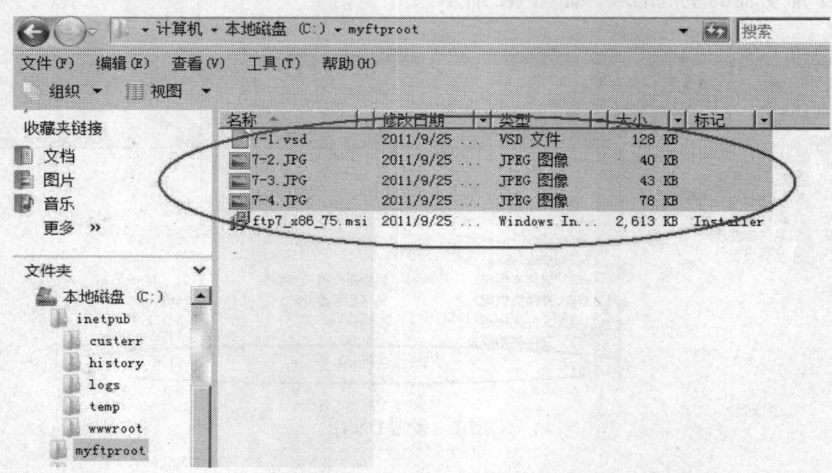

图 7-4　复制文件后

建立 FTP 网站的步骤如下。

步骤 1：选择"开始"→"服务器管理器"→"Internet 信息服务（ⅡS）管理器"。

步骤 2：若在图 7-5 中并未连接到 FTP 服务器，请单击"连接至 localhost"。

步骤 3：如图 7-6 所示，单击"网站"右边的"Add FTP Site"。

步骤 4：在图 7-7 中为此网站取一个便于记忆的名字，输入或浏览到主目录的文件夹（c:\myftproot）后单击"下一步"按钮。

步骤 5：在图 7-8 中选择"Allow SSL（允许 SSL）"后单击"下一步"按钮。这里并未分配特定 IP 地址给网站，端口号默认为 21，让 FTP 网站自动启动。由于 FTP 网站尚未拥有 SSL 证书，因此最后一个选项不要选择"Require SSL（需要 SSL 连接）"单选按钮。

图 7-5 单击"连接至 localhost"

图 7-6 单击"网站"右边的"Add FTP Site"

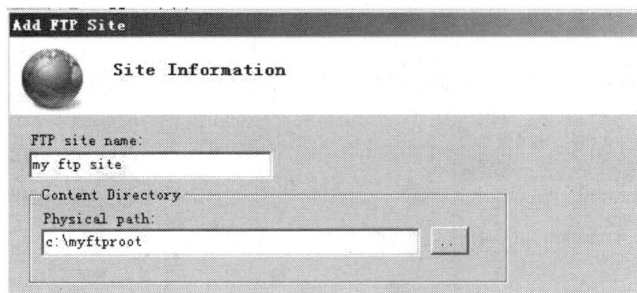

图 7-7 输入 FTP 名称

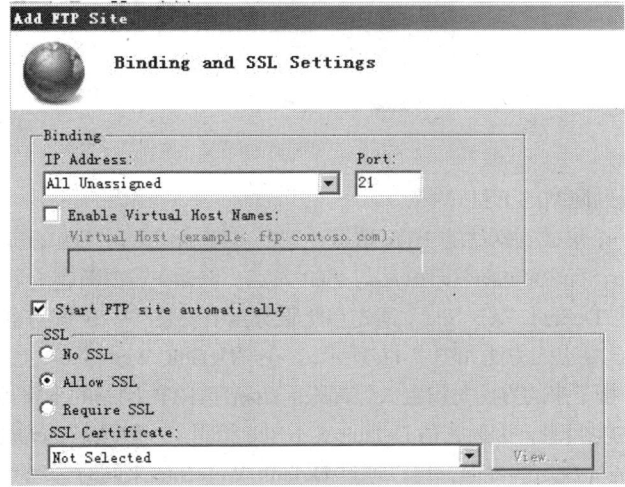

图 7-8 选择"Allow SSL（允许 SSL）"

步骤 6：在图 7-9 中同时选择"anonymous（匿名）"与"Basic（基本）"验证，让所有用户（"All users"）拥有读取权限后单击"完成"按钮。

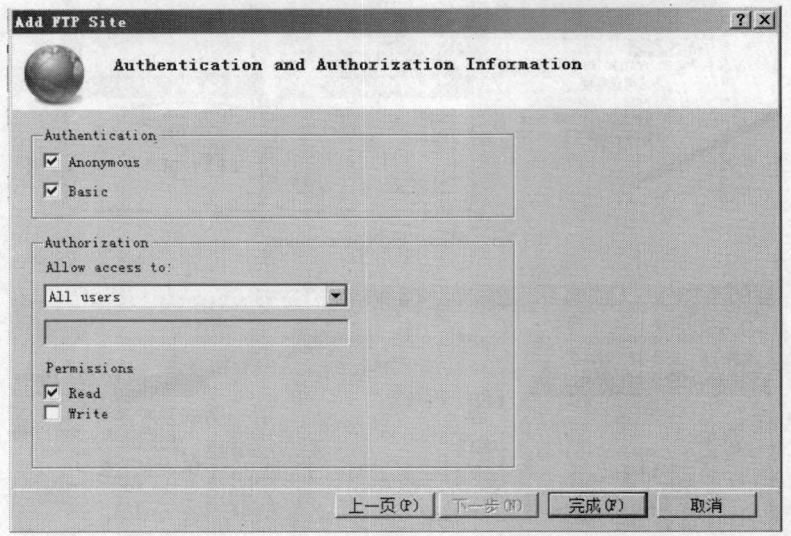

图 7-9　设置后单击"完成"按钮

步骤 7：图 7-10 是完成后的界面，若此 FTP 网站未启动，请单击右边的"Restart"。还可以通过右边的"浏览"来查看主目录中的文件。

图 7-10　完成后的界面

2．创建集成到网站的 FTP 站点

也可以创建一个集成到网站的 FTP 站点，这个 FTP 站点的主目录就是网站的主目录，而这里将通过同一个网站来同时管理网站与 FTP 站点。例如，若要新建一个新的 FTP 站点，并将其集成到网站 Default Web Site（请先在此服务器中安装"Web 服务器（ⅡS）"角色）中，则新建此 FTP 站点的方法如图 7-11 所示，在"Default Web Site"上右击，选择"Add FTP Publishing"，接下来的界面与设置大致都跟前面新建 FTP 网站的步骤相同，不过并不需要指定 FTP 网站的主目录，因为它与 Default Web Site 相同（一般是 c:\inetpub\wwwroot）。

图 7-12 是集成完成后的界面，可以通过 Default Web Site 来同时管理 FTP 站点与ⅡS 网站。单击右边的"绑定"后，可看到它同时绑定到端口 80（网站）与 21（FTP 服务器）。

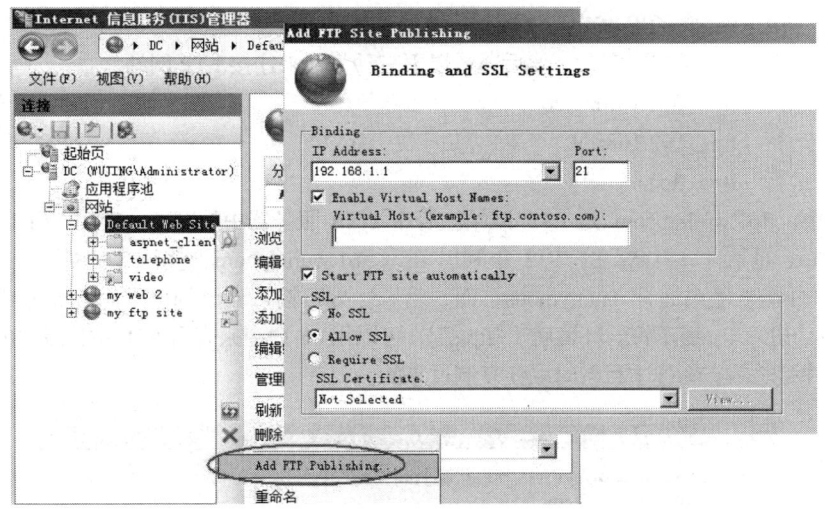

图 7-11 新建 FTP

图 7-12 完成后的界面

7.1.3 测试 FTP 网站

即将在测试计算机 FtpClient 上连接 FTP 站点，不过因为 FTP 服务器的 Windows 防火墙会封锁 FTP 的相关流量，因此请先通过以下途径将 Windows 防火墙关闭。在 FTP 服务器上选择"开始"→"控制面板"→"Windows 防火墙"，单击"更改设置"，选择"关闭"后单击"确定"按钮。可以在测试计算机 FtpClient 上利用以下 3 种方法来连接 FTP 网站。

🔔 注意啦

FTP 的运行过程较复杂，因此 Windows 防火墙的设置也比较麻烦，此处请暂时将 Windows 防火墙完全关闭。

1. 利用内置的 FTP 客户端连接程序 ftp.exe

打开"命令提示符"窗口，然后通过以下三种方式来连接 FTP 网站。

- ➢ 运行　ftp　ftp1.wujing.com
- ➢ 运行　ftp　192.168.1.1
- ➢ 运行　ftp　ftp1

其中，ftp1.wujing.com 是 FTP 网站注册在 DNS 服务器中的网址，192.168.1.1 是其 IP 地址，ftp1 是其计算机名。图 7-13 中利用 ftp　ftp1.wujing.com 连接 FTP 网站，在该图的"用户"处输入匿名账户 anonymous，而"密码"处可输入自己的电子邮件账号或直接按 Enter 键。进入 ftp 提示符的环境后（"ftp>"），可以用 dir 命令来查看 FTP 主目录中的文件，这些文件是之前在新建主目录时顺便复制过来的。

```
C:\Users\Administrator>ftp ftp1.wujing.com
连接到 ftp1.wujing.com.
220 Microsoft FTP Service
用户(ftp1.wujing.com:(none)): anonymous
331 Anonymous access allowed, send identity (e-mail name) as password.
密码:
230 User logged in.
ftp> dir
200 PORT command successful.
125 Data connection already open; Transfer starting.
09-25-11  07:15PM               130560 7-1.vsd
09-25-11  07:10PM                40688 7-2.JPG
09-25-11  07:24PM                43793 7-3.JPG
09-25-11  07:30PM                79858 7-4.JPG
09-25-11  07:41PM              2675200 ftp7_x86_75.msi
226 Transfer complete.
ftp: 收到 248 字节，用时 0.13秒 1.98千字节/秒。
ftp>
```

图 7-13　利用 ftp　ftp1.wujing.com 连接 FTP 网站

也可以利用 FTP 服务器的本地用户账户或 Active Directory 的用户账户（若 FTP 服务器已经加入 Active Directory 域）来连接 FTP 网站。

在 ftp 提示符下可以利用"?"命令来查看可供使用的命令。若欲中断与 FTP 网站的连接，请利用 bye 或 quit 命令。

2. 利用 Windows 资源管理器

可以直接利用 Windows 资源管理器来连接 FTP 网站，在连接时可以利用网址、IP 地址或计算机名。图 7-14 所示在地址栏中输入"ftp://ftp1.wujing.com"来连接。它自动利用匿名来连接 FTP 网站。在界面中可以看到 FTP 网站主目录中的文件。

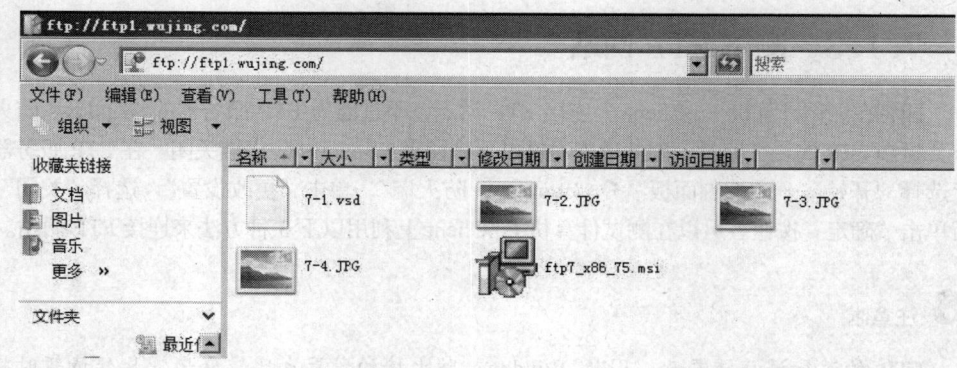

图 7-14　输入"ftp://ftp1.wujing.com"

3. 利用浏览器 Internet Explorer

也可以利用 Internet Explorer 来连接 FTP 网站，而连接时可以利用网址、IP 地址或计算机名。图 7-15 是利用网址"ftp://ftp1.wujing.com"来连接 FTP 网站，而且它自动利用匿名来连接 FTP 网站。在界面中可以看到 FTP 网站主目录中的文件。

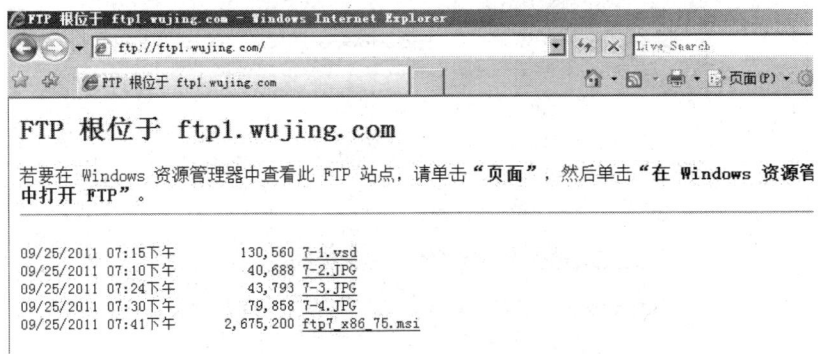

图 7-15　利用网址"ftp://ftp1.wujing.com"来连接 FTP 网站

也可以在图 7-16 中单击"页面"→"在 Windows 浏览器中打开 FTP"，以便改用 Windows 浏览器来查看 FTP 网站中的文件。

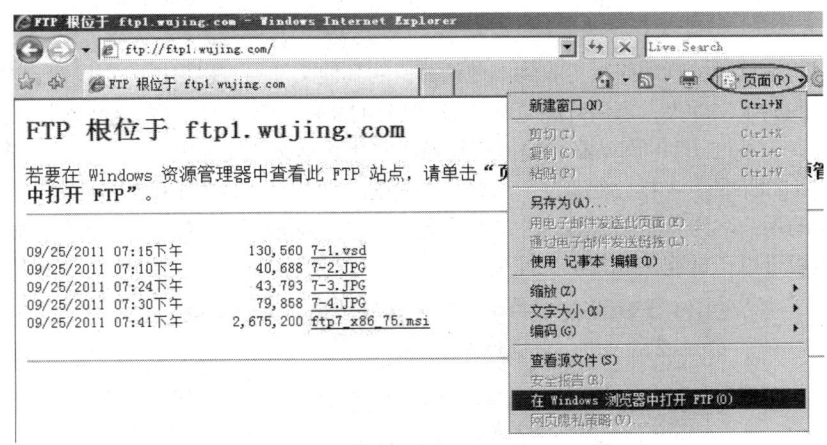

图 7-16　单击"页面"→"在 Windows 浏览器中打开 FTP"

注意啦

若未关闭 FTP 服务器的 Windows 防火墙，将无法连接 FTP 网站。

7.2　FTP 网站的基本设置

7.2.1　文件存储位置与目录列表样式

当用户利用 ftp://ftp1.wujing.com 来连接 FTP 网站时，它将被定向到 FTP 网站的主目录。即，用户所看到的文件是存储在主目录中的文件。

要查看 FTP 网站的主目录，如图 7-17 所示，单击"My FTP Site"右边的"基本设置"，然后通过弹出对话框的"物理路径"来查看。从图 7-17 可知，主目录被设置到文件夹"c:\MyFTProot"，也就是在图 7-7 中设置的。

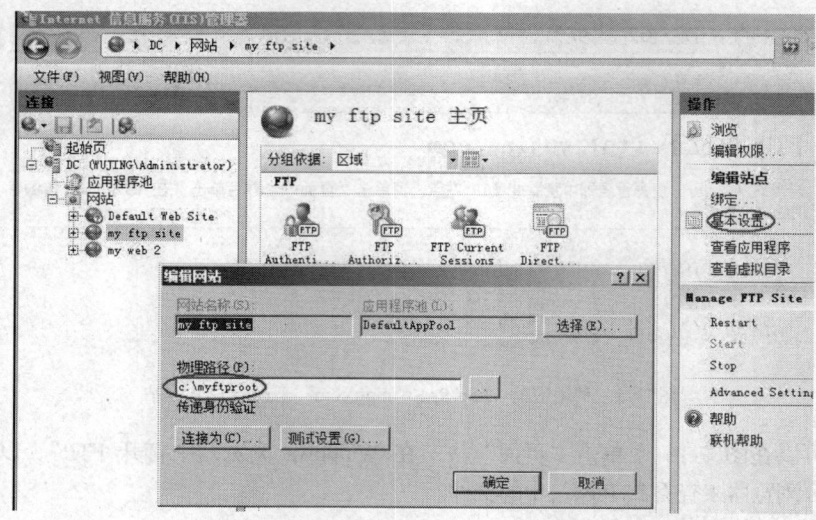

图 7-17　查看 FTP 网站的主目录

可以将主目录的物理路径更改到本地计算机的其他文件夹。也可以将它设置到网络上其他计算机的共享文件夹，当用户浏览此 FTP 网站的文件夹时，FTP 网站会将用户定向到此共享文件夹，不过 FTP 网站必须提供有权限访问此共享文件夹的用户名与密码。其设置方法如图 7-18 所示，单击"连接为"→单击"设置"→输入该网络计算机的用户名与密码，例如图中的用户名为 administrator。完成后建议通过"编辑网站"对话框中的"测试设置"来测试是否可以正常连接此共享文件夹。

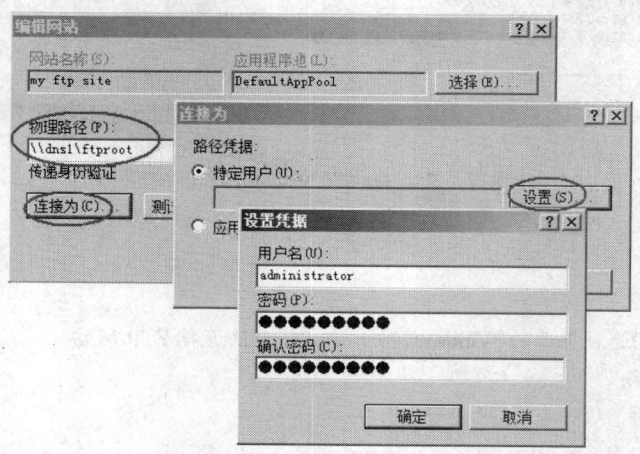

图 7-18　设置共享文件的用户名和密码

🔔 **注意啦**

以上与主目录有关的设置也可以通过单击 my ftp site 右边的"高级设置"→"物理路径"和"物理路径凭据"来设置。

7.2.2 目录列表样式

用户在查看 FTP 网站中的文件时，界面上显示的文件列表格式分为 MS-DOS 与 UNIX 两种。其设置方法为，单击图 7-19 中的"my ftp site"中的"FTP Directory Browsing"，然后通过弹出的对话框进行设置。

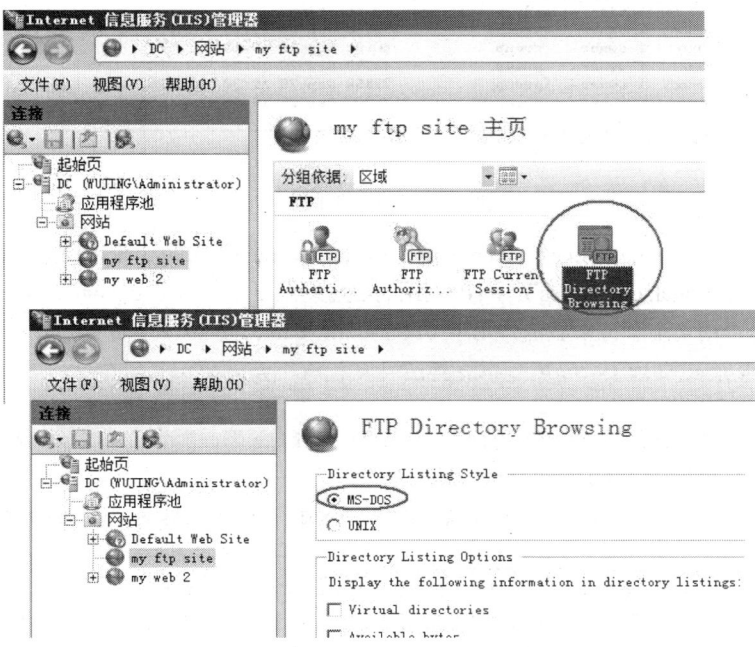

图 7-19 设置界面上显示的文件列表格式

- MS-DOS 格式：这是默认值，图 7-20 所示是利用 ftp.exe 的 dir 命令得到的范例界面。
- Unix 格式：其范例如图 7-21 所示。

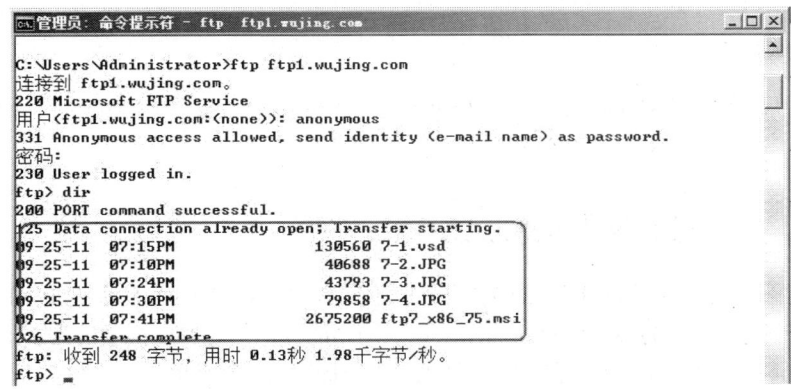

图 7-20 利用 ftp.exe 的 dir 命令得到的范例界面

注意啦

若用户利用 Internet Explorer 或 Windows 资源管理器来连接，则它显示文件的方式并不会受到目录列表样式设置的影响。

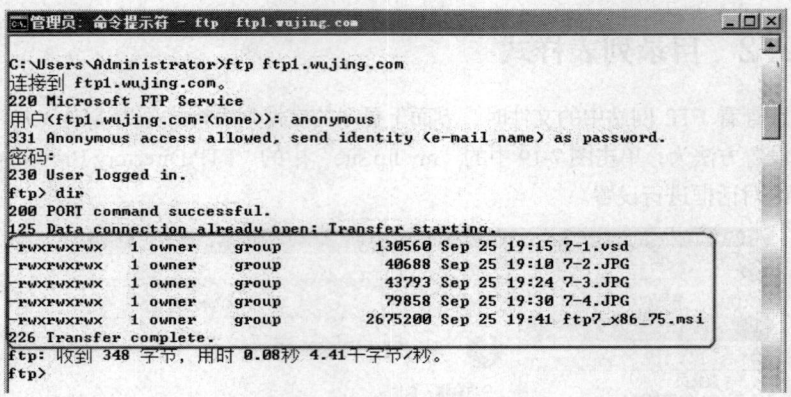

图 7-21　Unix 格式范例

另外，图 7-19 中还可以通过 Directory Listing Options 中的 3 个选项来设置是否要显示虚拟目录（Virtual directories）、FTP 网站的磁盘剩余可用空间（Available bytes，见图 7-22）以及是否用 4 个字符来显示公元年（Four-digit years，如 2011 年）。

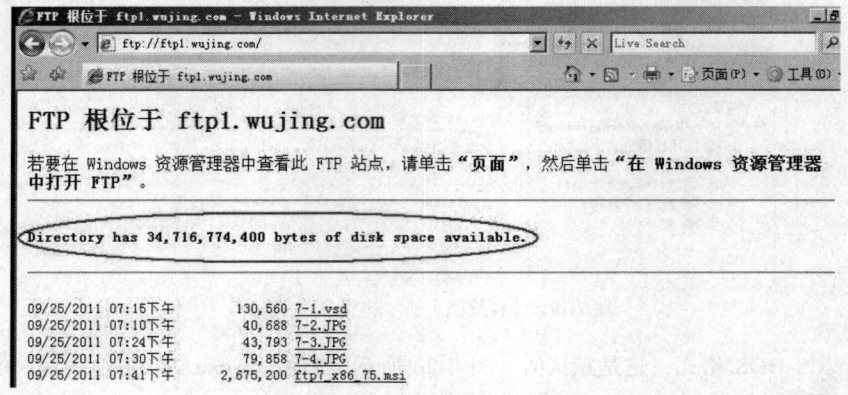

图 7-22　FTP 网站的磁盘剩余可用空间

🔅 注意啦

若用户利用 Internet Explorer 或 Windows 资源管理器来连接，则公元年一律自动用 4 个字符显示，不受上述设置的影响。

7.2.3　FTP 网站的绑定设置

可以在一台计算机中新建多个 FTP 网站，不过为了能够正确区分这些 FTP 网站，必须给予每一个网站唯一的标识信息，而用来识别网站的标识信息有虚拟主机名、IP 地址与 TCP 端口号，这台计算机中所有 FTP 网站的这 3 个标识信息不可以完全相同。

若要更改 FTP 网站的这 3 个设置值，如图 7-23 所示，单击 FTP 网站右边的"绑定"，单击"编辑"按钮进行设置。从图中可看出，FTP 网站默认的端口号为 21。

可以更改默认的端口号，不过更改后用户连接此网站时，必须自行输入端口号。例如，若用户把 FTP 网站的默认端口号设为 2121，则用户可以按图 7-24 所示，先运行 ftp.exe 程序，然后在"ftp>"提示符下运行 open　ftp1.wujing.com　2121 命令。

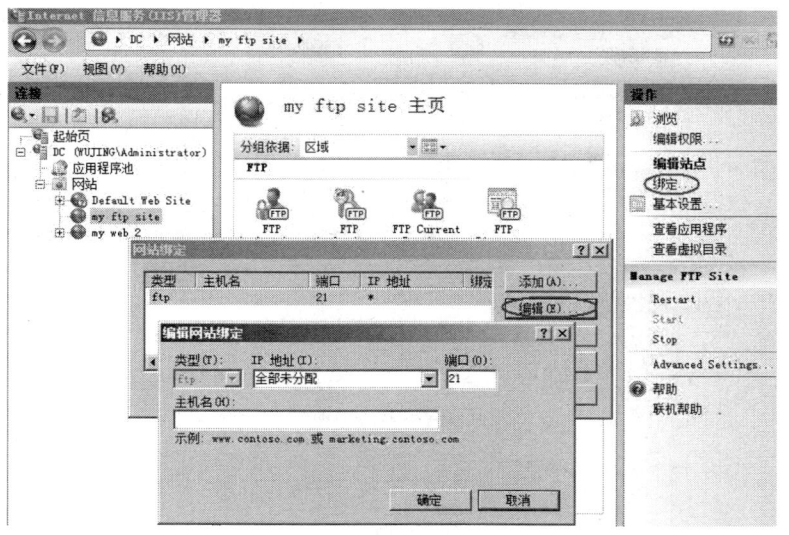

图 7-23　设置虚拟主机名、IP 地址与 TCP 端口号

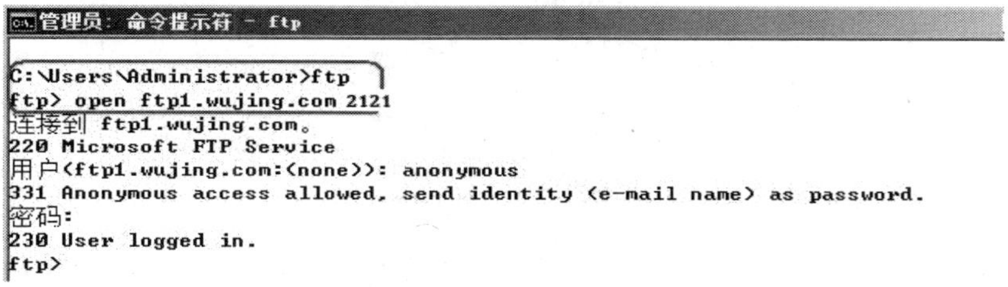

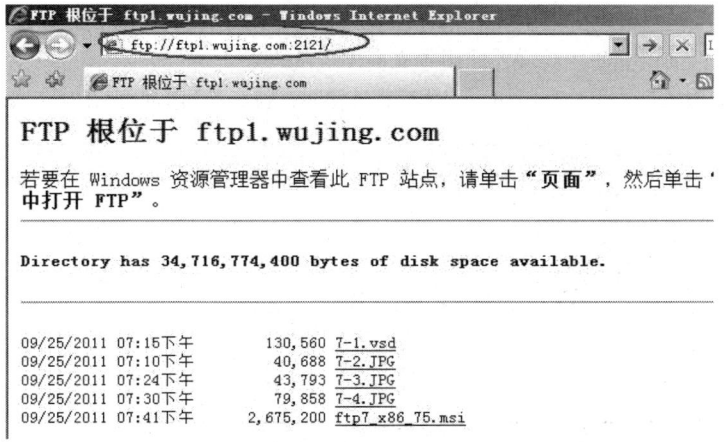

图 7-24　将端口号改为 2121

如果用户利用 Internet Explorer 来连接 FTP 网站，则请按图 7-25 所示输入 "ftp://ftp1.wujing.com:2121/"。

图 7-25　输入 "ftp://ftp1.wujing.com:2121/"

7.2.4　FTP 网站的信息设置

可以为 FTP 网站设置显示信息，用户连接 FTP 网站时就会看到这些信息。以 my ftp site 为例，其设置途径如图 7-26 所示，单击 my ftp site 中间的 FTP Messages，然后进行设置。

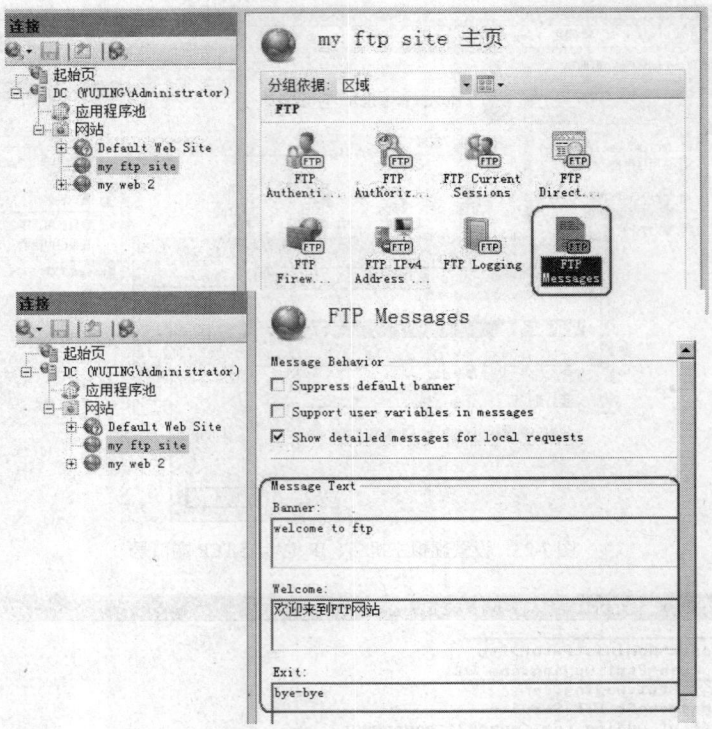

图 7-26　设置 FTP Messages

- Banner（横幅）：用户连接 FTP 网站时，会先看到设置在 Banner 处的文字（此信息目前仅能使用英文，使用中文会出现乱码）。
- Welcome（欢迎使用）：当用户登录到 FTP 网站后，会看到这些欢迎词。
- Exit（结束）：当用户注销时会看到这些欢迎词。
- Maximum Connections（最大连接数）：如果 FTP 网站有连接数量限制，而且当前的连接数目已经达到限制值，此时若用户连接 FTP 网站，将看到此处设置的信息（此信息目前仅能使用英文，使用中文会出现乱码）。

完成以上设置后，用户利用 ftp.exe 程序来连接时，就会看到类似于图 7-27 所示的界面。

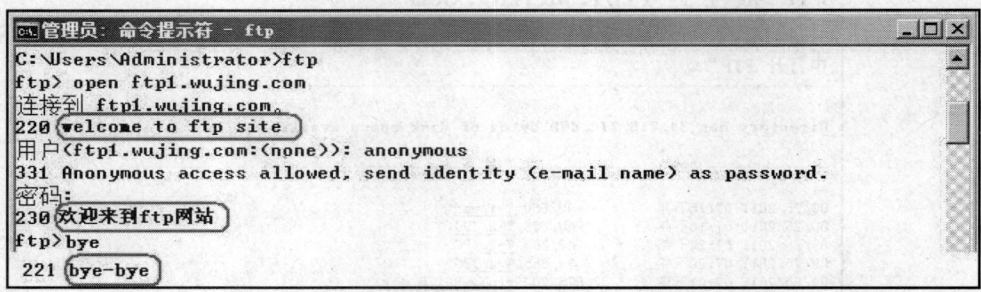

图 7-27　利用 ftp.exe 程序来连接时出现的界面

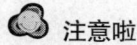 注意啦

若用户利用 Internet Explorer 或 Windows 资源管理器来连接，并不会看到以上信息，不过若利用 SmartFTP 或 CuteFTP 等软件来连接此 FTP 网站，就可以看到这些信息。

若 FTP 网站的连接数目已经达到最大数目，此时若用户连接此 FTP 网站，将看到图 7-28 所示的界面。

图 7-28 连接数达到最大数目时再连接出现的界面

在图 7-26 的前图中还有以下 3 个选项。
- Suppress default banner：隐藏默认横幅。
- Support user variables in messages：支持在信息中使用变量，这些变量包括以下几个。
  - %bytesReceived%：此次连接中，从服务器传给客户端的字节数。
  - %BytesSent%：此次连接中，从客户端传给服务器的字节数。
  - %SessionID%：此次连接的标识码。
  - %SiteName%：FTP 网站的名称。
  - %UserName%：用户名。
- Show detailedmessages for local requests：用来设置当从本地（FTP 网站自己这台计算机）连接 FTP 网站时，若连接有误，是否要显示详细的错误信息。注意，若从其他计算机连接 FTP 网站，将不会显示这些信息。

7.2.5 查看当前连接的用户

可以如图 7-29 所示单击 "my ftp site" 中间的 "FTP Current Sessions"，通过弹出的界面来查看当前连接到 FTP 网站的用户。若要将某个连接强制中断，只要选择该连接后单击右边的 "Disconnect Connections" 即可。

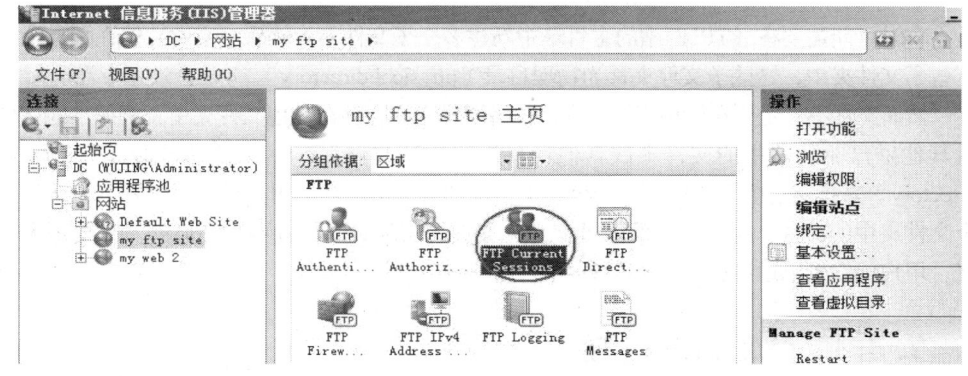

图 7-29 单击 FTP Current Sessions

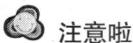 注意啦

一个已经没有任何操作的连接，默认会在 120s 后自动中断。

7.2.6 通过 IP 地址来限制连接

可以让 FTP 网站允许或拒绝某台计算机或某一群计算机来连接 FTP 网站。其设置方法如图 7-30 所示，单击 "my ftp site" 中间的 "FTP IPV4 Address and Domain Restrictions"，通过弹出的界面来设置。其设置原理与网站类似。

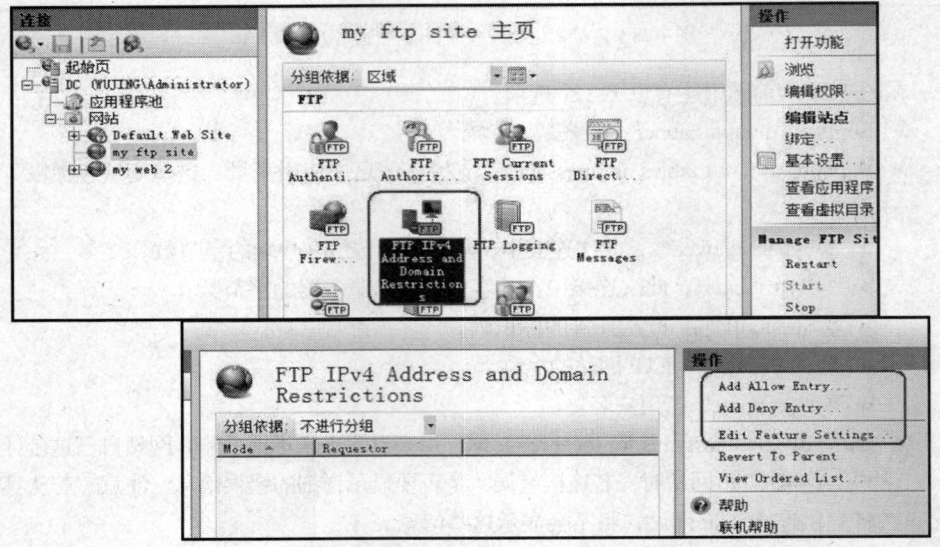

图 7-30　限制连接

7.3　物理目录与虚拟目录

有时可能需要在 FTP 网站的主目录中新建多个子文件夹，然后将文件存储在主目录与这些子文件夹中，这些子文件夹称为物理目录（physical directory）。

然而文件不一定要存储在主目录中，也可以将它们存储在其他文件夹中。例如本地计算机其他磁盘驱动器中的文件夹或其他计算机的共享文件夹，然后通过虚拟目录（vitual directory）来指定这个文件夹。每一个虚拟目录都有一个别名，用户可以通过别名来访问这个文件夹中的文件。虚拟目录的好处：无论文件的实际存储位置更改到何处，只要别名不变，用户仍然可以通过相同的别名来访问文件。

7.3.1 物理目录的创建

假设按图 7-31 所示在网站主目录（c:\myftproot）中新建一个名为 "士兵文化生活" 的子文件夹，之后便可以如图 7-32 所示单击 "my ftp site" → "士兵文化生活" → "内容视图" 来查看文件。

用户利用 Internet Explorer 连接到 FTP 网站后将看到图 7-33 所示的界面。

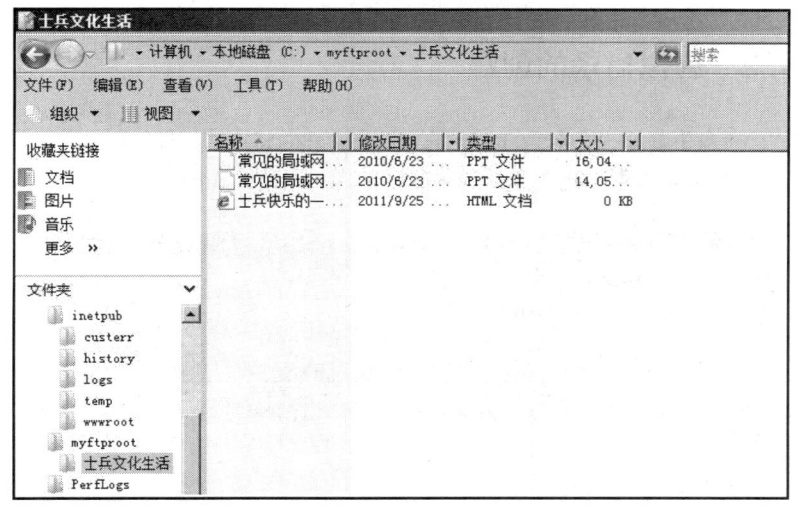

图 7-31 新建的文件夹

图 7-32 查看新建的文件夹

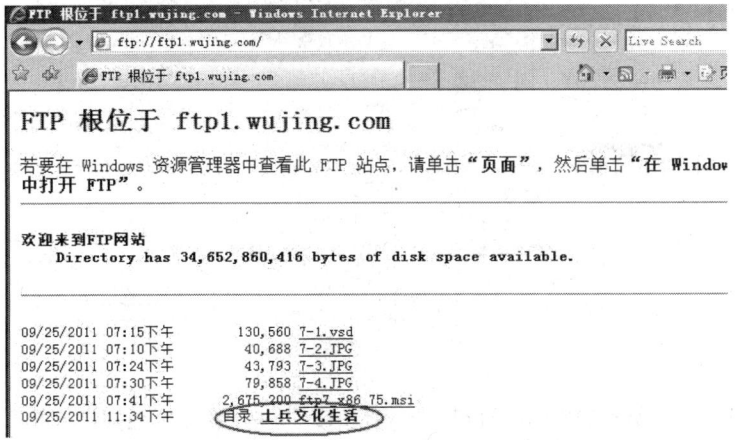

图 7-33 利用 FTP 查看文件夹

7.3.2 虚拟目录的创建

先在"c:\"盘下新建一个名为 Tools 的文件夹,然后将一些文件复制到此文件夹中以便测试使用,如图 7-34 所示。此文件夹将被设置为 FTP 网站的虚拟目录。

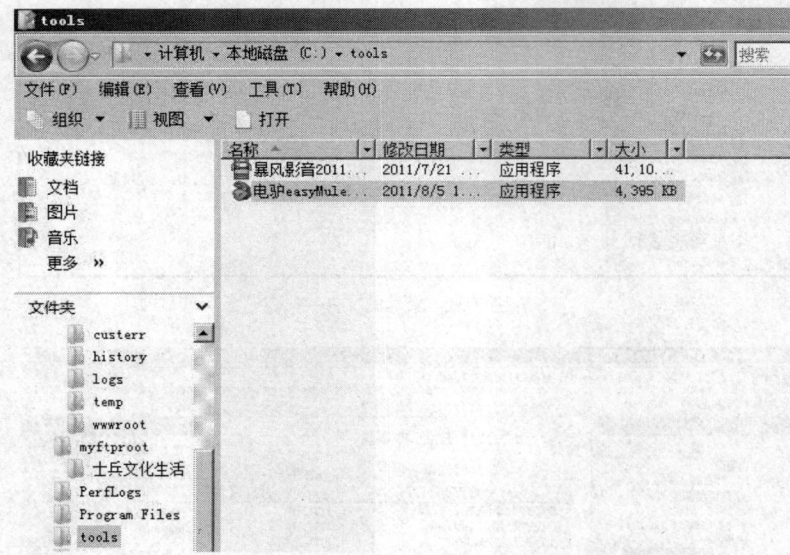

图 7-34 虚拟目录的创建

接下来通过以下步骤来新建虚拟目录。在"my ftp site"上右击,选择"添加虚拟目录",在弹出的对话框中输入别名(如 tools),输入或浏览到物理路径"c:\tools",单击"确定"按钮,如图 7-35 所示。

图 7-35 新建虚拟目录

可以从图 7-36 所示的界面中看到,"my ftp site"中多了一个虚拟目录 tools,单击下方的"内容视图"后便可以看到其中的文件。

图 7-36　查看虚拟目录

还需要单击"my ftp site"中间的"FTP Directory Browsing",在弹出的界面中选择 Virtual directories,然后客户端才能看到些虚拟目录,如图 7-37 所示。

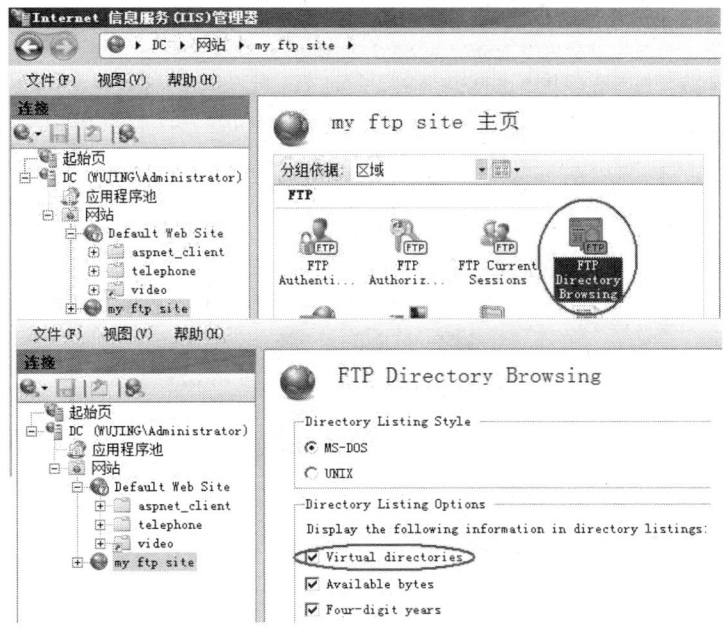

图 7-37　让客户端可以看到虚拟目录

完成以上设置后,请在测试计算机上连接 FTP 网站,此时应该可以看到虚拟目录 tools。

可以单击图 7-38 中虚拟目录 tools 右边的"基本设置"来更改虚拟目录的物理路径。

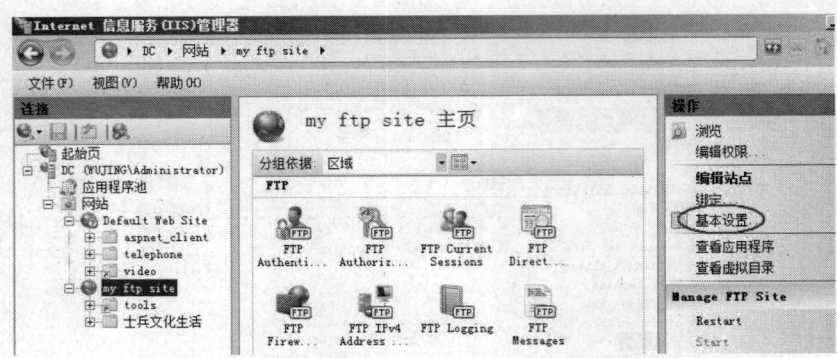

图 7-38 虚拟目录的基本设置

7.4 FTP 网站的用户隔离设置

当用户连接 FTP 网站时，不论他们是利用匿名账户，还是利用一般账户来登录 FTP 网站，默认都将被定向到 FTP 网站的主目录。不过我们可以利用"FTP 用户隔离（FTP user isolation）"功能让用户拥有其专属的主目录，此时用户登录 FTP 网站后会被定向到其专属的主目录，而且会被限制在其主目录中，也就是无法切换到其他用户的主目录，因此无法查看或修改其他用户的主目录与其中的文件。

FTP 用户隔离的设置方法如图 7-39 所示，单击"my ftp site"中间的"FTP User Isolation"，通过弹出的界面来设置。

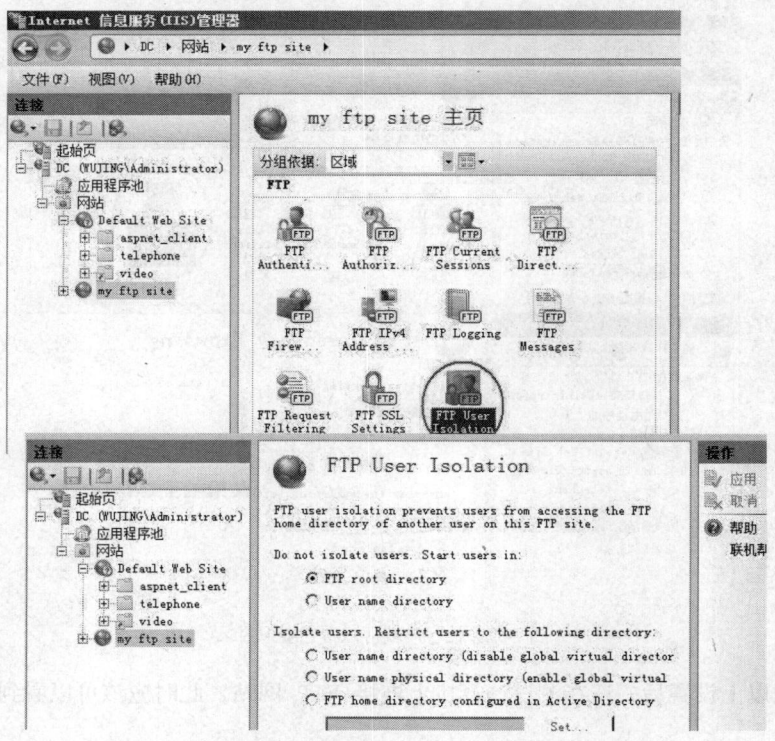

图 7-39 FTP 用户隔离的设置方法

- ➢ Do not isolate users. Start users in：它不会隔离用户，不过用户登录后的主目录并不相同。
  - ● FTP root directory
    所有用户都会被定向到 FTP 网站的主目录，这是默认值。
  - ● User name directory
    用户拥有自己的主目录，不过并不隔离用户，也就是只要拥有适当的权限，用户便可以切换到其他用户的主目录，因此可以查看、修改其中的文件。它所采用的方法是在 FTP 网站中新建目录名称与用户名相同的物理目录或虚拟目录，用户连接到 FTP 网站后，便会被定向到目录名称与用户名相同的目录。
- ➢ Isolate user. Restrict users to the following directory：包含以下三项。
  - ● User name directory（disable global virtual directory）
    它采用的方法是在 FTP 网站中新建目录名称与用户名相同的物理目录或虚拟目录，用户连接到 FTP 网站后，便会被定向到目录名称与用户名相同的目录。用户无法访问 FTP 网站中的全局虚拟目录。
  - ● User name physical directory（enabel global virtual directories）
    它采用的方法是在 FTP 网站中新建目录名称与用户名相同的物理目录，用户连接到 FTP 网站后，便会被定向到目录名称与用户名相同的目录。用户可以访问 FTP 网站中的全局虚拟目录。
  - ● FTP home directory configured in Active Directory
    用户必须利用域用户账户来连接 FTP 网站。我们必须在 Active Directory 的用户账户中指定其专属的主目录。

7.4.1　不隔离用户，但是用户有自己的主目录

用户拥有自己的主目录，不过并不隔离用户，因此只要用户拥有适当的权限（如 NTFS 权限），便可以切换到其他用户的主目录，查看或修改其中的文件。要让 FTP 网站启用这种模式，请如图 7-40 所示选择 "User name directory"。

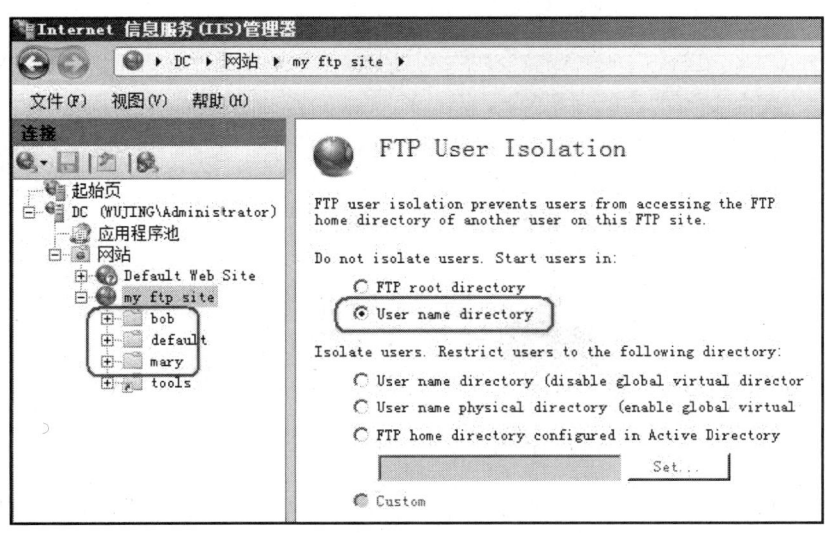

图 7-40　选择 "User name directory"

接下来需要新建目录名称与用户名相同的物理目录或虚拟目录。本例中采用物理目录。假设要让用户 bob 与 mary 登录时被定向到自己的主目录，请如图 7-41 所示在 my ftp site 的主目录 c:\myFTProot 中新建"bob"与"mary"的子文件夹，并在这两个文件夹中分别放置一些文件，以便于测试。图 7-41 中还新建了一个子文件夹"default"，利用匿名身份连接 FTP 网站的用户会被定向到此文件夹。

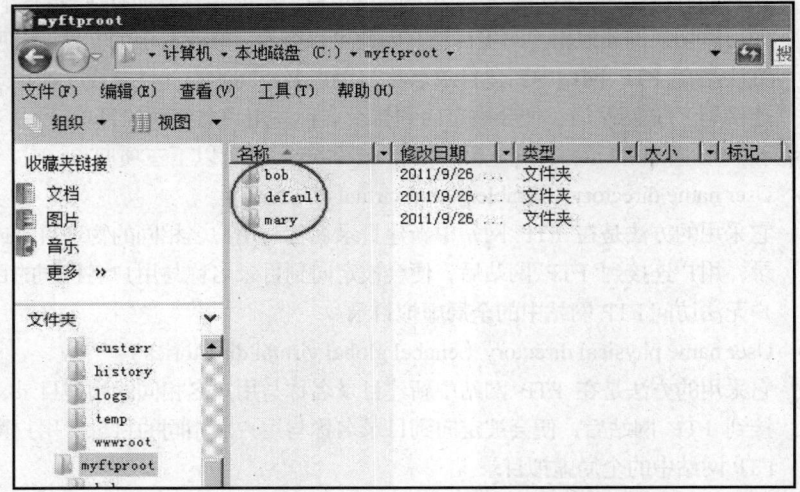

图 7-41 新建子文件夹

用户"bob"与"mary"登录 FTP 网站时会分别被定向到"c:\myFTProot\bob"与"c:\myFTProot\mary"文件夹。

注意啦

用户对文件夹的默认权限为读取，若要进一步来开放更多权限，请单击图 7-42 中的文件夹（如 bob），单击中间的 FTP Authorization on Rules；若还需要设置用户对该项文件夹的 NTFS 权限，请单击图右边的"编辑权限"来进行设置。

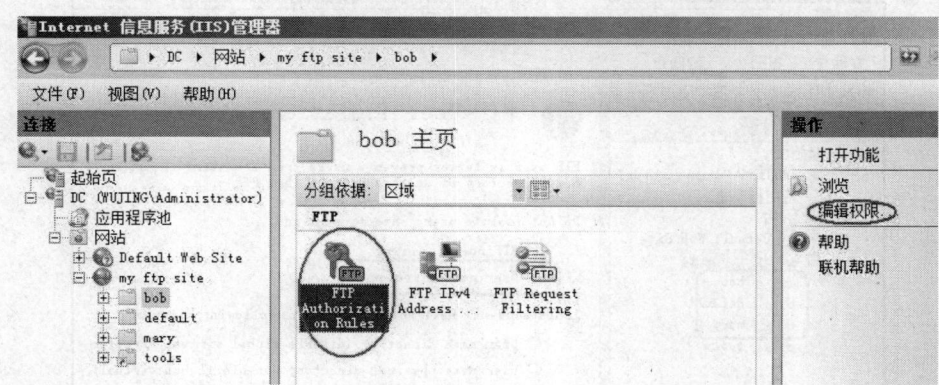

图 7-42 进一步开放更多权限的方法

完成上述设置后，请在客户端上利用 ftp.exe 命令或"Windows 资源管理器"来测试。例如，若利用用户 bob 身份登录，然后利用 dir 命令可看到其主目录（c:\myFTProot\bob）中的文件。可是因为并不隔离用户，故可以利用"cd ..\mary"命令轻易地切换到 mary 的主目录。

7.4.2 隔离用户有专属主目录，但无法访问全局虚拟目录

用户拥有自己的主目录，而且会隔离用户，即，用户登录后会被定向到其专属的主目录，而且被限制在此主目录中，无法切换到其他用户的主目录，因此无法访问或修改其他用户主目录中的文件。用户也无法访问 FTP 网站中的全局虚拟目录。

需要新建目录名称与用户名相同的物理目录或虚拟目录。本例中采用物理目录。这种架构的 FTP 网站的主目录文件夹结构比较复杂，需要在 FTP 网站主目录中新建以下文件夹。

（1）LocalUser\用户名。LocalUser 文件夹是本地用户专属的文件夹，而"用户名"是本地用户名。请在 LocalUser 文件夹中为每一位需要登录 FTP 网站的本地用户新建一个专属文件夹，文件夹名需与用户名相同。当用户登录 FTP 网站时，他会被定向到与用户名同名的文件夹。

（2）LocalUser\public。用户利用匿名账户 anonymous 登录 FTP 网站时，他会被定向到 public 文件夹。

（3）域名\用户名。如果用户利用 Active Directory 域用户账户来登录 FTP 网站，则请为该域新建一个专属文件夹，然后在此文件夹中为每一位需要登录 FTP 网站的域用户新建一个专属的子文件夹，此文件夹名需与用户名相同。当域用户登录 FTP 网站时，他就会定向到与用户同名的文件夹。

例如，若 FTP 网站的主目录为"c:\myFTProot"，而要让匿名账户（anonymous）、本地用户 bob 与 mary、域 wujing 用户 mark 与 alice 等来登录 FTP 网站，且要让他们都有专属的主目录，则 FTP 网站的主目录文件夹结构见表 7-1。

表 7-1

用户	文件夹
匿名账户	C:\myFTProot\localuser\public
本地用户 bob	C:\myFTProot\localuser\bob
本地用户 mary	C:\myFTProot\localuser\mary
域 wujing 用户 mark	C:\myFTProot\wujing\mark
域 wujing 用户 alice	C:\myFTProot\wujing\alice

要让 FTP 网站启用这种模式，请如图 7-43 所示选择"User name directory（disable global virtual directories）"。

假设要让本地用户 bob 与 Mary 登录时被定向到自己的主目录，而匿名用户会被定向到 public 文件夹，则请如图 7-44 所示在 my ftp site 的主目录 c:\myFTProot 中新建名为"localuser"的文件夹，然后在其下分别新建 bob、Mary 与 public 子文件夹，并在这 3 个文件夹中分别放置一些文件，以便于测试。

用户 bob、mary 与匿名用户登录 FTP 网站时，会分别被定向到"C:\myFTProot\localuser\bob"、"C:\myFTProot\localuser\mary"与"C:\myFTProot\localuser\public"文件夹。

完成上述设置后，请在客户端上运行 ftp.exe 命令或"Windows 资源管理器"来测试，例如，利用用户 bob 的身份登录，然后利用 dir 命令可看到其主目录（C:\myFTProot\localuser\bob）中的文件。可是因为会隔离用户，因此无法利用 cd ..\mary 命令切换到 mary 的主目录。

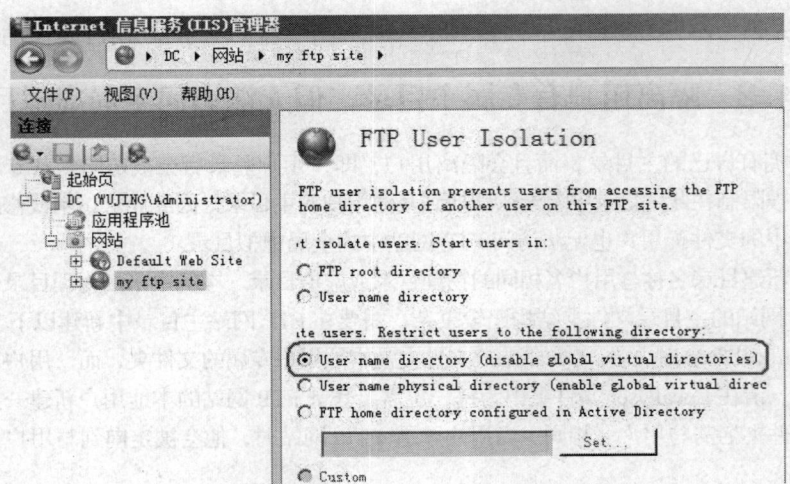

图 7-43　选择"User name directory（disable globalvirtual directories）"

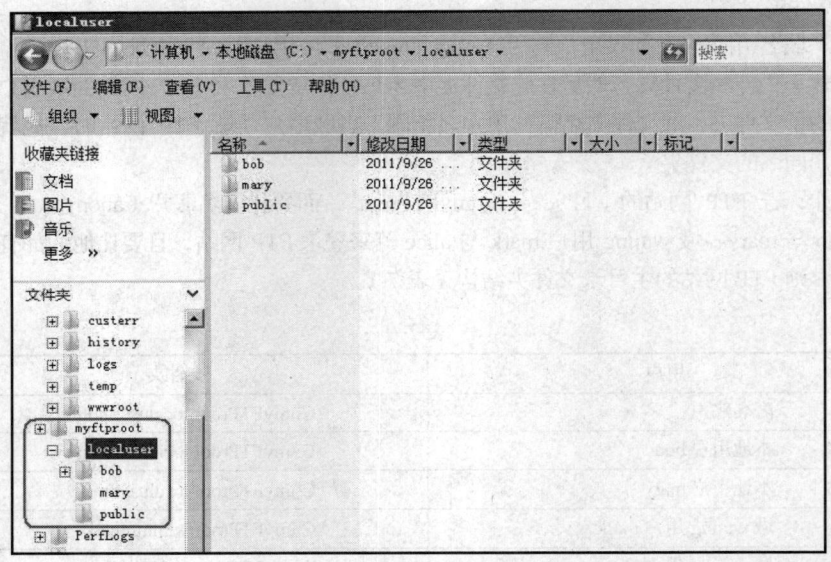

图 7-44　新建文件夹

用户无法访问此种模式的 FTP 网站中的全局虚拟目录，但是可以查看其自己主目录中的虚拟目录。例如，用户 bob 可以访问自己主目录中的虚拟目录 database，但是无法访问 FTP 网站中的虚拟目录（全局虚拟目录）tools。

可以先启用显示虚拟目录功能，然后测试是否可以访问虚拟目录。启用显示虚拟目录功能的途径如图 7-45 所示，单击"my ftp site"中间的"FTP Directory Browsing"，选择"Virtual directories"。

然后利用 ftp.exe 命令来连接 FTP 网站，利用用户 bob 身份登录，运行 dir 命令后可以看到 bob 主目录中的虚拟目录 database，但是看不到 FTP 网站中的全局虚拟目录 tools，也无法利用 cd tools 命令切换到此虚拟目录。

7.4.3　隔离用户有专属主目录，可以访问全局虚拟目录

这种隔离方式的启用方法为选择图 7-46 中的"User name physical directory（enable

global virtual directories）"，它与 7.4.2 节的 "User name directory（disable global virtual directories）" 几乎完全相同，"User name physical directory（enable global virtual directories）" 的 FTP 网站具有以下特点。

图 7-45　启用显示虚拟目录

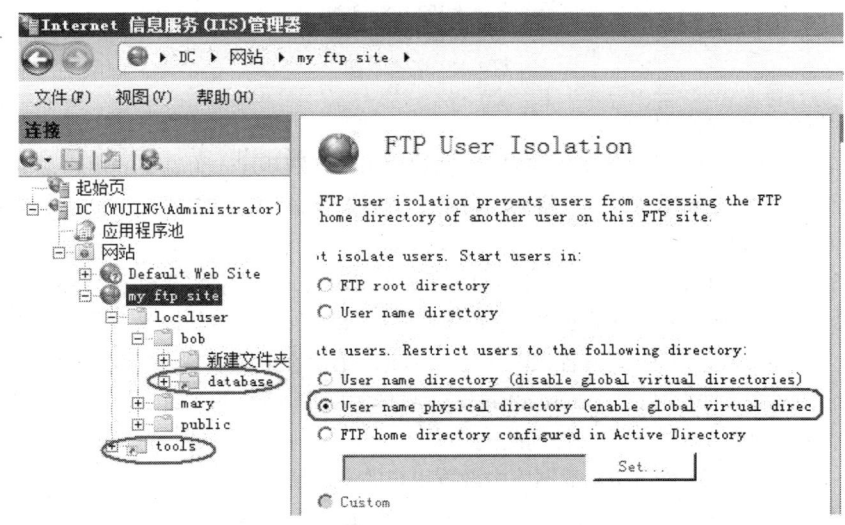

图 7-46　启用隔离

- 用户专属的主目录必须是物理目录，不可以是虚拟目录。
- 用户可以访问 FTP 网站中的全局虚拟目录 tools，但是无法访问用户专属主目录中的虚拟目录 database。

若利用 ftp.exe 命令来连接 FTP 网站，然后利用用户 bob 身份登录，执行 dir 命令后可以看到 FTP 网站中的全局虚拟目录 tools，但是看不到 bob 主目录中的虚拟目录 database，也无法利用 cd database 命令切换到此虚拟目录。

7.4.4　通过 Active Directory 隔离用户

此模式只适合 Active Directory 域用户。用户拥有专属主目录，而且会隔离用户，即，用户登录后会被定向到其专属主目录，且被限制在此主目录中，无法切换到其他用户的主目录，因此无法查看或修改其他用户主目录中的文件。以下将通过图 7-47 来说明其实现方法，图中的 DC 是域控制器兼 DNS 服务器，FTP1 是 FTP 服务器，ClientPC 是测试计算机。

用户主目录的实际文件夹被设置在域用户账户中，域用户连接 FTP 网站时，FTP 网站会到 Active Directory 数据库中读取用户的主目录存储位置，以便将用户定向到此文件夹。

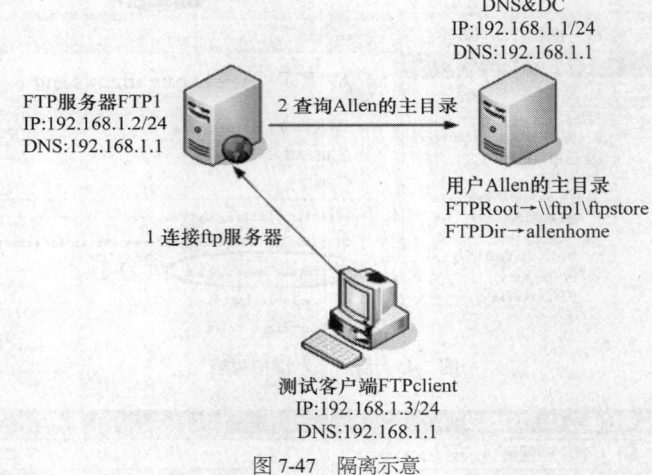

图 7-47　隔离示意

1．新建域用户的主目录

我们必须为每一位需要连接到 FTP 网站的域用户分别新建一个专属的用户主目录。以下利用域用户 Allen 来练习，并且将其主目录指定到服务器 FTP1 的共享文件夹\\ftp1\ftpstore 中的子文件夹 allenhome。

请先在 Active Directory 数据库中新建用户账户 Allen，假设将其新建在 Users 容器中。接着按如图 7-48 所示在服务器 FTP1 中新建文件夹 ftpstore，并将其设置为共享文件夹，并赋予适当的共享权限（如参与者权限）给 Allen，然后在此文件夹下新建一个子文件夹 allenhome，网络文件夹\\ftp1\ftpstore\allenhome 将作为用户 allen 的主目录，而为了方便验证练习的结果，顺便复制了一些文件到此文件夹。

2．在 Active Directory 数据库中设置用户的主目录

在 Active Directory 数据库的用户账户中有两个属性用来支持"通过 Active Directory 来隔离用户"的 FTP 网站，它们分别是 FTPRoot 与 FTPDir。其中，FTPRoot 用来设置主目录的 UNC 网络路径；而 FTPDir 用来指定 UNC 中的文件夹。例如，若要将用户 Allen 的主目录指定到\\ftp1\ftpstore\allenhome，则这两个属性的设置值如下。

➢ FTPRoot 需被设置为\\ftp1\ftpstore。

➢ FTPDir 需被设置为 allenhome。

请在域控制器 DC 上利用 ADSI 编辑器来设置用户的 FTPRoot 与 FTPDir 属性。

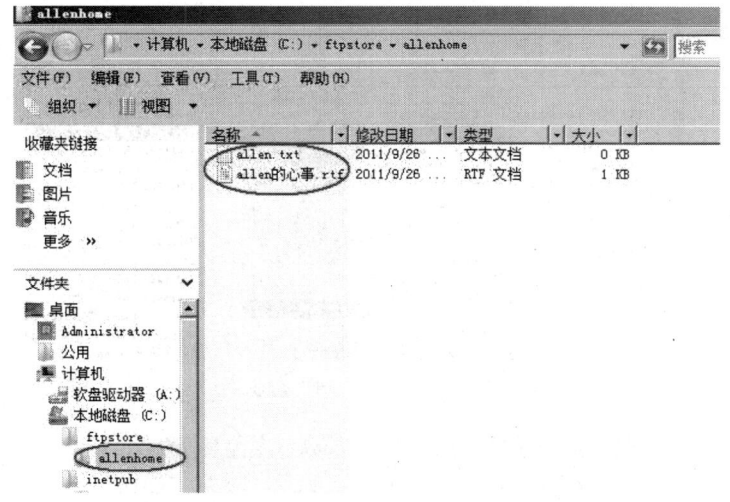

图 7-48 新建文件并复制文件

注意啦

若要在 FTP 服务器 FTP1 上执行以下步骤,则必须先在这台服务器上安装"Active Directory 域服务工具",然后利用域系统管理员的身份登录。安装"Active Directory 域服务工具"的方法为:选择"开始"→"服务器管理器"→"功能"→"添加功能",展开"远程服务器管理工具"→"角色管理工具",选择"Active Directory 域服务工具"。

步骤 1:选择"开始"→"运行",输入"ADSIEDIT.MSC"后单击"确定"按钮。

步骤 2:如图 7-49 所示,在 ADSI Edit 上右击,选择"连接到"命令,在弹出的对话框中直接单击"确定"按钮。

步骤 3:在图 7-50 中展开到用户账户所在的 Users 容器,在用户 Allen 上右击,选择"属性"命令。

步骤 4:在图 7-51 中单击"编辑"将 msⅡS-FTPRoot 与 msⅡS-FTPDir 这两个属性分别改为\\ftp1\ftpstore 与"allenhome",然后单击"确定"按钮。

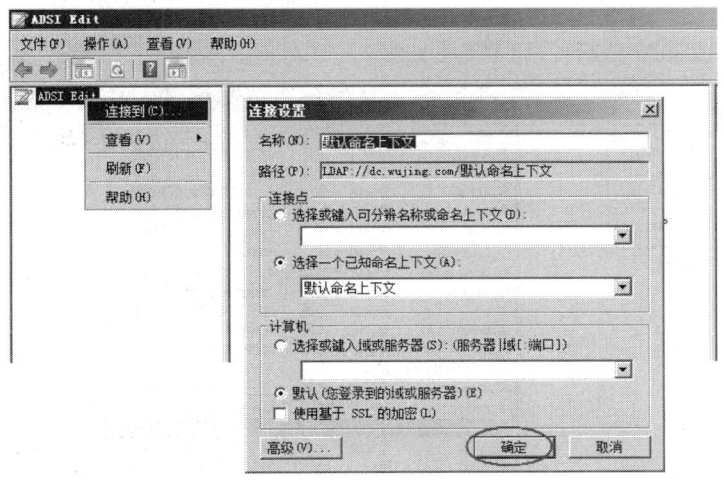

图 7-49 "连接设置"对话框

图 7-50 选择"属性"命令

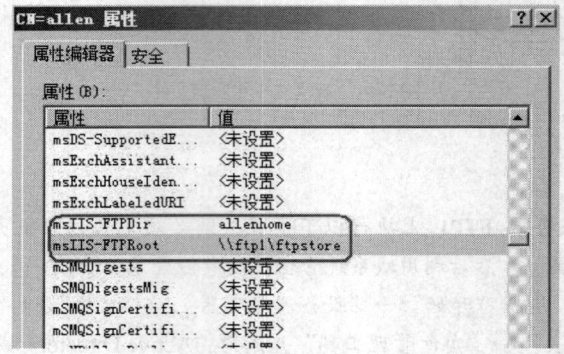

图 7-51 修改属性

3．新建一个让 FTP 网站可以读取用户属性的域用户账户

域用户登录到 FTP 网站时，FTP 网站需要从 Active Directory 中读取该用户的 FTPRoot 与 FTPDir 属性，这样才能够得知该用户主目录的位置。要达到这个目的，需要另外新建一个域用户账户，并让此用户有权读取登录用户的 FTPRoot 与 FTPDir 属性，然后设置让 FTP 网站通过此账户来读取登录用户的 FTPRoot 与 FTPDir 属性。

步骤1：请在域控制器上选择"开始"→"管理工具"→"Active Directory 用户和计算机"来新建一个用户账户，图 7-52 所示在 Users 容器中新建了用户 ftpuser。

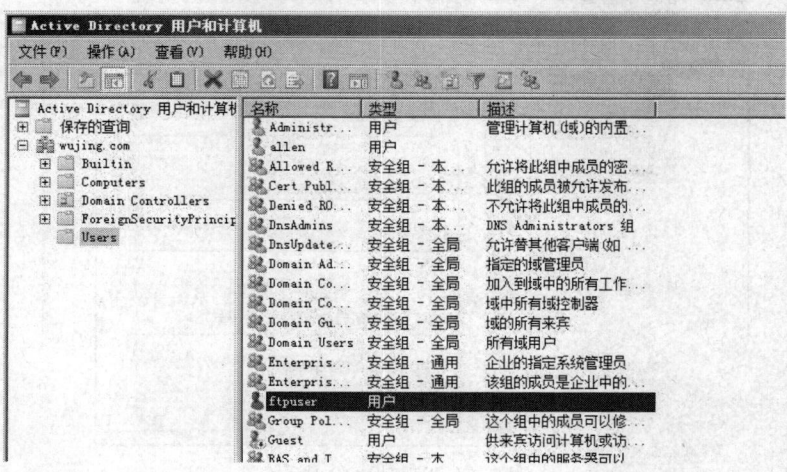

图 7-52 新建用户

步骤 2：由于要连接 FTP 网站的用户 Allen，其用户账户位于 Users 容器中，因此需要让 ftpuser 可以读取 Users 容器中的用户的 FTPRoot 与 FTPDir 属性。请按图 7-53 所示在 Users 容器上右击，选择"委派控制"命令。

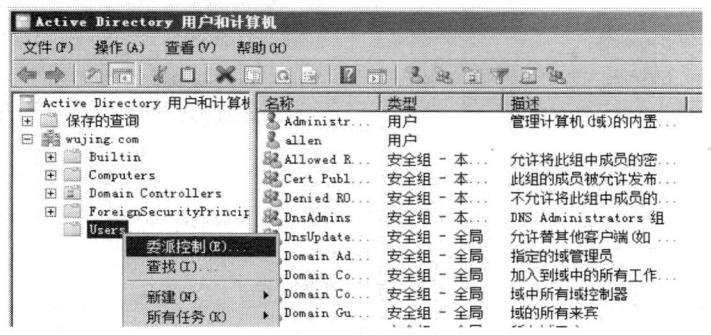

图 7-53　选择"委派控制"命令

步骤 3：在图 7-54 中通过单击"添加"来选择用户账户 ftpuser，完成后单击"下一步"按钮。

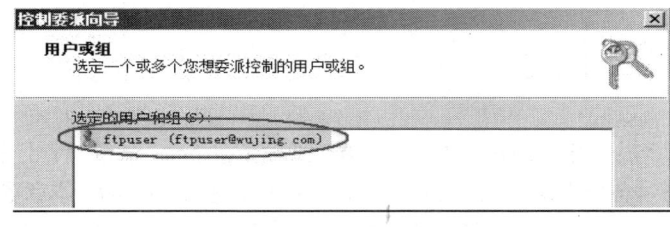

图 7-54　选择账户

步骤 4：在图 7-55 中选择"读取所有用户信息"，然后单击"下一步"按钮。

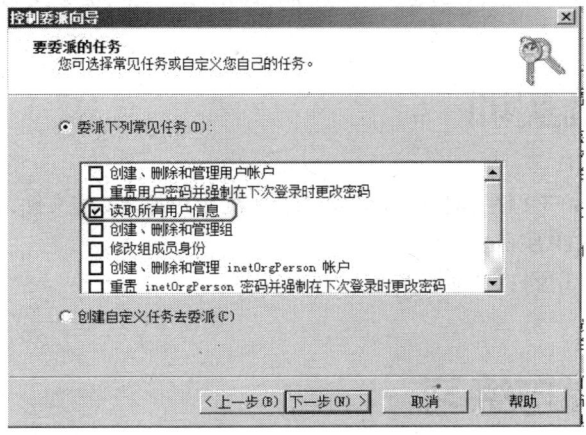

图 7-55　选择"读取所有用户信息"

步骤 5：出现"完成委派控制向导"界面时单击"完成"按钮。

4．FTP 网站的设置与连接 FTP 网站的测试

需要让 FTP 网站利用域用户 ftpuser 来读取域用户 Allen 的 FTPRoot 与 FTPDir 属性。请按图 7-56 所示，在 my ftp site 中选择"FTP home directory configured in Active Directory"，单击"set"，在前图中输入"WUJING\ftpuser"与密码，单击"确定"按钮，再单击右边的"应用"按钮。

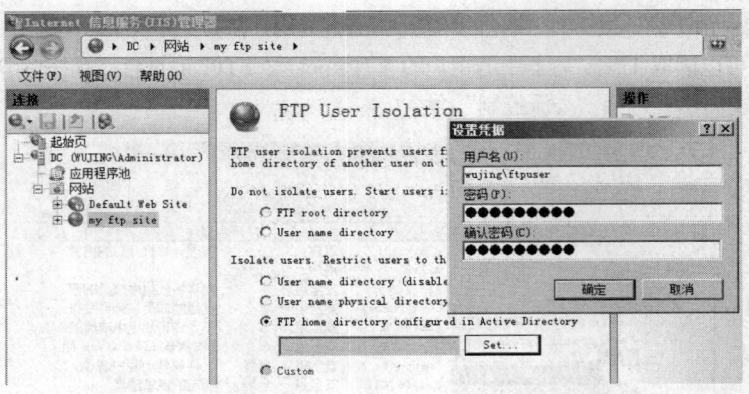

图 7-56 输入用户名和密码

完成后请利用用户账户 Allen 来连接这个"通过 Active Directory 来隔离用户"的 FTP 网站。利用 dir 命令看到的文件是位于\\ftp1\ftpstore\allenhome 中的文件，因此可以证明其主目录为"\\ftp1\ftpstore\allenhome"。

7.5 本章小结

在众多的网络应用中，FTP 有着非常重要的地位。在 Internet 中一个十分重要的资源就是软件资源，各种各样的软件资源大多数都是放在 FTP 服务器中的。本章重点讲述了 FTP 服务器的配置与管理，讲述了如何创建 3 种 FTP 站点：非隔离用户、隔离用户和用 Active Directory 隔离用户。通过本章的学习，应熟练掌握 FTP 服务器的工作原理；熟练掌握非隔离用户、隔离用户 FTP 站点的创建；在 FTP 服务器出现问题时能够发现问题和解决问题。

7.6 上机实训

1. 非隔离用户 FTP 服务器的配置，要求所有的用户既能上传文件，又能下载文件。
2. 隔离用户 FTP 服务器的配置。
3. 熟悉各种常用的 FTP 命令。

7.7 思考与练习

1. 试描述 FTP 的工作原理。
2. 试描述非隔离用户 FTP 服务器和隔离用户 FTP 服务器的区别。
3. 简要描述隔离用户 FTP 服务器的创建过程。
4. FTP 服务默认使用的端口有哪些?各自实现什么功能?
5. 物理目录与虚拟目录的特点是什么?

第 8 章　DNS 服务器的配置

众所周知，在网络中唯一能够用来标识计算机身份和定位计算机位置的方式就是 IP 地址，但在访问网络上许多服务器（如邮件服务器、Web 服务器、FTP 服务器）时，记忆这些纯数字的 IP 地址不仅特别枯燥而且容易出错。而如果借助于 DNS 服务，将 IP 地址与形象易记的域名一一对应起来，使用户在访问服务器或网站时不使用 IP 地址，而使用简单易记的域名，通过 DNS 服务器将域名自动解析成 IP 地址并定位服务器，这样就可以解决易记与寻址不能兼顾的问题。

本章将要介绍的主要内容如下。
- DNS 的基本概念与原理
- DNS 服务器的安装与配置
- DNS 客户端的配置
- DNS 区域的创建
- DNS 区域的高级设置
- DNS 的动态更新

8.1　DNS 的基本概念与原理

随着互联网在世界范围的快速发展，网络已经日益走进人们的生活。在 TCP/IP 网络上，每个设备必须分配一个唯一的地址。计算机在网络上通信时只能识别如 202.97.135.160 之类的数字地址，而人们在使用网络资源时，为了便于记忆和理解，更倾向于使用有代表意义的名称，如域名 www.yahoo.com（雅虎网站）。域名系统（Domain Name System，DNS）服务器就承担了将域名转换成 IP 地址的功能。这就是为什么在浏览器地址栏中输入如 www.yahoo.com 的域名后，就能看到相应页面的原因。输入域名后，有一台称为 DNS 服务器的计算机自动把域名"翻译"成了相应的 IP 地址。

8.1.1　概述

在早期的 IP 网络世界中，每台计算机都只用 IP 地址来表示，不久人们就发现这样很难记忆。于是，一些 Unix 的管理者，通过在网络中发布一个统一的 Hosts 主机文件，将 IP 地址和主机名字对应起来，就可完成所有主机的查找。而当 Internet 的规模越来越大时，这种使用发布主机文件来查找主机的方法就不适用了。取而代之的是域名服务系统 DNS，它由专用的服务器来承担，它不仅提供域名和 IP 地址的相互转换，而且也容易在 DNS 服务器之间协同工作。它的应用使网络中的用户可以把每个主机名当作一个符号地址，来使用网络所提供的资源。对于用户而言，使用主机名比数字的 IP 地址更为方便、易记。而对于资源的提供者更容易把自己的品牌和服务内容反映在主机名之中，从而起到很好的宣传作用。

> **注意啦**
> Hosts 文件是纯文本文件，包含主机名与 IP 地址的对照表。它位于%systemroot%\system32\drivers\etc 目录下，可以使用记事本浏览、编辑该文件。Hosts 文件中的名字不区分大小写，并不是 DNS 数据库文件的一部分。

我们可以用通讯录的比喻来帮助理解 DNS。以前朋友之间通信需要每个人都保管一张通讯录，当一人的地址发生变动时大家都需改动，费时费力。现在把它委托给一家专门的咨询机构保管，大家再通信时只需向这家机构查询地址即可。

当客户机在浏览器中输入要访问的主机名时，一个 IP 地址的查询请求就会发往 DNS 服务器，DNS 服务器中的数据库提供所需的 IP 地址。在 DNS 系统中提供所需地址解析数据的 DNS 服务器称为名称服务器。

DNS 目的是为客户机对域名的查询（如 www.yahoo.com）提供该域名所对应的 IP 地址，以便用户用易记的名字搜索和访问必须通过 IP 地址才能定位的本地网络或 Internet 上的资源。通过 DNS 服务，使得网络服务的访问更加简单，对于一个网站的推广发布起到极其重要的作用。而且许多重要网络服务（如 E-mail 服务、Web 服务等）的实现，也需要借助于 DNS 服务。因此，DNS 服务可视为网络服务的基础。另外在稍具规模的局域网中，DNS 服务也被大量采用，因为 DNS 服务不仅可以使网络服务的访问更加简单，而且可以完美地实现与 Internet 的融合。

8.1.2 域名空间结构

域名系统（DNS）的核心思想是分级的，是一种分布式的、分层次型的、客户机/服务器式的数据库管理系统。它主要用于将主机名或电子邮件地址映射成 IP 地址。一般来说，每个组织有其自己的 DNS 服务器，并维护域名称映射数据库记录或资源记录。每个登记的域都将自己的数据库列表提供给整个网络复制。

目前负责管理全世界 IP 地址的单位是 InterNIC（Internet Network InformationCenter），在 InterNIC 之下的 DNS 结构共分为若干个域（Domain）。图 8-1 所示的阶层式树状结构，这个树状结构称为域名空间（Domain NameSpace）。

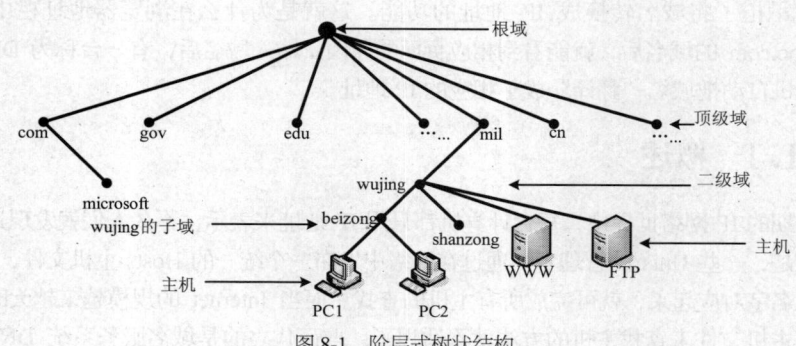

图 8-1　阶层式树状结构

 **注意啦**

域名和主机名只能用字母 a~z（在 Windows 服务器中大小写等效，而在 Unix 中则不同）、数字 0~9 和连线"-"组成。其他公共字符如连接符"&"、斜杠"/"、句点"."和下划线"_"都不能用于表示域名和主机名。

1．根域

图 8-1 中位于层次结构的最高端是域名树的根，提供根域名服务，以"."来表示。在 Internet 中，根域是默认的，一般都不需要表示出来。根域名服务器（Root Domain Name Server）的域中共有 13 台服务器，它们由 InterNIC 管辖。根域名服务器中并没有保存任何网址，只具有初始指针，指向第一层域，也就是顶级域，如 com、edu、net 等。

2．顶级域

顶级域位于根域之下，数目有限且不能轻易变动。顶级域也是由 InterNIC 统一管理的。在互联网中，顶级域大致分为两类：各种组织的顶级域和各个国家（地区）的顶级域。顶级域所包含的部分域名称见表 8-1。

表 8-1 顶级域所包含的部分域名称

域名称	机构说明
com	商业机构
edu	教育、学术研究单位
gov	官方政府单位
net	网络服务机构
org	财团法人等非营利机构
mil	军事部门
其他的国家或地区代码	代表其他国家/地区的代码，如 cn 表示中国，jp 表示日本

实际上，和根域相比，顶级域实际是处于第二层的域，但它们还是被称为顶级域。根域从技术的含义上是一个域，但常常不被当作一个域。根域只有很少几个根级成员，它们的存在只是为了支持域名树的存在。

第二层域（顶级域）是属于单位团体或地区的，用域名的最后一部分即域后缀来分类。例如，域名 edu.cn 代表中国的教育系统。多数域后缀可以反映使用这个域名所代表的组织的性质。但并不总是很容易地通过域后缀来确定所代表的组织、单位的性质。

3．子域

在 DNS 域名空间中，除了根域和顶级域之外，其他的域都称为子域，子域是有上级域的域，一个域可以有许多子域。子域是相对而言的，如 www.jnrp.edu.cn 中，jnrp.edu 是 cn 的子域，jnrp 是 edu.cn 的子域。

4．主机

在域名层次结构中，主机可以存在于根以下的各层上。因为域名树是层次型的而不是平面型的，因此只要求主机名在每一层中是唯一的，而在不同层中可以有相同的名字。如图 8-2 所示，www.wujing.mil、www.126.com 和 www.microsoft 都是有效的主机名，即使这些主机有相同的名字 www，但都可以被正确地解析到唯一的主机。即只要是在不同的子域，就可以重名。

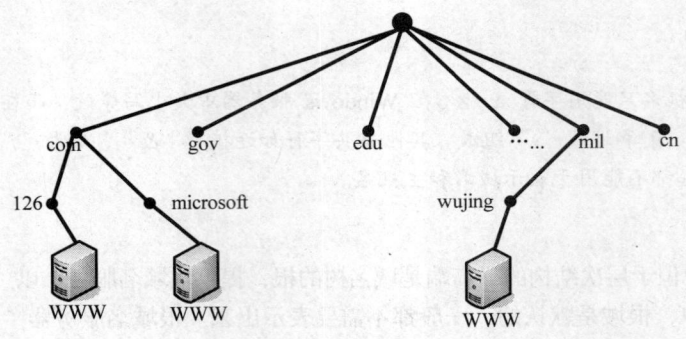

图 8-2　域名层次结构

8.1.3　域与区域

域（domain）是网络资源的逻辑组织结构和安全边界，而区域（zone）是域名称空间树状结构的一部分。

一个域如果是在另一个域之下，就应该说是一个子域，即使是顶级域也是根域的子域。由于在第二层以下的子域变化特别多，而大量的子域也是在第二层域以下，因此，子域这个词就往往用来指第二层域以下的各个域。各单位往往根据内部的需要来设立子域。

DNS 服务器是以区域为单位，而不是以域为单位来管理的。DNS 服务器包含着所管理区域中的数据，即该区域内主机名称与 IP 地址的对应表。一台 DNS 服务器可管理一个或多个区域，一个区域也可以同时由多个 DNS 服务器来管理。

将一个域划分为多个区域可分散网络管理的工作负荷。如图 8-3 所示，虽然 wujing.mil 为一个域，但是却将其分为两个区域。这两个区域为 beizong.wujing.mil 与 shanzong.wujing.mil。每一个区域中都有其各自的 DNS 数据库文件记录并管理着该区域内的数据。

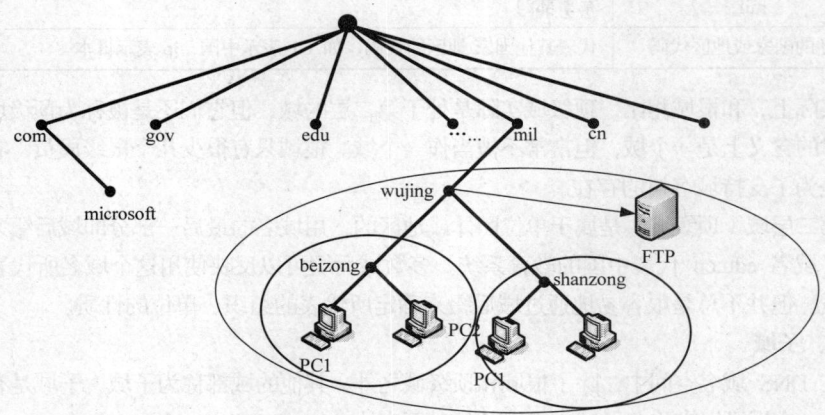

图 8-3　将一个域划分为多个区域

每一个区域都是从某个域派生而来的，例如 jsj.it.edu.cn 与 dzxx.it.edu.cn 两个区域由 it.edu.cn 这个域派生而来。也可以将 it.edu.cn 这个域称为这两个区域的父区域。每个区域中还可以包含其他的子域。

DNS 服务器为网络上的客户机提供了用来存储和搜索其他主机名称和 IP 地址的方法。客户机可以是单独的计算机、服务器甚至是其他 DNS 服务器。主机名称是计算机在 DNS 系统中所使用的名称。

在 DNS 中主机名称和 IP 地址必须在某个 DNS 服务器中登记。一般而言，主机在 DNS 服务器中的登记可以靠人工来完成，称为新建主机。

8.1.4　DNS 查询模式

按照 DNS 搜索区域的类型，DNS 的区域可分为正向搜索区域和反向搜索区域。正向搜索是 DNS 服务器要实现的主要功能，它根据计算机的 DNS 名称解析出相应的 IP 地址，而反向搜索则是根据计算机的 IP 地址解析出它的 DNS 名称。

1．正向查询

其查询方式有两种：递归查询和转寄查询。

（1）递归查询。当收到 DNS 客户端的查询请求后，DNS 服务器在自己的缓存或区域数据库中查找，如找到，返回结果，如找不到，则返回错误结果。即 DNS 服务器只会向 DNS 客户端返回两种信息：要么返回该 DNS 服务器上查到的结果，要么返回查询失败。"递归"的意思就是有来有往，并且来、往的次数是一致的。一般由 DNS 客户端向本地 DNS 服务器提出的查询请求便属于递归查询。

（2）转寄查询（又称迭代查询）。当收到 DNS 客户端的查询请求后，如果在本地 DNS 服务器中没有查到相应的 IP 地址，本地 DNS 服务器会向根 DNS 服务器发生查询请求，若根 DNS 服务器无法查到相应的 IP 地址，则根服务器会把查询请求的顶级域名服务器的 IP 地址告诉给本地 DNS 服务器，本地 DNS 服务器接着又向该 DNS 服务器发出查询请求。依此类推一直到查询到所需 IP 地址为止。如果到最后一台 DNS 服务器都没有查到所需数据，则通知 DNS 客户端查询失败。一般在 DNS 服务器之间的查询请求便属于转寄查询（DNS 服务器也可以充当 DNS 客户端的角色）。

下面以图 8-4 所示的 DNS 客户端向本地 DNS 服务器查询 www.163.com 的 IP 地址为例来说明其流程（参考图中的数字）。

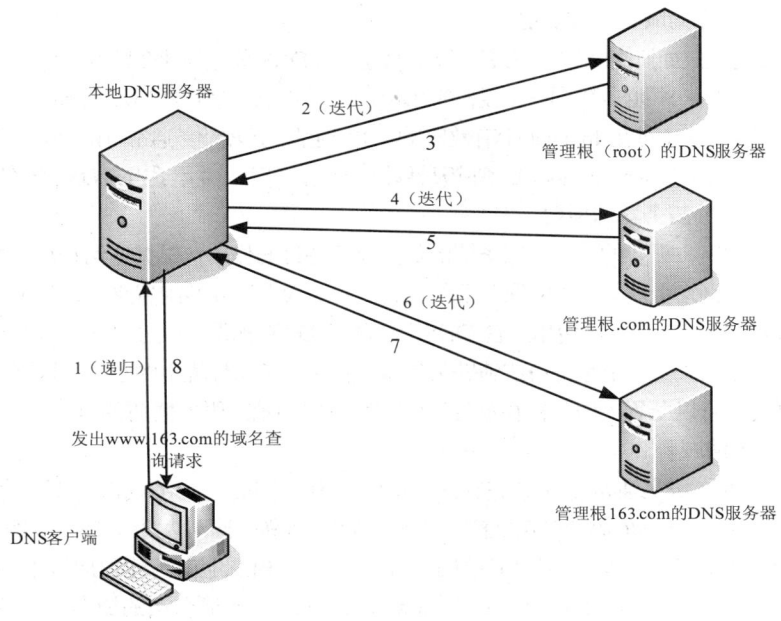

图 8-4　DNS 客户端向本地 DNS 服务器查询

① DNS 客户端向本地 DNS 服务器查询 www.163.com 所对应的 IP 地址。
② 本地 DNS 服务器无法解析此域名,它先向根域服务器发出请求,查询.com 的 DNS 服务器地址。
③ 根域 DNS 服务器管理着.com、.net、.org 等顶级域名的地址解析,它收到请求后把解析结果返回给本地的 DNS 服务器。
④ 本地 DNS 服务器得到查询结果后接着向管理.com 域的 DNS 服务器发出进一步的查询请求,要求得到 163.com 的 DNS 地址。
⑤ .com 服务器把解析结果返回给本地 DNS 服务器。
⑥ 本地 DNS 服务器得到查询结果后接着向管理 163.com 域的 DNS 服务器发出查询具体主机 IP 地址的请求(www)。
⑦ 163.com 把解析结果返回给本地 DNS 服务器。
⑧ 本地 DNS 服务器得到了最终的查询结果,它把这个结果返回给客户端,从而使客户端能够和远程主机通信。

2．反向查询

反向查询的方式与递归查询和转寄查询两种方式都不同,递归查询和转寄查询都是正向查询,而反向查询则恰好相反,它是从客户机收到一个 IP 地址,而返回对应的域名。

反向查询是依据 DNS 客户端提供的 IP 地址,来查询它的主机名。由于 DNS 名字空间中域名与 IP 地址之间无法建立直接对应关系,所以必须在 DNS 服务器内创建一个反向查询的区域,该区域名称的最后部分为 in-addr.arpa。

由于反向查询会占用大量的系统资源,因而会给网络带来不安全性,因此,通常均不提供反向查询。

8.1.5　DNS 规划与域名申请

在建立 DNS 服务之前,进行 DNS 规划是非常必要的。

1．DNS 的域名空间规划

主要是决定如何使用 DNS 命名,以及通过使用 DNS 要达到什么目的。要在 Internet 上使用自己的 DNS,公司必须先向一个授权的 DNS 域名注册颁发机构申请并注册一个二级域名,注册并获得至少一个可在 Internet 上有效使用的 IP 地址。这项业务通常可由 ISP 代理。如果准备使用活动目录(Active Directory),则应从活动目录设计着手,并用适当的 DNS 域名空间支持它。

2．DNS 服务器的规划

确定网络中需要的 DNS 服务器的数量及其各自的作用,根据通信负载、复制和容错问题,确定在网络上放置 DNS 服务器的位置。对于大多数安装配置来说,为了实现容错,至少应该对每个 DNS 区域使用两台 DNS 服务器。DNS 被设计成每个区域有两台服务器,一个是主服务器,另一个是备份或辅助服务器。在单个子网环境中的小型局域网上仅使用一台服务器时,可以配置该服务器扮演区域的主服务器和辅助服务器两种角色。

3．申请域名

活动目录域名通常是该域完整的 DNS 名称。同时,为了确保向下兼容,每个域还应当有一个与 Windows 2000 以前版本相兼容的名称。同时,为了将企业网络与 Internet 能够很好地整合在一起,实现局域网与 Internet 的相互通信,建议向域名服务商(如万网 http:// www.net.cn 和新网 http://www.xinnet.com)申请合法的域名。然后设置相应的域名解析。

8.2 DNS 服务器的安装与 DNS 客户端的配置

在 Windows Server 2008 计算机上安装 DNS 服务器之前，建议此计算机的 IP 地址最好是静态的，也就是 IP 地址、子网掩码、默认网关等信息都是手工输入的，不要向 DHCP 服务器索取，因为这台 DNS 服务器每一次向 DHCP 服务器租到的 IP 地址可能会不相同，如此将造成 DNS 客户端设置上的困扰。

注意啦

由于 Windows Server 2008 域需要用到 DNS 服务器，因此当您将 Windows Server 2008 独立服务器升级为域控制器时，若安装程序找不到 DNS 服务器，则它会提供您在此台域控制器内安装 DNS 服务器的选择。

而 DNS 客户端必须指定 DNS 服务器的 IP 地址，以便对这台 DNS 服务器提出名称解析的请求。

将通过图 8-5 来说明如何配置 DNS 服务器与 DNS 客户端，请先按图说明安装好这几台计算机的操作系统，设置计算机名称与 IP 地址（采用 IPv4）。

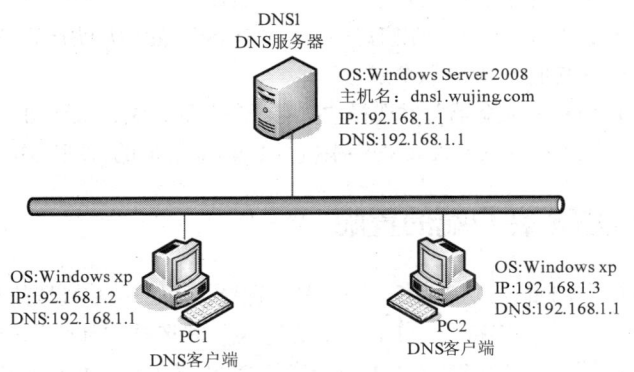

图 8-5　如何配置 DNS 服务器与 DNS 客户端

8.2.1　DNS 服务器端的置配

在 DNS 服务器上执行以下步骤。

步骤 1：将 DNS 服务器的首选 DNS 服务器的 IP 地址指向自己，以便让这台计算机中的其他应用程序通过这台 DNS 服务器来查询 IP 地址。方法：双击"本地连接"→单击"属性"→"Internet 协议版本 4（TCP/IPv4）"→"属性"，然后在"首先 DNS 服务器"文本框中输入 DNS 服务器的 IP 地址 192.168.1.1。

步骤 2：添加 DNS 服务器角色。方法：选择"开始"→"服务器管理器"→"添加角色"，如图 8-6 所示。

步骤 3：按图 8-7 所示，在"选择服务器角色"窗口选中"DNS 服务器"，单击"下一步"按钮，按提示完成"DNS 服务器"的安装。

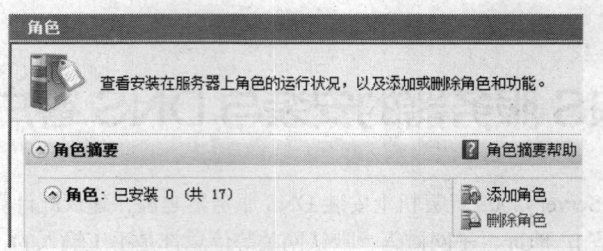

图 8-6　添加 DNS 服务器角色

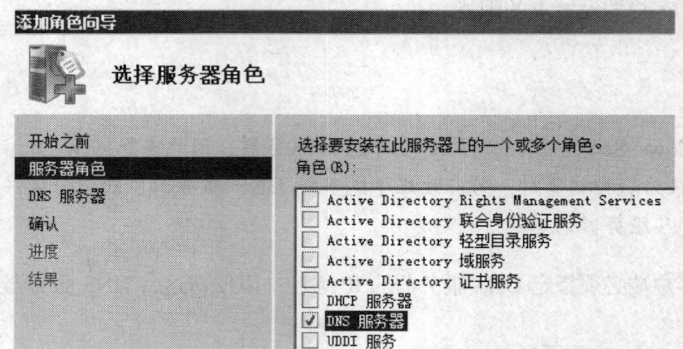

图 8-7　DNS 服务器的安装

完成安装后，可以通过选择"开始"→"管理工具"→"DNS"命令来连接与管理 DNS 服务器；也可以在 DNS 主控制窗口中右击"DNS"，然后从快捷菜单中选择"连接到 DNS 服务器"来管理其他的 DNS 服务器。

可以通过右击"DNS 服务器"并选择"所有任务"的方法，来启动、停止或重新启动 DNS 服务器。也可以利用 dnscmd.exe 程序来执行 DNS 服务器的管理工作。

8.2.2　DNS 客户端的置配

配置客户端（以 Windows XP 为例）方法是：选择"开始"→"设置"→"控制面板"→"网络连接"→"本地连接"，右击"本地连接"并选择"属性"→"Internet 协议（TCP/IP）"→"属性"，然后在图 8-8 中的"首选 DNS 服务器"处输入 DNS 服务器的 IP 地址。如果还有其他的 DNS 服务器可提供服务，还可以在"备用 DNS 服务器"处输入另外一台 DNS 服务器的 IP 地址。DNS 客户端在"首选 DNS 服务器"没有响应时，就会使用"备用 DNS 服务器"。

如果客户端要指定两台以上的 DNS 服务器，则可以在图 8-8 中单击"高级"按钮，然后在图 8-9 所示的"DNS 服务器地址（按使用顺序排列）"处单击"添加"按钮，以便输入多台 DNS 服务器的 IP 地址。DNS 客户端会按顺序从这些 DNS 服务器进行查找。在后面的章节内，还有 DNS 客户端高级设置的其他说明。

8.2.3　使用 Hosts 文件

Hosts 文件用来存储主机名称与 IP 地址的对照信息。事实上 DNS 客户端在寻找主机的 IP 地址时，它会先检查本计算机内的 Hosts 文件，看看文件内是否有要查找的主机的 IP 地址，若找不到信息，才会向 DNS 服务器查找。

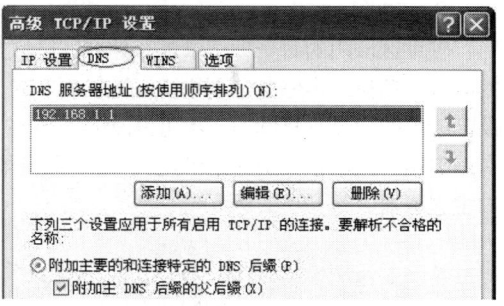

图 8-8　DNS 客户端的配置　　　　图 8-9　DNS 客户端的高级配置

　　此文件存放在每一台计算机的 "%systemroot%\system32\drivers\etc" 文件夹内，文件内默认只有 localhost 一项信息。必须自行将其他主机的主机名称与 IP 地址对照信息输入到此文件内，例如在图 8-10 中的 Hosts 文件中我们另外新加了两项信息，分别是 zongbu.wujing.com 与 www.taobao.com，以后若要查找这两台主机的 IP 地址，可以直接从此文件得到它们的 IP 地址，不需要再向 DNS 服务器查找了。至于其他主机的 IP 地址，例如 www.wujing.com 没有被建立在 Hosts 文件中，因此只好向 DNS 服务器查找。

图 8-10　用 Hosts 文件来存储主机名称与 IP 地址的对照信息

8.3　DNS 区域的创建

8.3.1　DNS 区域的类型

Windows Server 2008 的 DNS 服务器允许创建以下 3 种类型 DNS 区域。

1. 主要区域（primary zone）

主要区域是用来存储此区域内所有记录的正本。当您在 DNS 服务器内建立主要区域后，可以直接在此区域内新建、修改、删除记录。区域内的记录可以存储在文件或是 Active Directory 数据库中。

- 如果 DNS 服务器是独立服务器或成员服务器，则区域内的记录是存储在"区域文件"内，文件名默认是"区域名称.dns"，例如区域名称为 wujing.com，则区域文件名称默认就是 wujing.com.dns。区域文件是被建立在"%systemroot%\system32\dns"文件夹内，它是符合标准 DNS 规格的一般文本文件。

- 如果 DNS 服务器是域控制器，则可以将记录存储在"区域文件"或 Active Directory 数据库内。若将其存储到 Active Directory 数据库内，则此区域被称为"Active Directory 整合区域"，此区域内的记录会随着 Active Directory 数据库的复制动作，自动被复制到其他的域控制器。

2．辅助区域（secondary zone）

辅助区域内的每一项记录都存储在"区域文件"中，不过它存储的是此区域内所有记录的副本，这份副本信息是利用"区域复制"的方式从其他"master 服务器"复制过来的。辅助区域内的记录是只读的、不可修改的。图 8-11 中 DNS 服务器 B 与 DNS 服务器 C 内都各有一个辅助区域，其中的记录是从 DNS 服务器 A 复制过来的。即，DNS 服务器 A 是它们的主服务器。

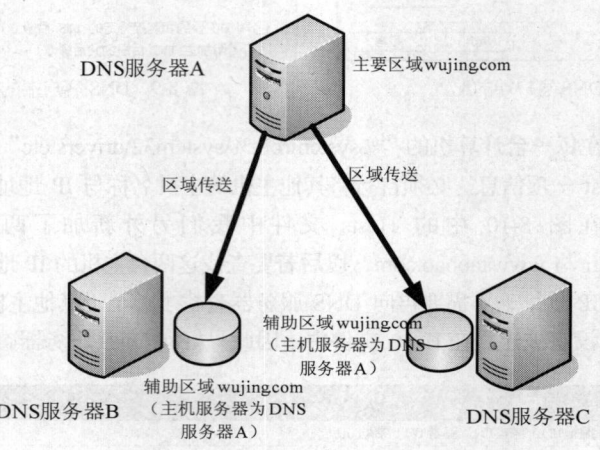

图 8-11　辅助区域

3．存根区域（stub zone）

存根区域内存储着一个区域的副本信息，不过它与辅助区域不同，存根区域内只包含少数记录（如 SOA、NS），利用这些记录可以找到此区域的授权服务器。

8.3.2　创建主要区域

DNS 客户端所提出的 DNS 查找请求，大部分是属于正向查找（forward lookup），即从主机名称来查找 IP 地址。以下步骤将说明如何来新建一个提供正向查找服务的主要区域。

步骤 1：选择"开始"→"管理工具"→"DNS"，然后选取"DNS 服务器"并右击"正向查找区域"，从快捷菜单中选择"新建区域"命令，在出现的"欢迎使用新建区域向导"窗口中单击"下一步"按钮。

步骤 2：在图 8-12 所示窗口中选择"主要区域"后单击"下一步"按钮。

步骤 3：在图 8-13 中的"区域名称"处填写新建区域的名称，如：wujing.com，单击"下一步"按钮。

步骤 4：在图 8-14 中会自动创建一个以"wujing.com.dns"为文件名的一个新的区域文件，单击"下一步"按钮。

步骤 5：在图 8-15 中选"不允许动态更新"单选按钮，单击"下一步"按钮。

步骤 6：出现"正在完成新建区域向导"窗口后单击"完成"按钮。

步骤 7：图 8-16 中的"wujing.com"就是新创建的区域。

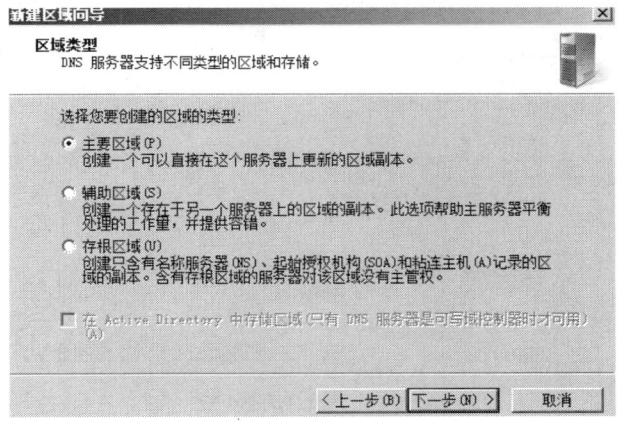

图 8-12　选择创建区域的类型

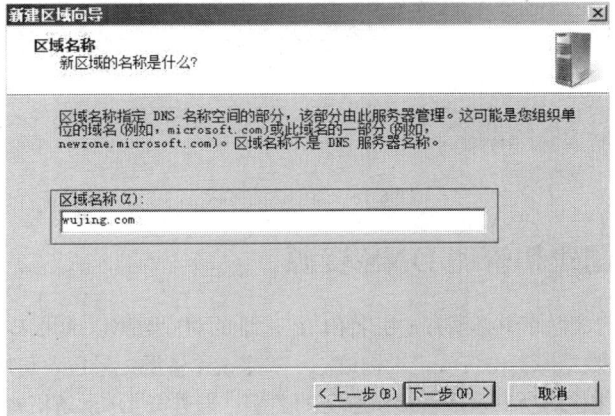

图 8-13　填写新建区域的名称

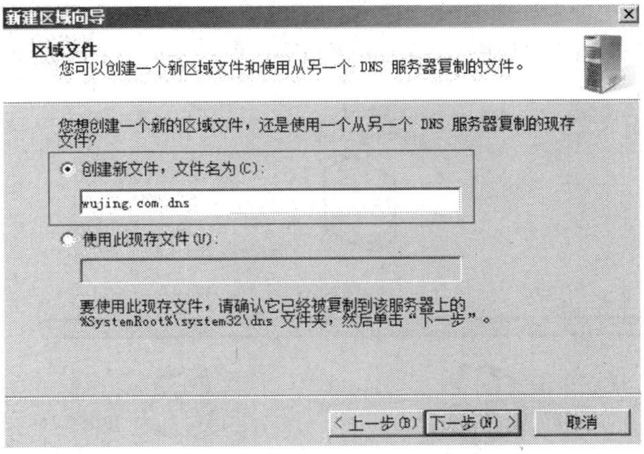

图 8-14　自动创建新的区域文件

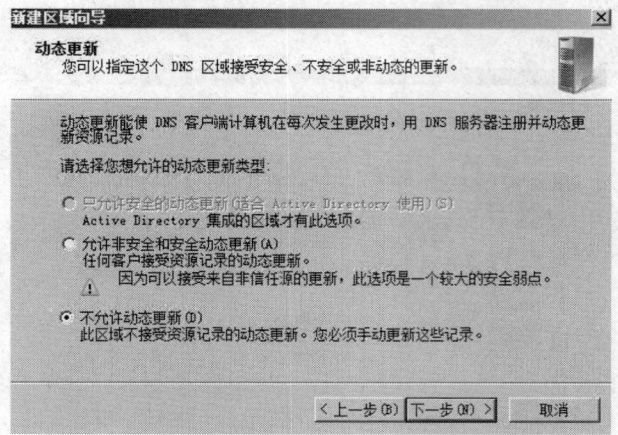

图 8-15　不允许动态更新

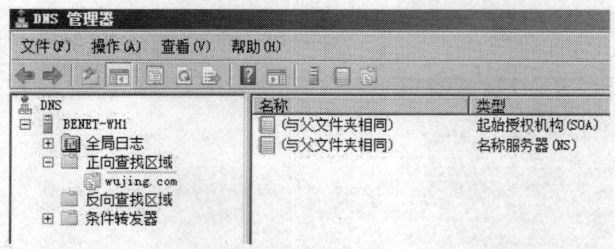

图 8-16　新创建的区域

8.3.3　创建和管理 DNS 资源

DNS 服务器的数据库中必须有主机名和 IP 地址的对应数据以满足 DNS 客户端的查询要求。每个 DNS 数据库都由资源记录构成。一般来说，资源记录包含与特定主机有关的信息，如 IP 地址、主机的所有者或者提供服务的类型。当进行 DNS 解析时，DNS 服务器取出的是与该域名相关的资源记录。

1．新建主机记录（A 或 AAAA）

将主机名与 IP 地址添加到 DNS 服务器中的区域后，就可以让 DNS 服务器提供这台主机的 IP 地址给客户端。下面以图 8-17 为例来说明如何将主机记录添加到 DNS 区域。

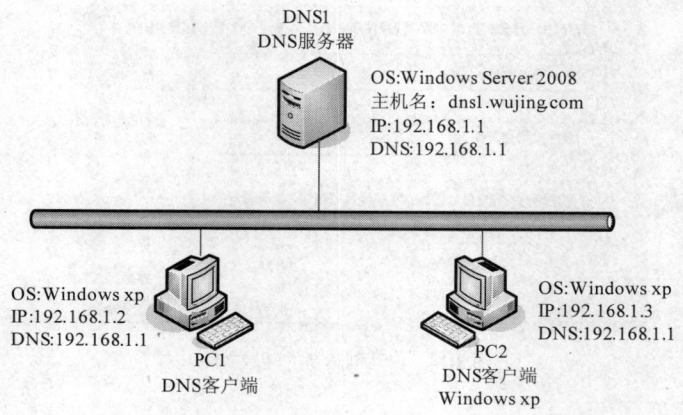

图 8-17　将主机记录添加到 DNS 区域

请如图 8-18 所示，在区域 wujing.com 上右击，选择"新建主机"命令，然后输入主机名 dns1 与 IP 地址并单击"添加主机"按钮。

重复以上的步骤将图 8-17 中其余两台主机 PC1 与 PC2 的 IP 地址输入到此区域，图 8-19 是完成以后的界面。

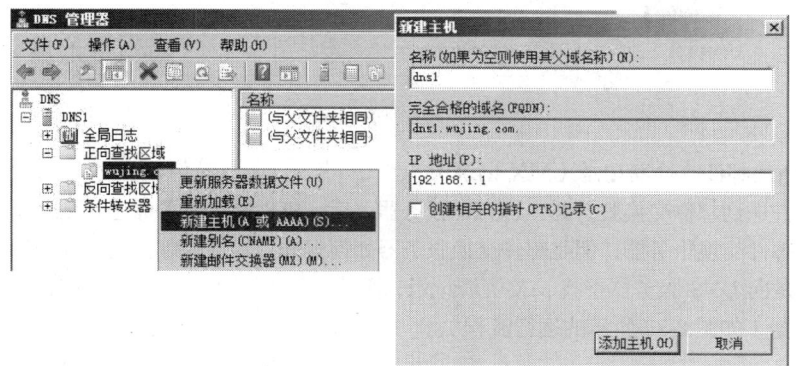

图 8-18　新建主机

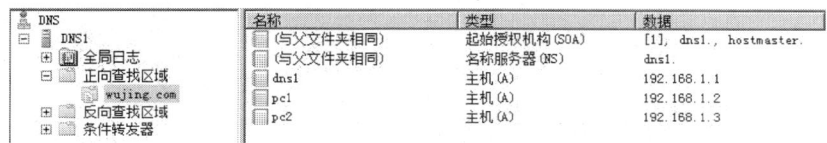

图 8-19　新建主机完成界面

2．新建主机的别名记录（CNAME 记录）

有时需要为一台主机创建多个主机名，例如某台主机是 DNS 服务器，其主机名为 dns1.wujing.com，如果它同时也是ⅡS 服务器内建了几个网站，而每一个网站都有一个直观的名字，比如 www.wujing.com、inf.wujing.com 等，此时可以利用添加别名（DNAME）资源记录来达到目的。其方法如图 8-20 所示，在区域 wujing.com 上右击，选择"新建别名（CNAME）"，输入别名"www"，在"目标主机的完全合格的域名"文本框中将此别名指定给 dns1.wujing.com（注意这里必须输入完整的名称，或利用"浏览"按钮来选择）。图 8-21 是完成后的窗口界面，它表示 dns1.wujing.com 的别名是 www.wujing.com。

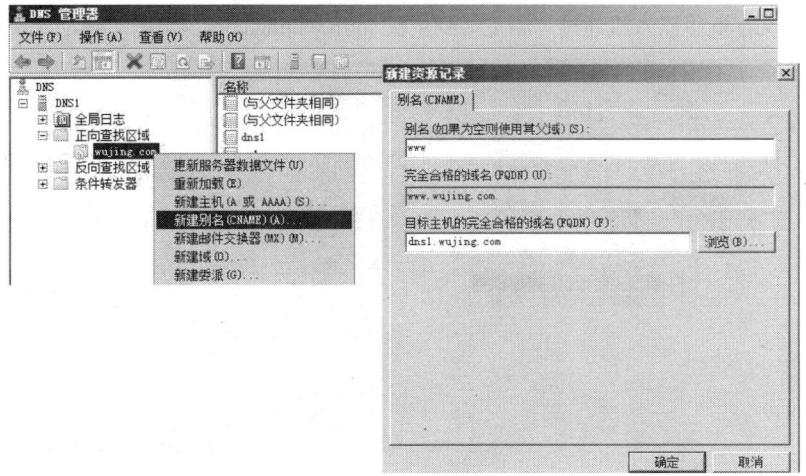

图 8-20　新建别名

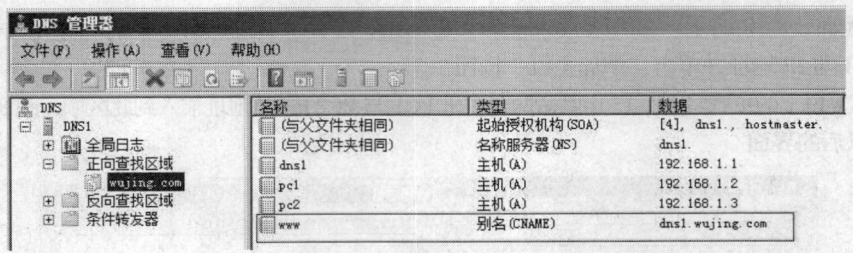

图 8-21　新建别名完成界面

3．新建邮件交换器记录（MX 记录）

将邮件送到邮件交换服务器（SMTP 服务器）后，邮件交换服务器必须要将邮件转发到目的地的邮件交换服务器，但是邮件交换服务器如何得知目的地的邮件交换服务器是哪一台呢？答案是向 DNS 服务器查找 MX 资源记录，因为 MX 记录着负责某个域邮件传送的邮件交换服务器（如图 8-22 所示的运行流程）。

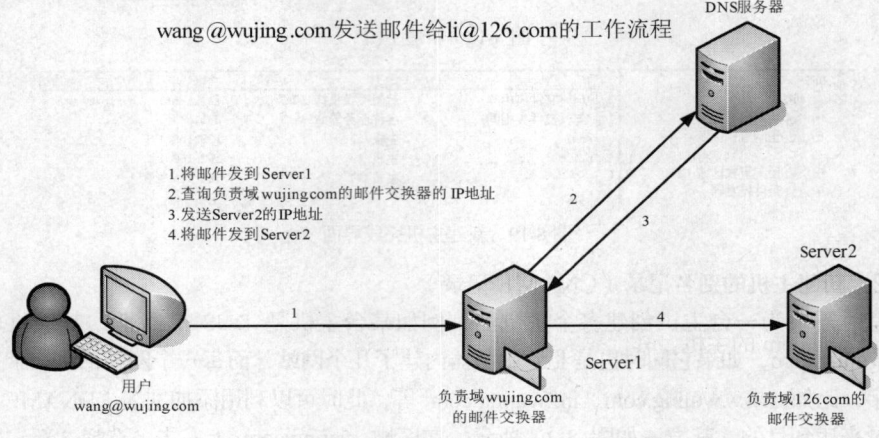

图 8-22　邮件交换器记录

假设 wujing.com 的邮件服务器为 smtp.wujing.com，其 IP 地址为 192.168.1.10（请添加此邮件服务器的主机记录，如图 8-24 所示）。添加 MX 记录的方法如图 8-23 所示，在区域 wujing.com 上右击，选择"新建邮件交换器（MX）"，在"邮件服务器的完全合格的域名（FQDN）"文本框中输入或通过"浏览"到主机 smtp.wujing.com，单击"确定"按钮。

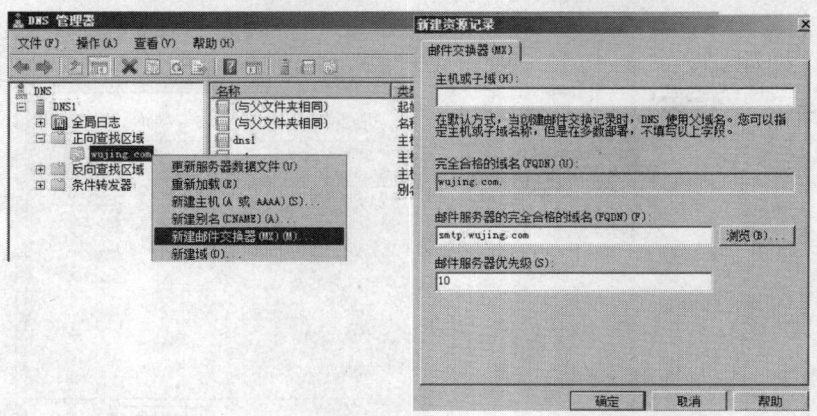

图 8-23　添加 MX 记录的方法

- 主机或子域：请输入邮件交换服务器（SMTP 服务器）所负责的域名。例如若输入 beizong，则表示是在设置 beizong.wujing.com 域的邮件交换服务器；若未输入，则以"父域（parent domain）"为其负责的域。如图 8-22 所示的域 wujing.com。
- 邮件服务器的完全合格的域名（FQDN）：请输入负责上述邮件传送工作的邮件服务器的完整主机名称（FQDN），这台主机必须有一项类型为 A 的资源记录，以便得知其 IP 地址。
- 邮件服务器优先级：此域内有多台邮件交换服务，则可以建立多个 MX 资源记录，并通过此处来设置其优先级。数字较低的优先级较高（0 最高）。即，当其他的邮件交换服务器欲传送邮件到此域的邮件交换服务器时，它会先选择优先级较高的邮件交换服务器，如果传送失败，再选择优先级较低的邮件交换服务器。若有两台或多台邮件服务器的优先级相同，则它会从中随机选择一台。

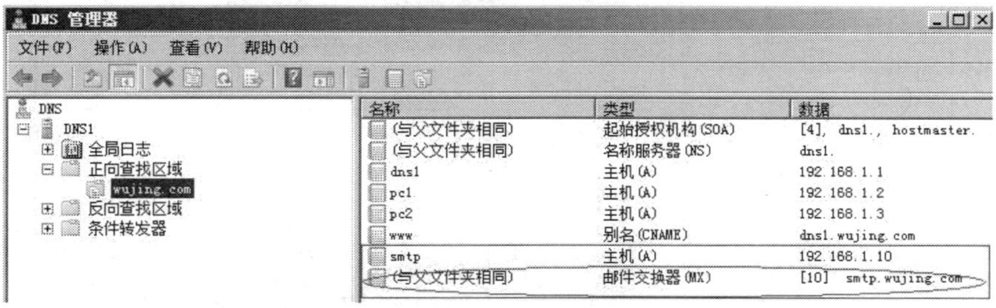

图 8-24 添加邮件服务器的主机记录

图 8-24 是完成界面窗口，图中的"与父文件夹相同"表示与父域名称相同，也就是 wujing.com，此项记录的意思是，负责域 wujing.com 邮件传送的邮件服务器是主机名称为 smtp.wujing.com 的主机，其优先级为 10。

8.3.4 建立辅助区域

辅助区域用来存储此域内所有记录的副本，这份信息是从主服务器利用"区域复制"的方式复制过来的。辅助区域内的记录是只读的，不可以修改。

将在图 8-25 所示的 dns2 上创建一个辅助区域 wujing.com，此区域内的记录是从其主机服务器 dns1 中通过区域传送复制过来的。其中 dns1 仍用前面建立的 DNS 服务器，不过请先在 dns1 的 wujing.com 区域为 dns2 创建一条 A 资源记录，其 FQDN 为 dns2.wujing.com，IP 地址为 192.168.1.11，然后创建第 2 台 DNS 服务器，其计算机名为 dns2，IP 地址为 192.168.1.11，并为它安装 DNS 服务器角色。

图 8-25 创建辅助区域

以下步骤说明如何在 DNS 服务器 dns2 内新建一个提供正向查找服务的辅助区域。假设这个区域是从服务器 dns1 内的主要区域 wujing.com 复制过来的。

1. 确认是否允许区域传送

步骤 1：请先到主服务器 dns1 上确认可以将 wujing.com 区域复制到 dns2。其方法：右击 dns1 的 wujing.com 区域，然后选择"属性"→"区域传送"，图 8-26 中所示选择"到所有服务器"或选择"只允许到下列服务器"单选按钮，然后单击"编辑"按钮。

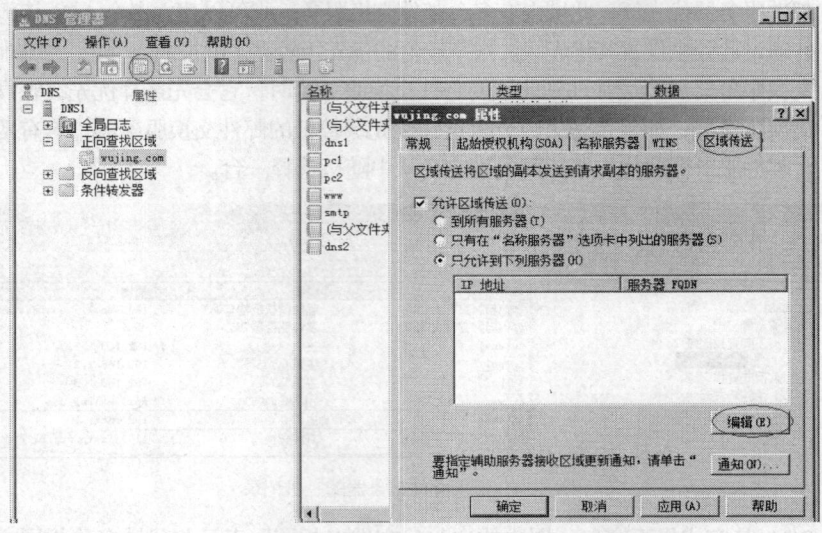

图 8-26 区域传送界面

步骤 2：按图 8-27 所示，输入 dns2 的 IP 地址后直接单击"确定"按钮。注意，它会通过反向查询来尝试解析拥有此 IP 地址的主机名，然而我们目前并没有反向查找区域提供查询，因此会显示无法解析的警告信息，可以不用理会。

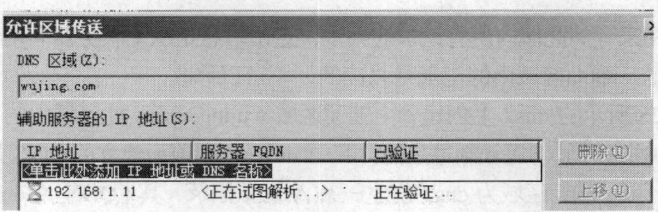

图 8-27 允许区域传送界面

步骤 3：出现如图 8-28 所示的界面后单击"确定"按钮。

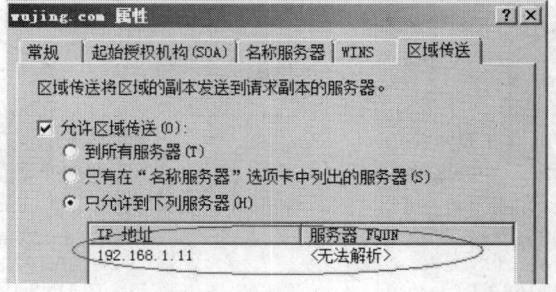

图 8-28 在 DNS 服务器内新建一个提供正向查找服务的辅助区域完成界面

2. 创建辅助区域

下面将在 dns2 上创建辅助区域，并设置此区域从 dns1 复制区域记录。其操作过程如下。

步骤 1：在 dns2 上选择"开始"→"管理工具"→"DNS"。在如图 8-29 所示的窗口中，在"正向查找区域"上右击，选择新建区域。

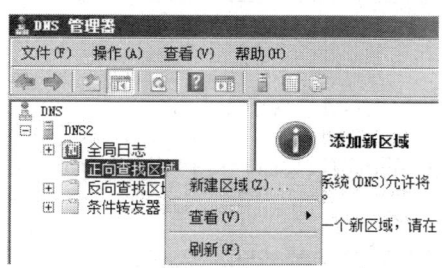

图 8-29　选择"新建区域"界面

步骤 2：出现"欢迎使用新建区域向导"窗口时单击"下一步"按钮，在如图 8-30 所示的窗口中选择"辅助区域"单选按钮后单击"下一步"按钮。

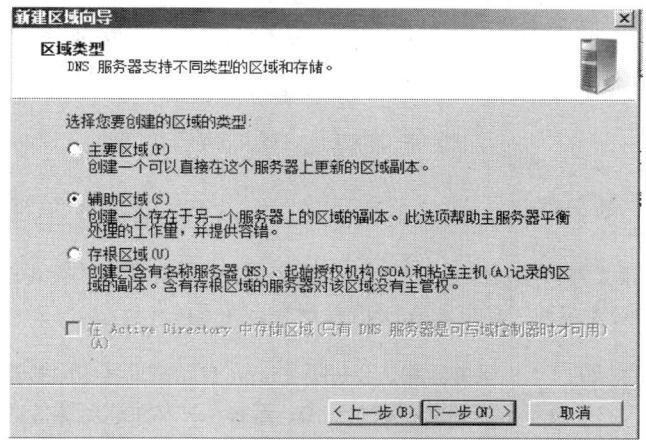

图 8-30　"欢迎使用新建区域向导"界面

步骤 3：在图 8-31 中输入区域名称 wujing.com 后单击"下一步"按钮。

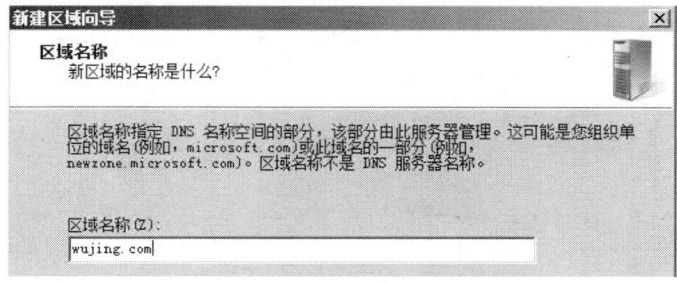

图 8-31　输入"区域名称"界面

步骤 4：在图 8-32 中输入主服务器 DNS1 的 IP 地址后，单击"下一步"按钮，出现"正在完成新建区域向导"窗口时单击"下一步"按钮。

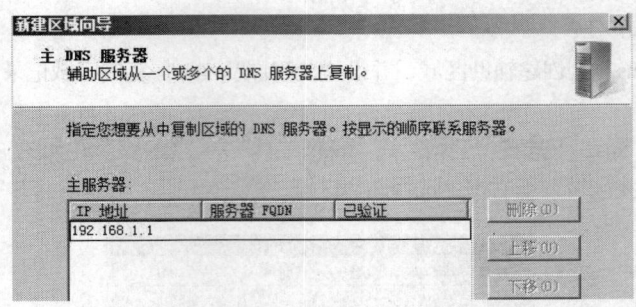

图 8-32 "输入主服务器地址"界面

步骤 5：图 8-33 是完成后的窗口界面。其中 wujing.com 中的记录是自动从其主服务器 dns1 复制过来的。

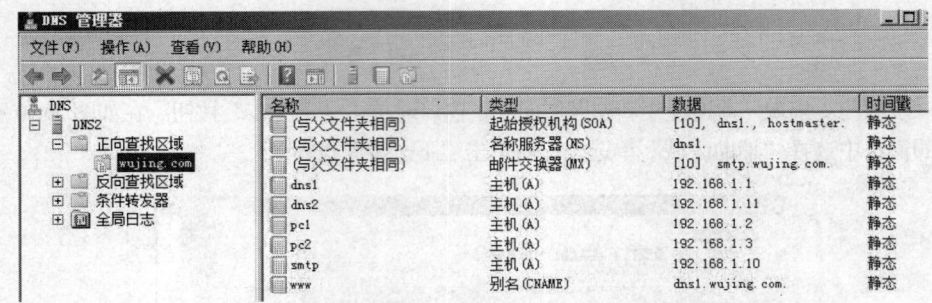

图 8-33 创建辅助区域完成界面

注意啦

若确定所有设置都正确，但是一直看不到这些记录，请再单击区域 wujing.com，然后按 F5 键来刷新。若还看不到，就先关闭 DNS 控制台后再重新启动。

创建了辅助区域的 DNS 服务器默认会每隔 15min 自动请求其主服务器执行区域传送操作。也可以如图 8-34 所示，在辅助区域上右击，选择从"从主服务器传送"或"从主服务器重新加载"命令来搬运请求执行区域传送。

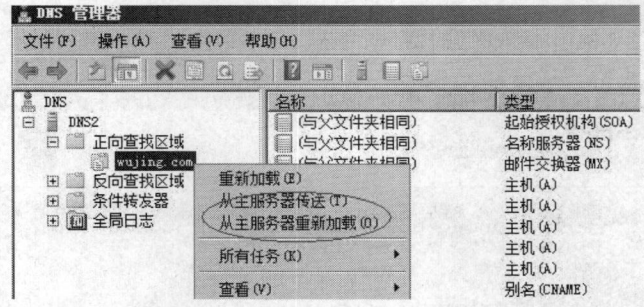

图 8-34 "搬运请求执行区域传送"界面

8.3.5 创建反向查找区域与反向记录

反向区域可以让 DNS 客户端利用 IP 地址来查找其主机名称，例如 DNS 客户端可以查找拥有 192.168.1.1 这个 IP 地址的主机名称。虽然并不一定需要建立反向区域，但是在某些场合可能会用到，例如若在ⅡS 网站内利用主机名称来限制联机的客户端，则ⅡS 需要利用反向查找来检查客户端的主机名称。

反向区域的区域名称的前半段必须是其网络号的反向书写，后半段必须为 in-addr.arpa。例如，如果要针对网络号为 192.168.1.的 IP 地址来提供反向查找功能，则此反向区域的名称必须是 1.168.192.in-addr.arpa。

1．建立反向查找区域

下面将说明如何新建一个提供反向查找服务的主要区域。假设此区域所支持的网络号为 192.168.1。

步骤 1：按图 8-35 所示，右击"反向查找区域"，选择"新建区域"命令。

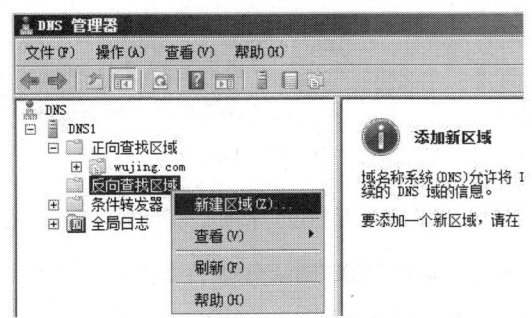

图 8-35　选择"新建区域"命令

步骤 2：出现"欢迎使用新建区域向导"窗口时单击"下一步"按钮，在如图 8-36 所示的窗口中选择"主要区域"单选按钮后单击"下一步"按钮。

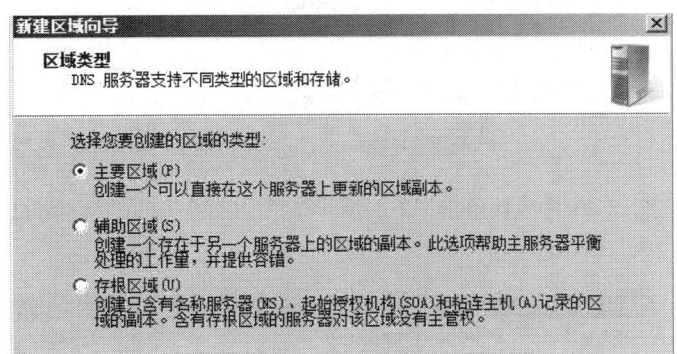

图 8-36　选择"主要区域"

步骤 3：在图 8-37 中选择"IPv4 反向查找区域"单选按钮后单击"下一步"按钮。

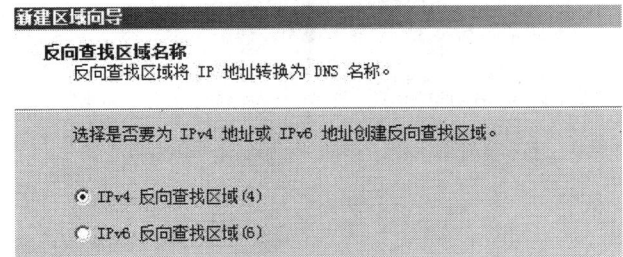

图 8-37　选择"IPv4 反向查找区域"

步骤4：在图8-38所示的"网络ID"中输入192.168.1后单击"下一步"按钮。

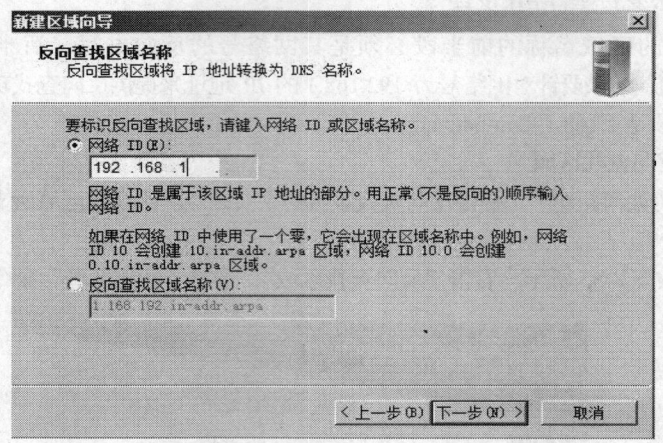

图8-38　输入192.168.1

步骤5：在图8-39中直接单击"下一步"按钮，采用默认的区域文件名。

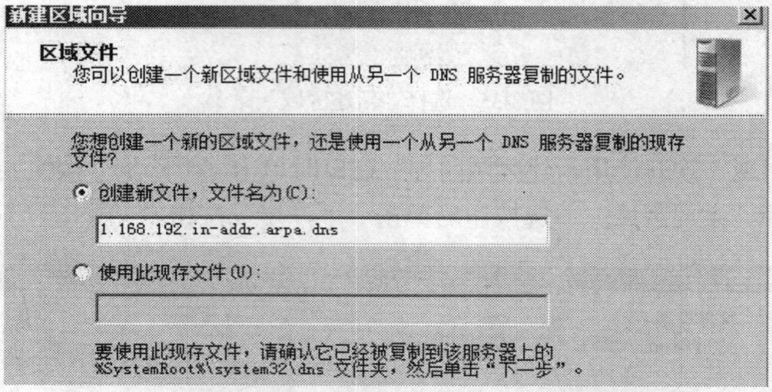

图8-39　直接单击"下一步"按钮

步骤6：在图8-40中直接单击"下一步"按钮，出现"正在完成新建区域向导"窗口界面时单击"完成"按钮。

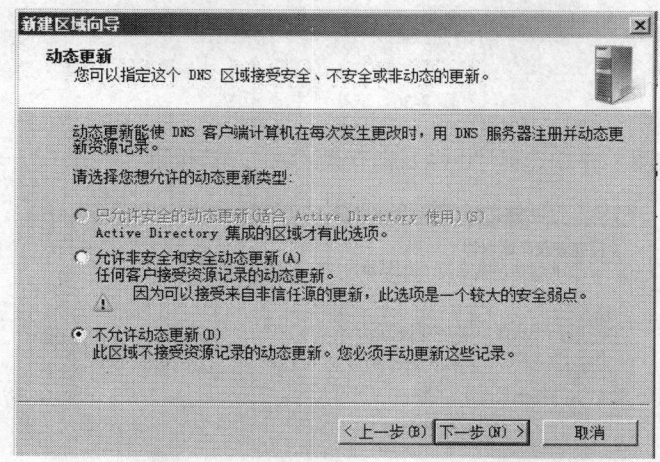

图8-40　直接单击"下一步"按钮

步骤 7：图 8-41 是完成后的窗口界面。图中的 1.168.192.in-addr.arpa 就是刚创建的反向查找区域。

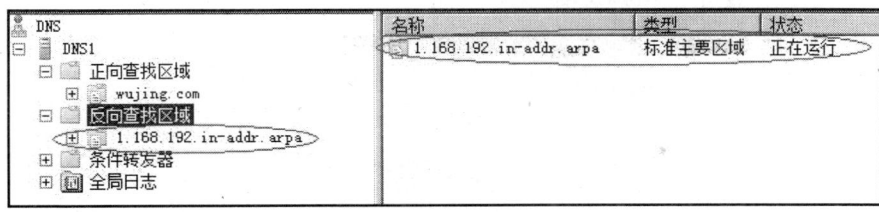

图 8-41 完成后的界面

2．在反向查找区域中创建记录

下面介绍两种在反向区域内新建记录的方法，以便为 DNS 客户端提供反向查找的服务。

方法 1：按图 8-42 所示，右击"1.168.192.in-addr.arpa"反向查找区域，选择"新建指针（PTR）"命令，然后输入"主机的 IP 地址"和"完全合格的域名（FQDN）"。也可以单击"浏览"按钮在正向区域内选择主机。

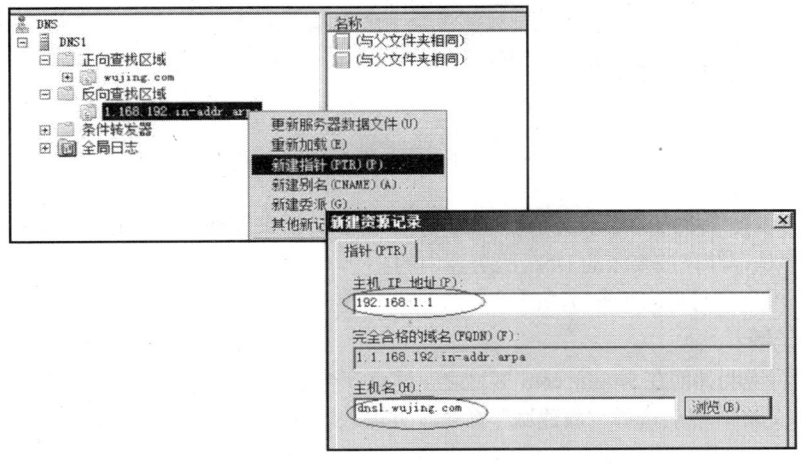

图 8-42 第一种方法

方法 2：通过右击正向区域，选择"新建主机"的方法。在正向区域内建立主机记录时，可以顺便在反向区域内建立一项对应主机的反向记录。按图 8-43 所示，选择"创建相关的指针（PTR）"记录即可。注意选择此选项时，相对应的反向查找区域必须已经存在。例如此处建立的主机记录其 IP 地址为 192.168.1.11，则反向区域 1.168.192.in-addr.arpa 必须已经存在。图 8-44 所示是反向查找区域中的指针记录。

8.3.6 子域与委派域

如果 DNS 服务器所管辖的区域为 wujing.com，若此区域之下还有数个子域，例如 zongbu.wujing.com、beizong.wujing.com，那么如何将这些子域内的记录建立到 DNS 服务器内呢？

- 可以直接在 wujing.com 区域之下建立子域，然后将此子域内的主机记录输入到此子域内，这些记录还是存储在这台 DNS 服务器内。

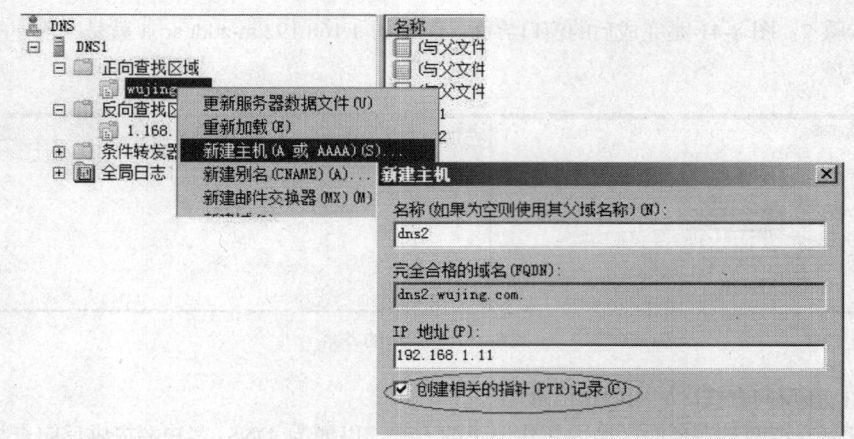

图 8-43 第二种方法

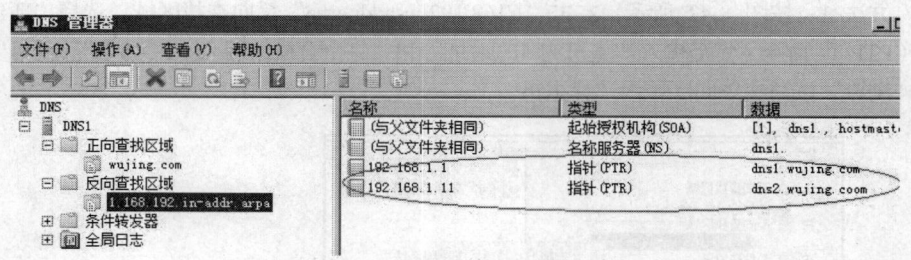

图 8-44 反向查找区域中的指针记录

- 可以将子域内的记录委派给其他的 DNS 服务器来管理,即,此子域内的所有记录都是存储在被委派的 DNS 服务器内的。

下面将分别说明这两种方法。

1. 子域

下面将说明如何在 wujing.com 区域之下建立一个子域 zongbu,请按图 8-45 中所示,右击 wujing.com,然后选择"新建域"命令,并输入新建的 DNS 域名。

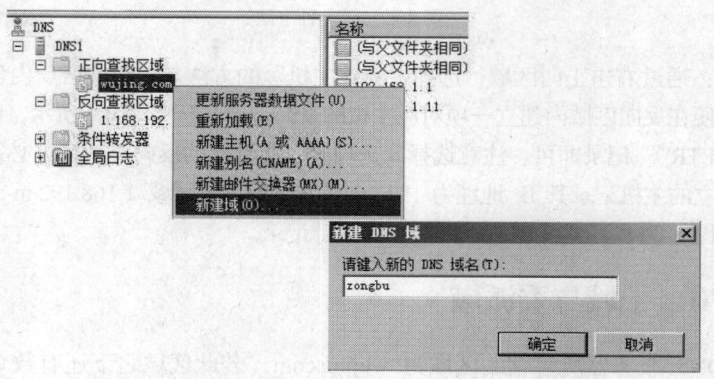

图 8-45 输入新建的 DNS 域名

接下来就可以在此子域内输入资源记录,例如图 8-46 中的 PC1、PC2 等主机数据。这些主机的 FQDN 是 pc1.zongbu.wujing.com、pc2.zongbu.wujing.com 等。

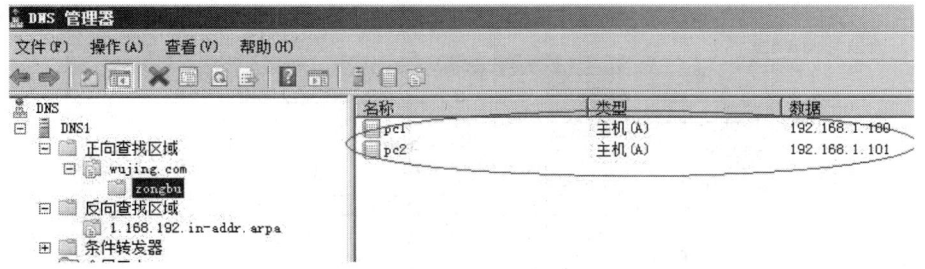

图 8-46 输入资源记录

2. 委派域

比如 DNS 服务器 dns1 内有一个受管辖的区域 wujing.com，要将此区域的子域 zongbu 委派给另外一台 DNS 服务器 dns2 来管理，也就是此子域（区域）zongbu.wujing.com 内的所有记录都是存储在被委派的 DNS 服务器内。当 dns1 收到查找 zongbu.wujing.com 内的记录的请求时，dns1 会向 dns2 查找（查找模式为迭代查询）。

首先请确定受委派的 DNS 服务器 dns2 内已经建立了区域 zongbu.wujing.com，同时在其中创建多条用于测试的记录，且应包括 dns2 自己的主机记录。然后到 DNS 服务器 dns1 内通过以下步骤将 zongbu.wujing.com 委派给 dns2 管理。

步骤1：按图 8-47 所示，在 dns1 的区域 wujing.com 上右击，选择"新建委派"命令。

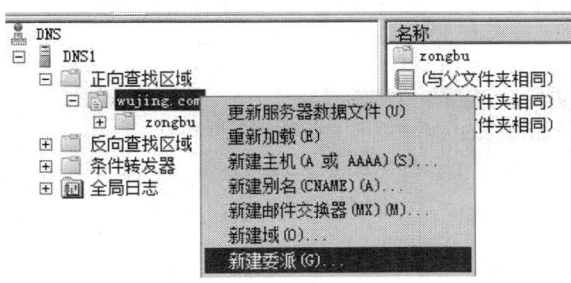

图 8-47 选择"新建委派"命令

步骤 2：在出现"欢迎使用新建委派向导"窗口时单击"下一步"按钮。在图 8-48 中输入要委派的子域名"zongbu"，然后单击"下一步"按钮。

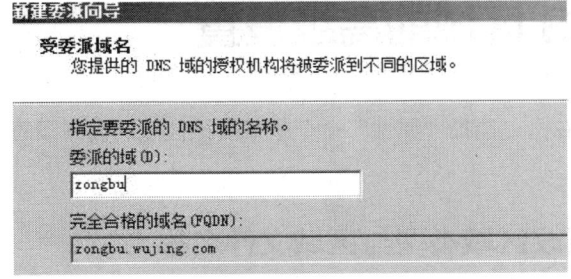

图 8-48 输入要委派的子域名

步骤3：在图 8-49 中单击"添加"按钮，输入 dns2 的计算机全名 dns2，并输入其 IP 地址 192.168.1.11，然后直接按 Enter 键，以便验证拥有此 IP 地址的服务器是否是此区域的授权服务器，然后单击"确定"按钮。

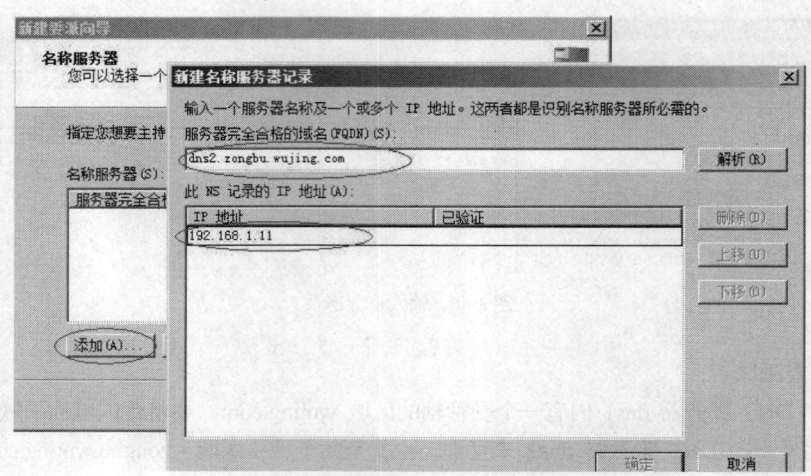

图 8-49 输入域名及 IP 地址

步骤 4：返回"名称服务器"窗口时单击"下一步"按钮，出现"正在完成新建委派向导"窗口时单击"完成"按钮。

步骤 5：图 8-50 就是完成后的界面，图中的 zongbu 就是刚才委派的子域，其中只有一条名称服务器（NS）的记录，它记录着 zongbu.wujing.com 的授权服务器是 dns2。当 dns1 收到查询 zongbu.wujing.com 内的记录请求时，它会向 dns2.zongbu.wujing.com 查询（查询模式为迭代查询）。

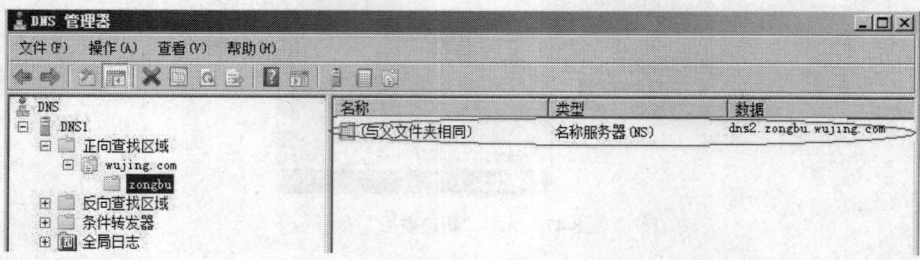

图 8-50 完成后的界面

8.4 DNS 区域的高级设置

可以在区域上右击，选择"属性"命令来更改该区域的高级设置，主要有以下几个方面。

8.4.1 更改区域类型与区域文件名称

可以通过图 8-51 所示的窗口来更改区域的类型与区域文件名称。区域类型可选择主要区域、辅助区域、存根区域，如果是域控制，还可以选择将区域记录存储到 Active Dirctory 数据库内，并且可以设置如何将区域内的记录复制到哪些域控制器。动态更新的说明在后面介绍。

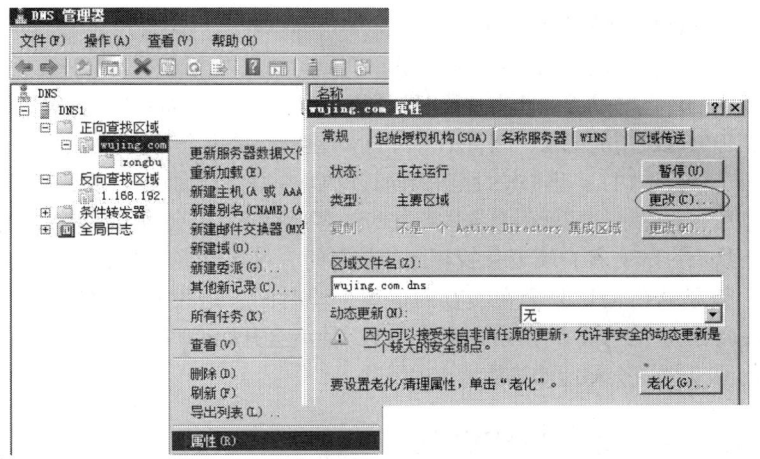

图 8-51　更改区域类型与区域文件名称

8.4.2　SOA 与区域传送

服务器内的辅助区域，其每一项记录都存储在"区域文件"内，不过它存储的是此区域内所有记录的副本，这份副本信息是利用"区域复制"的方式从其主服务器复制过来的。

可是多久执行一次"区域复制"呢？这些相关的设置值存储在 SOA 资源记录内，可以到存储主要区域的 DNS 服务器上，右击区域，选择"属性"→"起始授权机构（SOA）"来修改这些设置值，如图 8-52 所示。

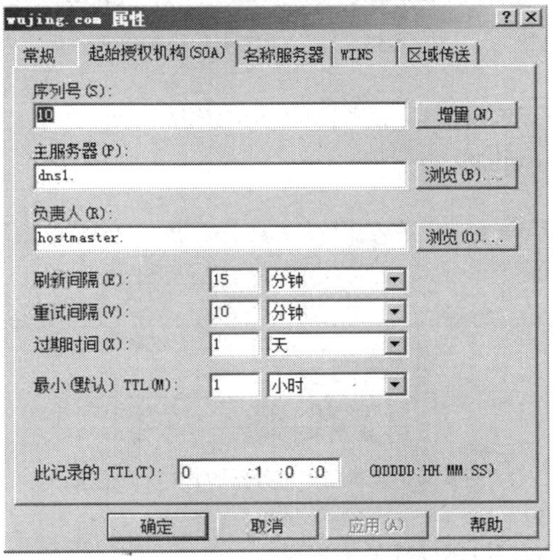

图 8-52　修改设置值

- 序列号：每次当 DNS 服务器数据库内的信息有改动时，序列号就会增加，因此辅助服务器可以根据双方的序列号来判断主服务器中是否有新的记录，若有就会请求主服务器执行区域复制。
- 主服务器：此区域的主服务器的全称域名（FQDN）。
- 负责人：此区域负责人的电子邮件信箱，此处利用句点"."来取代电子邮件信箱中的@符号。
- 刷新间隔：辅助服务器每隔这段时间后，就会向主服务器询问是否有新记录，若有，就会请求区域复制。
- 重试间隔：若区域复制失败，则在这段间隔时间后再重试。
- 过期时间：若辅助服务器在这段时间到达时，仍然无法从主服务器通过区域复制来更新辅助区域内的记录，则将不再对 DNS 客户端提供查寻的服务。
- 最小（默认）TTL：当 DNS 服务器向其他 DNS 服务器询问到 DNS 客户端所需要的信息后，它除了会将此信息提供给 DNS 客户端外，还会将其存储到其缓存内，以便下次有 DNS 客户端要查找相同的信息时，可在此缓存内快速地取得所需的信息，但是这份信息只会在缓存内保留一段时间，这段时间称为 TTL（Time to Live）。一旦信息被存储到缓存后，TTL 值就会开始递减。只要 TTL 值变为 0，DNS 服务器就会将此信息从缓存内消除。

8.4.3 名称服务器的设置

可以通过图 8-53 所示的窗口来设置此区域的 DNS 名称服务器，也就是设置此区域的授权服务器，设置时单击"添加"按钮。

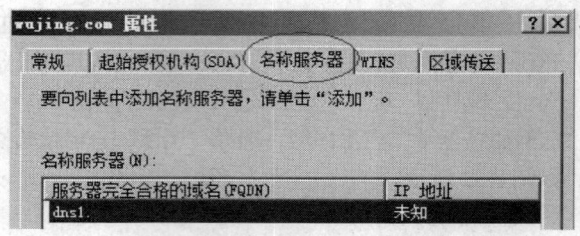

图 8-53 设置 DNS 名称服务器

也可以通过图 8-54 来查看名称服务器的 NS 资源记录。图中"与父文件夹相同"表示与父域名相同，也就是 wujing.com。

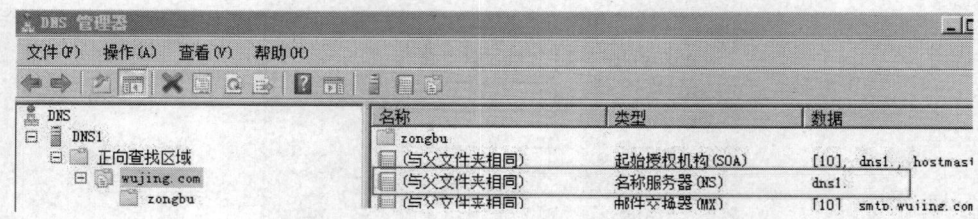

图 8-54 查看名称服务器的 NS 资源记录

8.4.4 区域传送的相关设置

主机服务器只会将区域内的记录转发到指定的辅助服务器，其他未被指定的辅助服务器提出的区域传送请求会被拒绝，可以通过图 8-55 来指定辅助服务器。若选择其中"只有在'名称服务器'选项卡中列出的服务器"单选按钮，表示只接受"名称服务器"选项卡中的辅助服务器的区域传送请求。

主机服务器的区域内的记录有变动时，也可以自动通知辅助服务器，而辅助服务器在收到通知后，就可以提出区域传送请求。单击图 8-55 的"通知"后，就可以通过图 8-56 来设置要被通知的辅助服务器。

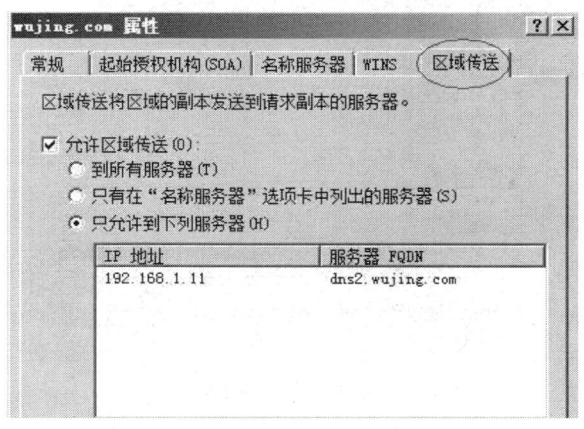

图 8-55　指定辅助服务器

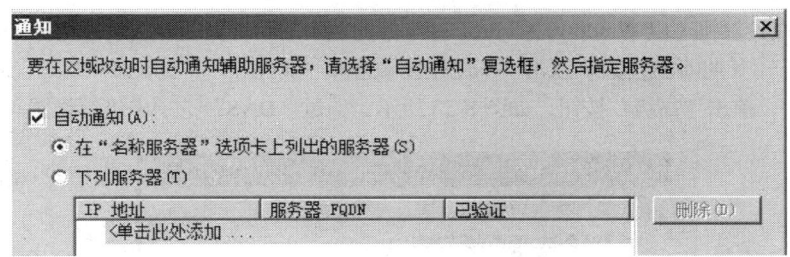

图 8-56　设置要被通知的辅助服务器

8.5　DNS 的动态更新

Windows Server 2008 的 DNS 服务器具备动态更新的功能，即，当更改 DNS 客户端的主机名称或 IP 地址时，这些更改的信息会自动地传送到 DNS 服务器，以便更新 DNS 服务器数据库内的记录。

DNS 客户端必须支持动态更新的功能，才会自动将更新信息传送到 DNS 服务器。Windows 2000 Server 以后的 Windows 客户端计算机都支持动态更新。

8.5.1　启动 DNS 服务器的动态更新功能

首先必须针对 DNS 服务器的区域来启用动态更新的功能，以便接受客户端动态更新的请求。启用的方法：右击需要动态更新的区域，选择"常规"选项卡，如图 8-57 所示，选择"非安全"或"安全"选项。

🍥 注意啦

只有 Active Directory 集成区域才可以选择"安全"，表示只有被授权的用户才可以更改区域或记录，也只有域成员计算机才有权进行动态更新。

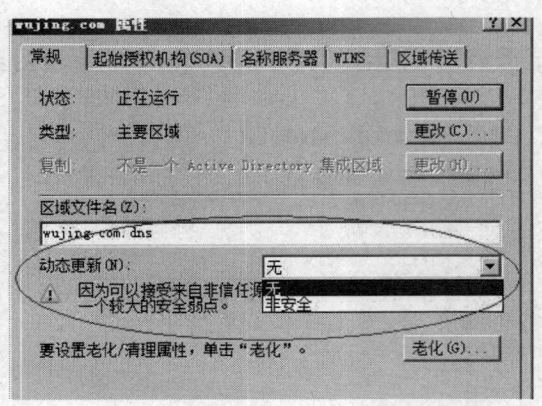

图 8-57 启动 DNS 服务器的动态更新功能

8.5.2 DNS 客户端的设置

客户端计算机（以 Windows XP Professional 为例）的动态更新方法是：选择"开始"→"控制面板"→"网络连接"，双击"本地连接"选择"属性"→"Internet 协议（TCP/IP）"→"属性"，单击"高级"按钮，如图 8-58 所示，通过"DNS"选项卡进行设置。

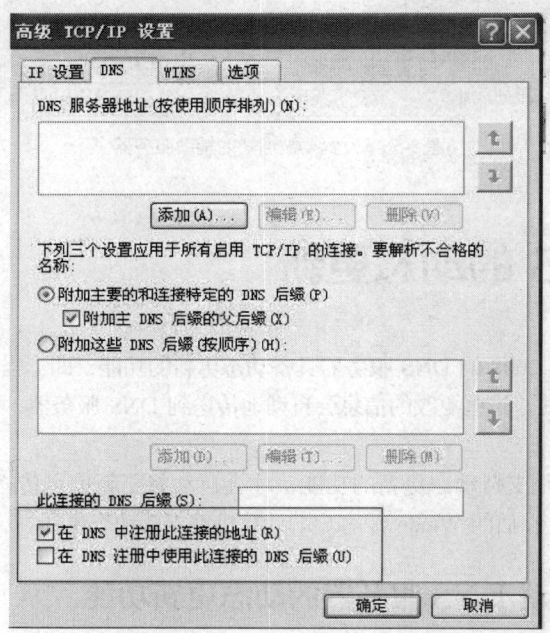

图 8-58 通过"DNS"选项卡进行设置

下面介绍图 8-58 中最下面两个复选框的含义。

- 在 DNS 中注册此连接的地址。DNS 客户端会将其完整的计算机名称与 IP 地址注册到 DNS 服务器中。例如：该客户端的计算机名为 pc1，并且该客户端加入到 wujing.com 这个域，则该计算机的 FQDN 为 pc1.wujing.com，这时就会把该计算机的 FQDN 名 pc1.wujing.com 与对应的 IP 地址注册到 DNS 服务器中。
- 在 DNS 注册中使用此连接的 DNS 后缀。如果在图 8-59 中选择此复选框，而且在"此连接的 DNS 后缀"文本框中输入另一个后缀，如图中的 wujing123.com，则此客户端还会将计算机名与此后缀合并为另一个 FQDN，并将此 FQDN 注册到 DNS 区域 wujing123.com 中。例如：若此计算机名称为 pc1，它另注册的 FQDN 为 pc1.wujing123.com。

> **注意啦**
>
> 必须先在 DNS 服务器中创建 wujing123.com 区域，并启用动态更新功能。

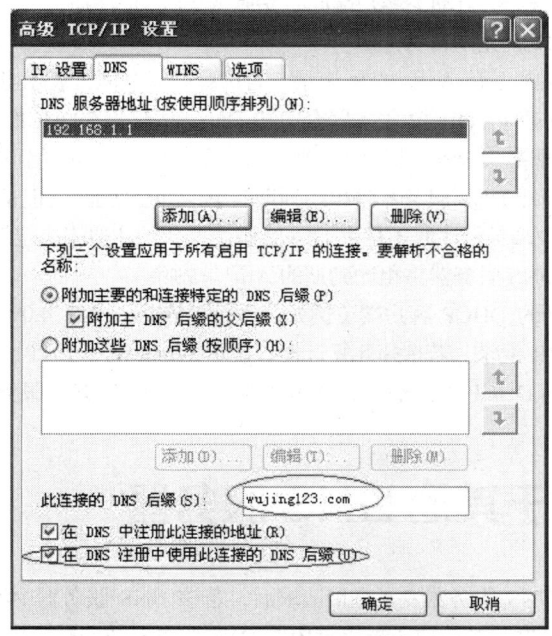

图 8-59 在 DNS 注册中使用此连接的后缀

8.5.3 DHCP 服务器的动态更新设置

当 DNS 客户端也是 DHCP 客户端，则可以通过 DHCP 服务器来替客户端向 DNS 服务器注册。DHCP 服务器的动态更新设置方法：在 DHCP 控制台窗口，在 IP 作用域上右击，选择"属性"命令，单击图 8-60 中的 DNS 标签，然后在其中设置。

下面对图 8-60 所示的内容进行说明。

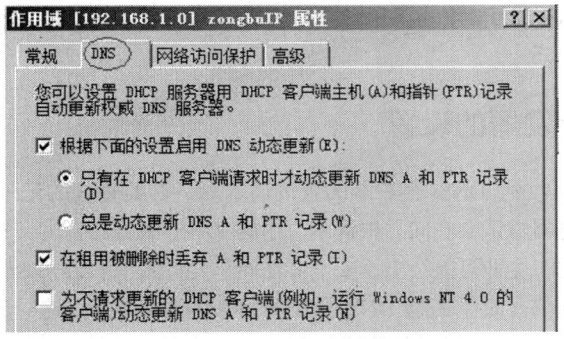

图 8-60 DHCP 服务器的动态更新设置方法

217

➢ 根据下面的设置启动 DNS 动态更新。选取此选项，服务器才具备 DHCP 客户端动态更新的功能。
  ● 只有在 DHCP 客户端请求时才动态更新 DNS A 和 PTR 记录。
    若选择此单选按钮，DHCP 服务器在收到 DNS 客户端的请求后，就会为客户端向 DNS 服务器动态更新 PTR 记录，而 A 记录则会由 DHCP 客户端自行向 DNS 服务器注册。
  ● 总是动态更新 DNS A 和 PTR 记录。
    DHCP 服务器会自动为客户端同时完成 A 与 PTR 注册，并告知 DHCP 客户端，这样客户端就无须自行注册。
➢ 在租用被删除时丢弃 A 和 PTR 记录。若选择此复选框，表示当 DHCP 客户端租用的 IP 租约到期时，DHCP 服务器会通知 DNS 服务器将 DHCP 客户端的 A 与 PTR 资源记录都删除。若没有选择此选项，则当客户端的 IP 租约到期时，DHCP 服务器虽然还是会通知 DNS 服务器将租约到期的 PTR 记录删除，但是 A 记录要看最初是由 DHCP 客户端自行注册还是由 DHCP 服务器代为注册来决定。也就是说，由最初注册者负责 DNS 服务器将租约到期的 A 记录删除。
➢ 为不请求更新的 DHCP 客户端（例如，运行 Windows NT 4.0 的客户端）动态更新 DNS A 和 PTR 记录。若选择此复选框，表示 Windows NT 4.0、Windows 98 等不支持动态更新的 DHCP 客户端，其 A 和 PTR 记录都由 DHCP 服务器代为更新。

8.6 求助于其他 DNS 服务器

DNS 客户端向 DNS 服务器发了查询请求后，若该 DNS 服务器中没有所需的记录，则该 DNS 服务器会代替客户端向位于根提示中的 DNS 服务器或向转发器查询。

8.6.1 根提示服务器

根提示中的 DNS 服务器就是域名空间根内的 DNS 服务器，这些服务器的名称与 IP 地址等数据存储在 "%systemroot%\system32\DNS\cache.dns" 文件中。而可以在 DNS 控制台中，在服务器上右击，选择"属性"命令，然后通过图 8-61 所示的"根提示"选项卡来查看这此数据。

不可以在"根提示"选项卡中添加、编辑与删除 DNS 服务器，这些变动数据会存储到 cache.dns 文件中，可以利用图 8-61 中的"从服务器复制"，以便从其他的 DNS 服务器复制根提示。

8.6.2 转发器的设置

当 DNS 服务器收到 DNS 客户端的查询请求后，若要查询的记录不在其所管辖区域内，则此 DNS 服务器默认会转向"根提示"中的 DNS 服务器查询。然而如果企业内部拥有多台 DNS 服务器，企业可能会出于安全考虑而只允许其中一台 DNS 服务器可以直接与外界 DNS 服务器通信，而让其他 DNS 服务器将查询请求委托给这一台 DNS 服务器来查询。也就是说，这一台 DNS 服务器是其他 DNS 服务器的转发器（forwarder）。

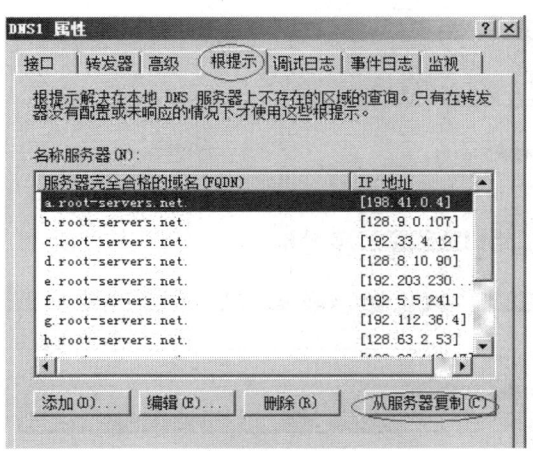

图 8-61 "根提示"进项卡

当 DNS 服务器 A 将 DNS 客户端的查询请求转发给扮演转发器角色的另一台 DNS 服务器后（这属于递归查询模式），就等待查询的结果，并将得到的结果回发给 DNS 客户端。

若要指定转发器，请在 DNS 控制台中，在 DNS 服务器上右击，选择"属性"命令，在图 8-62 的"转发器"选项卡中进行设置。它表示所有要查询的记录，若不在这台 DNS 服务器所管理的区域内，都会被转发到 IP 地址为 192.168.1.2 的转发器。

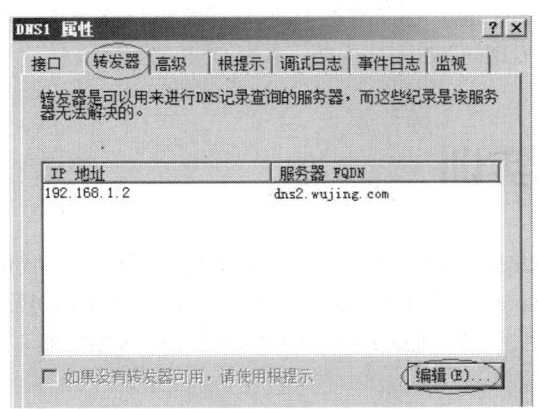

图 8-62 指定转发器

在图 8-62 中还选择了"如果没有转发器可用，请使用根提示"复选框，表示若无法通过转发器来查询，则此 DNS 服务器会自行向根提示中的服务器查询。若出于安全考虑，不想让此服务器直接到外界查询，可取消选择此复选框，此时这台 DNS 服务器若无法通过转发器查到记录，则会直接告诉 DNS 客户端找不到其所需要的记录。

也可以设置条件转发器，让不同的域请求转发到不同的转发器。比如：查询域 wujing.com 的请求会转发到转发器 192.168.1.2，而查询域 zongbu.wujing.com 的请求会转发到转发器 192.168.1.3。

条件转发器设置方法如图 8-63 所示。在"条件转发器"上右击，选择"新建条件转发器"命令，在弹出的对话框中输入域名与转发器的 IP 地址。图中的设置会将查询域 wujing.com 的请求转发到 IP 地址为 192.168.1.2 的 DNS 服务器。

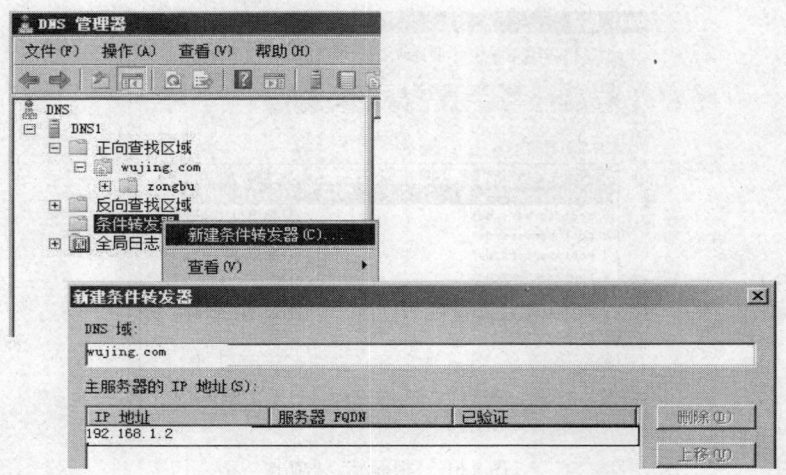

图 8-63　设置条件转发器

8.7　本章小结

　　DNS 服务器通过 DNS 服务功能，可以将 IP 地址与形象易记的域名一一对应，使用户在访问服务器或网站时可以不用 IP 地址，而使用简单易记的域名。通过本章的学习，必须掌握 Internet 的域名空间结构；熟练掌握 DNS 服务器和 DNS 客户端的配置；并在 DNS 服务器出现问题时能够发现问题和解决问题；掌握 DNS 的测试。

8.8　上机实训

　　1. 完成单个 DNS 服务器区域的建立，创建 DNS 正向查找区域和反向查找区域。实现使用 www.wj.mil 和 ftp.wj.mil 访问网络中的 FTP 服务器和 Web 服务器。
　　2. 配置主 DNS 服务器、辅助 DNS 服务器和授权 DNS 服务器。

8.9　思考与练习

　　1. 试描述 DNS 的工作原理。
　　2. 请画出 DNS 域名空间结构图，并对每一层的特点进行简要的描述。
　　3. DNS 的查询模式有哪几种？
　　4. DNS 常见的资源记录有哪些？
　　5. DNS 的管理与配置流程是什么？
　　6. DNS 服务器属性中的"转发器"的作用是什么？

第 9 章 DHCP 服务器的配置

在 TCP/IP 网络中，每一台主机都必须有一个唯一的 IP 地址，并且通过此 IP 地址来与网络内的其他主机通信。主机可以通过 DHCP 服务器来自动设置 IP 地址以及相关的 TCP/IP 设置。

本章将要介绍的主要内容如下。

- IP 地址的配置
- DHCP 的运行原理
- 安装 DHCP 服务器
- DHCP 服务器的授权
- IP 作用域的建立与管理
- DHCP 客户端的配置
- 配置选项的设置
- DHCP 中继代理
- 超级作用域与多播作用域
- DHCP 数据库的维护

9.1 IP 地址的配置

网络中每台主机的 IP 地址及其相关配置，可以采用以下两种方式。

- 手工输入：这种手工输入的方式比较容易出错，而且出错时不易找出问题，因此采用这种方式会加重系统管理员的负担。
- 向 DHCP 服务器自动获取：采用这种方式用户不需要自行输入 IP 地址等相关配置，而是由 DHCP 服务器来自动分配 IP 地址给客户端计算机。它可以减少手工输入所造成的错误、减轻管理上的负担。

使用 DHCP 方式来自动分配 IP 地址时，整个网络必须至少有一台计算机内安装了 DHCP 服务，也就是需要有一台"DHCP 服务器"。而客户端也必须支持自动获取 IP 地址的功能，这些客户端我们将其称为 DHCP 客户端。图 9-1 所示是一个支持 DHCP 的网络范例。

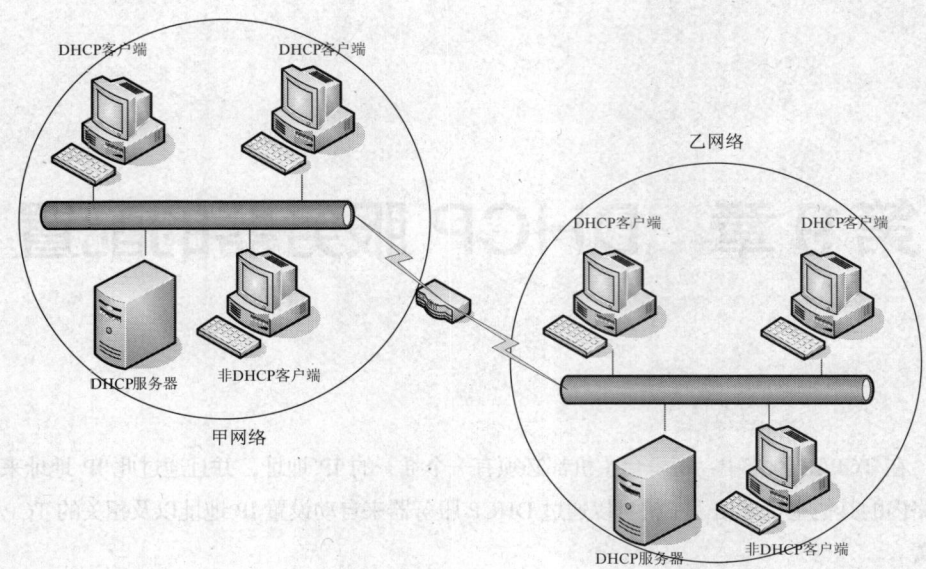

图 9-1　使用 DHCP 方式自动分配 IP 地址

事实上，DHCP 服务器只是将 IP 地址出租给 DHCP 客户端一段时间而已，在租约到期前，若 DHCP 客户端没有更新租约的话，DHCP 服务器会收回该 IP 地址的使用权。

当 DHCP 客户端开机时，它就会自动与 DHCP 服务器通信，并请求 DHCP 服务器提供 IP 地址给此 DHCP 客户端。而 DHCP 服务器在收到 DHCP 客户端的请求后，会根据 DHCP 服务器的配置，决定如何提供 IP 地址给客户端。IP 地址的分配方式主要有以下两种。

- 永久租用：当 DHCP 客户端向 DHCP 服务器租用到 IP 地址后，这个地址就永远租给 DHCP 客户端来使用。只要内部网络内有足够的 IP 地址给客户端使用，就可以不限定租期，此时可以采用这种方式来自动分配 IP 地址给客户端。
- 限定租期：当 DHCP 客户端向 DHCP 服务器租到 IP 地址后，DHCP 客户端只是暂时使用这个地址一段时间。若客户端在租约到期前未更新租约，则 DHCP 服务器会收回此 IP 地址，并会将此 IP 地址转租给其他客户端。如果原 DHCP 客户端以后还需要 IP 地址的话，它可以再向 DHCP 服务器租用另一个 IP 地址。此种方式可以动态分配 IP 地址，它可以解决 IP 地址不够用的困扰。例如公司只有 254 个 IP 地址，但是网络上的主机却超过 254 台，IP 地址就不够用了。此时可以利用 DHCP 的动态分配功能来解决这个问题，因为 IP 地址是动态分配的，而不是固定给某个客户端来使用。当客户端不需要使用此 IP 地址时（例如租约到期前未更新租约），就由 DHCP 服务器收回，并提供给其他的 DHCP 客户端来使用。

DHCP 服务器不但可以提供 IP 地址给 DHCP 客户端，它还可以提供一些其他相关的配置选项给 DHCP 客户端。例如子网掩码、默认网关、WINS 服务器的 IP 地址、DNS 服务器的 IP 地址等。

9.2　DHCP 的运行原理

当 DHCP 客户端的计算机启动时，它会与 DHCP 服务器通信，以便从 DHCP 服务器获取 IP 地址、子网掩码等 TCP/IP 的配置信息，然而它们之间的通信方式，却是根据 DHCP 客户端是在向 DHCP 服务器获取一个新的 IP 地址、还是更新租约（要求继续使用原来的 IP 地址）而有所不同。下面就来说明 DHCP 服务器与客户端之间的通信原理。

9.2.1 从 DHCP 服务器获取 IP 地址

DHCP 客户端会根据以下所列举的几种情况，从 DHCP 服务器获取一个新的 IP 地址。

- 客户端计算机第一次扮演 DHCP 客户端的角色。也就是说它是第一次从 DHCP 服务器获取 IP 地址。
- 客户端原先所租用的 IP 地址已被 DHCP 服务器收回，而且已经又租给其他计算机了，因此该客户端需要重新从 DHCP 服务器租用一个新的 IP 地址。
- 客户端自己释放原先所租用的 IP 地址，并要求租用一个新的 IP 地址。
- 客户端计算机更换了网卡。
- 客户端计算机被转移到另外一个网段。

如果是属于以上几种情况中的任何一种，DHCP 客户端与 DHCP 服务器之间会通过以下的 4 个包（packet）来相互通信，如图 9-2 所示。

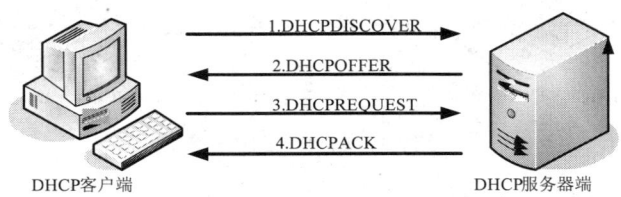

图 9-2　从 DHCP 服务器获取 IP 地址

- DHCPDISCOVER：DHCP 客户端会先送出 DHCPDISCOVER 的广播信息到网络，以便找一台能够提供 IP 地址的 DHCP 服务器。
- DHCPOFFER：当网络中的 DHCP 服务器收到 DHCP 客户端的 DHCPDISCOVER 信息后，它就会从 IP 地址池中，挑选一个尚未出租的 IP 地址，然后利用广播的方式传送给客户端。之所以用广播的方式，是因为在此时 DHCP 客户端还没有 IP 地址。在尚未与客户端完成租用 IP 地址的程序之前，这个 IP 地址会暂时被保留起来，以避免再分配给其他的 DHCP 客户端。

如果网络中有多台 DHCP 服务器收到 DHCP 客户端的 DHCPDISCOVER 信息，并且也都响应给 DHCP 客户端（表示它们都可以提供 IP 地址给此客户端），则 DHCP 客户端会从中挑选第一个收到的 DHCPOFFER 信息。

- DHCPREQUEST：当 DHCP 客户端挑选好第一个收到的 DHCPOFFER 信息后，它就利用广播的方式，响应一个 DHCPREQUEST 信息给 DHCP 服务器。之所以用广播的方式，是因为它不但要通知所挑选到的 DHCP 服务器，还必须通知没有被选上的其他 DHCP 服务器，以便这些 DHCP 服务器能够将其原本欲分配给此 DHCP 客户端的 IP 地址回收，供其他的 DHCP 客户端使用。

DHCP 客户端在收到 DHCPOFFER 信息后，会先检查包含在 DHCPOFFER 包内的 IP 地址，以确定此地址是否已被其他的计算机使用。检查时，它会发出一个 ARP 请求信息，如果发现此地址已被其他的计算机使用，则 DHCP 客户端会发出一个 DHCPDECLINE 信息给 DHCP 服务器，然后重新开始发出 DHCP 信息，以便获取另一个 IP 地址。
- DHCPACK：DHCP 服务器收到 DHCP 客户端要求 IP 地址的 DHCPREQUEST 信息后，就会利用广播的方式送出 DHCPACK 确认信息给 DHCP 客户端，之所以用广播的方式，是因为此时 DHCP 客户端还没有 IP 地址，此信息内包含着 DHCP 客户端所需的 TCP/IP 配置信息。例如 IP 地址、子网掩码、默认网关、DNS 服务器等。

DHCP 客户端在收到 DHCPACK 信息后，就完成了获取 IP 地址的步骤，也就可以开始利用这个 IP 地址来和网络中其他的计算机进行通信。

9.2.2 更新 IP 地址的租约

如果 DHCP 客户端想延长其 IP 地址使用期限，那么 DHCP 客户端必须更新（renew）其 IP 租约。更新租约时，DHCP 客户端会将 DHCPREQUEST 信息发送给 DHCP 服务器，如图 9-3 所示。

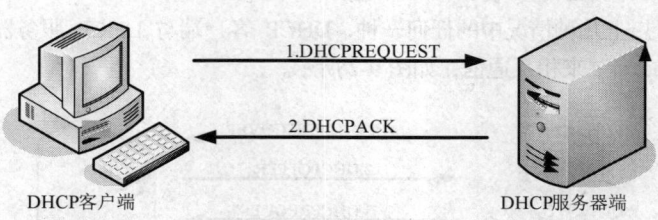

图 9-3　更新 IP 地址的租约

1．自动更新租约

DHCP 客户端会在下列情况下，自动向 DHCP 服务器更新租约。

（1）DHCP 客户端计算机重新启动时

每一次客户端计算机重新启动时，都会自动将 DHCPREQUEST 广播信息发送给 DHCP 服务器，以便要求继续租用原来所使用的 IP 地址。若租约无法更新，客户端会尝试与默认网关通信，若通信成功且租约并未到期，则客户端仍然可以继续使用原来的 IP 地址，并且等待下一次更新时间再更新。但是若无法与默认网关通信，则客户端会放弃目前的 IP 地址，改用 169.254.0.1～169.254.255.254 之间的 IP 地址，然后每隔 5min 再尝试更新租约。

（2）IP 租约期过一半时

DHCP 客户端也会在租约过一半时，自动直接发送一个 DHCPREQUEST 信息给出租此 IP 地址的 DHCP 服务器。如果租约过一半时无法成功地更新租约，客户端仍然可以继续使用原来的 IP 地址，因为租约尚未到期，客户端还是会在租约期过 7/8 时，再利用 DHCPREQUEST 广播信息来向任何一台 DHCP 服务器更新租约。如果仍然无法更新，则此客户端会立刻放弃其正在使用的 IP 地址，然后重新向服务器申请一个新的 IP 地址（利用 DHCPDISCOVER 信息）。

只要 DHCP 客户端能够成功地更新租约，DHCP 服务器就会响应一个 DHCPACK 信息给它，因此客户端就可以继续使用原来的 IP 地址，且会重新取得一个新的租约，其新的租约期限根据当时 DHCP 服务器上的配置而定。

在更新租约时，如果这个 IP 地址已无法再给 DHCP 客户端使用时，例如此地址已无效或这个地址已被其他的计算机使用，则 DHCP 服务器会响应一个 DHCPNAK 信息给客户端。

2. 手动更新租约与释放 IP 地址

DHCP 客户端也可以利用 ipconfig/renew 命令来更新 IP 租约。客户端也可以利用 ipconfig/release 命令自行将 IP 地址释放，此时客户端会发送给 DHCP 服务器一个 DHCPRELEASE 信息，释放后，客户端会每隔 5min 自动再去找 DHCP 服务器租用 IP 地址，或是利用 ipconfig/renew 命令更新 IP 租约。

9.2.3 自动分配私有 IP 地址

如果 DHCP 客户端的计算机是 Windows 2000 Server、Windows XP、Windows Server 2003，则当这些计算机无法从 DHCP 服务器租到 IP 地址时，这些计算机会自动产生一个网络号为 169.254.0.0/16 的专用 IP 地址，并用这个 IP 地址来与其他计算机通信。

在客户端计算机开始使用这个 IP 地址之前，它会先发送一个广播信息给网络上的其他计算机，以便检查是否有其他的计算机使用这个 IP 地址。若没有其他计算机响应此信息，客户端计算机就将此 IP 地址分配给自己使用，否则就继续尝试其他的 IP 地址。之后客户端计算机仍然会每 5min 一次来寻找 DHCP 服务器，以便向 DHCP 服务器租用一个有效的 IP 地址，在还没有租到有效的 IP 地址之前，客户端计算机仍然继续使用这个专用 IP 地址。

以上的操作就是所谓的"自动分配私有 IP 地址"（Automatic Private IP Addressing，APIPA），它让客户端计算机在尚未向 DHCP 服务器租到有效的 IP 地址之前，仍然能够有一个临时的 IP 地址可用，利用它来与同一个网络内也是使用 169.254.0.0/16 地址的计算机通信。

> **注意啦**
>
> 若客户端的 IP 地址是手动设置的，但此 IP 地址已被其他计算机占用，此时客户端也会指派一个 169.254.0.0/16 格式的 IP 地址给自己，让它可以跟同样使用 169.254.0.0/16 地址的计算机通信。

9.3 DHCP 服务器的配置与管理

利用如图 9-4 所示的架构来练习 DHCP 服务器的配置与管理，其中的 DC 为域控制器兼 DNS 服务器，DHCP 为已加入域的 DHCP 服务器，PC1 为 Windows XP（可以不加入域）。请将各计算机的操作系统安装好，设置 TCP/IP，创建域（假设域名为 wujing.com），将 DHCP 计算机加入域。

> **注意啦**
>
> 如果利用虚拟环境来练习，请将这些计算机所连接的虚拟网络的 DHCP 功能禁用，否则它会干扰实验。如果您利用物理计算机来练习，请将网络中的其他 DHCP 服务器关闭或禁用。

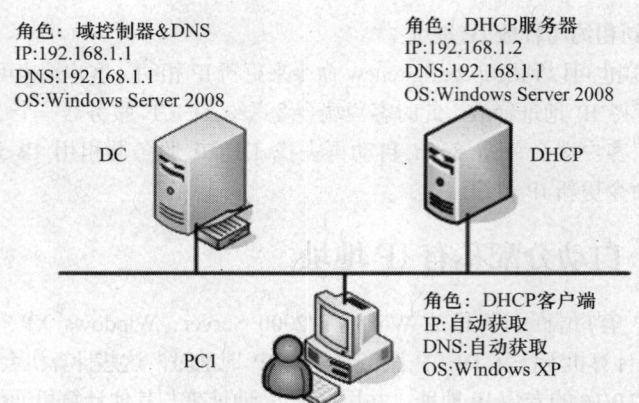

图 9-4 DHCP 服务器的配置与管理

9.3.1 配置 DHCP 服务器

在安装 DHCP 服务之前，请注意以下事项。
- 建议将 DHCP 服务器的 IP 地址设置为静态的，也就是要手动输入其 IP 地址、子网掩码、默认网关等数据。
- 事先规划好要出租给客户端计算机的 IP 地址的范围（即 IP 作用域）。
- 只有服务器级别的计算机才能安装 DHCP 服务，比如 Windows Server 2008、Windows Server 2003 等，而 Windows XP 等客户端计算机不能安装。

以添加 DHCP 服务器角色的方式将 DHCP 服务器安装到 Windows Server 2008 计算机中，其安装步骤如下。

步骤1：在如图 9-4 所示的扮演 DHCP 服务器角色的计算机上使用域以 Administrator 身份登录。

步骤2：依次选择"开始→服务器管理器"命令，打开如图 9-5 所示的"服务器管理"窗口，单击"角色"下的"添加角色"选项。

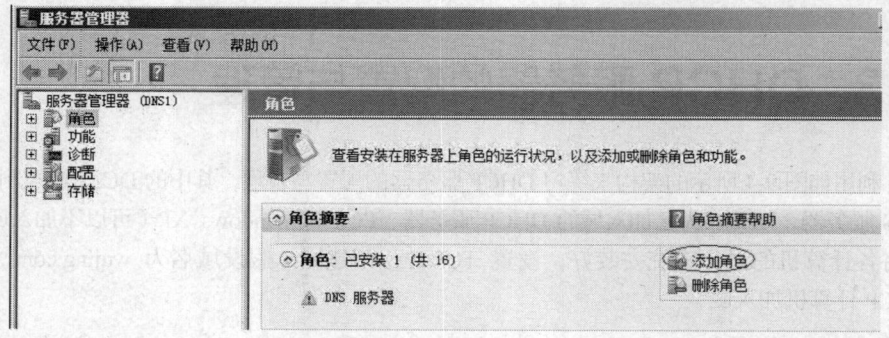

图 9-5 "服务器管理"窗口

步骤3：在出现"开始之前"窗口时，单击"下一步"按钮。

步骤4：在出现图 9-6 所示的"添加角色向导"窗口中选择"DHCP 服务器"复选框，然后单击"下一步"按钮。

步骤5：在出现的"DHCP 服务器"窗口中单击"下一步"按钮。

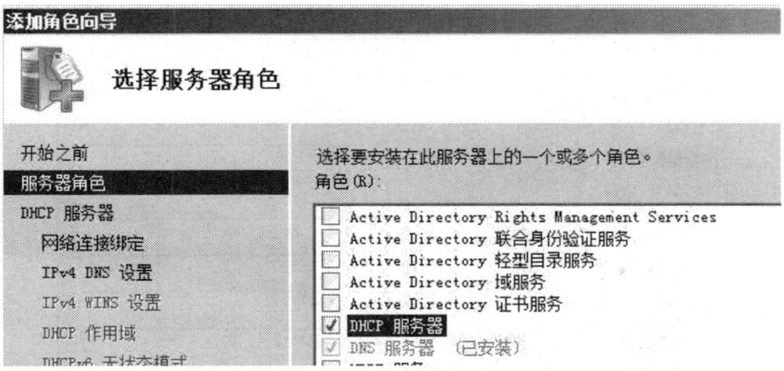

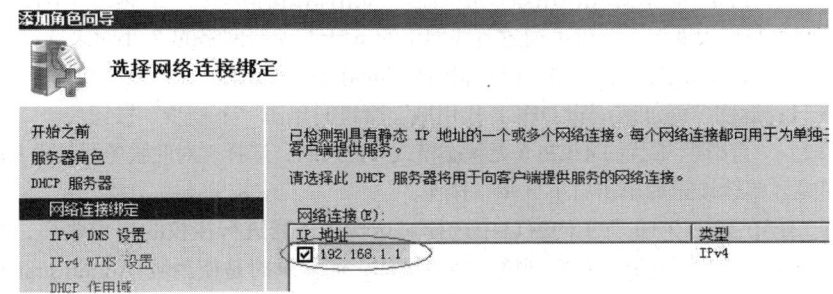

图 9-6 "添加角色向导"窗口

步骤 6：安装程序会自动检测与显示这台计算机中采用静态 IP 地址设置的网络连接，如图 9-7 所示。请在图中选择要提供 DHCP 服务的网络连接，也就是通过此网络连接来的 DHCP 请求，这台服务器才会提供服务。

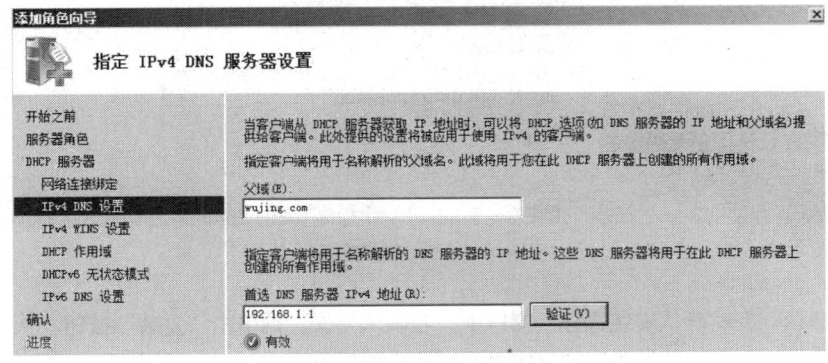

图 9-7 选择网络连接绑定

步骤 7：DHCP 服务器除了会把 IP 地址租给客户端外，还可以为客户端指定其他的选项设置，如 DNS 域名与 DNS 服务器的 IP 地址等。可以通过图 9-8 设置这两个选项，图中将 DNS 域名（父域）设置为 wujing.com，将首选 DNS 服务器的 IP 地址设置为 192.168.1.1，建议通过"验证"按钮来确认该 DNS 服务器确实存在。

图 9-8 指定 IPv4 服务器设置

步骤 8：在出现"指定 IPv4 WINS 服务器设置"窗口时直接单击"下一步"按钮。这里先不设置 WINS。

步骤 9：在出现"添加或编辑 DHCP 作用域"窗口时，单击该窗口的"添加"按钮来设置 IP 地址作用域，也就是设置可出租给客户端的 IP 地址范围。

227

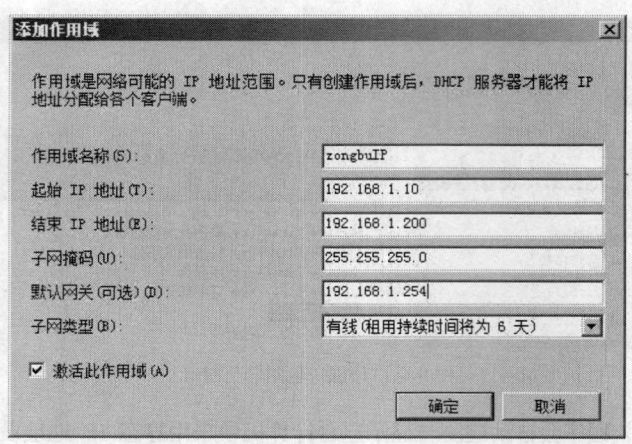

图 9-9 添加作用域

步骤 10：在图 9-9 中为此作用域设置名称、欲出租给客户端的 IP 地址范围、子网掩码、默认网关与租用期限（此处可通过有线网络的 6 天与无线网络的 8 小时来选择）。此作用域的 IP 范围不可以包含已经被其他计算机使用的静态 IP 地址。

步骤 11：返回"添加或编辑 DHCP 作用域"窗口时单击"下一步"按钮。

步骤 12：在出现"配置 DHCPv6 无状态模式"窗口时，选择"对此服务器禁用 DHCPv6 无状态模式"单选按钮后单击"下一步"按钮。

步骤 13：在如图 9-10 所示的窗口中选择对这台服务器进行授权的用户账户，必须是 Enterprise Admin 组的成员才有权利执行授权操作，而登录时是使用域 Administrator 的身份，它就是此组的成员，选择"使用当前凭据"单选按钮后单击"下一步"按钮。

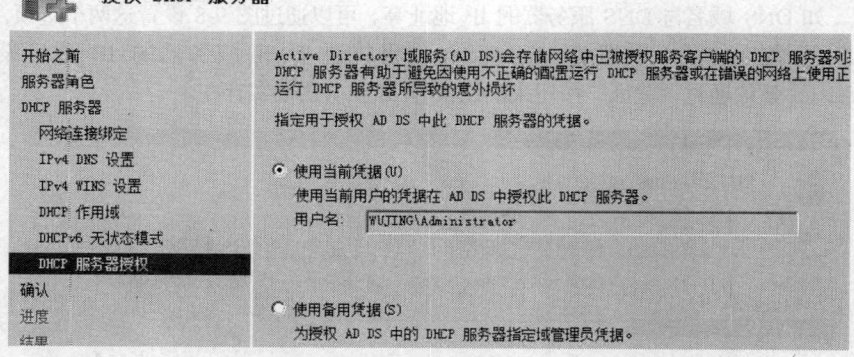

图 9-10 授权 DHCP 服务器

步骤 14：在"确认安装选择"窗口中，若确认无误，则单击"安装"按钮。

步骤 15：在"安装结果"窗口中显示安装成功后单击"关闭"按钮。

> **注意啦**
>
> 通过"服务器管理器"来安装角色服务时，内置的 Windows 防火墙会自动开放与该服务有关的传入流量。因此，此处会自动开放与 DHCP 有关的传入流量。

9.3.2 配置 DHCP 客户端

下面在图 9-4 所示的 DHCP 客户端计算机 PC1 上来进行配置实验（该客户端计算机的操作系统为 Windows XP Professional）。首先要保证所有的 DHCP 客户端计算机的 IP 地址获取方式是自动获得，方法如下。

右击桌面上“网上邻居”，选择“属性”命令，在“网络连接”中双击“本地连接”，单击“属性”按钮，选择“Internet 协议版本 4（TCP/IPv4）”，再单击“属性”按钮，然后再按照图 9-11 所示进行设置。

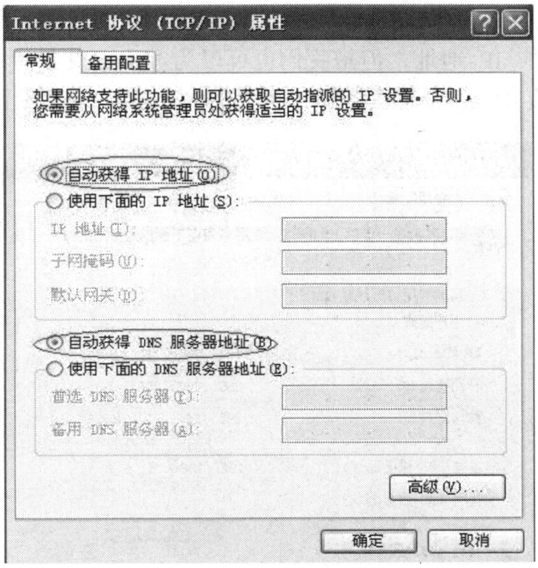
Internet 协议 (TCP/IP) 属性
常规
备用配置
如果网络支持此功能，则可以获取自动指派的 IP 设置。否则，
您需要从网络系统管理员处获得适当的 IP 设置。
自动获得 IP 地址(O)
使用下面的 IP 地址(S):
IP 地址(I):
子网掩码(U):
默认网关(D):
自动获得 DNS 服务器地址(B)
使用下面的 DNS 服务器地址(E):
首选 DNS 服务器(P):
备用 DNS 服务器(A):
高级(V)...
确定
取消

图 9-11 设置 DHCP 客户端计算机的 IP 地址获取方式

确认无误后，接下来检查 DHCP 客户端是否已经可以正常从 DHCP 服务器租用到 IP 地址与获得选项设置值。DHCP 客户端可以利用 ipconfig 命令或 ipconfig/all 命令来检查是否已经租到 IP 地址与获得相关的选项设置值。图 9-12 所示为成功租用的界面。

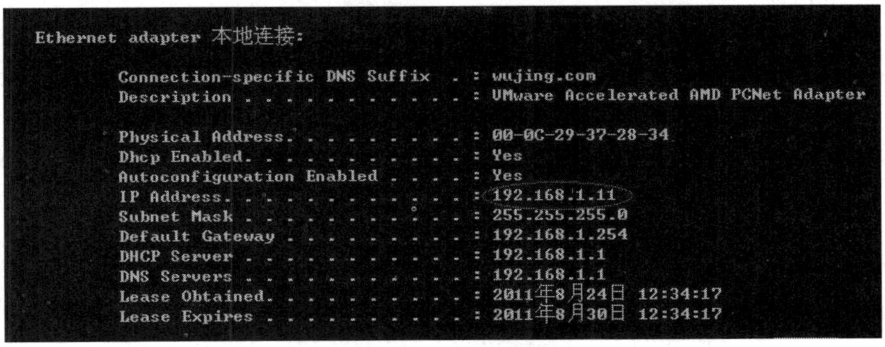
Ethernet adapter 本地连接:
Connection-specific DNS Suffix . : wujing.com
Description . . . . : VMware Accelerated AMD PCNet Adapter
Physical Address. . . . . : 00-0C-29-37-28-34
Dhcp Enabled. . . . . : Yes
Autoconfiguration Enabled . . . . : Yes
IP Address. . . . . : 192.168.1.11
Subnet Mask . . . . : 255.255.255.0
Default Gateway . . . . : 192.168.1.254
DHCP Server . . . . : 192.168.1.1
DNS Servers . . . . : 192.168.1.1
Lease Obtained. . . . . : 2011年8月24日 12:34:17
Lease Expires . . . . : 2011年8月30日 12:34:17

图 9-12 成功租用 IP 地址的界面

DHCP 客户端除了会自动更新租约外，用户还可以通过 ipconfig/release 命令自行将 IP 地址释放，接着 DHCP 客户端会每隔 5min 自动搜索 DHCP 服务器租用 IP 地址，或用户自行利用 ipconfi/renew 命令向 DHCP 服务器租用 IP 地址。

> **注意啦**
>
> 如果用虚拟机模拟 DHCP 服务器端和客户端，必须把虚拟机自带的 DHCP 服务功能禁用，否则，DHCP 客户端无法从 DHCP 服务器端正确获得有效的 IP 地址。

9.3.3 客户端的备用配置

如果客户端因故无法向 DHCP 服务器租到 IP 地址，客户端会每隔 5min 自动搜索 DHCP 服务器，并向其申请租用 IP 地址，在未租到 IP 地址之前，客户端默认是可以通过自动专用 IP 地址（Automatic Private IP Adressing，APIPA）机制为自己配置一个 169.254.0.0/16 格式的 IP 地址，但是我们也可以为客户端设置另一个 IP 地址来替换 169.254.0.0/16 格式的 IP 地址。这些都可以通过图 9-13 中的"备用配置"选项卡来配置。

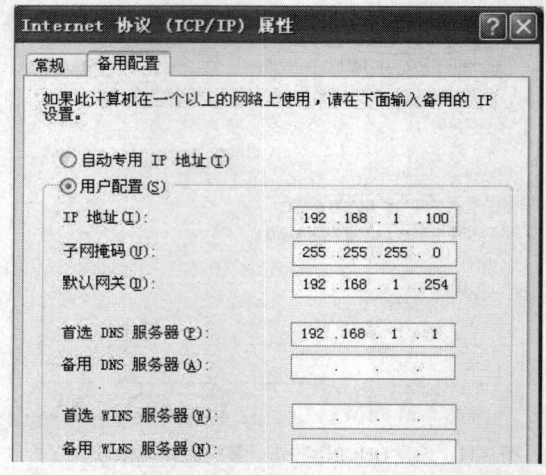

图 9-13 客户端的备用配置

- 自动专用 IP 地址：这是默认值，它就是 APIPA，当客户端无法从网络上的 DHCP 服务器租到 IP 地址时，这些计算机会自动使用 169.254.0.0/16 格式的专用 IP 地址。
- 用户配置：当客户端无法从网络上的 DHCP 服务器租到 IP 地址时，这些计算机会自动使用此处所指定的 IP 地址与设置值。这个功能特别适用于客户端需要在不同网络中使用的场合。例如，若客户端为笔记本电脑，这台计算机在公司使用时是向 DHCP 服务器租用 IP 地址；但是当此计算机在家中使用时，由于家中没有 DHCP 服务器，无法租到 IP 地址，因此就自动改用此处所配置的 IP 地址。

9.4 DHCP 服务器的授权

如果任何用户都可以随意安装 DHCP 服务器，而且其所出租的 IP 地址是随意乱设的，那么，当 DHCP 客户端在向 DHCP 服务器租用 IP 地址时，很可能就会由这台 DHCP 服务器来提供 IP 地址给客户端，那么 DHCP 客户端所得到的 IP 地址可能根本无法使用或是已经有其他的用户在使用了,那么客户端就无法成功地访问网络资源了,同时也会加重系统管理员的管理负担。

因此 DHCP 服务器安装好以后,并不是立刻就可以对 DCHP 客户端提供服务,它还必须经过一个"授权"的步骤。未经授权的 DHCP 服务器并不会将 IP 地址出租给 DHCP 客户端。

9.4.1 DHCP 授权的原理与注意事项

- Windows Server 2008 域中的所有 DHCP 服务器都必须被授权,未经授权的 DHCP 服务器并不会提供 DHCP 服务,也不会将 IP 地址租给 DHCP 客户端。
- 只有 Enterprise Admins 组内的成员才有权执行授权的动作。
- 已被授权的 DHCP 服务器的 IP 地址记录在域控制器内 Active Directory 数据库中。
- DHCP 服务器在启动时,会通过所属域树内的 Active Directory 数据库来检查此台 DHCP 服务器是否已经被授权。若已经被授权,该 DHCP 服务器就可以将 IP 租给 DHCP 客户端,不管 DHCP 客户端计算机是否隶属于同一个域树。
- 不是域成员的 DHCP 服务器(独立服务器)无法被授权。此服务器是否可以正常启动并将 IP 地址租给客户端呢?此台 DHCP 服务器在启动 DHCP 服务时,会检查其所属子网内是否存在任何一台已经在 Active Directory 内被授权的 DHCP 服务器。
  - ➢ 如果存在,这台独立服务器就不会启动 DHCP 服务,也不会出租 IP 地址给 DHCP 客户端。
  - ➢ 如果不存在,这台独立服务器就会正常启动 DHCP 服务,并且可以出租 IP 地址给 DHCP 客户端。

> **注意啦**
>
> 独立服务器通过广播 DHCPINFORM 信息来检查子网内是否有在 Active Directory 内已经被授权的 DHCP 服务器。

- 授权的功能只适用于 Windows Server 2008、Windows Server 2003 与 Windows Server 2000。Windows NT 4.0 及更早版本的 DHCP 服务器和其他厂商所开发的 DHCP 服务器无法被授权,也不需要授权。

> **注意啦**
>
> 在 Active Directory 域环境下,建议第一台 DHCP 服务器最好是成员服务器或域控制器。因为如果第一台 DHCP 服务器是独立服务器的话,一旦以后在域的成员计算机上安装了另外一台 DHCP 服务器,且这台计算机是在同一个子网内,则独立服务器上的 DHCP 服务将无法再启动。

9.4.2 执行授权

要执行授权的工作,请选择"开始"→"管理工具"→"DHCP",然后按图 9-14 所示右击要授权的 DHCP 服务器,选择"授权"选项,图 9-15 为完成后的画面,左边有一个绿色朝上的箭头(授权后,若仍然显示红色朝下的箭头,请按 F5 键更新显示画面)。

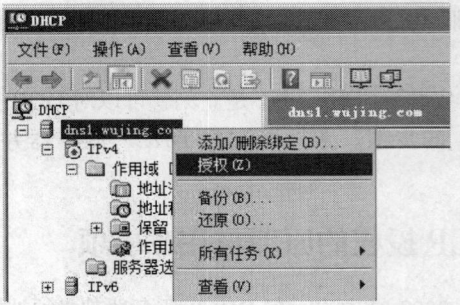

图 9-14　执行授权

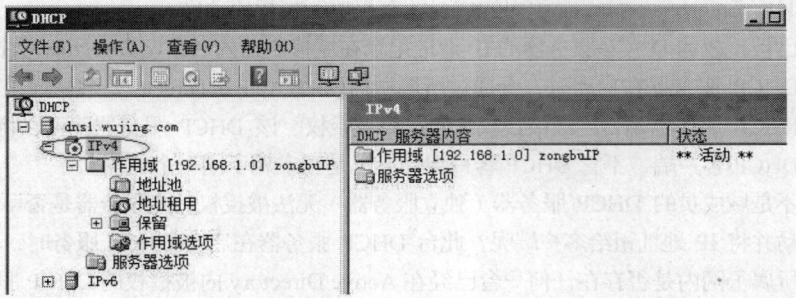

图 9-15　授权完成界面

9.5　IP 作用域的创建

必须在 DHCP 服务器中创建一个或多个 IP 作用域，当 DHCP 客户端向 DHCP 服务器租用 IP 地址时，DHCP 服务器就可以从这些作用域中选择一个合适的、尚未出租的 IP 地址，并将其出租给该 DHCP 客户端。

9.5.1　新建 IP 作用域

在安装 DHCP 服务器时就已经创建了一个作用域 ZongbuIP（其 IP 地址范围为 192.168.1.10~192.168.1.200），如果要添加多个作用域，如图 9-16 所示，可以在"IPv4"右击，选择"新建作用域"命令来完成。

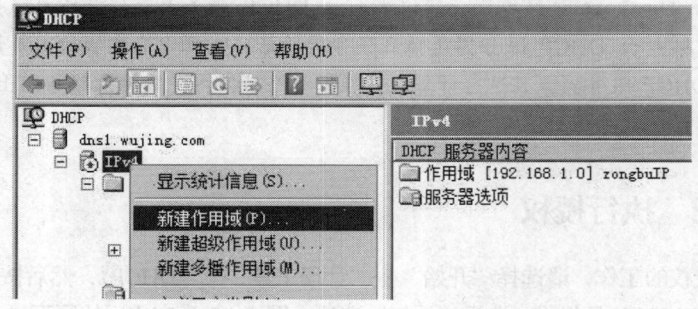

图 9-16　添加多个作用域

在一台 DHCP 服务器中，只能为一个子网创建一个 IP 作用域。例如，如果已经建了一个范围为 192.168.1.10 ~ 192.168.1.200 的 IP 作用域（子网掩码为 255.255.255.0），就不能再创建一个网络号为 192.168.1.0 的作用域，如 IP 范围为 192.168.1.201 ~ 192.168.1.250 的作用域（子网掩码为 255.255.255.0），否则会出现警告。

如果一定要新建 IP 地址范围包含 192.168.1.10 ~ 192.168.1.200 与 192.168.1.201 ~ 192.168.1.250 的 IP 作用域（子网掩码为 255.255.255.0），请先新建一个包含 192.168.1.10 ~ 192.168.1.250 的作用域，然后将 192.168.1.201 ~ 192.168.1.250 这一段地址范围排除即可。方法如图 9-17 所示，在该作用域下的"地址池"上右击，选择"新建排除范围"，然后输入要排除的 IP 地址范围。

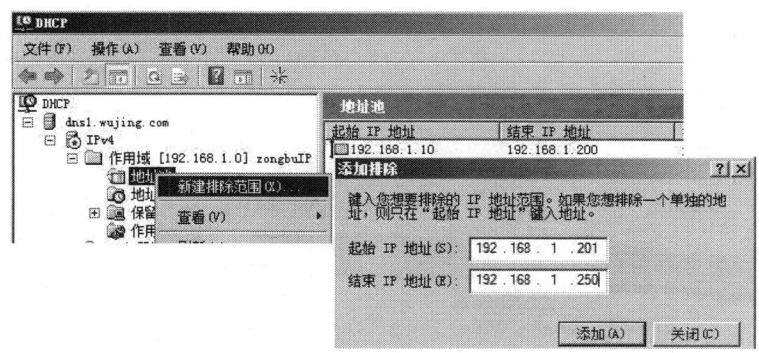

图 9-17　排除 IP 地址范围

9.5.2　多个 IP 作用域的创建

可以在一台 DHCP 服务器上创建多个 IP 作用域，以便为多个子网中的 DHCP 客户端提供服务。图 9-18 所示的 DHCP 服务器上有两个 IP 作用域：一个用来提供 IP 地址给位于左边网络的 DHCP 客户端，这个网络的网络号为 192.168.1.0；另一个 IP 作用域用来提供 IP 地址给位于右边网络的 DHCP 客户端，其网络号为 192.168.2.0。

在图 9-18 中右边网络的客户端在向 DHCP 服务器租用 IP 地址时，DHCP 服务器如何知道要选择 192.168.2.0 这个作用域的 IP 地址，而不会选择 192.168.1.0 作用域的 IP 地址呢？这是因为右边客户端所发送的租用 IP 数据包是通过路由器转发的，路由器会在这个数据包的 GIADDR（gateway IP address）字段中填入路由器的 IP 地址（192.169.2.254），因此 DHCP 服务器便可以从这个 IP 地址得知 DHCP 客户端位于 192.168.2.0 网段，所以它会选择 192.168.2.0 作用域的 IP 地址给客户端。

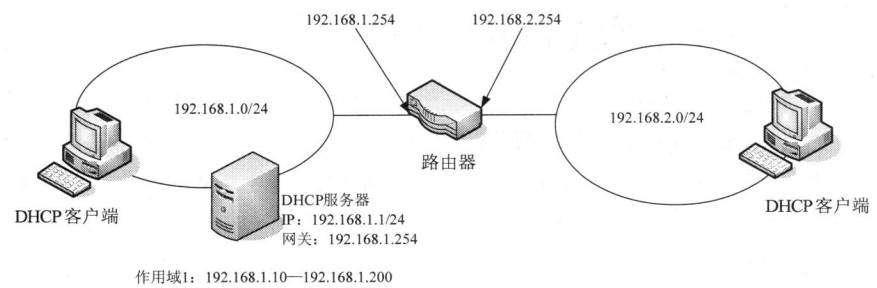

图 9-18　多个 IP 作用域的创建

在图 9-18 中左边网络的客户端在向 DHCP 服务器租用 IP 地址时，DHCP 服务器如何知道要选择 192.168.1.0 这个作用域的 IP 地址，而不会选择 192.168.2.0 作用域的 IP 地址呢？这是因为左边客户端所发送的租用 IP 数据包直接由 DHCP 服务器接收，因此数据包的 GIADDR（gateway IP address）字段中的路由器的 IP 地址为 0.0.0.0，当 DHCP 服务器发现此 IP 地址为 0.0.0.0 时，就知道是同一个网段（192.168.1.0）内的客户端要租用 IP 地址，因此 DHCP 服务器就会选择 192.168.1.0 作用域的 IP 地址给客户端。

9.5.3 为客户端保留特定 IP 地址

可以保留特定的 IP 地址给特定的客户端使用。即，当这个客户端向 DHCP 服务器租用 IP 地址或更新租约时，DHCP 服务器都会将相同的 IP 地址出租给此客户端。保留 IP 地址的方法如图 9-19 所示，在"保留"上右击，选择"新建保留"命令，然后输入相应的内容。

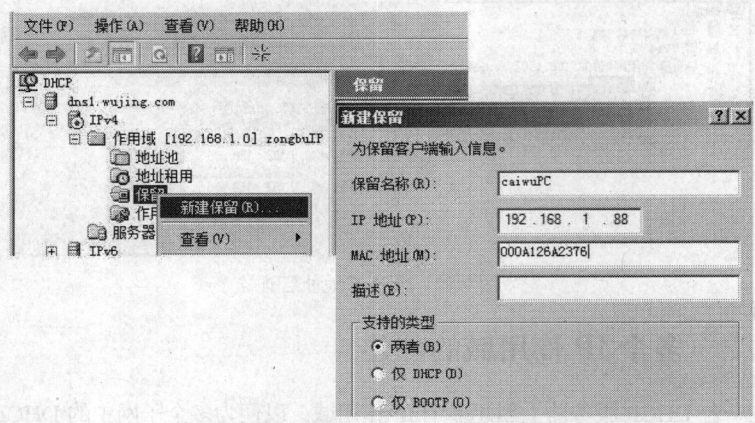

图 9-19 为客户端保留特定 IP 地址

- 保留名称：输入用来识别 DHCP 客户端的名称（如计算机名）。
- IP 地址：输入要保留给客户端的 IP 地址。
- MAC 地址：输入客户端网卡的物理地址，也就是它的 MAC 地址，可以到客户端上通过 ipconfig/all 命令来查看。
- 支持的类型：用来设置客户端是 DHCP 客户端，还是较旧的 BOOTP 客户端，或者是两者都支持。BOOTP 是针对早期那些没有磁盘的客户端来设计的，而 DHCP 是 BOOTP 的改进版。

可以利用图 9-19 中所示的"地址租用"界面来查看已出租的 IP 地址与保留地址。

9.5.4 多台 DHCP 服务器的安装

可以同时安装多台 DHCP 服务器，以提供容错功能。即，如果其中一台 DHCP 服务器有故障，还有其他的 DHCP 服务器可以继续提供服务。不过应注意，这些 DHCP 服务器上所创建的 IP 作用域中不可以有重复的 IP 地址，否则可能会发生不同的客户端分别向不同的 DHCP 服务器租到相同的 IP 地址的情况。

1．80/20 规则

如果 IP 作用域的 IP 地址数量不是很多，则在新建作用域时可以采用 80/20 规则。如图 9-20 所示，在 DHCP 服务器 1 上新建了一个范围为 192.168.1.10～192.168.1.200 的作用域，但是将其中的 192.168.1.161～192.168.1.200 排除，即 DHCP 服务器 1 可租给客户端的 IP 地址占此作用域的 80%；而在 DHCP 服务器 2 上也新建一个范围为 192.168.1.10～192.168.1.200 的作用域，但是将其中的 192.168.1.10～192.168.1.160 排除，即 DHCP 服务器 2 可租用给客户端的 IP 地址只占此作用域的 20%。

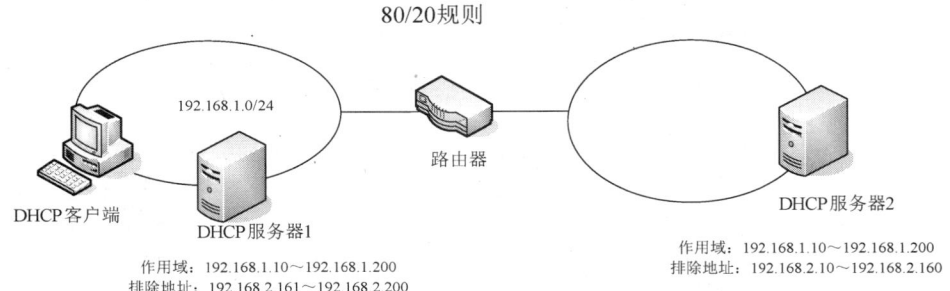

图 9-20　80/20 规则

其中，DHCP 服务器 2 主要作为备用服务器，也就是平常是由 DHCP 服务器 1 为客户端提供服务，而当其因故暂时无法提供服务时，将改由 DHCP 服务器 2 来提供服务。应该将 DHCP 服务器 1 和客户端放在同一个网络中，以便该 DHCP 服务器能够优先对客户端提供服务，而作为备用服务器的 DHCP 服务器 2 应该放到另一个网络中。

2．100/100 规则

如果 IP 作用域的 IP 地址数量足够多，则在新建作用域时可以采用 100/100 规则。按图 9-21 所示在 DHCP 服务器 1 上新建了一个范围为 192.168.1.1～192.168.8.255 的作用域，但是将其中的 192.168.5.1～192.168.8.255 排除，即 DHCP 服务器 1 可租给客户端的 IP 地址范围为 192.168.1.1～192.168.4.255，假设其 IP 地址数量 100%满足左边网络客户的需求；而在 DHCP 服务器 2 上也新建了一个范围为 192.168.1.1～192.168.8.255 的作用域，但是将其中的 192.168.1.1～192.168.4.255 排除，即 DHCP 服务器 2 可租给客户端的 IP 地址范围为 192.168.5.1～192.168.8.255，假设其 IP 地址数量也能 100%满足右边客户的需求。

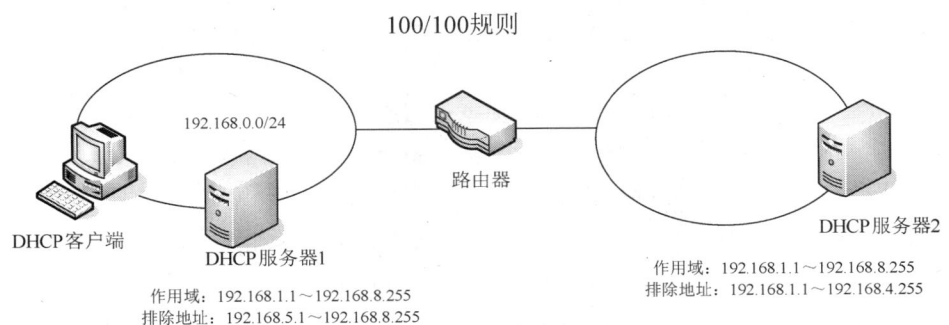

图 9-21　100/100 规则

可以将两台服务器都放在客户端所在的网络中，让两台服务器同时为客户端提供服务；也可以将其中一台放到另一个网络中，以便作为备用服务器。一般来说，图 9-21 中的 DHCP 服务器 1 会优先为左边网络的客户端提供服务，而在它因故无法提供服务时将改由 DHCP 服务器 2 继续提供服务。

235

3. 互相备份的 DHCP 服务器

如图 9-22 所示，左右两个网络各有一台 DHCP 服务器，DHCP 服务器 1 有一个 192.168.1.0 的作用域 1，用来为左边网络的客户端提供服务；DHCP 服务器 2 有一个 192.168.2.0 的作用域 1，用来为右边网络的客户端提供服务。同时 DHCP 服务器 1 还有一个 192.168.2.0 的作用域 2，作为右边网络的备份服务器；DHCP 服务器 2 还有一个 192.168.1.0 的作用域 2，作为左边网络的备份服务器。

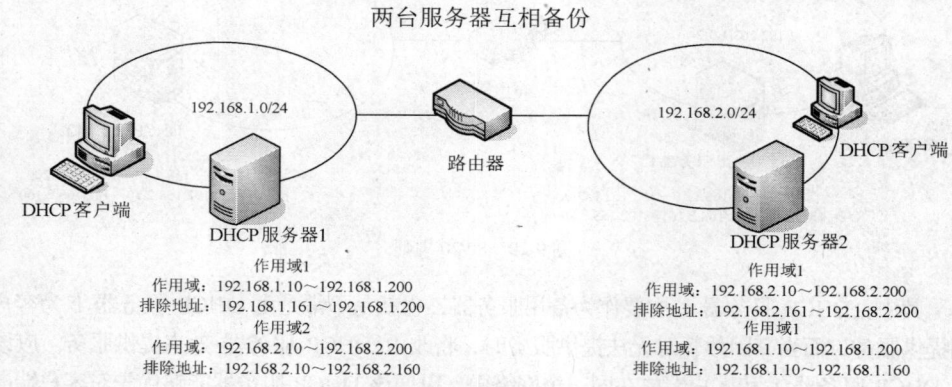

图 9-22 互相备份的 DHCP 服务器

9.6 DHCP 选项设置的作用域范围

DHCP 服务器除了可以指派 IP 地址、子网掩码给 DHCP 客户端外，还可以指派其他选项设置给 DHCP 客户端，如默认网关、DNS 服务器、WINS 服务器等。当 DHCP 客户端向 DHCP 服务器租用 IP 地址或更新 IP 租约时，就可以从 DHCP 服务器获得这些选项设置。

可以通过图 9-23 中 3 个选项来设置不同等级的 DHCP 选项。

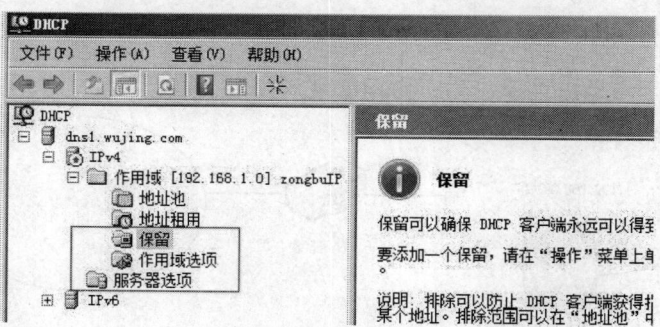

图 9-23 设置不同等级的 DHCP 选项

- 服务器选项：服务器选项设置会自动被所有的作用域继承。即，它会被应用到此服务器中的所有作用域，也就是 DHCP 客户端无论是从哪一个作用域租用到 IP 地址，都可以得到这些选项。
- 作用域选项：作用域选项设置只适用于该作用域，也就是只有当 DHCP 客户端从这个作用域租用到 IP 地址时，才会得到这些选项。作用域选项设置会自动被该作用域中的所有保留 IP 地址继承。

- 保留选项：针对某个保留 IP 地址所设置的选项，只有当 DHCP 客户端租用到这个保留的 IP 地址时，才会得到这些选项。

当服务器选项、作用域选项、保留选项中的设置有冲突时，其优先级为服务器选项最低，作用域选项次之，保留选项最高。例如，若服务器选项中设置的 DNS 服务器的 IP 地址为 192.168.1.2，而在某作用域的作用域选项中设置的 DNS 服务器的 IP 地址为 192.168.1.3，则作用域选项的设置优先应用，也就是若 DHCP 客户端租用到该作用域的 IP 地址，则其 DNS 服务器的 IP 地址将为 192.168.1.3，但是其他作用域的 DNS 服务器仍为 192.168.1.2。

如果 DHCP 客户端的用户自行在其计算机上做了不同的设置，如图 9-24 所示，则用户设置的优先级比 DHCP 服务器中的设置高。

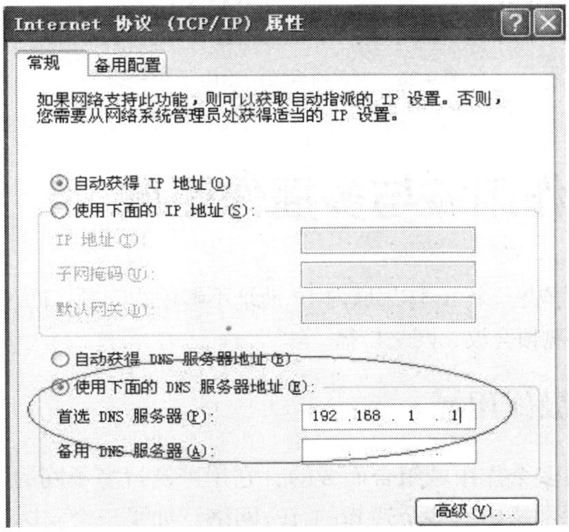

图 9-24 用户设置的 DNS 服务器地址

如果要设置该 DHCP 服务器上所有作用域的路由器选项，则如图 9-25 所示，在"服务器选项"上右击，选择"配置选项"命令，在弹出的对话框中选择"003 路由器"，输入路由器的 IP 地址后单击"添加"按钮。

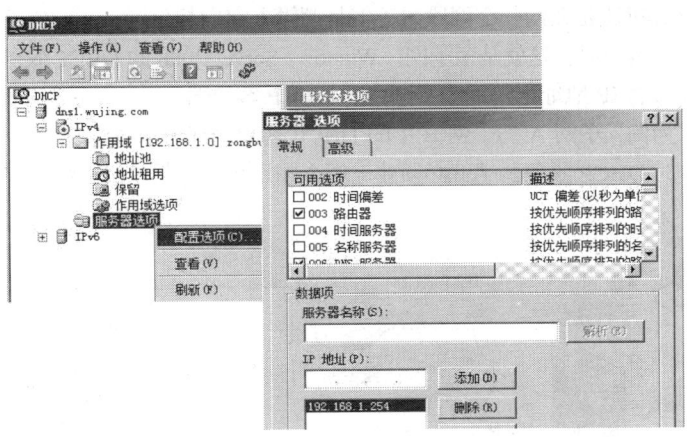

图 9-25 添加路由器的 IP 地址

完成上述设置后，请在 DHCP 客户端上利用 ipconfig/renew 命令更新 IP 租约来获得最新的选项设置，然后执行 ipconfig/all 命令就会发现 DHCP 客户端的默认网关已经被指定为所设置的路由器的 IP 地址，如图 9-26 所示。

```
Host Name . . . . . . . . . . . . . : pc1
Primary Dns Suffix . . . . . . . :
Node Type . . . . . . . . . . . . . : Unknown
IP Routing Enabled. . . . . . . . : No
WINS Proxy Enabled. . . . . . . . : No
DNS Suffix Search List. . . . . . : wujing.com

Ethernet adapter 本地连接:

Connection-specific DNS Suffix  . : wujing.com
Description . . . . . . . . . . . : VMware Accelerated AMD PCNet Adapter
Physical Address. . . . . . . . . : 00-0C-29-37-28-34
Dhcp Enabled. . . . . . . . . . . : Yes
Autoconfiguration Enabled . . . . : Yes
IP Address. . . . . . . . . . . . : 192.168.1.11
Subnet Mask . . . . . . . . . . . : 255.255.255.0
Default Gateway . . . . . . . . . : 192.168.1.254
DHCP Server . . . . . . . . . . . : 192.168.1.1
DNS Servers . . . . . . . . . . . : 192.168.1.1
Lease Obtained. . . . . . . . . . : 2011年8月24日 20:03:05
Lease Expires . . . . . . . . . . : 2011年8月30日 20:03:05
```

图 9-26　查看所设置的路由器 IP 地址

9.7　超级作用域与多播作用域

超级作用域可以解决一个 IP 作用域内 IP 地址不够用的问题，而多播作用域适用于一对多的数据包发送，如视频会议、网络广播。

9.7.1　超级作用域

超级作用域是由多个作用域组合而成的，它用来支持多子网的网络环境。所谓多子网，就是在一个实际网络内有多个逻辑的 IP 网络。如果一个实际网络内的计算机数量较多，以至于一个网络 ID 所提供的 IP 地址不够用，此时可以通过以下两种方法来解决问题。

- 利用路由器将这个网络分隔成多个单独的子网，每个子网指派一个网络号。
- 直接提供多个网络号给这个网络，让不同的计算机有不同的网络号，也就是实际上这些计算机还是在同一个网段内，但是逻辑上它们却分属于不同的网络，因为它们有不同的网络号，这就是多子网。Windows Server 2008 的 DHCP 服务器可以通过超级作用域将 IP 地址出租给多子网内的 DHCP 客户端。

以图 9-27 为例，子网 A 与子网 B 中的 DHCP 客户端都向子网 A 中的 DHCP 服务器申请 IP 地址，这时 DHCP 服务器端就必须建立两个作用域，并用超级作用域来进行管理。

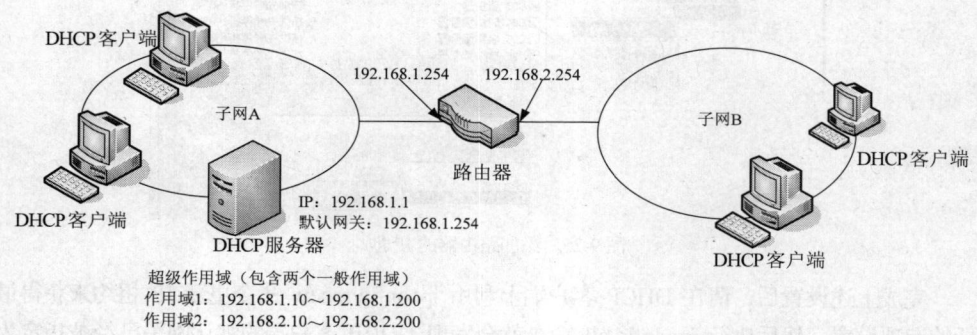

图 9-27　超级作用域

创建超级作用域的方法：打开 DHCP 控制台，在 IPv4 上右击，选择"新建超级作用域"，然后在图 9-28 中选择此超级作用域的成员。图 9-29 为完成后的窗口界面，图中的超级作用域内包含两个一般作用域。

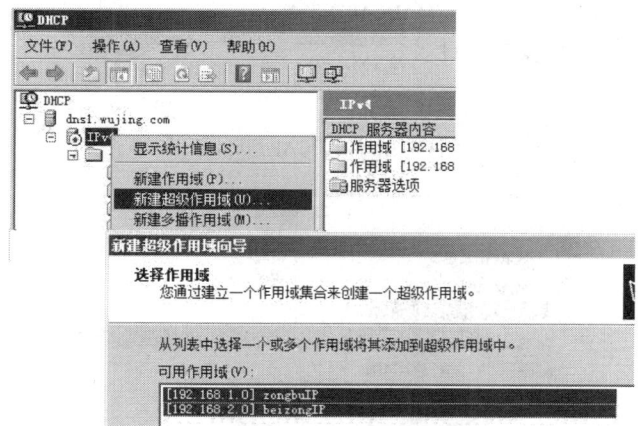

图 9-28　超级作用域的创建

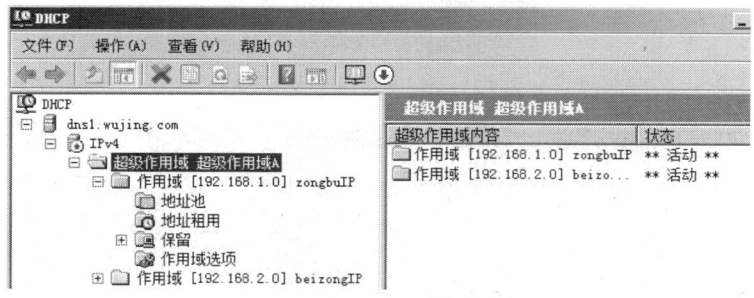

图 9-29　创建超级作用域的完成界面

9.7.2　多播作用域

多播作用域让 DHCP 服务器可以将多播地址出租给网络中的其他计算机。多播地址是一个 D 类地址，范围为 224.0.0.0～239.255.255.255。

如果要架设一台服务器，并利用这台服务器发送影片、音乐等到网络中的多台计算机上，可以为这台服务器申请一个多播的组地址，并要求其他计算机也注册到此组地址之下。该服务器就可以将影片、音乐等利用多播方式发送给这个组地址，此时注册在这个地址之下的所有计算机都会接收到这些数据。以多播的方式发送数据可以减轻网络的负担。

上述的多播地址可以向 DHCP 服务器租用。由于多播地址的租用通过 MADCAP (Multicast Dynamic Client Allocation Protocol)，因此我们将出租多播地址的 DHCP 服务器称为 MADCAP 服务器。图 9-30 中向 MADCAP 服务器请求租用多播地址的计算机称为 MADCAP 客户端，也称为多播服务器。

创建多播作用域的方法：打开 DHCP 控制台，在 IPv4 上右击，选择"新建多播作用域"，然后在图 9-31 中输入要出租的多播地址的范围。图 9-32 为完成后的界面。

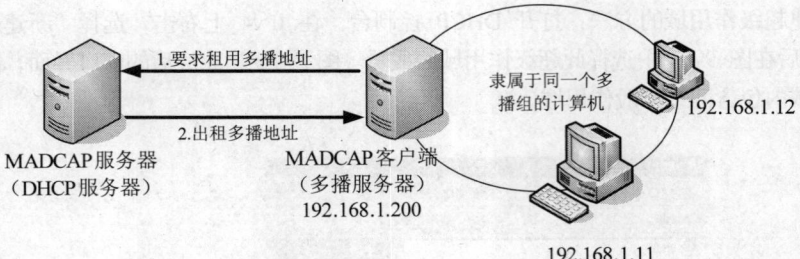

图 9-30　MADCAP 服务器

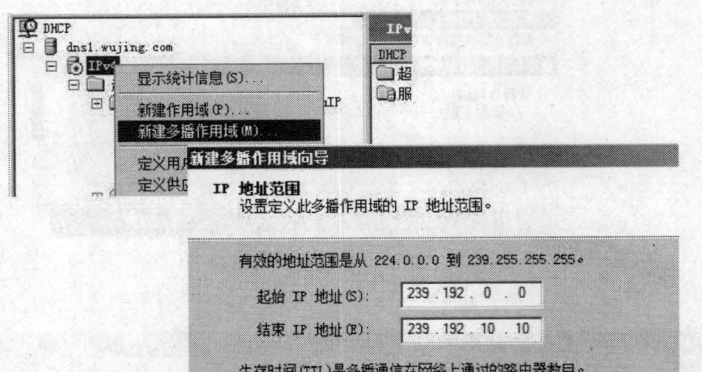

图 9-31　出租的多播地址的范围

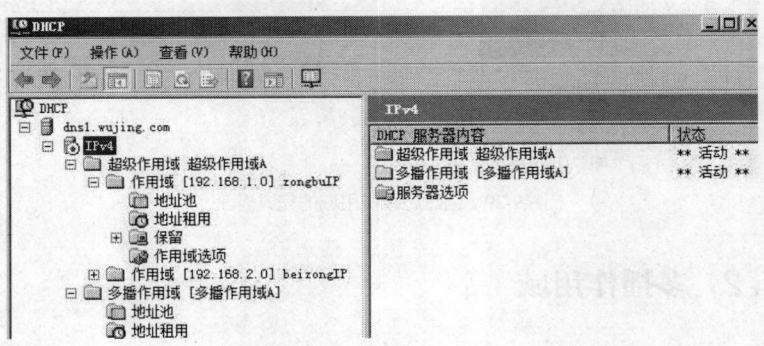

图 9-32　创建多播作用域的完成界面

9.8　DHCP 中继代理

9.8.1　DHCP 中继代理的运行原理

若 DHCP 服务器与 DHCP 客户端分别位于不同的网段，由于 DHCP 消息以广播为主，而连接这两个网络的路由器并不会将广播消息发送到不同的网段，因而限制了 DHCP 的有效使用范围。此时可以采用以下方法来解决问题。

- 在每个网段内都安装一台 DHCP 服务器，它们各自为所属网络内的客户端提供服务。
- 选择符合 RFC 1542 规范的路由器，此类路由器可以将 DHCP 消息转发到不同的网段。

- 如果路由器不符合 RFC 1542 规范，可以在没有 DHCP 服务器的网段内将一台 Windows Server 2008 计算机设置成 DHCP 中继代理来解决问题，因为 DHCP 中继代理具备将 DHCP 消息直接转发给 DHCP 服务器的功能。

下面以图 9-33 来说明 DHCP 客户端 A 如何通过 DHCP 中继代理发送 DHCP 消息给 DHCP 服务器，图中的数字就是其运行顺序。

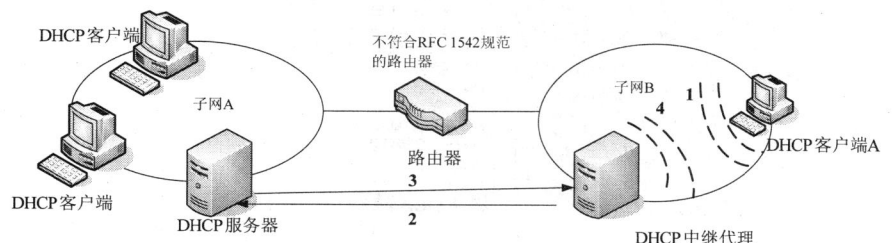

图 9-33　DHCP 客户端 A 发送 DHCP 消息给 DHCP 服务器

（1）DHCP 客户端 A 利用广播消息（DHCPDISCOVER）搜寻 DHCP 服务器。
（2）DHCP 中继代理接收到此消息后，将其直接转发到另一个网段的 DHCP 服务器。
（3）DHCP 服务器直接发送响应消息（DHCPOFFER）给 DHCP 中继代理程序。
（4）DHCP 中继代理将此消息（DHCPOFFER）广播给 DHCP 客户端 A。

然后由 DHCP 客户端 A 发送的 DHCPREQUEST 消息，以及由 DHCP 服务器发送的 DHCPACK 消息，都是通过 DHCP 中继代理来转发。

9.8.2　DHCP 中继代理的配置

下面以图 9-34 为例来说明如何配置 DHCP 中继代理，当它收到 DHCP 客户端 A 的 DHCP 消息时，会将它转发到 A 网络的 DHCP 服务器。需要通过"路由和远程访问"功能将 Windows Server 2008 计算机设置为 DHCP 中继代理。

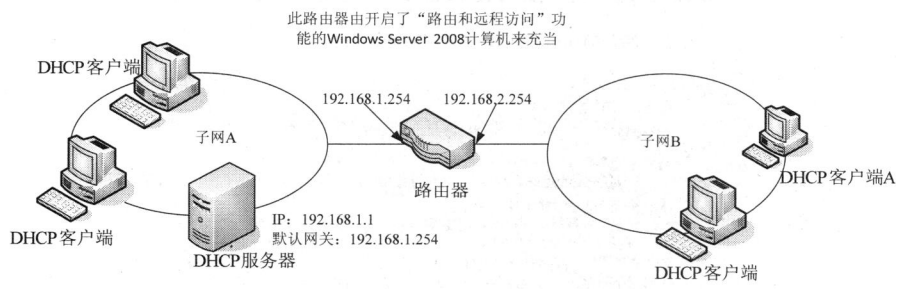

图 9-34　DHCP 中继代理的配置

必须先在充当"路由器"角色的 Windows Server 2008 计算机上安装"网络策略和访问服务"角色，然后通过其提供的"路由和远程访问"服务来设置 DHCP 中继代理。
步骤 1：选择"开始"→"服务器管理"，单击"角色"界面右边的"添加角色"。
步骤 2：在出现图 9-35 时选择"网络策略和访问服务"后单击"下一步"按钮。
步骤 3：在出现图 9-36 时选择"远程访问服务"后单击"下一步"按钮。

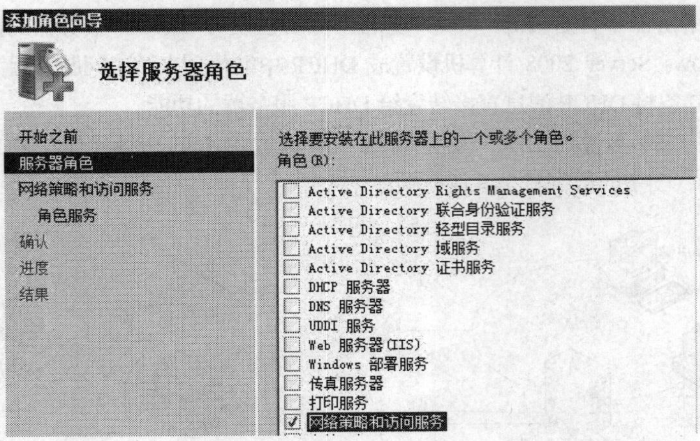

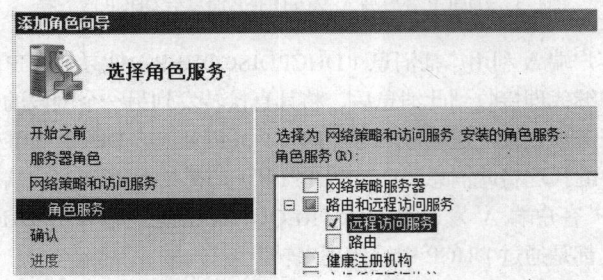

图 9-35 服务器角色的选择

图 9-36 选择"远程访问服务"

步骤 4：直到出现"安装结果"界面时单击"关闭"按钮。

步骤 5：选择"开始"→"管理工具"→"路由和远程访问"，在"本地"上右击，然后单击"配置并启用路由和远程访问"。

步骤 6：在"欢迎使用路由和远程访问器安装向导"界面时单击"下一步"按钮。

步骤 7：在图 9-37 中选择"自定义配置"然后单击"下一步"按钮。

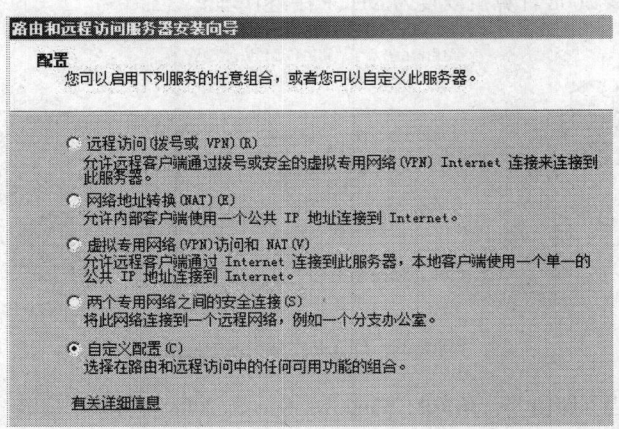

图 9-37 选择"自定义配置"

步骤 8：在图 9-38 中选择"LAN 路由"，然后单击"下一步"按钮。

步骤 9：在"正在完成路由和远程访问服务器安装向导"界面中单击"完成"按钮。

步骤 10：在图 9-39 中单击"启动服务"。

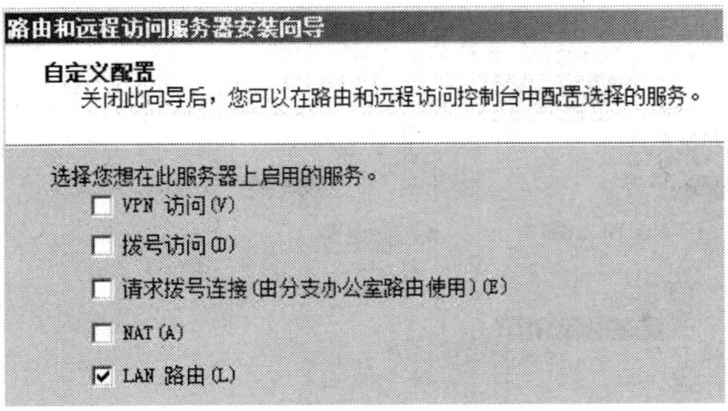

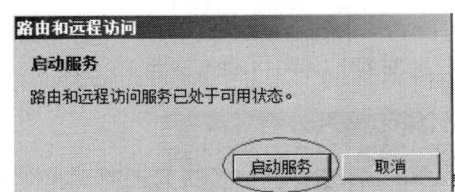

图 9-38 选择 "LAN 路由"

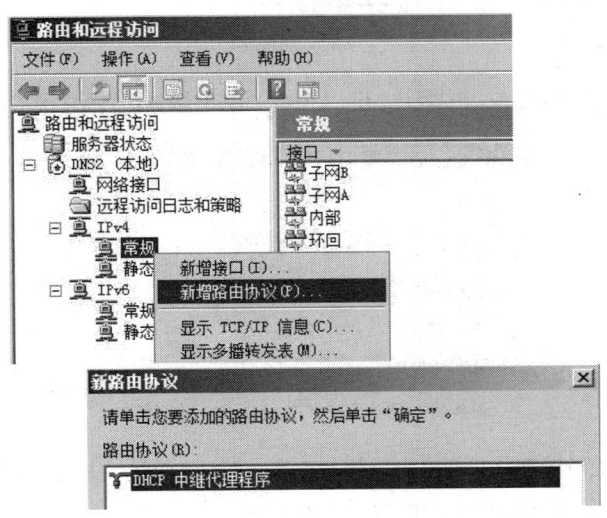

图 9-39 选择 "启动服务"

步骤 11：按图 9-40 所示，在 IPv4 下的"常规"上右击，选择"新增路由协议"，然后在出现的窗口中选择"DHCP 中继代理程序"，然后单击"确定"按钮。

图 9-40 新增路由器

步骤 12：如图 9-41 所示，在"DHCP 中继代理程序"上右击，选择"属性"命令，然后输入 DHCP 服务器的 IP 地址，单击"添加"按钮，然后单击"确定"按钮。

步骤 13：按图 9-42 所示，在"DHCP 中继代理程序"上右击，选择"新增接口"→"子网 B"接口，单击"确定"按钮。当此 DHCP 中继代理程序接收到通过"子网 B"接口发送来的 DHCP 数据包，就会将此数据包转发给 DHCP 服务器。图 9-42 中选择的"子网 B"接口实际上就是图 9-34 所示的 IP 地址为 192.168.2.254 的网络接口。通过未被选择的网络接口发送来的 DHCP 数据包不会被转发。

243

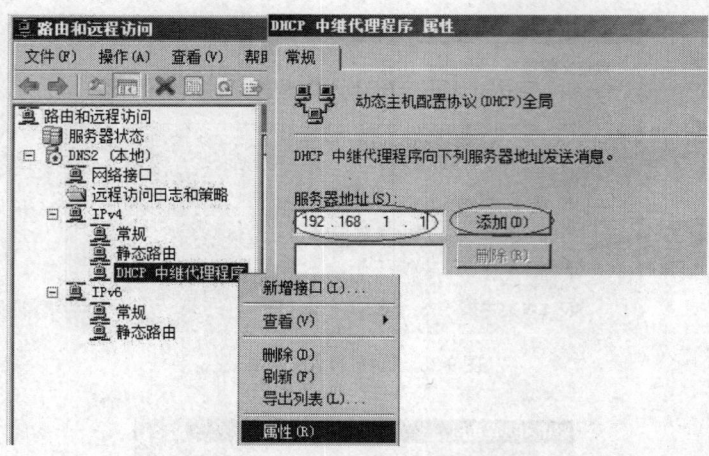

图 9-41 添加 DHCP 服务器的 IP 地址

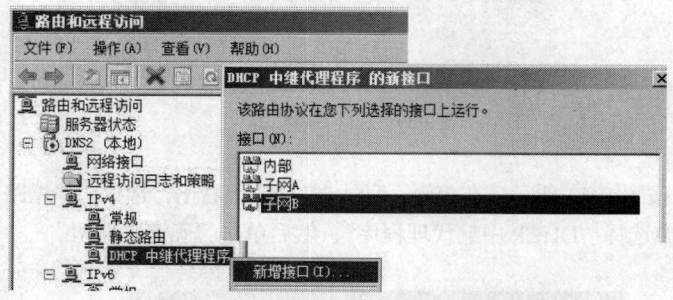

图 9-42 新增接口

步骤 14：在如图 9-43 窗口中默认勾选"中继 DHCP 数据包"，直接单击"确定"按钮。

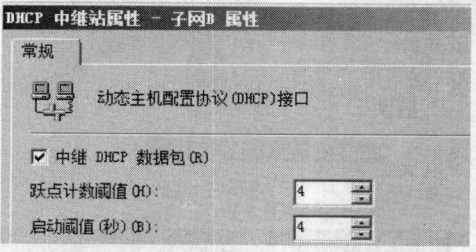

图 9-43 默认选中"中继 DHCP 数据包"

步骤 15：完成设置后，只要路由器功能正常，而且 DHCP 服务器端有客户端所需的 IP 地址作用域，客户端就可以正常地租用到 IP 地址了。

9.9 DHCP 数据库的维护

DHCP 服务器的数据库文件存储着 DHCP 的配置数据，如 IP 地址作用域、出租的地址、保留地址以及选项设置等，系统默认将数据库文件保存在"%systemroot%system32\dhcp"文件夹中，如图 9-44 所示。其中最主要的文件是 dhcp.mdb，其他是辅助性的文件，请不要随意改动或删除这些文件，否则 DHCP 服务器可以无法正常运行。

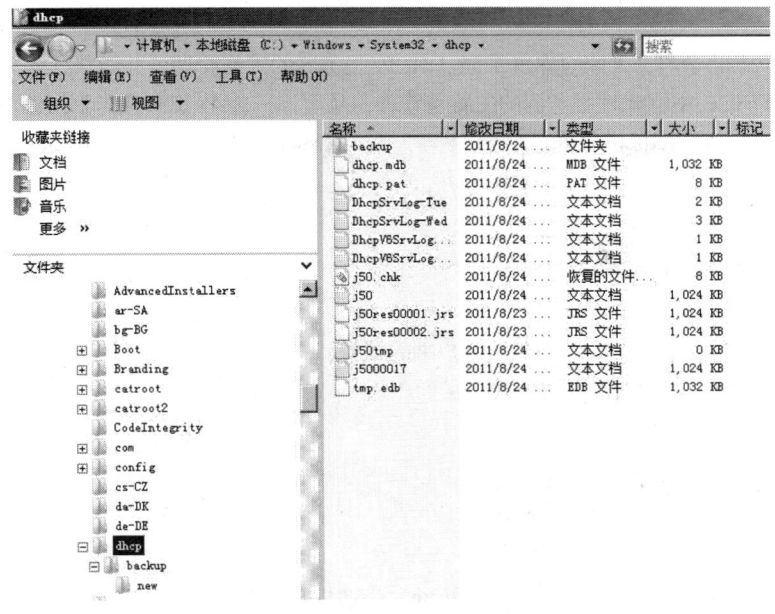

图 9-44 DHCP 数据库的维护

9.9.1 DHCP 数据库的备份

我们必须将 DHCP 数据库备份，以便数据库有问题时可以利用它来恢复。备份数据库的方式有以下两种。

- 自动备份：DHCP 服务器默认会每隔 60min 自动将 DHCP 数据库文件备份到图 9-44 所示的 dhcp\backup\new 文件夹内。
- 手动备份：在 DHCP 服务器上右击，选择"备份"命令，可以将 DHCP 数据库文件备份到指定的文件夹中，系统默认将其备份到"%systemroot%system32\dhcp\backup\new"文件夹中。

9.9.2 DHCP 数据库的还原

还原数据库的方式也有两种。

- 自动还原：DHCP 服务器如果检查到 DHCP 数据库已损坏，它会自动修复数据库。它利用存储在"%systemroot%system32\dhcp\backup\new"文件夹中的备份文件来还原。DHCP 服务在启动时会自动检查 DHCP 数据库是否已损坏。
- 手动还原：在 DHCP 服务器上右击，选择"还原"命令，可以手动还原 DHCP 数据库。

9.10 本章小结

动态 IP 地址的优点主要是可以减少 IP 地址和 IP 参数管理的工作量、提高 IP 地址的利用率。本章重点讲解了 DHCP 客户端动态申请 IP 地址的 4 个过程：DHCPDISCOVER、DHCPOFFER、DHCPREQUEST 和 DHCPACK，以及 DHCP 服务器和 DHCP 中继代理的配置。

通过本章的学习，大家应熟练掌握 DHCP 服务器的工作原理，并能熟练地完成 DHCP 服务器和 DHCP 中继代理服务器的配置与管理，从而让一台 DHCP 服务器可以同时向多个网段的 DHCP 客户端提供服务。

9.11 上机实训

1. 完成 DHCP 服务器和 DHCP 客户端的配置。
2. 完成 DHCP 中继代理服务器的配置。

9.12 思考与练习

1. 计算机获得 IP 地址的方式有哪几种，分别具有什么特点？
2. 局域网在什么情况下需要配置 DHCP 服务器？
3. 试描述 DHCP 服务器的工作原理。
4. DHCP 客户端在哪几种情况下要进行 IP 地址的续约？
5. 静态 IP 地址方案与动态 IP 地址方案各有什么优缺点？
6. DHCP 服务器有哪几种作用域？每种作用域各有什么特点？
7. 在什么情况下要求配置 DHCP 中继代理？试描述配置 DHCP 中继代理的过程和步骤。

第 10 章　Web 服务器群集的配置

通过将多台ⅡS服务器组成一个群集，可以提供一个具备容错与负载平衡功能的高可用性网站。本章将详细分析 Web 群集与 Windows 网络负载平衡（NLB）技术。

本章将要介绍的主要内容如下。

- Web 群集概述
- 网络负载平衡概述
- 网络负载平衡配置
- 网络负载平衡的高级管理

10.1　Web 群集概述

将企业内部多台ⅡS Web 服务器组成 Web 群集后，这些服务器将同时为用户提供一个不间断的、可靠的网站服务，当 Web 群集接收到不同用户的连接网站请求时，这些请求会被分散送给不同的 Web 服务器来处理，因此可以提高网页访问效率。

10.1.1　Web 群集的架构

图 10-1 所示是一个 Web 群集的架构图。为了避免单点故障而影响到 Web 群集的正常运行，图中的防火墙、ⅡS Web 服务器与数据库服务器等都不是同一台。由于 Windows Server 2008 系统已经内置了网络负载平衡功能（Network Load Balancing，NLB），因此在前台的 Web 群集上启用 NLB 功能，并利用它来提供负载平衡与容错功能。

- 防火墙：防火墙可确保内部计算机与服务器的安全。为了避免单一防火墙故障而影响外部用户连接 Web 网站，因此通过多个防火墙来提供容错功能与负载平衡功能。
- 前台 Web Farm（ⅡS Web 服务器）：将多台ⅡS Web 服务器组成 Web Farm（即 Web 群集）为用户提供网页访问服务，多台 Web 服务器可提供负载平衡与容错功能。
- 后台数据库服务器：将网站的设置、网页或其他数据保存到数据库服务器中。为了避免单一数据库服务器故障而影响网页内容等数据的访问，因此通过多台数据库服务器来提供负载平衡与容错功能。

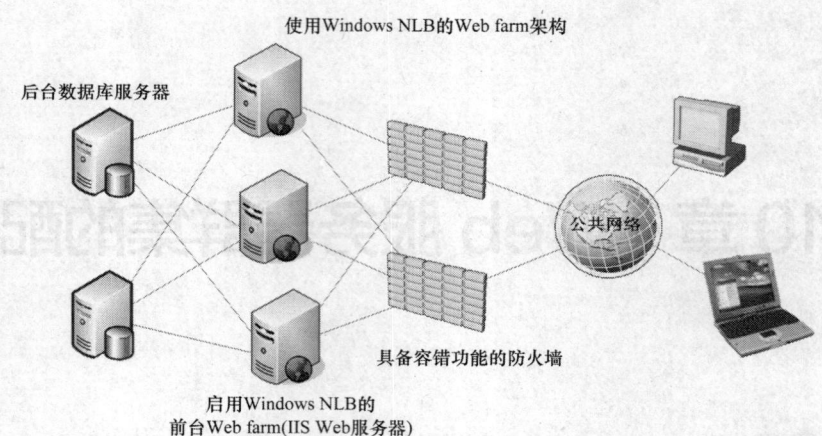

图 10-1　Web 群集架构

由于 Microsoft ISA Server 防火墙可以通过发行规则来支持 Web 群集，因此可以按如图 10-2 所示来搭建 Web 群集环境，其中 ISA Server 接收到外部连接内部网站的请求时，会根据发行规则的设置，将此请求转交给 Web 群集中的一台 Web 服务器处理。ISA Server 也具备自动检测 Web 服务器是否停止服务的功能，因此它只会将请求转给仍然正常运行的 Web 服务器，不会转给已停止服务的 Web 服务器。

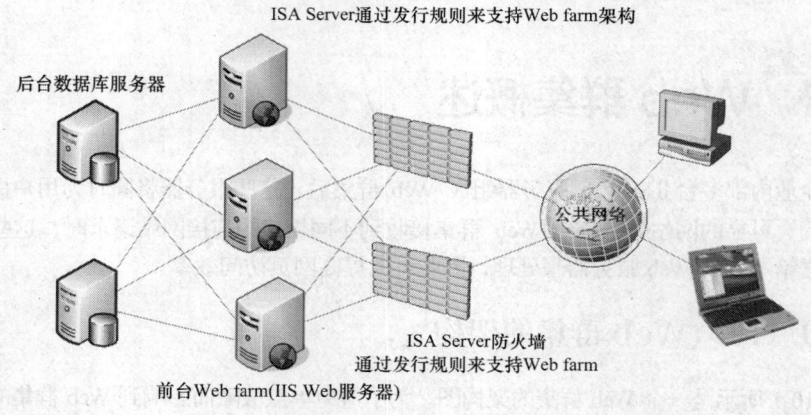

图 10-2　搭建 Web 群集环境

10.1.2　网页内容的同步

如图 10-3 所示，可以将网页存储到每台 Web 服务器的本地磁盘中，但必须让每台 Web 服务器中存储的网页内容相同，可以使用手动复制的方式将网页文件复制到群集中每台服务器，采用这种方式网络管理难度很大。可以采用 DFS（分布式文件系统）自动让每台 Web 服务器的网页内容相同，这样只需要更新其中一台 Web 服务器的网页文件，它们就会通过 DFS 复制功能自动复制到其他 Web 服务器。

也可以采用如图 10-4 所示方式将网页内容存储到 SAN（Storage Area Network）或 NAS（Network Attached Storage）存储设备中，并利用它们来提供网页内容的容错功能。

也可以按图 10-5 所示方式将网页存储到文件服务器中，而为了提供容错功能，应该架设多台文件服务器，同时还必须确保所有服务器中的网页内容相同，可以采用 DFS 复制功能自动让每台文件服务器中存储的网页内容相同。

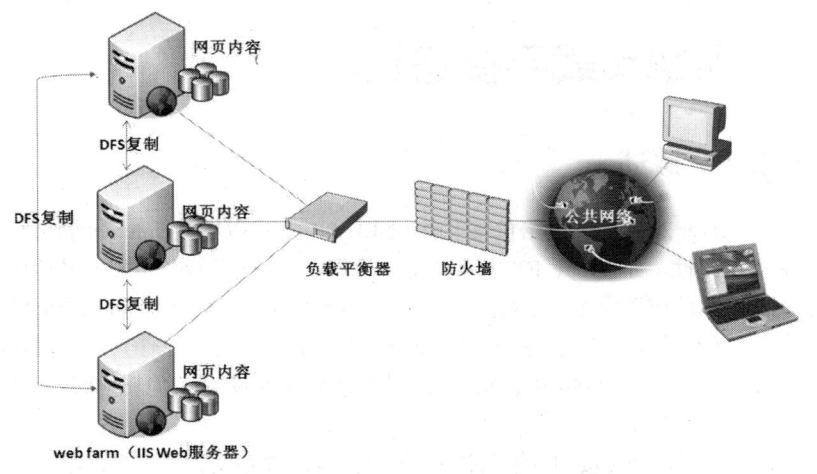

图 10-3　将网页存储到每台 Web 服务器的本地磁盘中

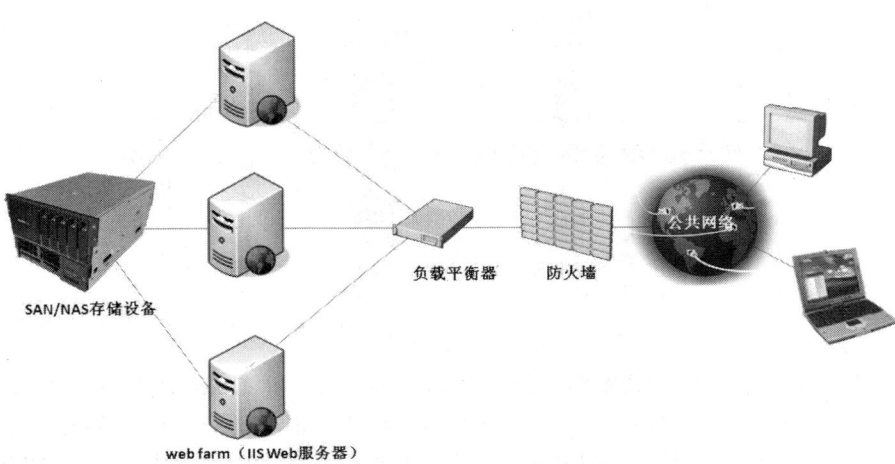

图 10-4　将网页内容存储到 SAN 或 NAS 存储设备中

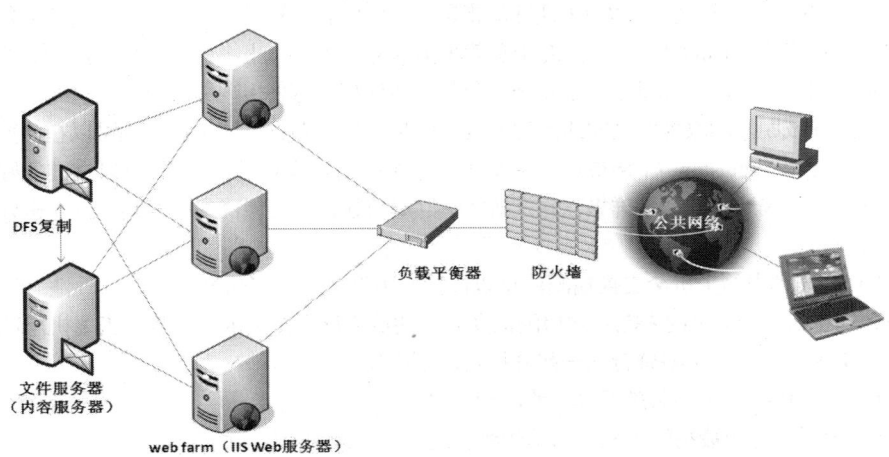

图 10-5　将网页存储到文件服务器中

10.2 网络负载平衡概述

10.2.1 概述

Windows Server 2008 中的网络负载平衡（NLB）功能可以增强 Internet 服务器应用程序的可用性和可伸缩性（如 Web、FTP、防火墙、代理、虚拟专用网络，以及其他执行关键任务的服务器上使用的应用程序）。运行 Windows Server 2008 的单个计算机只能提供有限的可靠性和可伸缩性能。但是，通过将运行 Windows Server 2008 中的一个产品的两台或多台计算机的资源组合到单个虚拟群集中，NLB 便可以提供 Web 服务器和其他执行关键任务服务器所需的可靠性和可伸缩性能。

图 10-6 描述了两个连接的网络负载平衡群集。第一个群集由两个主机组成，第二个群集由四个主机组成。这是如何使用 NLB 的一个示例。

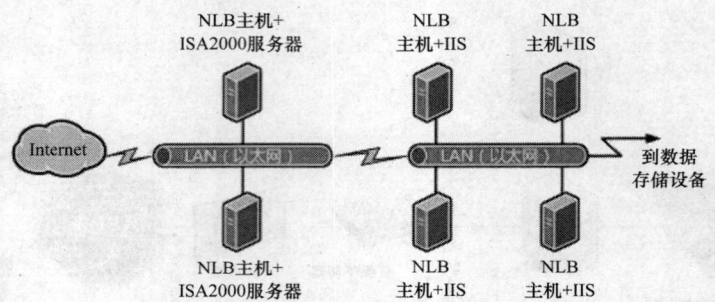

图 10-6 两个连接的网络负载平衡群集

每个主机都运行所需的服务器应用程序（如 Web、FTP 和 Telnet 服务器的应用程序）的单个副本。NLB 在群集的多个主机中分发传入的客户端请求。可以根据需要配置每个主机处理的负载权重。还可以向群集中动态地添加主机，以处理增加的负载。此外，NLB 还可以将所有流量引导至指定的单个主机，该主机称为默认主机。

NLB 允许使用相同的群集 IP 地址集指定群集中所有计算机的地址，并且它还为每个主机保留一组唯一专用的 IP 地址。对于负载平衡的应用程序，当主机出现故障或者脱机时，会自动在仍然运行的计算机之间重新分发负载。当计算机意外出现故障或者脱机时，将断开与出现故障或脱机的服务器之间的活动连接。但是，如果有意关闭主机，则可以在计算机脱机之前，使用 drainstop 命令维护所有活动的连接。任何一种情况下，都可以在准备好时将脱机计算机明确地重新加入群集，并重新共享群集负载，以便使群集中的其他计算机处理更少的流量。

NLB 群集中的主机会交换检测消息以保持有关群集成员身份的数据的一致性。默认情况下，当主机在 5s 之内未能发送检测消息时，便认为该主机出现了故障。当主机出现故障时，群集中的剩余主机将聚合在一起并执行以下操作。

- 确定哪些主机仍然是群集中的活动成员。
- 选择优先级最高的主机作为新的默认主机。
- 确保所有新的客户端请求都由仍然活动的主机进行处理。

在聚合期间，仍然活动的主机会查找一致的检测信号。当新的主机尝试加入群集时，它会发送检测消息，该消息也会触发聚合。当所有群集主机对当前的群集成员身份达成一致之后，会向剩余主机重新分发客户端负载，并完成聚合。

通常聚合只需几秒，因此由群集中断的客户端服务是非常少的。在聚合期间，仍然活动的主机会继续处理客户端请求，而不会影响现有连接。如果所有主机在几个检测期间报告的群集成员身份和分发映射都一致，则聚合结束。

10.2.2 NLB 新增功能

Windows Server 2008 的网络负载平衡（NLB）有以下几个方面的改进。

- 支持 IPv6。NLB 对所有通信都完全支持 IPv6。所有 NLB 组件都支持 IPv6 地址，并且可以将这些地址配置为主要群集 IP 地址、专用 IP 地址和虚拟 IP 地址。此外，还可以作为纯 IPv6，以及在 IPv6 over IPv4 模式下对 IPv6 进行负载平衡。
- 改进了拒绝服务（DoS）攻击和计时器饥饿保护。使用回调接口，NLB 可以在攻击期间或者节点负载过高时检测并通知应用程序。当群集节点过载或者受到攻击时，ISA 服务器使用该功能。
- 支持每个节点使用多个专用 IP 地址。NLB 完全支持为每个节点定义多个专用 IP 地址。以前只支持每个节点使用一个专用 IP 地址。当客户端由 IPv4 和 IPv6 通信组成时，ISA 服务器可以使用该功能来管理每个 NLB 节点。
- 支持滚动升级。NLB 支持从 Windows Server 2003 到 Windows Server 2008 的滚动升级。
- 通过网络负载平衡管理器综合管理。不再需要使用网络连接工具配置 NLB 群集，只需通过 Windows Server 2008 中的 NLB 管理器即可执行 NLB 群集配置。这样便可以最大程度地减少因群集主机之间设置不一致可能引起的 NLB 配置问题。

10.2.3 NLB 的容错功能

如果 NLB 群集中的服务器成员有变动，如服务器故障、服务器脱离群集或增加新服务器，则 NLB 会启动一个称为聚合（convergence）的程序，以便让 NLB 集群中的所有服务器状态保持一致并重新分配工作任务。

例如，NLB 群集中的服务器会随时监听其他服务器的心跳状态，以便检测是否有其他服务器出现故障。若有服务器出现故障，检测到此状况的服务器便会启动聚合程序，在聚合程序运行时，现有正常的服务器仍然会继续服务，同时正在处理中的请求也不会受到影响，当完成聚合程序后，所有连接 Web Farm 网站的请求，会重新分配给剩下仍正常的 Web 服务器来负责。

10.2.4 NLB 的相似性

相似性用于定义源主机与 NLB 群集成员之间的关系。比如，如果群集中有三台 Web 服务器，当外部主机（源主机）要连接 Web 群集时，此请求应由 Web 群集中的哪一台服务器来负责处理？这是由 NLB 提供的三种相似性来决定的。

- 无（none）：此时 NLB 是根据源主机的 IP 地址与端口，将请求分配给其中一台服务器处理，群集中每一台服务器都有一个主机 ID（host ID），而 NLB 根据源主机的 IP 地址与连接端口计算出来的哈希值（hash）与主机 ID 有关联性，因此 NLB 群集会根据哈希值将此请求发给拥有主机 ID 的服务器负责处理。因为它同时根据源主机的 IP 地址与端口将请求分配给其中一台服务器处理，因此同一台外部主机提出的多个连接 Web Farm 请求（源主机的 IP 地址相同、TCP 端口不同），可能会分别由不同的 Web 服务器来负责。

➢ 单一（single）：此时 NLB 仅根据源主机的 IP 地址将请求分配给其中一台 Web 服务器处理，因此同一台外部主机提出的所有连接 Web Farm 请求，都会由同一台服务器来负责处理。

➢ Class C：它是根据源主机的 IP 地址中最高 3 字节，将请求分配给其中一台 Web 服务器处理。也就是 IP 地址中最高 3 字节相同的所有外部主机，它所提出的连接 Web Farm 请求都会由同一台 Web 服务器负责。比如，63.11.11.1～63.11.11.254 的外部主机的请求，都会由同一台 Web 服务器来负责处理。

虽然，NLB 默认是通过相似性将客户端的请求分配给其中一台服务器来负责处理，但可以另外通过端口规则来更改相似性。比如，可以在端口规则中将特定流量指定由优先级较高的一台服务器来负责处理，系统默认的端口规则包括所有流量。也会依照设置的相似性将客户端的请求分配给某台服务器来负责处理，也就是所有流量都具备网络负载平衡与容错功能。

10.2.5　NLB 操作模式

NLB 的操作模式分为单播模式与多播模式两种。

1．单播模式（unicast mode）

此模式下，NLB 群集中每一台 Web 服务器的网卡的 MAC 地址都会被替换成一个相同的集群 MAC 地址，它们通过此集群 MAC 地址来接收外部连接 Web 群集的请求，发送到此群集 MAC 地址的请求，会被送到群集中的每一台 Web 服务器，不过采用此模式时，会遇到一些问题，下面给出了这些问题的解决方案。

（1）二层交换机的每一个 Port 所注册的 MAC 地址必须唯一

如图 10-7 所示，两台服务器连接到二层交换机的两个端口上，这两台服务器的 MAC 地址都改为相同的群集 MAC 地址，当这两台服务器的数据包发送到交换机时，交换机应该

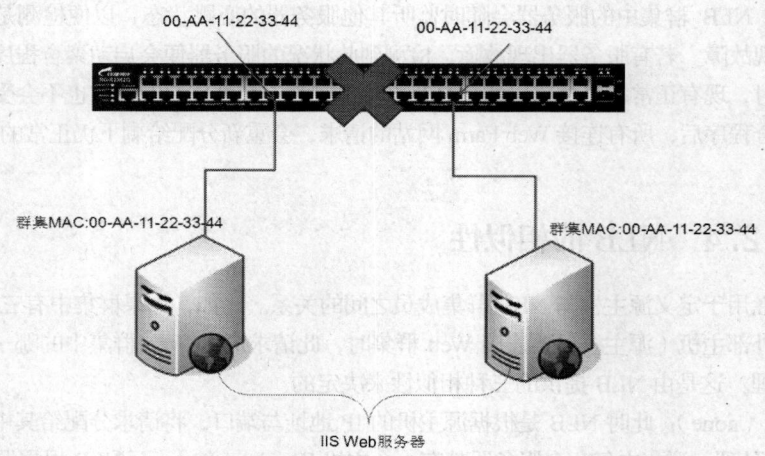

图 10-7　不允许两端口注册相同的 MAC 地址

将它们的 MAC 地址注册到所连接的端口上,然而,这两数据包中的 MAC 地址是相同的,而交换机的每一个端口所注册的 MAC 地址必须是唯一的,也就是不允许两端口注册相同的 MAC 地址。

Windows NLB 利用 MaskSourceMAC 功能来解决这个问题,它会根据每一台服务器的主机 ID 来更改外送数据包的 Ethernet header 中的源 MAC 地址,也就是将集群 MAC 地址中最高第 2 组字符改为主机 ID,然后将此修改过的 MAC 地址作为源 MAC 地址,如图 10-8 所示。

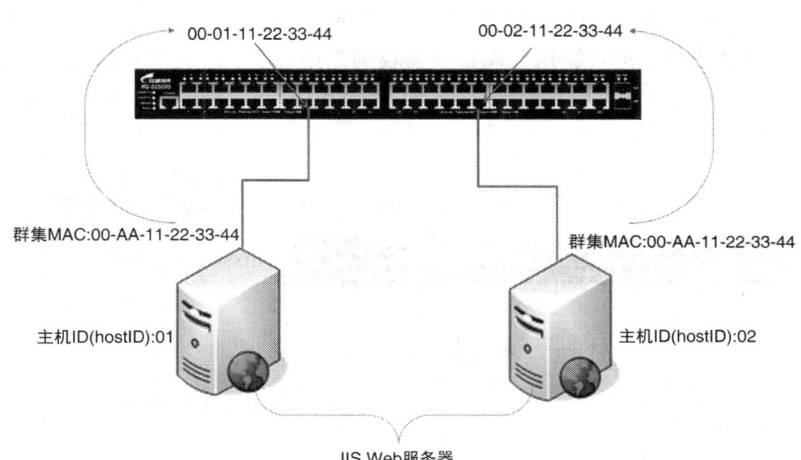

图 10-8 修改 MAC 地址作为源地址

(2) Switch Flooding 问题

NLB 单播模式还有另外一个问题就是交换机泛洪(Switch Flooding),如图 10-9 所示,虽然交换机每一个端口所注册的 MAC 地址是唯一的,但当路由器接收到要送往群集 IP 地址的数据包时,它会通过 ARP 协议来查询其 MAC 地址,不过它从 ARP 回复的数据中获得的 MAC 地址是集群 MAC 地址,因此它会将此数据包送给集群 MAC 地址,但是交换机中并没有任何一个端口注册此 MAC 地址,所以当交换收到此数据时便会将它送到所有的端口,从而造成泛洪现象。

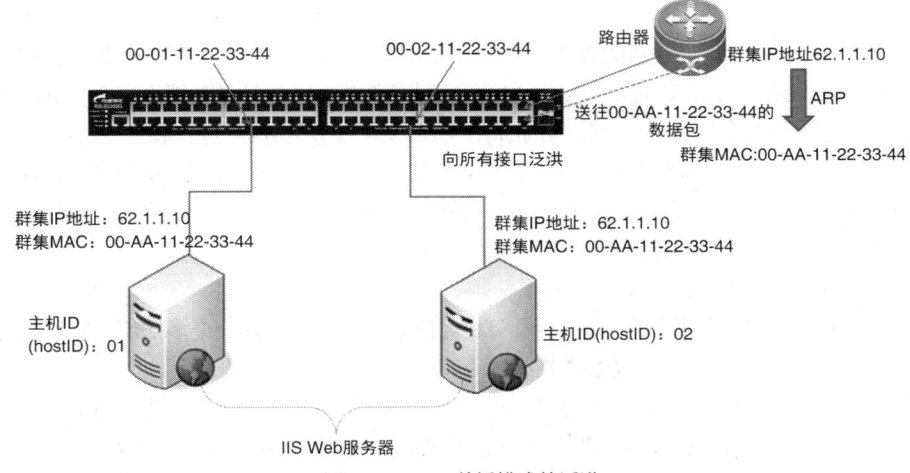

图 10-9 NLB 单播模式的泛洪

NLB 单播模式的泛洪是正常现象，因为它让送到此群集的数据包能够被送到群集中的每一台服务器。不过如果在此交换机上还连接着不属于此群集的计算机，则泛洪会对这些计算机造成额外的网络负担，甚至会因为其他计算机也收到专属此群集的机密数据包，而存在安全上的顾虑。

如果有其他计算机与 NLB 群集连接到同一台交换机上，则解决泛洪的方法如图 10-10 所示，将 NLB 群集中所有服务器连接到集线器（Hub），然后将集线器连接到交换中的一个端口，这样只有这个端口会注册群集 MAC 地址。因此当路由器将目的地址为集群 MAC 地址的数据包送到交换机后，交换机只会通过这个端口将它发送给集线器，不会干扰连接在其他端口上的计算机，而集线器收到数据包后，就会将它送给群集中的所有服务器。

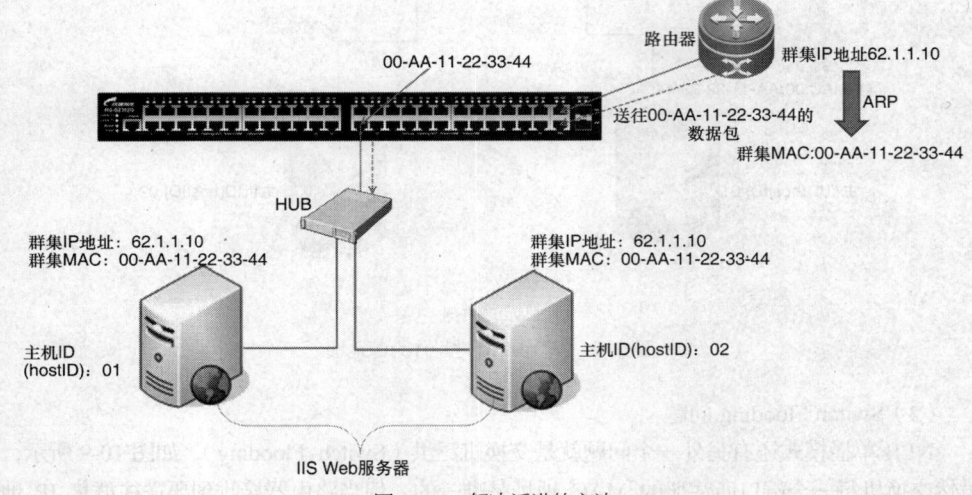

图 10-10　解决泛洪的方法

（3）群集服务器之间无法相互通信的问题

如果网页内容放置在 Web 服务器中，并利用 DFS 复制功能让服务器之间的网页内容保持一致，则采用 NLB 单播模式还存在另外一个问题，除了与 NLB 有关的流量之外，群集服务器之间无法通信。因此群集服务器之间将无法通过 DFS 复制功能让网页内容保持一致。

如图 10-11 所示，当左边的服务器与右边服务器通信时，它会通过 ARP 请求数据包来询问其 MAC 地址，而右边服务回复的 MAC 地址是群集 MAC 地址，然而这个 MAC 地址也是左边服务器自己的 MAC 地址，如此将使它无法与右边服务器进行通信。

解决群集服务器之间无法通信的方法是，为每一台服务器另外安装一块网卡，这块网卡不启用 Windows NLB 功能，因此每一台服务器中的这块网卡都会保存原来的 MAC 地址，服务器之间可以通过这块网卡相互通信，如图 10-12 所示。

2．多播模式（multicast mode）

多播是指数据包会同时发送给多台计算机，这些计算机属于同一个多播组，它们拥有一个共同的多播 MAC 地址。多播模式具有以下特性。

➢ NLB 群集中每一台服务器的网卡仍然会保留原来的唯一 MAC 地址，如图 10-13 所示，因此群集成员之间仍然可以正常通信，而且交换机中每一个端口所注册的 MAC 地址就是每台服务器的唯一 MAC 地址。

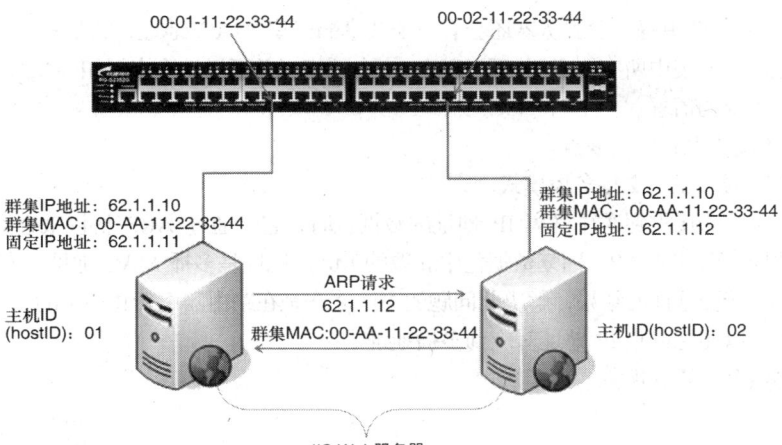

图 10-11　群集服务器之间无法相互通信

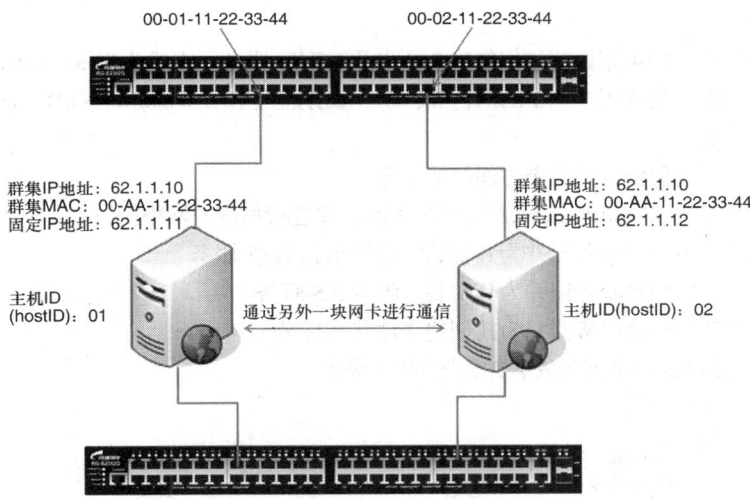

图 10-12　服务器通过网卡相互通信

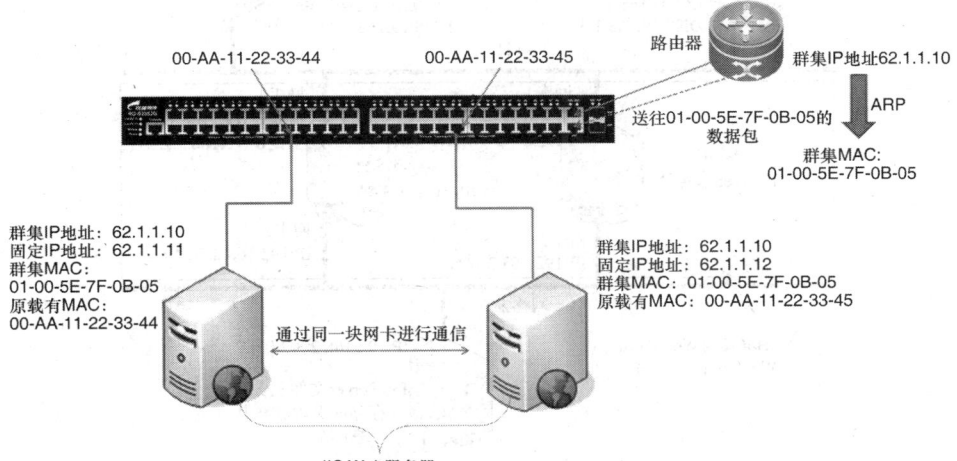

图 10-13　NLB 群集中每一台服务器的网卡保留原来的唯一 MAC 地址

➢ NLB 集群中每一台服务器还会有一个共享的群集 MAC 地址，它是一个多播 MAC 地址，群集中所有服务器都属于同一个多播组，并通过这个多播组 MAC 地址来监听外部的请求。

但多播模式也有以下缺点。
➢ 路由器可能不支持多播模式。
➢ 当路由器接收到送往群集 IP 地址的数据包时，它会通过 ARP 协议来查询其 MAC 地址，而它从 ARP 回复数据包中获取的 MAC 地址是多播 MAC 地址，有的路由器并不接受这样的结果，解决此问题的方法之一是在路由器中新建动态的 ARP 对应项目，以便将群集 IP 地址对应到多播地址。
➢ 仍然会有泛洪现象。

10.3 网络负载平衡配置

下面利用图 10-14 来说明如何新建一个由ⅡS Web 服务器组成的 Web 群集，其网址为 www.wujing.com。将直接在图中的两台ⅡS Web 服务器上启用 Windows NLB，且 NLB 操作模式为单播模式。

要完成配置主要做以下几个方面的的工作。
（1）安装四台 Windows Server 2008 服务器，并进行相应的网络配置。
（2）选择其中一台服务器并为其安装活动目录和 DNS 服务。
（3）选择其中两台服务器并为其安装并配置ⅡS 服务。
（4）选择其中一台服务器并为其创建文件共享目录。
（5）在两台 IIS 服务器上安装并配置 NLB 服务。
（6）测试验证。

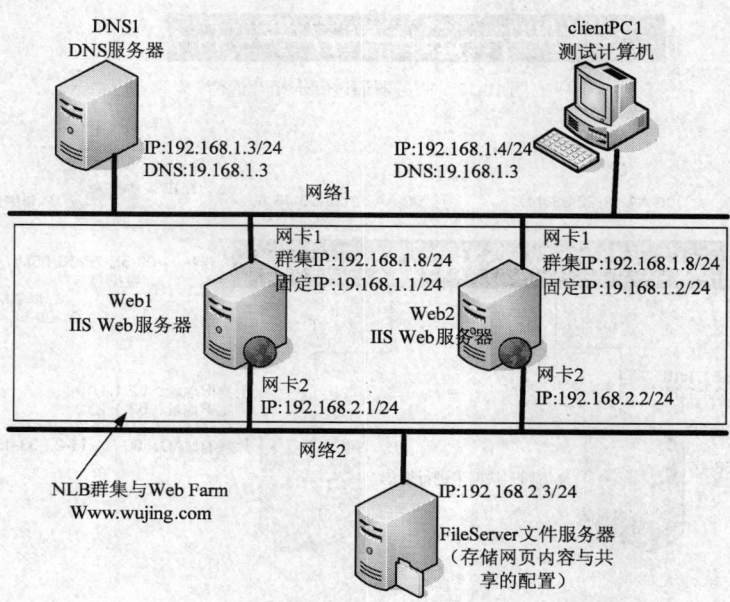

图 10-14　创建一个由ⅡS Web 服务器组成的 Web 群集

10.3.1 配置实例的软硬件需求

要创建图 10-14 所示的 Web Farm，其软硬件配备需符合以下要求，在此我们建议大家用虚拟机来实验练习。

（1）ⅡS Web 服务器 Web1 与 Web2

这两台组成 Web Farm 的服务器都是 Windows Server 2008 操作系统，且应安装 Web 服务器（ⅡS）角色。同时我们要新建一个 Windows NLB 群集，并将这两台服务器加入到此群集中。这两台服务器各有两块网卡，一块连接网络 1，一块连接网络 2，其中只有网卡 1 启用 Windows NLB。因此网卡 1 除了拥有原有的静态 IP 地址（192.168.1.1、192.168.1.2）之外，它们还有一个共同的群集 IP 地址（192.168.1.8），并通过这个群集 IP 地址来接收测试计算机 CleintPC1 的连接请求（http://www.wujing.com）。

（2）文件服务器

这台 Windows Server 2008 服务器用来存储 Web 服务器的网页内容，也就是两台 Web 服务器的主目录都是在这台文件服务器的相同文件夹中。两台 Web 服务器也应该使用相同的配置，而这些共享配置也存储在文件服务器 FileServer 中。

（3）DNS 服务器 DNS1

用这台 Windows Server 2008 服务器来解析 Web Farm 网址 www.wujing.com 的 IP 地址。

（4）测试计算机 ClientPC1

将在这台 Windows XP 计算机上利用 http://www.wujing.com 来测试是否可以正常连接 Web Farm 网站。也可以不要这台计算机，直接在 DNS 服务器 DNS1 上进行测试。

10.3.2 准备网络环境与计算机

为减少练习的出错率，请按照以下步骤来搭建如图 10-14 所示的 Web Farm 环境。

（1）将 DNS1 与 ClientPC1 的网卡连接到网络 1、Web1 与 Web2 的网卡 1 连接到网络 1，网卡 2 连接到网络 2。

（2）为这 5 台计算机安装操作系统。除了为计算机 ClientPC1 安装 Windows XP 外，其他计算机都安装 Windows Server 2008 Enterprise，安装完成后，将它们的计算机名分别改为 DNS1、Web1、Web2、ClientPC1 与 FileServer。

（3）建议更改 Web 服务器的两块网卡的名称，以利于识别。如把连接网络 1 的网卡名称改为 "网络 1"，把连接网络 2 的网卡名称改为 "网络 2"。更改的方法为：选择 "开始" → "控制面板" → "网络和共享中心" → "管理网络连接"，然后分别在两个网络连接上右击，选择 "重命名"。

（4）按照图 10-14 来设置 5 台计算机的静态 IP 地址、子网掩码、首选 DNS 服务器（暂时不设置群集 IP 地址，等新建 NLB 群集时再设置）。设置方法为：选择 "开始" → "控制面板" → "网络和共享中心" → "管理网络连接"，在网络连接上右击，选择 "属性" → "Internet 协议版本 4（TCP/IP）"。本例采用 IPv4，因此可以取消选择 IPv6。

（5）暂时关闭这 5 台计算机的 Windows 防火墙（否则测试步骤会被阻挡）。方法：选择 "开始" → "控制面板" → "Windows 防火墙" → "更改设置" → "关闭"。

（6）请务必执行以下步骤来测试同一个子网络中的计算机之间是否可以正常通信，以减少后面排错的困难度。

① 在 DNS1 上分别利用 ping 192.168.1.1、ping 192.168.1.2 与 ping 192.168.1.4 来测试是否可以跟 Web1、Web2 与 ClientPC1 通信。

② 在 ClientPC1 上分别利用 ping 192.168.1.1、ping 192.168.1.2 与 ping 192.168.1.3 来测试是否可以跟 Web1、Web2 与 DNS1 通信。

③ 在 Web1 上分别利用 ping 192.168.1.2、ping 192.168.1.3、ping 192.168.1.4、ping 192.168.2.2 与 192.168.2.3 来测试是否可以跟 Web2、DNS1、ClientPC1 与 FileServer 通信。

④ 在 Web2 上分别利用 ping 192.168.1.1、ping 192.168.1.3、ping 192.168.1.4、ping 192.168.2.1 与 192.168.2.3 来测试是否可以跟 Web1、DNS1、ClientPC1 与 FileServer 通信。

⑤ 在 FileServer 上分别利用 ping 192.168.2.1 与 ping 192.168.2.2 来测试是否可以跟 Web1 与 Web2 通信。

（7）重新开启这 5 台计算机的 Windows 防火墙。

10.3.3 DNS 服务器的设置

DNS 服务器 DNS1 用来解析 Web Farm 网址 www.wujing.com 的 IP 地址。请在其中安装 DNS 服务器角色，安装方法：选择"开始"→"服务器管理器"→"角色"→"添加角色"，如图 10-15 所示，选择"DNS 服务器"，然后按提示完成安装操作。

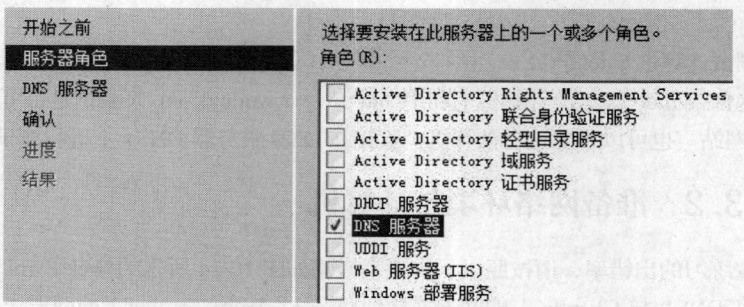

图 10-15 DNS 服务器的设置

安装完成后，请选择"开始"→"管理工具"→"DNS"，在"正向查找区域"上右击，选择"新建区域"来新建一个名为 wujing.com 的主要查找区域，并在这个区域中新建 Web Farm 的主机记录，如图 10-16 所示。这里假设网址为 www.wujing.com，注意其 IP 地址是群集的 IP 地址 192.168.1.8。

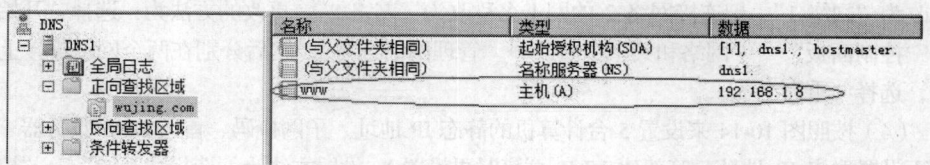

图 10-16 新建 Web Farm 的主机记录

然后在测试计算机 ClientPC1 上通过 ping www.wujing.com 看是否可以解析到 www.wujing.com 的 IP 地址。

10.3.4 文件服务器的设置

这台 Windows Server 2008 文件服务器用来存储 Web 服务器的共享配置与共享网页内

容。请先在这台服务器的本地安全性数据库中新建一个用户账户，以便两台 Web 服务器可以利用这个用户账户来连接文件服务器。

建立用户账户的途径："开始"→"管理工具"→"计算机管理"，展开"本地用户和组"，在"用户"上右击，选择"新用户"，按如图 10-17 所示输入用户名（假设为 webuser）、密码等数据，取消选择"用户下次登录时须更改密码"，选择"密码永不过期"，单击"创建"按钮。

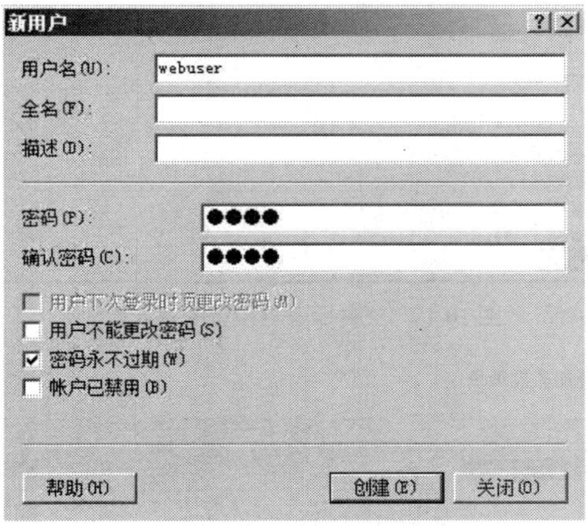

图 10-17 新建用户

请在这台文件服务器中新建一个用来存储 Web 服务器共享配置与网页的文件夹，假设为"c:\webfiles"，并将其设置为共享文件夹，假设共享名为"webfiles"，然后开放"参与者"修改权限给之前新建的用户 webuser，如图 10-18 所示。

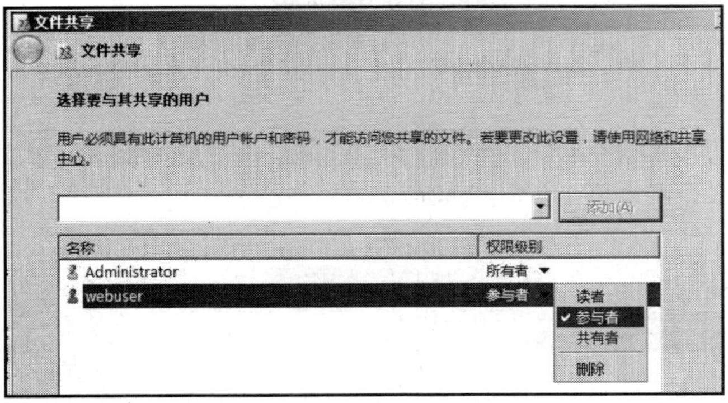

图 10-18 共享设置

接着在此文件夹中新建两个子文件夹，一个用来存储共享配置，一个用来存储共享网页（网站的主目录），假设文件夹名分别是 configurations 和 contents，图 10-19 所示是完成后的的界面。

10.3.5 Web 服务器 Web1 的设置

下面将在 Web1 上安装 Web 服务器（IIS）角色，同时假设 Web 服务器中的网页是针对 ASP.NET 编写的程序，因此还需要安装 ASP.NET 角色服务。请选择"开始"→"服务器管理器"→"角色"→"添加角色"，如图 10-20 所示，选择"Web 服务器（IIS）"，单击"添加必要的功能"，然后在图 10-21 中选择"ASP.NET"，单击"添加必需的角色服务"按钮来安装。

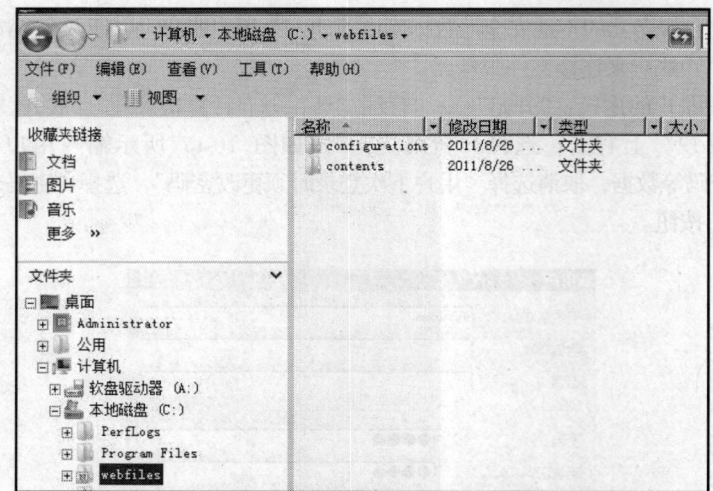

图 10-19　文件服务器设置的完成界面

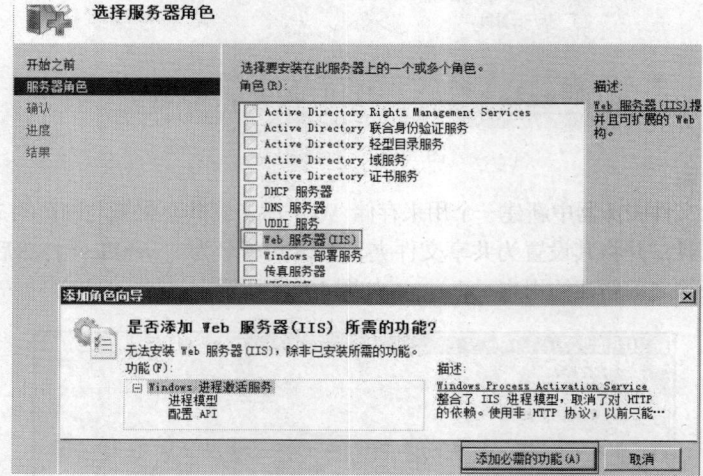

图 10-20　选择角色服务器

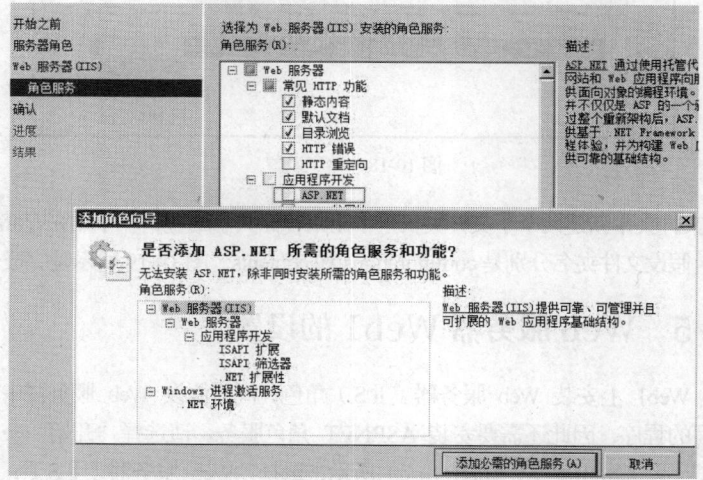

图 10-21　添加必需的角色服务

接下来新建一个测试用的网页，将其文件名设为 default.html，并将此文件放在网站默认的主目录%systemroot%inetpub\wwwroot 中。

接着请在测试计算机 clientPC1 上利用浏览器输入 http://192.168.1.1 来测试是否可以正常连接网站与显示默认网页。

10.3.6　Web 服务器 Web2 的设置

Web2 的设置步骤与 Web1 的设置大致相同，以下予以简要说明。

（1）在 Web2 上安装 Web 服务器角色（ⅡS）与 ASP.NET 角色服务。

（2）直接在测试计算机 clientPC1 上利用 http://192.168.1.2 来测试 Web2 网站是否可以正常运行。由于 Web2 没有另外创建 default.html 首页，因此在 clientPC1 上测试时所看到的界面是默认网站的默认首页。

10.3.7　共享网页与共享配置

下面要让两个网站使用存储在文件服务器 FileServer 中的共享网页与共享配置。

1．Web1 共享网页的设置

将以 Web1 的网页作为两个网站的共享页面，因此先将 Web1 主目录 C:\inetpub\wwwroot 中的测试首页 default.html，通过网络复制到文件服务器 FileServer 的共享文件夹 \\FileServer\Webfiles\Contents，如图 10-22 所示。

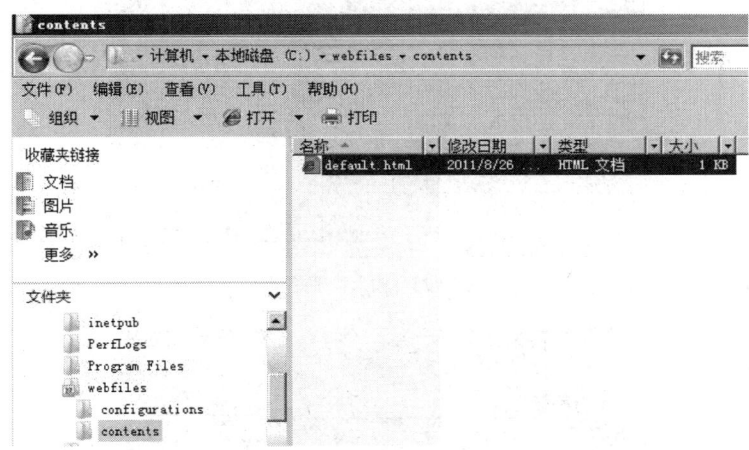

图 10-22　Web1 共享网页的设置

接下来将 Web1 的主目录设置到\\FileServer\Webfiles\Contents，并且利用在文件服务器 FileServer 中创建的本地用户账户 Webuser 来连接此共享文件夹。不过在 Web1 中也必须新建一个相同名称与密码的用户账户，而且必须将其加入到ⅡS_IUSER 组，如图 10-23 所示。

将 Web1 主目录设置到\\FileServer\Webfiles\Contents 共享文件夹的步骤如下。

步骤 1：单击 Default Web Site 右边的"基本设置"，如图 10-24 所示。

步骤 2：在"物理路径"文本框中输入\\FileServer\Webfiles\Contents，单击"连接为"按钮，如图 10-25 所示。

步骤 3：在图 10-26 中选择"特定用户"，单击"设置"按钮，输入用来连接共享文件夹的用户名 webuser 与密码，单击"确定"按钮。

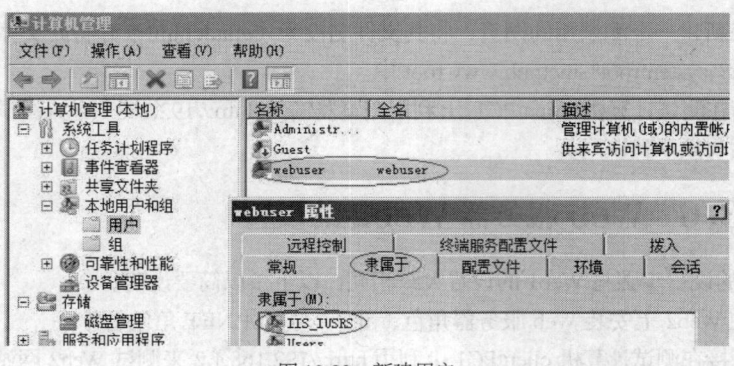

图 10-23 新建用户

图 10-24 基本设置

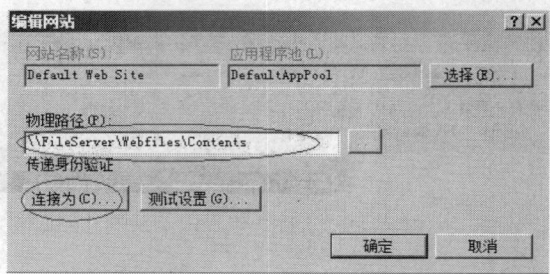

图 10-25 输入物理路径

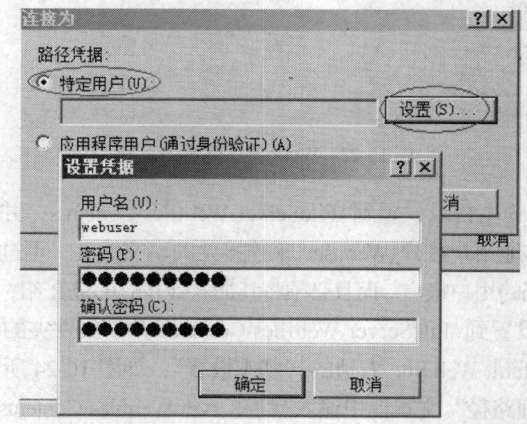

图 10-26 输入用户名与密码

步骤 4：单击图 10-27 中的"测试设置"按钮，以便测试是否可以正常连接上述共享文件夹。

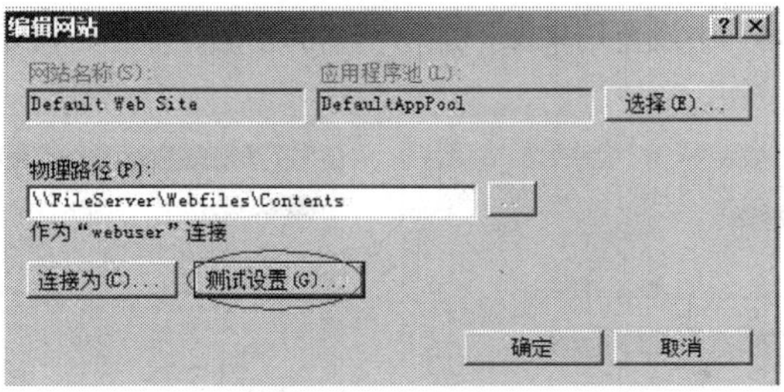

图 10-27 单击"测试设置"按钮

完成后请在测试计算机 ClientPC 上利用 http://192.168.1.1/来测试（建议先将浏览器的缓存清除），此时应该可以正常显示 default.html 的内容。

2．Web1 的共享配置

下面将以 Web1 的设置作为两个 Web 服务器的共享配置，因此请先将 Web1 的设置与密钥导出到\\FileServer\Webfiles\Configurations，然后指定 Web1 使用这份位于\\FileServer\Webfiles\Configurations 的配置。

步骤 1：首先将 Web1 的设置通过导出的方式存储到\\FileServer\Webfiles\Configurations 中。双击图 10-28 中服务器 Web1 界面中的"共享的配置"。

图 10-28 单击"共享的配置"

步骤 2：单击图 10-29 中右边的"导出配置"。

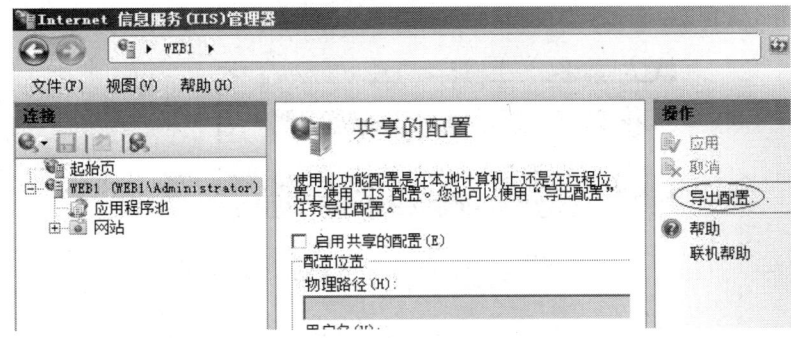

图 10-29 单击"导出配置"

步骤 3：在图 10-30 的"物理路径"中输入用来存储共享配置的共享文件夹"\\FileServer\Webfiles\Configurations"，单击"连接为"按钮，输入有权连接此共享文件夹的用户名（webuser）和密码，单击"确定"按钮。

步骤 4：在图 10-31 中设置用来保护加密密钥的密码，单击"确定"按钮，在弹出的对话框中单击"确定"按钮。

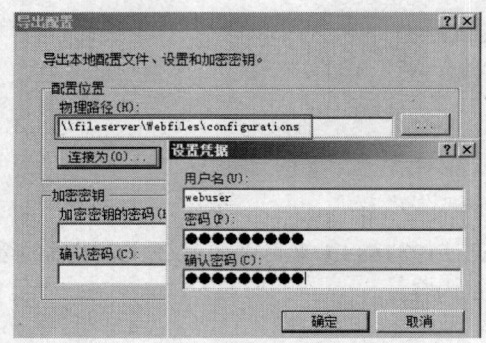
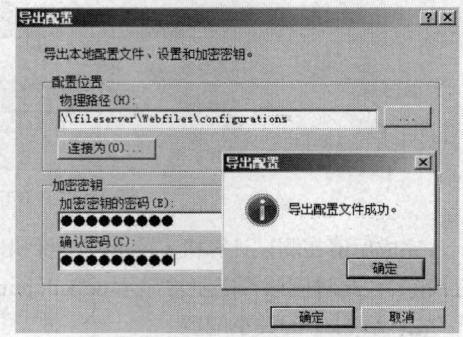

图 10-30　输入物理路径并设置用户名和密码　　　　图 10-31　设置保护加密密钥的密码

步骤 5：接着启用 Web1 的共享配置功能。在图 10-32 中选择"启用共享配置"，在"物理路径"中输入存储共享配置的路径，输入有权利连接文件夹的用户名（webuser）和密码，单击"应用"按钮，在弹出的对话框中输入保护加密密钥的密码，单击"确定"按钮。

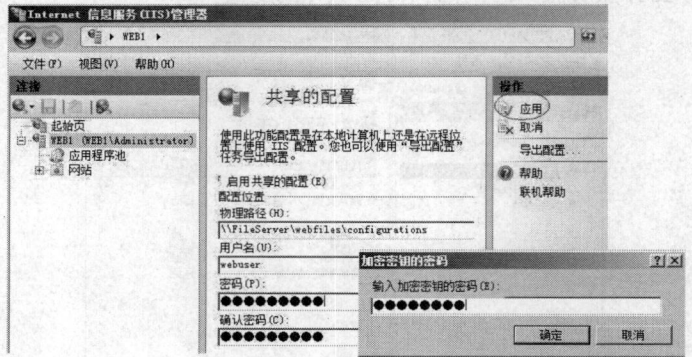

图 10-32　启用共享配置

步骤 6：由图 10-33 后图可知，Web1 的现有加密会备份到本地计算机中用来存储配置的目录中（%systemroot%\system32\inetsrv\config），由前图可知需要关闭ⅡS 管理器，然后重新启动ⅡS 管理器。

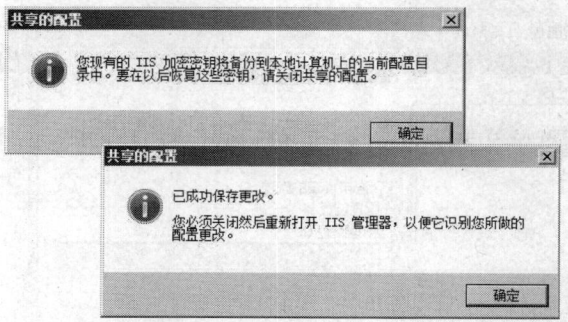

图 10-33　提示备份成功并需重新打开ⅡS 管理器

完成后请在测试计算机 ClientPC 上利用 http://192.168.1.1/来测试（建议先将浏览器的缓存清除），此时应该可以正常显示 default.html 的内容。

3. Web2 共享网页的设置

我们要将 Web2 的主目录指定到文件服务器 FileServer 的共享文件夹\\FileServer\Webfiles\Contents，并利用在 FileServer 中新建的本地用户 Webuser 来连接此共享文件夹。不过在 Web2 中也必须新建一个相同名称与密码的用户账户，且必须将其加入到 IIS_IUSERS 组，它的设置方式与 Web1 完全相同。

将 Web2 的主目录指定到文件夹的步骤与 Web1 完全相同，此处不再重复。

完成后请在测试计算机 ClientPC 上利用 http://192.168.1.2 来测试（建议先将浏览器的缓存清除），此时应该可以正常显示 default.html 的内容。

4. Web2 的共享配置

Web2 的共享配置的设置方式与 Web1 完全相同，这里不再重复。

完成后请在测试计算机 ClientPC 上利用 http://192.168.1.2 来测试（建议先将浏览器的缓存清除），此时应该可以正常显示 default.html 的内容。

10.3.8 创建 Windows 网络负载平衡（NLB）群集

由于要在图 10-14 中的 Web1 与 Web2 两台 Web 服务器上直接启用 Windows NLB，因此必须在这两台服务器上安装"网络负载平衡"功能。请分别在这两台服务器上通过以下方法来安装：选择"开始"→"服务器管理器"→"功能"→"添加功能"，如图 10-34 所示，选择"网络负载平衡"，然后按提示完成操作。

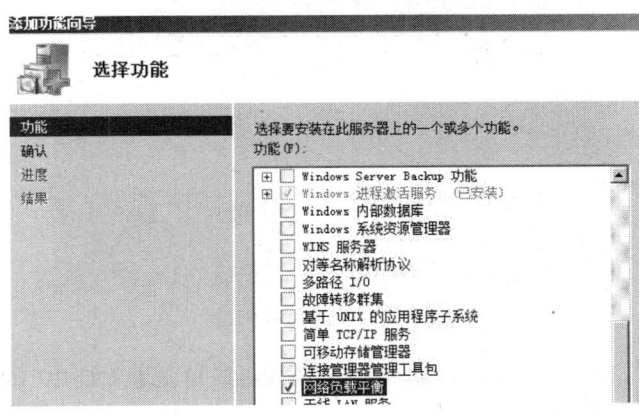

图 10-34　安装"网络负载平衡"

接下来利用"网络负载平衡管理器"来新建 NLB 群集。

步骤 1：在 Web1（或 Web2）上选择"开始"→"服务器管理器"→"网络负载平衡器"，如图 10-35 所示，在"网络负载平衡器"上右击，选择"新建群集"。

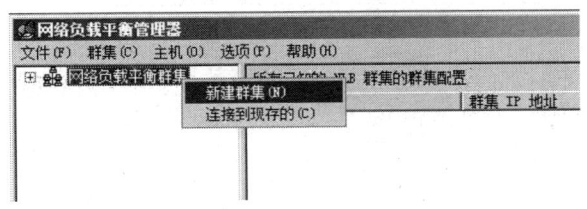

图 10-35　新建群集

步骤 2：在图 10-36 的"主机"中输入要加入群集的第 1 台服务器的计算机名"Web1"

后单击"连接",然后在界面下方选择 Web1 中欲启用 NLB 的网卡后再单击"下一步"按钮,这里选择连接到网络 1 的网卡。

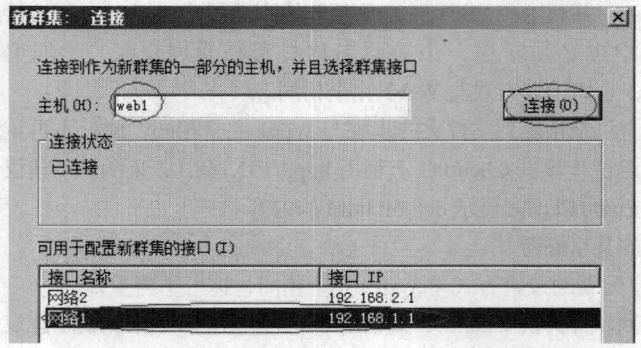

图 10-36　输入计算机名并连接网卡

步骤 3:在图 10-37 中直接单击"下一步"按钮即可。图中"优先级(单一主机标识符)"就是 Web1 的 host ID(每一台服务器的 host ID 必须是唯一的)。若群集接收到的数据包未定义在"端口规则"中,则会将此数据包交给优先级较高(host ID 数字较小)的服务器来处理。也可以在此界面中为此网卡添加多个静态 IP 地址。

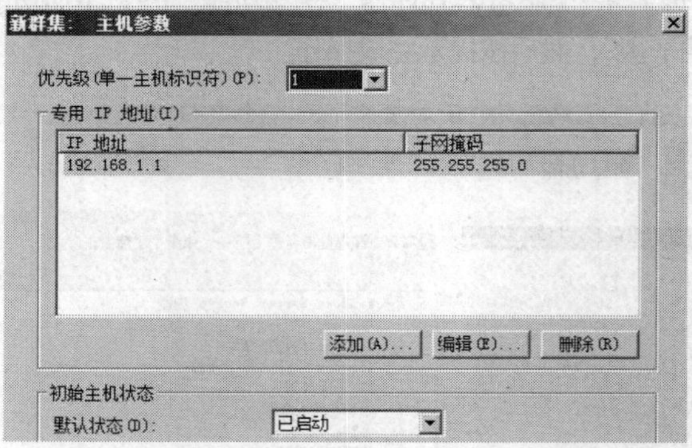

图 10-37　此界面无需设置

步骤 4:在图 10-38 中单击"添加"按钮,设置群集 IP 地址(如 192.168.1.8)与子网掩码,然后单击"确定"按钮。

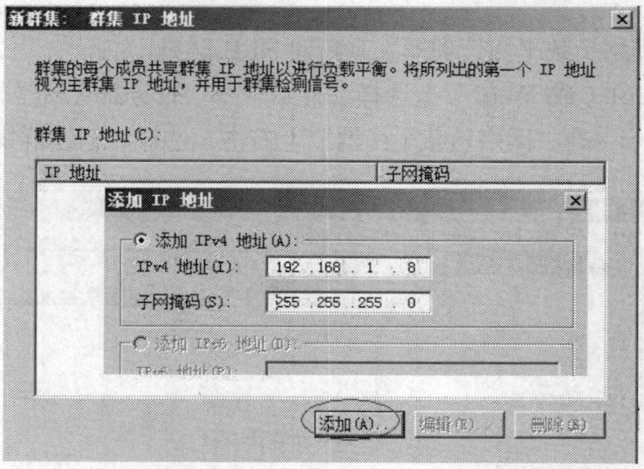

图 10-38　设置群集 IP 地址与子网掩码

步骤 5：返回"新群集：群集 IP 地址"界面，单击"下一步"按钮（我们可以在此添加多个群集 IP 地址）。

步骤 6：在图 10-39 中直接单击"下一步"按钮，这里将群集操作模式设置为"单播"。

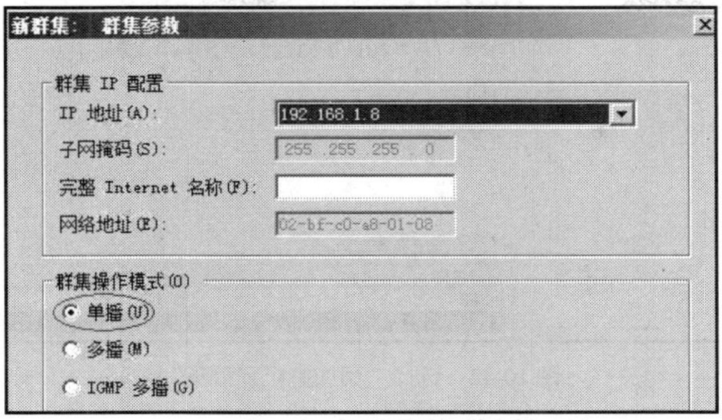

图 10-39　设置群集操作模式

步骤 7：在图 10-40 中直接单击"完成"按钮，采用默认的端口规则。

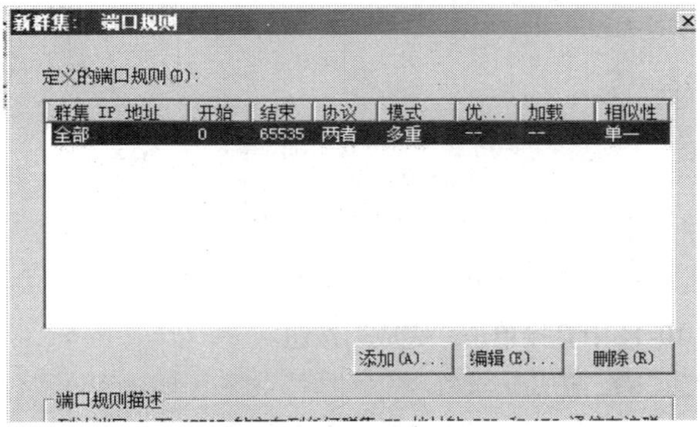

图 10-40　此界面无需设置直接单击"完成"按钮

步骤 8：设置完成后会进入聚合程序，稍待一段时间后便会完成此程序，而图 10-41 中"状态"栏的内容也会改为"已聚合"。

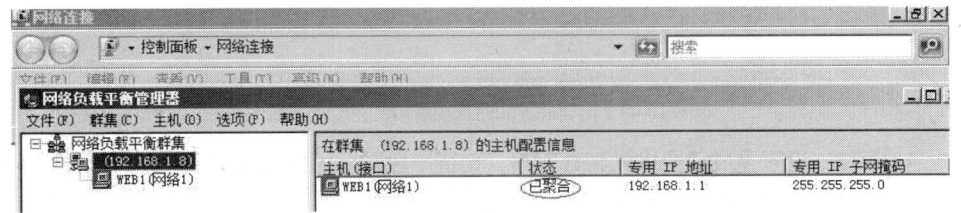

图 10-41　"状态"栏已改为"已聚合"

步骤 9：接下来将 Web2 加入到 NLB 群集中。如图 10-42 所示，在群集 IP 地址 192.168.1.8 上单击右键，选择"添加主机到群集"，在"主机"中输入"Web2"后单击"连接"按钮，从界面下方选择 Web2 中欲启用 NLB 的网卡后单击"下一步"按钮（这里选择连接到网络 1 的网卡）。

步骤 10：在图 10-43 中直接单击"下一步"按钮即可，其优先级（单一主机标识符）为 2，也就是 host ID 为 2。

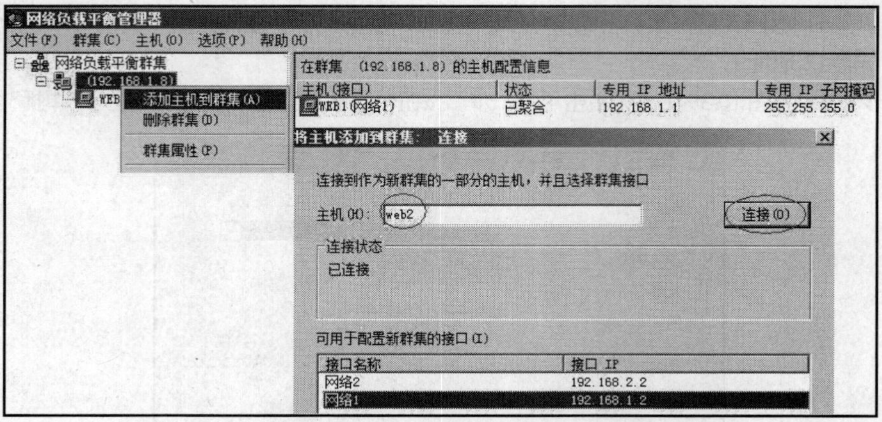

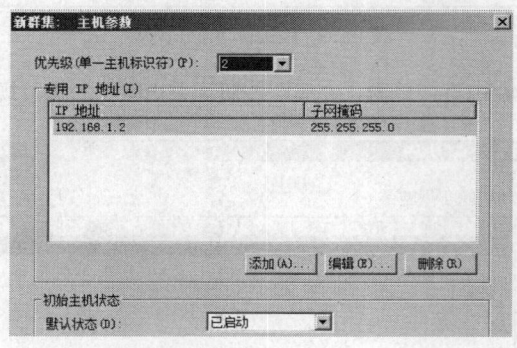

图 10-42 选择"添加主机到群集"

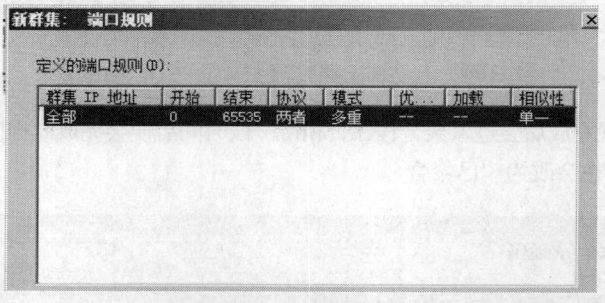

图 10-43 设置"优先级"为 2

步骤 11：在图 10-44 中直接单击"完成"按钮。

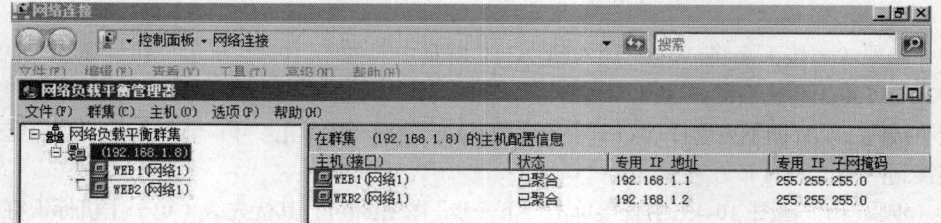

图 10-44 出现此界面时直接单击"完成"按钮

步骤 12：设置完成后会进入聚合程序，稍待一段时间后便会完成此程序，而图 10-45 中"状态"栏的内容也会改为"已聚合"。

图 10-45 "状态"栏也改为"已聚合"

完成以上设置后，接下来请在测试计算机 ClientPC 上利用浏览器测试是否可以连接到 Web Farm 网站，这一次将在浏览器里输入 www.wujing.com 来连接。此网址在 DNS 服务器中注册的 IP 地址为群集 IP 地址 192.168.1.8，因此这一次是通过 NLB 群集来连接 Web Farm。

10.4　Windows 网络负载平衡的高级管理

如果要更改群集的设置，例如添加主机到群集、删除群集等，请按如图 10-46 所示在群集上右击，然后通过图中的选项来操作。

也可以针对单一服务器来更改其设置。其设置方法如图 10-47 所示，在服务器上右击，然后通过界面中的选项来设置。其中的"删除主机"会将该服务器从群集中移除，并禁用其网络负载平衡功能。

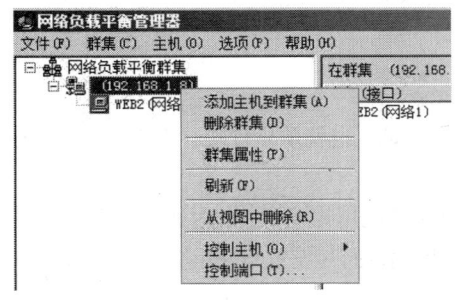

图 10-46　更改群集的设置

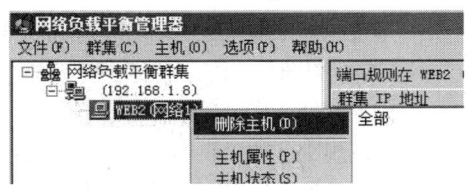

图 10-47　利用右键对单一服务器进行设置

如果选择图 10-46 中的"群集属性"，就可以通过图 10-48 来更改群集 IP 地址、群集参数与端口规则。

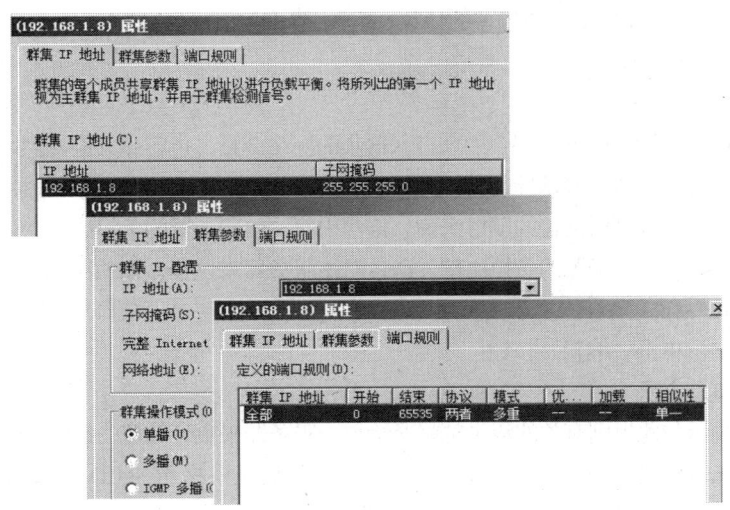

图 10-48　更改群集 IP 地址、参数与端口规则

下面针对端口规则来进一步说明。请选择图 10-48 中唯一的端口规则后单击"编辑"按钮，此时会出现图 10-49 所示的界面。

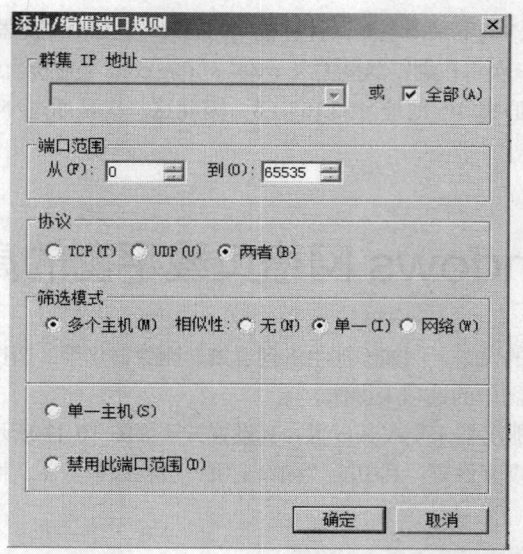

图 10-49　编辑端口规则

➢ 群集 IP 地址

通过此处来选择适用此端口规则的群集 IP 地址，也就是只有通过此 IP 地址来连接 NLB 群集时，才会应用此规则。

如果此处选择"全部"，则所有群集 IP 地址皆适用此规则，此时这个规则称为通用端口规则。如果我们要自行添加其他端口规则，而其设置与通用端口规则相冲突，则自己添加的规则的设置优先。

➢ 端口范围

用来设置此端口规则所涵盖的端口范围，默认是所有的端口。

➢ 协议

用来设置此端口规则所涵盖的协议，默认是同时 TCP 与 UDP。

➢ 筛选模式

多个主机与相似性

- 群集中所有服务器都会处理进入群集的网络流量，也就是共同提供网络负载平衡与容错功能。并依照相似性的设置将请求交给群集中的某台服务器来负责处理。针对此规则所涵盖的端口来说，群集中每一台服务器的负担比例默认是相同的。若要更改服务器的负担比例，请针对该服务器来设置，如图 10-49 所示，要查看此界面，请在服务器上右击，选择"主机属性"→"端口规则"，选择端口规则，单击"编辑"按钮。

- 单一主机

表示与此规则有关的流量都将交给单一服务器来负责处理，这台服务器是处理优先级较高的服务器。这个处理优先级默认就是根据 host ID 来设置的（数字越小，优先级越高），我们也可以更改服务器的处理优先级的值（见图 10-50 所示的"处理优先级"）。

- 禁用此端口范围

若选择此单选按钮，则所有与此端口规则有关的流量都将被 NLB 群集阻挡。

也可以按如图 10-51 所示，在服务器上右击，选择"控制主机"命令来启动、停止、排出停止、挂起与继续这台服务器的服务。其中"停止"会让此服务器停止处理所有的网络流量请求，包括正在处理的请求；而"排出停止"仅会停止处理新的网络流量请求，但是目前正在处理中的请求并不会停止。

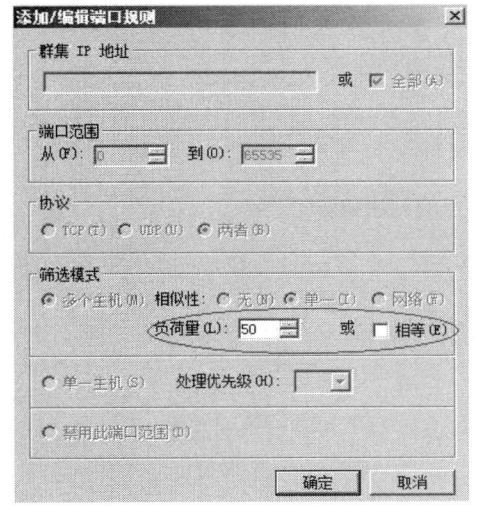

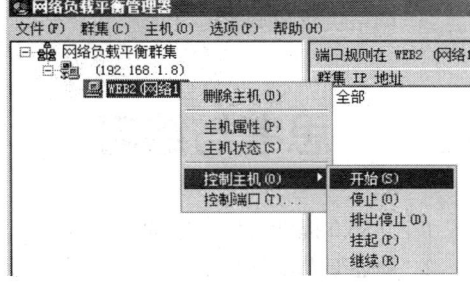

图 10-50 设置服务器的处理优先级的值　　　　图 10-51 "控制主机"菜单命令

也可以按如图 10-52 所示，在服务器上右击，选择"控制端口"，选择端口规则来启用、禁用或排出该端口规则。其中的"禁用"表示此服务器不再处理与此规则有关的网络流量，包括正在处理的请求；而"排出"仅会停止处理新网络流量请求，但是目前正在处理中的请求并不会被停止。

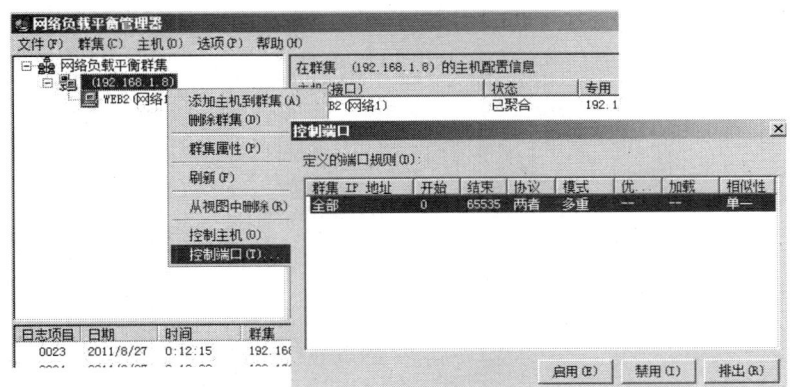

图 10-52 "控制端口"命令

10.5 本章小结

Web 服务是网络中非常重要的一项服务，日常人们在网络中浏览各种资源实际上就是访问各个企业和公司所创建的各种 Web 服务器。目前，每一个单位和企业都有自己的 Web

服务器,为了保证 Web 服务器的服务质量和效率,并且为了防止受到恶意攻击者的非法攻击,一般公司和企业在创建自己的 Web 服务器时都以群集的方式来实现网络负载平衡和故障转移。

通过本章的学习,要求大家熟练掌握 Web 服务器的配置与管理,网络负载平衡服务器群集的配置与管理。

10.6 上机实训

1. Web 服务器的配置以及不同类型 Web 站点的创建和访问。
2. 网络负载平衡群集的创建。

10.7 思考与练习

1. ⅡS6.0 提供的服务有哪些?
2. 简述架设多个 Web 网站的方法。
3. Web 群集的作用是什么?
4. 什么是网络负载平衡?它的作用是什么?
5. 如何创建网络负载平衡?

第 11 章　常见的网络故障及常用的网络命令

11.1　常见的网络故障及诊断

计算机网络是一个复杂的综合系统，网络在长期运行过程中总是会出现各种各样的问题。引起网络故障的原因很多，网络故障的现象和种类繁多，本章主要针对小型局域网络中常见的网络故障加以分析，同时介绍如何使用 Windows Server 网络操作系统自带的工具进行判断故障和解决问题。

11.1.1　网络故障分类

按网络故障的性质、网络故障的对象或者网络故障出现的原因等方式来划分，网络故障有不同的分类。

1．按照网络故障的性质分类

按照网络故障的性质，网络故障可分为物理故障与逻辑故障两种。

- 物理故障也称为硬件故障，是指由硬件设备引起的网络故障。硬件设备或线路损坏、线路接触不良等情况都会引起物理故障。物理故障通常表现为网络不通，或时通时断。一般可以通过观察硬件设备的指示灯或借助测线设备来排除故障。
- 逻辑故障也称为软故障，是指设备配置错误或者软件错误等引起的网络故障。路由器配置错误、服务器软件错误、协议设置错误或病毒等情况都会引起逻辑故障。逻辑故障表现为网络不通，或者同一个链路中有的网络服务通，有的网络服务不通。一般可以通过 ping 命令检测故障，并通过重新配置网络协议或网络服务来解决问题。

2．按照网络故障的对象分类

按照网络故障出现的对象，网络故障可分为网络服务器故障、线路故障和路由器故障。

- 网络服务器故障一般包括服务器硬件故障、操作系统故障和服务设置故障。通常主要原因是操作系统故障。当网络服务器故障发生时，首先应当确认服务器是否感染病毒或被攻击，然后检查服务器的各种参数设置是否正确合理。
- 线路故障是网络中最常见和多发的故障。线路故障时应该先诊断该线路上流量是否还存在，然后用网络故障诊断工具进行分析后再处理。
- 路由器故障也是网络中常见的，由于现在网络中路由器设备的大量采用，一旦出现故障就会使网络通信中断。路由器故障的现象有时和线路故障相似，因此在诊断时要注意区分处理。检测这种故障，需要利用专门的管理诊断工具，用它收集路由器的路由表、端口流量数据、计费数据、路由器 CPU 温度、负载及路由器的内存余量等数据。一般可以利用网管系统中的专门进程不断地检测路由器的关键参数，并及时给出报警。

3．按照引起网络故障的原因分类

按照引起网络故障的原因，网络故障可分为配置故障、连通性网络故障、网络协议故障和安全故障。

（1）配置故障

配置故障指的是网络操作系统及相关网络中的客户机配置内容不当引发的网络故障。在组建局域网的过程中，由于系统的配置十分复杂，很多重要的参数配置一旦被修改、破坏就会导致网络系统故障。

常见的配置故障现象如下。
- 某些工作站无法和其他位置的工作站实现通信。
- 工作站无法访问任何其他设备。
- 只能 ping 通本机。
- 当局域网连入 Internet 时，用 ping 命令检测正常，但无法上网浏览。

（2）连通性网络故障

连通性网络故障的现象是网络不通。连通性网络故障通常涉及网卡、网线、交换机、路由器等设备和通信介质。其中任何一个设备的损坏，都会导致网络连接的中断。设备电源的突然关闭或损坏是造成连通性网络故障常见的原因之一。

（3）网络协议故障

局域网中使用的网络协议出现故障，网络中的工作站无法登录服务器。网络协议故障通常涉及网卡、网络协议安装、配置与管理等内容。其中任何一项故障，都会导致网络连接的中断。网络协议的配置错误是造成网络协议故障的主要原因之一。

（4）安全故障

安全故障通常表现为系统感染病毒、存在安全漏洞、有黑客入侵等几个方面。当局域网连入 Internet 时，没有做好安全防护的网络体系很容易出现安全故障。这类故障的现象通常表现为网络的数据流量突然变大，服务器的端口十分繁忙，系统负载极大，网络响应明显变慢。

另外局域网中没有设计完善的防病毒体系和安全机制也是导致网络安全故障的基本原因。很多时候局域网内部如果有一台计算机病毒感染，就会导致全网环境内病毒的扩散，甚至产生许多不明原因的恶意攻击。

例如在日常的计算机维护中，为了方便计算机之间传送文件，会对计算机的部分文件夹进行共享。文件共享一打开，表面上方便了数据共享，可是网络病毒一旦大肆扩散的时候，就难于清理和控制了。为了解决文件共享的需要，我们可以在局域网中配置一台简单的 FTP 服务器，避免使用操作系统的文件共享服务。

总之，在日常的维护中，千万不要忽视一些技术上的细节问题。特别是在安全体系的设计问题上，一个很小的细节失误也会造成网络瘫痪这样的大故障。作为技术维护人员，应该养成细致的习惯，更要有网络整体安全的防范意识。

11.1.2 网络故障诊断

1．网络故障诊断

当网络出现故障时，学会分析网络故障的原因对解决网络故障有很大的帮助。

诱发网络故障的原因通常有以下几种可能：物理层中物理设备相互连接失败或者硬件及线路本身的问题；数据链路层的网络设备的接口配置问题；网络层网络协议的配置或操作错误；传输层的设备性能或通信拥塞问题；或应用层中网络应用程序错误。

网络故障的原因中，由网卡安装配置、计算机操作系统的网络配置因素造成的问题占了很大比例。

2．重现网络故障

当出现故障时，首先应该重现故障，与此同时应该尽可能全面地收集故障信息，这是获取故障信息的最好办法。在重现故障的过程中还要注重收集以下这些方面的故障信息。

- 该网络故障的影响及范围。
- 故障的类型。
- 每次操作都会让该网络故障发生的步骤或过程。
- 在多次操作中故障是偶然才发生的步骤或过程。
- 故障是在特定的操作环境下才发生的步骤或过程。

重现故障时，还需要网管人员对网络故障具有比较好的判断能力，并做好适当的准备工作。有些故障在重现时，可能会导致网络崩溃，因此在决定进行网络故障重现时要注意这方面的问题。

3．网络故障分析与定位

重现故障后，可以根据收集的资料对故障现象进行分析。根据网络故障的分析结果确定故障的类型并初步定位故障范围，并对故障进行隔离。从故障现象出发，以网络诊断工具为手段获取诊断信息、确定网络故障点、查找问题的根源。

OSI 的层次结构为管理员分析和排查故障原因提供了非常好的组织方式。由于各层相对独立，按层排查能够有效地发现和隔离故障，因而一般使用逐层分析和排查的方法。通常有两种逐层排查方式，一种是从低层开始排查，适用于物理网络不够成熟稳定的情况，如组建新的网络、重新调整网络线缆、增加新的网络设备；另一种是从高层开始排查，适用于物理网络相对成熟稳定的情况，如硬件设备没有变动的情况。无论哪种方式，最终都能达到目标，只是解决问题的效率有所差别。

具体采用哪种方式，可根据具体情况来选择。例如，遇到某客户端不能访问 Web 服务器的情况，如果首先去检查网络的连接线缆，就显得太悲观了，除非明确知道网络线路有所变动。比较好的选择是直接从应用层着手，可以这样来排查：首先检查客户端 Web 浏览器是否正确配置，可尝试使用浏览器访问另一个 Web 服务器；如果 Web 浏览器没有问题，可在 Web 服务器上测试 Web 服务器是否正常运行；如果 Web 服务器没有问题，再测试网络的连通性。即使是 Web 服务器问题，从底层开始逐层排查也能最终解决问题，只是花费的时间太多了。如果碰巧是线路问题，从高层开始逐层排查也要浪费时间。

网络故障检测可以使用多种工具：路由器诊断命令、网络管理工具和包括局域网或广域网分析仪在内的其他故障诊断工具。查看路由表，是开始查找网络故障的好办法。基于ICMP的ping、trace命令和Cisco的show命令、debug命令是获取故障诊断有用信息的网络工具。在路由器上，利用show interface命令可以非常容易地获得待检查的每个接口的信息；show buffer命令提供定期显示缓冲区大小、用途及使用状况；show proc命令和show proc mem命令可用于跟踪处理器和内存的使用情况。定期收集这些数据，在故障出现时可以用于诊断参考。

对故障现象进行分析之后，就可以根据分析结果来定位故障的范围。要限定故障的范围是否仅出现在特定的计算机、某一地区的机构或某一时间段。由于一些本质不同的故障其现象却非常相似，因此仅通过表面现象，往往无法非常准确地将故障归类、定位。

一旦确认局域网出现故障，应立即收集所有可用的信息并进行分析。对所有可能导致错误的原因逐一进行测试，将故障的范围缩小到一个网段或节点。在测试时，不能根据一次的结果就断定问题的所在，而不再继续进行测试。因为故障存在的原因可能不只一处，使用尽可能多的方法，并对所有的可能性进行测试，然后做出分析报告，剔除非故障因素，缩小故障发生的范围。另外，在故障的诊断过程中，一定要采用科学的诊断方法，以便提高工作效率，尽快排除故障。在定位故障时，应遵循"先硬后软"的原则，即先确定硬件是否有故障，再考虑软件方面。

4．网络故障的排除

确定网络故障原因后，要采取一定的措施来隔离和排除故障。

如果故障影响整个网段，那么就通过减少可能的故障源来隔离故障。例如，将可能的故障源仅与一个网络中的节点相连，除这两个节点外，断开其他所有网络节点。如果这两个网络节点能正常进行网络通信，可以再增加其他节点。如果这两个节点不能进行通信，就要逐步对物理层的有关部分进行检查。

如果故障能被隔离至一个节点，可以更换网卡，重新安装相应的驱动程序，或是用一条新的双绞线与网络相连。如果网络的连接没有问题，那么检查一下是否只是某一个应用程序有问题，使用相同的驱动器或文件系统运行其他应用程序，与其他节点比较配置情况，试用该应用程序。如果只是一名用户出现使用问题，检查涉及该节点的网络安全系统。检查是否对网络的安全系统进行了改变以致影响该用户。

一旦确定了故障源，那么识别故障类型是比较容易的。对于硬件故障来说，最方便的措施就是简单的更换，对损坏部分的维修可以以后再进行。对于软件故障来说，解决办法则是重新安装有问题的软件，删除可能有问题的文件并且确保拥有全部所需的文件。如果问题是单一用户的问题，通常最简单的方法是整体删除该用户，然后从头开始或是重复必要的步骤，使该用户重新获得原来有问题的应用。这比无目标地进行检查有效得多、在网络出现问题时逻辑有序地执行这些步骤可以更快速地找到问题。

5．网络安全的检查

在网络故障被排除之后，还应该记录故障并存档，并且再次验证故障是否真正被排除。对于网络安全故障，在排除后还要详细分析产生的原因并对系统进行全面的安全检查，确保系统的安全。

对于Windows Server网络系统的安全检查包括以下内容。

- 物理安全。
- 禁用Guest账号。
- 限制不必要的用户数量。

- 创建两个管理员用账号。
- 把系统 Administrator 账号改名。
- 把共享文件的权限从"everyone"组改成"授权用户"。
- 使用安全密码。
- 设置屏幕保护密码。
- 使用 NTFS 格式分区。
- 必要时运行杀毒软件。
- 保障备份盘的安全。
- 利用 Windows server 的安全配置工具来配置策略。
- 关闭不必要的服务。
- 关闭不必要的端口。
- 打开审核策略。
- 开启密码策略。
- 开启账户策略。
- 设定安全记录的访问权限。
- 把重要敏感文件存放在另外的文件服务器中。
- 不让系统显示上次登录的用户名。
- 禁止建立空连接。
- 到微软网站下载最新的补丁程序。
- 必要的时候使用文件加密系统 EFS。
- 加密 temp 文件夹。
- 锁住注册表。
- 关机时清除页面文件。
- 禁止从软盘和 CD-Rom 启动系统。
- 考虑使用 IPSec。

11.2 常见网络故障分析与处理

在局域网的组建和使用过程中，有时会遇到因硬件设备发生故障而造成网络无法正常运行的情况，有时也会由于 Windows 网络管理方面的设置使网络产生故障，更多的时候是由于安全方面的原因引发网络危机的。从引起网络常见的故障来看，主要原因包括这几个方面：网络设备故障、网络配置故障、网络服务故障、网络安全故障和其他网络故障。

11.2.1 网络设备故障

在局域网中容易发生故障的网络硬件设备主要有：双绞线、网卡、Modem、集线器、交换机、服务器等。从发生故障的对象来看，主要包括传输介质故障、网卡故障、Modem 故障、交换机故障。

1．传输介质故障

局域网中使用的传输介质主要有双绞线和细缆，双绞线一般用于星状网络结构的布线，而细缆多用于总线状结构的布线。

（1）常见故障1：网卡灯亮却不能上网

① 故障现象

某局域网内的一台计算机无法连接局域网，经检查确认网卡指示灯亮且网卡驱动程序安装正确。另外网卡与任何系统设备均没有冲突，且正确安装了网络协议（能 ping 通本机 IP 地址）。

② 故障分析与处理

从故障现象来看，网卡驱动程序和网络协议安装不存在问题，且网卡的指示灯表现正常，因此可以判断故障原因可能出在网线上。

网卡指示灯亮并不能表明网络连接没有问题，例如 100Base-TX 网络使用 1、2、3、6 两对线进行数据传输，即使其中一条线断开后网卡指示灯仍然亮着，但是网络却不能正常通信。

用于连接的双绞线，由于经常插拔而导致有些水晶头中的线对脱落，从而引发接触不良。有时需要多次插拔网线才能实现网络连接，且在网络使用过程中经常出现网络中断的情况。建议使用网线测试仪检查故障计算机的网线。

如果是网线的问题，建议重新压制水晶头。剥线时双绞线的裸露部分大约为 14mm 左右，这个长度正好刚刚能将各导线插入到各自的线槽。如果该段留得过长，则会由于水晶头不能压住外层绝缘皮而导致双绞线脱落，并且会因为线对不再互绞而增加信号串扰。

如果网线正常则尝试能否 ping 通其他计算机，如果不能 ping 通可更换集线设备端口再试验，仍然不通时可更换网卡。

（2）常见故障2：RJ-45 针脚顺序判断错误导致压线故障

① 故障现象

在按照 T568B 标准制作一条直通线并进行测试时，网线测试仪上的指示灯显示线序错误。

② 故障分析与处理

从故障现象来看，在确认网线已经严格按照 T568B 标准进行压制的前提下，估计问题是错误判断针脚的排列顺序引发的。

双绞线的 8 条线分别对应水晶头的 8 根针脚，8 根针脚的排列顺序应按照如下方式确定：将水晶头有塑料弹簧片的一面向下，有针脚的一面向上。然后将能够插进网线的一端面对自己，此时从左到右依次为第 1 脚至第 8 脚，每个针脚依次对应的线序为：橙白、橙、绿白、蓝、蓝白、绿、棕白、棕。

重新压制后，建议使用网线测试仪检查故障计算机的网线。

（3）常见故障3：网线短路导致网络通信中断

① 故障现象

某局域网使用的时间较长，最近发现其中一台计算机经常出现丢包现象，且丢包数量不固定。经检查确认网卡指示灯亮且网卡驱动程序安装正确。用网线测试仪检测该计算机的物理链路，发现网线中的橙白线和蓝白线发生了短路。

② 故障分析与处理

从故障现象来看，网卡驱动程序和网络协议安装正确，且网卡的指示灯表现正常，因此可以判断故障原因可能出在网线上。

网线中的橙白线和蓝白线发生了短路，需要重新制作网线，并且不能再使用这两种色标的线路制作。如果不进行重新布线，利用原来的线路进行制作，可以通过改变线序来解决此问题。对于 100Base-TX 的局域网络只用到了双绞线中的两对线来传输信号，分别与水晶头上的 1、2、3、6 线相对应，而对应的双绞线颜色则依次是橙白、橙、绿白、绿。既然橙白线和蓝白线发生了短路，只需放弃橙白和橙这一对双绞线，并用棕白线和棕线代替即可。重新压制后的线序应该是：棕白、棕、绿白、空、空、绿、空、空，且网线两端都应该按此顺序压制。

（4）常见故障 4：双机直连却无法共享上网

① 故障现象

某局域网内两台计算机，其中一台计算机安装双网卡，准备实现双机直连并用 Internet 连接共享。但当使用普通网线连接两台计算机后，用于双机直连的网络连接总是提示"网络线缆没有插好"。而与 ADSL Modem 相连的网络连接显示正常，更换网卡和网线后故障依旧。

② 故障分析与处理

从故障现象来看，可以断定是双机直连所使用的网线有问题。用于双机直连的网线应当使用交叉线，而不能使用直通线。普通的网线一般都按照 T568B 标准做成直通线，因此不能实现双机直连。解决该问题的方法很简单，只需将用于双机直连的网线换成交叉线即可。交叉线的线序应遵循此规则：一端为橙白、橙、绿白、蓝、蓝白、绿、棕白、棕，另一端为绿白、绿、橙白、蓝、蓝白、橙、棕白、棕。

2．网卡故障

（1）常见故障 5：网卡 MAC 地址异常

① 故障现象

某小型局域网采用交换机进行连接，其中有一台运行 Windows 7 操作系统的计算机不能正常连接网络，但各项网络参数设置均正确。在用"ipconfig/all"命令检查网络配置信息时，显示网卡的 MAC 地址是"FF-FF-FF-FF-FF-FF"。

② 故障分析与处理

从"ipconfig/all"的返回结果来看，应当是该计算机的网卡出现故障，因为网卡的 MAC 地址不应该是"FF-FF-FF-FF-FF-FF"这样的字符串。网卡 MAC 地址由 12 个十六进制数来表示，其中前 6 个十六进制数字由 IEEE（美国电气及电子工程师学会）管理，用来识别生产者或者厂商，构成 OUI（Organizational Unique Identifier，组织唯一识别符）。后 6 个十六进制数字包括网卡序列号或者特定硬件厂商的设定值。显示"FF-FF-FF-FF-FF-FF"则说明该网卡存在故障，由此导致使用该网卡的计算机不能正常连接局域网，建议为故障计算机更换一块新网卡后再进行测试。

（2）常见故障 6：设置网卡 IP 地址时出错

① 故障现象

某局域网中服务器需要添加新设备，将原来的网卡由原来的 PCI 插槽移到另一个 PCI 插槽时，对网卡重新设置网卡的 IP 地址时，操作系统提示该地址已经存在。

② 故障分析与处理

根据故障现象，将网卡从原先的 PCI 插槽中拔出后系统没有自动进行卸载网卡的操作，因此导致网卡仍在注册表中存在。只是在"设备管理器"中把网卡隐藏了，因此用户一般看不到它的存在。由于原先网卡的设置参数依然存在，所以更换 PCI 槽后的网卡在被识别为新网卡时无法设置成原先的 IP 地址，因为这样会造成 IP 地址冲突。

可采取以下方法解决该问题。

a. 打开"命令提示符"窗口，输入命令行"set devmgr_show_nonpresent_devices=1"并

按回车键；
  b. 打开"设备管理器"窗口，单击菜单"查看"选择"显示隐藏的设备"菜单命令；
  c. 在"网络设备"目录中，右击呈灰色的网卡，单击"卸载"按钮将原先的网卡卸载；
  d. 稍后再设置"新"网卡的 IP 地址即可。
（3）常见故障 7：安装网卡后启动速度变慢
① 故障现象
局域网采用 DHCP 动态分配 IP 地址，客户端计算机采用自动获取方式。服务器计算机安装网卡连入局域网后，此客户端计算机系统启动速度比原来慢了很多。
② 故障分析与处理
安装网卡后计算机的启动速度变慢是正常现象，因为系统启动时除了需要检测网络连接外，还会自动检测网络中的 DHCP 服务器，增加了系统的启动时间。如果要加快系统的启动速度，则应该为计算机指定静态 IP 地址，以减少系统的检测时间，而不要使用自动获取 IP 地址的方式。

（4）常见故障 8：安装网卡后，网卡的名称中多了"2#"
① 故障现象
某局域网中的一台计算机，在重新安装网卡后，发现网卡的名称比以前多了一个"2#"。
② 故障分析与处理
这个故障的原因和常见故障 6 相似。因为在拔掉旧网卡之前没有将其完全卸载，该网卡的驱动程序仍然保存在系统中，尽管不会影响新网卡的使用，但是会在新网卡的名称中加一个"2#"，用于区别原来的网卡。
可采取以下方法解决该问题。
  a. 打开"命令提示符"窗口，输入命令行"set devmgr_show_nonpresent —devices=1"并按回车键；
  b. 打开"设备管理器"窗口，单击菜单"查看"选择"显示隐藏的设备"菜单命令；
  c. 在"网络适配器"目录中，将新旧网卡全部删除；
  d. 重新启动计算机并安装新网卡驱动程序即可。

3．交换机故障
（1）常见故障 9：不正确连接对称网络交换设备导致网络传输速度很慢
① 故障现象
局域网由 3 台交换机连接而成，交换机采用非对称端口，其中包括两个 1000Base-T 端口和 24 个 100Base-T 端口。在使用过程中发现，当多台计算机同时访问服务器尤其是视频服务器时传输速度很慢。
② 故障分析与处理
这个故障可能是不正确连接对称网络交换设备导致的。
所谓的不对称交换机是指交换机拥有不同速率的端口，通常局域网中的交换机拥有 100Mbit/s 和 1000Mbit/s 两种传输速率。通常情况下，高速端口用于连接其他交换机或服务器，而低速率端口则用于直接连接计算机或集线器。该连接方式同时解决了设备之间以及服务器与设备之间的连接瓶颈，充分考虑到了服务器的特殊地位。通过增加服务器连接带宽，可有效地防止服务器端口拥塞的问题。同时，由于交换机之间通过高速端口通信，可使网络内所有的计算机都平等地享有服务器的访问权限。
另外，除了将服务器连接至高速端口外，还必须为服务器配置 1000Base-T 网卡，并提高服务器硬盘的数据读取速率。例如采用 RAID-5 方式将多块 SCSI 硬盘连接在一起，从而满足大量数据读取的需要。

（2）常见故障 10：交换机端口不正常

① 故障现象

局域网内部使用一台 24 口可网管的交换机，将计算机连接到该交换机的一个端口后，不能访问局域网，更换交换机端口又能恢复网络连接，这个故障端口有时偶尔也能与其他计算机建立正常的连接。

② 故障分析与处理

这个故障的可能是交换机端口损坏导致的。

如果计算机与交换机某端口连接的时间超过了 10s 仍无响应，那么就已经超过了交换机端口的正常反应时间。这时如果采用重新启动交换机的方法就能解决这种端口无响应问题，那么说明是交换机端口临时出现了无响应的情况。不过如果此问题经常出现而且限定在某个固定的端口，这个端口可能已经损坏，建议闲置该端口或更换交换机。

（3）常见故障 11：更换交换机后无法上网

① 故障现象

局域网通过路由器接入 Internet，其中一台计算机在使用 10Mbit/s 集线器连接时能够正常连接局域网和 Internet，更换 10/100Mbit/s 自适应交换机后，虽然系统托盘上显示网络连接正常，却无法连接到 Internet。无论是让路由器分配 IP 地址还是指定静态 IP 地址都不能连接。

② 故障分析与处理

此类故障一般可以从以下几个方面进行检查。

- 为故障计算机指定一个静态的 IP 地址，该 IP 地址必须与局域网其他计算机位于同一个网段，并采用相同的子网掩码、默认网关和 DNS，并且不能与其他计算机的 IP 地址发生冲突。
- 使用 ping 命令 ping 网络内的其他计算机，确认网络连接是否正常。如果能够 ping 通说明网络连接没有问题，否则故障发生在本地计算机与交换机的连接上。应当使用网线测试仪检查相应网线的连通性。
- ping 路由器内部 IP 地址，如果能 ping 通说明路由器存在 IP 地址分配故障，极有可能是因为 IP 地址池内的 IP 地址数量过少造成的。如果不能 ping 通则说明物理链路发生故障，应当检查相应的物理连接。

根据故障具体现象描述，在 10Mbit/s 网络中可以正常接入，但连接至 100Mbit/s 交换机时无法通信，因此可以怀疑连接该计算机的跳线有问题，或者没有按照 T568A 或 T568B 的标准压制网线。建议使用网线测试仪测试连接该计算机与交换机跳线的连通性。

（4）常见故障 12：Uplink 端口直接连接导致通信故障

① 故障现象

某小型局域网利用一台交换机将 20 多台计算机连接在一起，并共享 ADSL 接入 Internet。随后该局域网的计算机数增加至 30 台，新添一台交换机，并使用直通线将两台交换机的 Uplink 端口相连。连接完毕后发现只有跟 ADSL Modem 直接相连的交换机上的计算机可以上网，而其他计算机无法上网。

② 故障分析与处理

Uplink 端口是专门用于跟其他交换机（或集线器）级联的端口，可利用直通线将该端口连接至其他交换机（或集线器）除 Uplink 端口以外的任意端口，其连接方式跟计算机与交换机（或集线器）之间的连接方式完全相同。这里直接将两台交换机的 Uplink 端口相连接，两台交换机显然是无法通信的，因此会导致一部分计算机不能上网。

随着技术的发展，越来越多的交换机和集线器（如 D-Link、TP-Link 等）开始提供智能端口。任何端口都能够自动判断对端设备的类型，并自动选择适当的工作模式，因此无论对端连接的是计算机、集线设备还是其他网络设备，可以全部采用直通线连接，从而使得设备之间的连接变得更加简单。

（5）常见故障 13：违反 5-4-3 规则导致网络不通

① 故障现象

某小型局域网出于成本考虑，其网络设备全部采用淘汰下来的 10M 集线器，48 台计算机通过双绞线和 4 台串接的集线器构成了共享式网络。完成网络参数的配置进行联网测试时，发现网络中的 40 多台计算机之间彼此失去了联系。

② 故障分析与处理

根据故障描述可以看出此故障明显是由于违反了 10Base-T 的 5-4-3 规则，导致的网络故障。

所谓 10Base-T 的 5-4-3 规则，是指任意两台计算机之间最多不能超过 5 段线（包括集线器与集线器的连接线缆，也包括集线器与计算机之间的连接线缆）、4 台集线器，其中只能有 3 台集线器直接与计算机或网络设备连接。这是 10Base-T 网络所允许的最大拓扑结构和所能级联的集线器层数。其中，安装在中间的集线器是网络中唯一不能与计算机直接连接的集线器。计算机发送数据后，如果在一定时间内没有得到回应，那么将认为数据发送失败。

因此只需对集线器的连接方式稍做调整就能解决此问题。可以将其他 3 台集线器都连接在同一台不连接计算机的集线器上即可。

（6）常见故障 14：物理链路不通导致计算机不能连接局域网

① 故障现象

某小型局域网综合布线完成后实现了计算机之间的互联，扩充计算机数量后，做了一条网线将计算机连接至信息插座。结果发现无法连接局域网，可以 ping 自己但不能 ping 通其他计算机和默认网关，在"网上邻居"中也只能看到自己。

② 故障分析与处理

根据故障描述可能是物理链路不通。

综合布线只是实现链路的铺设，要想实现计算机与网络设备的连接，除了需要用网线连接计算机与信息插座外，还必须用跳线连接配线架与网络设备。配线架上的每个端口都对应一个信息插座，只有将该端口连接至集线设备才能将计算机连接至网络。集线设备与配线架的连接以及计算机与信息插座的连接所使用的跳线全部都是直通线。需要注意的是，10Base-T 和 100Base-TX 网络只使用双绞线 4 对线中的 2 对，即 1、2 线对和 3、6 线对，而 1000Base-T 网络使用双绞线的全部 4 对线。因此在连接网络时，一定要使用网线测试仪测试整条链路，保证 8 条线必须全部连通。

4．路由器故障

（1）常见故障 15：路由器故障导致掉线

① 故障现象

两台计算机使用 TP-LINK R410 宽带路由器共享上网，连接完成后发现无论哪台计算机先开机上网，当另一台开机时必定会出现掉线现象，此时重新连接可以恢复正常。

② 故障分析与处理

从故障现象可以判断是路由器存在物理或设置问题，建议按照以下步骤排除故障：重新启动路由器看故障是否能被排除；检查计算机与路由器的连接是否采用直通线，虽然 TP-LINKR410 路由器支持自动翻转，不过使用非正常的跳线往往会导致一些故障发生。将其更改为使用代理服务器方式上网，重复两台计算机的开关机操作检测 ADSL Modem 的连接是否正常，如果有异常则表明 ADSL Modem 存在问题。

（2）常见故障 16：路由器上的"Link"灯不亮

① 故障现象

在小型局域网中，完成物理连接后发现一台路由器的"Link"灯不亮。

② 故障分析与处理

从故障现象路由器上的 Link 灯判断路由器是否处于正常的工作状态。如果 Link 灯亮则表示联机成功，如果 Link 灯不亮则表示联机失败或没有连接。通常情况下这个问题是由网线的跳线引起的。当用户使用路由器连接不同设备的时候，需要进行不同网线的跳线切换，因为直连网线和交叉网线所对应的网络设备并不相同。宽带路由器的背面通常有一个"MDIX"按钮，它用于负责进行直连网线和交叉网线的切换。如果 Link 没有亮，可以按下该按钮尝试解决问题。

（3）常见故障 17：文件共享响应太慢

① 故障现象

小型局域网中，以前用 HUB 上网的时候各台计算机之间可以顺利进行文件共享。添加路由器后出现了怪现象：在"网上邻居"中可以看到其他计算机的共享文件，但是将这些共享文件复制到本地计算机时速度特慢，有时甚至会停止响应。而其他计算机之间的共享是正常的。

② 故障分析与处理

从故障现象看其他计算机间共享正常，说明问题应该出在本地计算机到路由器端口这一部分的连接上。这部分连接可能存在的故障包括交换设备端口、网线、网卡和计算机。

可采取以下方法尝试解决该问题。

a. 检查网线的质量及接口是否有问题；

b. 改变交换设备端口看能否解决问题；

c. 检查网卡驱动程序安装、设置是否正常，计算机是否安装了防火墙软件以及是否正确设置了 IP 规则；

d. 替换计算机的网卡看能否解决问题。

11.2.2 网络配置故障

在 Windows Server 中网络管理的内容繁多，涉及到网络设备、网络协议等多方面的技术知识，在网络运行过程中有时由于网络配置或调整不当，会导致网络故障。在处理这类故障时，要求网络管理人员能快速判断故障的性质和范围，及时排除有关网络连接、网络协议、网络参数的设置、网络权限管理等方面的问题。

从发生故障的原因来看主要有：网络连接配置故障、网络协议配置故障、网络参数配置故障、网络权限故障等。

1．网络连接配置故障

（1）常见故障 18：局域网内不能 ping 通

① 故障现象

某局域网内的一台运行 Windows Server 系统的计算机和一台运行 Windows 7 系统的

计算机，ping 127.0.0.1 和本机 IP 地址都可以 ping 通，但在相互间进行 ping 操作时却提示超时。

② 故障分析与处理

在局域网中，不能 ping 通计算机的原因很多，主要可以从以下两个方面进行排查。

a．对方计算机禁止 ping 动作

如果计算机禁止了 ICMP（Internet 控制协议）回显，或者安装了防火墙软件，会造成 ping 操作超时。建议禁用对方计算机的网络防火墙，然后再使用 ping 命令进行测试。

b．物理连接有问题

计算机之间在物理上不可互访，可能是网卡没有安装好、集线设备有故障、网线有问题。在这种情况下使用 ping 命令时会提示超时。尝试 ping 局域网中的其他计算机，查看与其他计算机是否能够正常通信，以确定故障是发生在本地计算机上还是发生在远程计算机上。

（2）常见故障 19：点对点 VPN 连接已建立，VPN 网关之间没有任何通信

① 故障现象

某广域网中，在 Windows RRAS 服务器之间创建 site-to-site VPN 连接，但是连接好的网络并没有任何通信。网络和主机之间的域名解析失败，远程站点网络中的主机甚至都不能够 ping 通。

② 故障分析与处理

在广域网络中，涉及 VPN 连接的问题一般比较复杂。从故障的现象看，造成这种失败最常见的原因是 site-to-site 网络连接两边的网络使用了同样的网络 ID。解决方法是修改一个或多个网络的 IP 地址分配计划，这样所有连接到 site-to-site VPN 连接中的网络都有不同的网络 ID。

2．网络参数设置故障

（1）常见故障 20：配置固定 IP 地址的计算机不能上网

① 故障现象

某局域网中一台分配了固定 IP 地址的计算机不能正常上网，但在同一局域网内的其他计算机都能正常上网。这台计算机 ping 局域网中的其他计算机也都正常，但不能 ping 通网关。更换网卡后故障仍然存在。将这台计算机连接到另一个局域网中，可以正常使用上网。

② 故障分析与处理

从故障的现象看，造成这种故障的原因是没有正确设置好计算机的网关或子网掩码。无法 ping 通网关，很可能是网关设置错误。不同 VLAN 间的计算机通信时，必须借助默认网关的路由到其他网络。所以当默认网关设置错误时，将无法路由到其他网络，导致网络通信失败。子网掩码是用于区分网络号和 IP 地址号的，设置错误，也会导致网络通信的失败。解决方法是认真检查默认网关和子网掩码的设置。

（2）常见故障 21：TCP/IP 配置不当不能使用 NetMeeting

① 故障现象

某局域网中服务器安装了 Windows Server 2003，客户机安装了 Windows 7 系统。其中一台计算机重装系统后能与另外几台客户机连接，但使用 NetMeeting 时不能相互连接，而且不能使用服务器的共享资源。使用"ipconfig/all"命令检查该计算机网络设置，发现其 IP 地址为"169.254.255.18"。

② 故障分析与处理

从故障的现象看，该机器的 IP 地址为"169.254.255.18"，说明该计算机即没有指定固

定的 IP 地址，也没有能够从 DHCP 服务器取得租借的 IP 地址，而是由 Windows 自动分配了一个从"169.254.0.0～169.254.255.254"的 IP 地址。造成这种故障的原因是没有正确配置好计算机的 IP 地址。解决方法是为该计算机指定一个静态 IP 地址或者使它能够使用 DHCP 服务租借到一个合法的 IP 地址。

3．网络协议配置故障

常见故障 22：无法用计算机名访问共享资源

① 故障现象

某局域网中通过在"运行"编辑框输入"\\共享计算机名"的形式访问其他计算机的共享资源。在为所有的计算机重新安装系统后，发现某一台计算机不能通过这种方式访问其他计算机。当在"运行"编辑框中输入"\\共享计算机名"之类的 UNC 路径时，提示找不到该计算机，而这台计共享算机可以被其他计算机访问。

② 故障分析与处理

从故障的现象看，首先可以排除网络物理连接存在问题。

由于是在重装系统后出现了问题，可以重点检查网卡驱动程序或网络协议是否安装正确，IP 地址是否设置正确。如果 IP 地址设置没有问题且已经安装网卡驱动程序，建议在"设备管理器"中删除网卡驱动程序后重新安装。如果计算机运行 Windows9x 系统，则"NetBEUI"协议是一定要安装的。如果所有的网络协议均没有问题，通过 UNC 路径就可以访问目标计算机。

4．网络权限故障

常见故障 23：篡改 IP 地址导致网络中多台计算机无法上网

① 故障现象

某学校机房拥有 60 台计算机，所有客户端计算机均运行 Windows 7 系统。但是有人经常随意修改 IP 地址，从而导致很多局域网中的客户端计算机无法正常上网。

② 故障分析与处理

故障是由于 IP 地址的篡改引起的，只要在局域网中禁止随意更改 IP 地址就可以解决问题。

解决方案有两种，一种是基于客户机端的，一种是基于服务器端的。在客户机端，只要将每台电脑的 IP 地址和网卡的 MAC 地址进行绑定即可。要将某一台计算机固定分配的 IP 地址与网卡 MAC 地址进行绑定，利用 ARP 命令就可以了。可以在"命令提示符"窗口中执行命令行"arp -s IP 地址 MAC 地址"。将这条命令加入到开机的自动批处理命令中，在开机时自动执行一次就可以了。如果想要解除绑定，执行命令行"arp -d IP 地址 MAC 地址"。

如果是在 Windows 域环境中，可以使用组策略限制用户修改 IP 地址，并部署 DHCP 服务动态分配 IP 地址。这样所有客户机都将使用分配到的合法 IP 地址上网，不能随意更改 IP 地址，确保网络的正常使用。

11.2.3 网络服务故障

Windows Server 提供了丰富的网络服务，方便了网络管理。通过安装 Windows 网络服务组件和第三方工具软件，可以进一步把 Windows 服务器配置成 Web 服务器、FTP 服务器、DHCP 服务器、DNS 服务器、流媒体服务器等。在使用和配置过程中，由于很多原因有时会造成网络服务的故障。

常见的网络服务故障主要有：WWW 故障、FTP 服务故障、DNS 故障、DHCP 服务故障等。

1. WWW 故障

常见故障 24：网站无法进行匿名访问

① 故障现象

某内部局域网中使用 IIS 6.0 提供 Web 服务。由于设置调整，浏览器访问网站主页时要求输入用户名和密码，而网站提供的内容对访问者并没有身份限制，不需要进行身份验证。

② 故障分析与处理

在访问一般网站时是不需要提供用户账户和密码的，然而这并不代表服务器没有对访问者进行身份验证。实际上服务器仍然在使用网站上某个特定的账户对所有访问者进行身份验证，只是对于访问者是透明的，这就是所谓的匿名访问。匿名访问的原理是使用网站上的某个特定账户，使用匿名访问时，该账户必须存在，拥有合法的密码，尚未过期，而且未被删除。其余的标准安全机制也在进行，比如：账户的 ACL 或指定登录时长等。可以首先确定已经启用匿名访问方式，并检查用于匿名访问的账户是否合法。

2. FTP 服务故障

（1）常见故障 25：权限设置问题导致无法登录 FTP 服务器

① 故障现象

局域网中在一台运行 Windows Server 2003 的服务器中用 IIS 6.0 搭建了 FTP 站点。当从其他计算机中使用合法的 FTP 账户和密码进行连接时却无法连接。

② 故障分析与处理

所有的计算机既然登录 FTP 服务器使用的账户为合法账户，那么在排除物理连接和基本网络设置存在问题的情况下，可以考虑 FTP 服务器是否对用户开启了"读取"权限。如果没有开启"读取"权限，则会出现登录失败的情况。此时，在"Internet 信息服务（IIS）管理器"窗口中打开 FTP 站点属性对话框。确认在"主目录"选项卡中勾选了"读取"复选框权限。然后切换至"目录安全性"选项卡，单击"授权访问"按钮，进一步确认客户端计算机的 IP 地址不在"拒绝访问"之列即可解决问题。

（2）常见故障 26：FTP 服务器架设不成功

① 故障现象

局域网使用带路由功能的 ADSL Modem 加一个 16 口的交换机实现共享上网，启动 ADSL Modem 的同时自动拨号上网。现准备在其中一台 Windows Server 2003 计算机中使用 IIS 搭建 FTP 服务器，并申请了花生壳动态域名解析服务。关闭防火墙后，当用另外的计算机连接 FTP 站点时，尽管显示已经连接成功，但并不是事先指定的文件夹。

② 故障分析与处理

根据故障描述，很可能是没有在 ADSL 路由器中进行端口映射造成的。要想用内网计算机向 Internet 用户提供 FTP 服务，必须进行端口映射。假如 FTP 服务器的内网 IP 地址是 192.168.1.10，则需要在 ADSL 路由器上将 IP 地址 "192.168.1.10" 映射到 21 端口。当 Internet 用户使用动态域名访问时，就会自动映射到所指定的 IP 地址，从而实现对 FTP 服务器的访问。

另外还有一个更为简便的方式，那就是将作为 FTP 服务器的计算机设置为 ICS（Internet 连接共享）主机来提供代理上网服务，而 FTP 服务由于拥有合法的公网 IP 地址可以直接被 Internet 用户访问。另外，通过对网络防火墙进行简单设置使指定的某些服务穿过防火墙，而不必关闭整个防火墙，从而确保计算机的安全。

3. DNS 故障

（1）常见故障 27：ping 不通 DNS 服务器

① 故障现象

局域网中的每一台计算机访问 Internet 服务器时，都会在日志文件中出现"userenv 错误，ID 为 1000"的出错信息。通过查阅微软提供的资料说明是 DNS 错误。但 DNS 地址是由 ISP 提供的，而且无法 ping 通该 IP 地址。另外局域网中的很多计算机登录速度非常缓慢。

② 故障分析与处理

目前有些 ISP 提供的 DNS 服务器地址无法 ping 通属于正常现象，为了避免恶意攻击，很多服务器都禁用了 ICMP。

排除上述可能，出现该错误的原因是没有正常开启 DNS 转发所致。

对于 Windows 网络，如果安装了 Active Directory 服务，可以将工作站的 DNS 服务器设置为局域网内服务器的 IP 地址，即升级到支持 Active Directory 的主域计算机的 IP 地址，并在 DNS 服务中启用 DNS 转发。通过这些设置修改应该可以解决问题。

（2）常见故障 28:无法使用域名访问 Internet

① 故障现象

小型局域网通过 ADSL 宽带路由器接入 Internet，每台计算机分配有静态的 IP 地址。由于需要，将其中一台运行 Windows Server2003 的计算机配置成了 DNS 服务器，并启用了 WWW、FTP 服务。现在的问题是，如果将客户机的 DNS 地址指向内网的 DNS 服务器，则客户机无法接入 Internet。而如果将 DNS 指向公网提供的 DNS 地址，则又不能使用设置的域名访问内网提供的服务。

② 故障分析与处理

从故障现象可以看出是 DNS 解析出现了问题。该问题可以通过为内网的 DNS 服务器设置转发器来解决。具体步骤如下。

a. 打开 DNS 控制台窗口；

b. 在左窗格中单击选中服务器名称，然后在右窗格中右击"转发器"选项，执行"属性"命令，打开"Server Name 属性"对话框的"转发器"选项卡。

c. 在"所选域的转发器的 IP 地址列表"编辑框中键入公网的 DNS 服务器地址，单击"添加"按钮后，再单击"确定"按钮完成。

4. DHCP 服务故障

（1）常见故障 29:DHCP 服务子网掩码的分配故障

① 故障现象

局域网中通过 ADSL 虚拟拨号方式进入 Internet，然后通过路由器和一台 16 口的交换机连接各计算机。各计算机通过 DHCP 服务器自动获取 IP 地址。最近有几台计算机不能访问局域网中提供的网络服务，但都能正常上网。使用 ping 命令检测 IP 设置，发现 IP 地址及网关设置均正确，只有子网掩码与运行正常的计算机不同，故障子网掩码为（255.0.0.0）。

② 故障分析与处理

子网掩码不同的计算机如果不通过路由器是不能互相访问的（本例中提到的路由器只是用来共享上网）。问题应该是 DHCP 服务器设置有误，导致局域网内的计算机无法正确获取 IP 地址。首先应当保证 DHCP 服务器有一个静态的 IP 地址，并且子网掩码应该根据网络规模正确设置（本例中子网掩码应该设为"255.255.255.0"）。在创建 IP 地址作用域时，要正确地设置分配的地址范围、子网掩码、网关、DNS 等参数。请检查网络中的 DHCP 服务器设置是否正确，另外还要检查网络中是否有其他 DHCP 服务器在工作。

（2）常见故障 30:客户机 IP 地址为"169．254．*．*"

① 故障现象

局域网中采用了基于 Windows Server 2003 的域管理模式，客户端通过 DHCP 服务器自动获取 IP 地址，无需进行任何设置即可接入 Internet。但是最近网内的部分客户机必须在手动指定 IP 地址、子网掩码、DNS 服务器和网关后才能接入 Internet。如果不进行上述网络设置，并在一台运行 Windows XP 的客户机上执行"ipconfig/all"命令，可以看到该机所获取的 IP 地址为"169．254．*．*"。然而网内另一部分客户机却依旧不用进行任何设置就能上网，并且能够正常获取 IP 地址。

② 故障分析与处理

问题描述中所提到的 IP 地址"169.254.*.*"实际上是自动私有 IP 地址。在 Windows 2000 Server 以前的系统中，如果计算机无法获取 IP 地址，则自动配置成 IP 地址为 0.0.0.0 和子网掩码为 0.0.0.0 的形式，导致其不能与其他计算机进行通信。

对于 Windows 2000 Server 以后的操作系统则在无法获取 IP 地址时自动配置成"IP 地址：169.254.*.*"和"子网掩码：255.255.0.0"的形式，这样可以使所有获取不到 IP 地址的计算机之间能够通信。

由于部分客户机可以正常获取 IP 地址，因此首先可以排除 DHCP 服务停止、作用域未激活或网络连接存在问题的原因，可以主要从两个方面寻找原因。

a. IP 地址池中没有足够的 IP 地址租给客户机

如果公司中新增了客户机而没有及时配置 DHCP 服务器，则很容易产生此类问题。另外，如果网络中有员工在试验 Windows Server 上的 RRAS 服务，也容易导致此类问题的发生，因为 RRAS 服务每次会向 DHCP 服务器租用多个 IP 地址。

解决此问题的方法如下。

- 打开 DHCP 控制台窗口；
- 在左侧的目录树中依次展开"服务器+作用域"，并单击选中"地址租约"选项。如果里面显示有同一客户机一次租用多个 IP 地址的租约，可以将其删除；
- 在左窗格中右击"作用域"选项，执行"属性"命令；
- 在"作用域属性"对话框中扩大 IP 地址范围并单击"确定"按钮。

b. DHCP 中继代理失效

如果 DHCP 服务器是跨子网向客户机分配 IP 地址的，那么需要在目标网段安装配置 DHCP 中继代理。若中继代理失效，则其所在网段的客户机将无法获取 IP 地址。

为 Windows Server 2003 的 RRAS（路由和远程访问服务）配置 DHCP 中继代理的方法如下。

- 打开的"路由和远程访问"控制台窗口；
- 在左窗格中依次展开"服务器（本地）→IP 路由选择"目录树。右击"DHCP 中继代理程序"选项，执行"新增接口"命令。
- 在打开的"DHCP 中继代理程序的新接口"对话框中选中"本地连接"，并连续单击"确定"按钮。
- 右击"DHCP 中继代理程序"选项，执行"属性"命令。在打开的"DHCP 中继代理程序属性"对话框中键入 DHCP 服务器的 IP 地址，并依次单击"添加"、"确定"按钮。

11.2.4 其他常见的网络故障

病毒引发的安全故障

（1）常见故障 31：局域网病毒感染后，网络速度极慢，病毒很难杀尽

① 故障现象

局域网中的计算机 A 感染病毒迅速传播给多台计算机，进行杀毒后，很多机器很快重新感染病毒。

② 故障分析与处理

由于网络的特殊环境，上网的计算机比较容易感染病毒。在计算机病毒传播形式和途径多样化的趋势下，大型网络进行病毒的防治是十分困难的。解决这个问题主要从以下几个方面来考虑。

　　a. 增加安全意识，主动进行安全防范；
　　b. 上网时，注意安全。尤其对不信任的邮件不要轻易打开、接收；
　　c. 选择优秀的网络杀毒软件，定期升级扫描病毒，发现病毒要杀尽；
　　d. 平时关闭网络中的共享服务，改用相对安全的 FTP 服务，对网络安全做好相应的设置。

（2）常见故障 32：防范 JPEG 病毒

① 故障现象

局域网中的计算机感染病毒后打开恶意 JPEG 文件时导致系统崩溃。

② 故障分析与处理

由于网络的特殊环境，未做安全防范的上网计算机比较容易感染病毒。解决这个问题主要从以下几个方面来考虑。

　　a. 增加安全意识，主动对系统打补丁；
　　b. 上网时，尤其对来历不明的图片文件不要轻易打开、接收；
　　c. 选择优秀的网络杀毒软件，定期升级扫描磁盘，查杀病毒。

11.3 常用的网络故障诊断命令

故障的正确诊断是排除故障的关键，Windows Server 2003 中给我们提供了几种常用的网络故障测试诊断命令，主要有负责 IP 测试的 ping 命令、负责 TCP／IP 测试的 ipconfig 命令、负责网络协议统计的 netstat 命令。负责数据包跟踪的 tracert 命令和 nslookup 命令。

这些命令需要在命令行方式下执行，运行前必须先启动命令行环境。命令行就是在 Windows 操作系统中打开 DOS 窗口，以字符串的形式执行 Windows 管理程序。进入了命令行操作界面（DOS 窗口），在 DOS 窗口中只能用键盘来操作。

11.3.1 ping 命令

ping 是 Windows Server 2003 中集成的一个专用于 TCP/IP 网络中的测试工具。ping 是测试网络连接状况以及信息包发送和接收状况非常有用的工具，是网络测试最常用的命令。ping 命令用于查看网络上的主机是否在工作，它是通过向主机发送 ICMPECHO_REQUEST

包进行测试而达到目的的。

ping 命令把 ICMPECHO_REQUEST 包发送给指定的计算机，如果 ping 成功了，则 TCP/IP 把 ICMP ECHO_REQUEST 包发送回来，以校验与本地或远程计算机的连接，其返回的结果表示是否能到达主机、向主机发送一个返回数据包需要多长时间。对于每个发送的数据包 ping 命令最多等待 1s。

使用 ping 可以确定 TCP/IP 配置是否正确以及本地计算机与远程计算机是否正在通信。此外，还可以使用 ping 工具来测试计算机名和 IP 地址。在本地的 hosts 文件中或 DNS 数据库中存在要查询的计算机名时，如果仅能够成功校验 IP 地址却不能成功校验计算机名，则说明名称解析存在问题。一般在使用 TCP/IP 的网络中，当发生计算机之间无法访问或网络工作不稳定时，都可以试用 ping 命令来确定问题的所在。

1．ping 命令的格式

ping 命令格式为：ping [参数 1] [参数 2] […] 目的地址

其中目的地址是指被测试计算机的 IP 地址或计算机名称。

2．ping 命令的常用参数

ping 命令常用参数的含义如下。

-t：向目标地址对应的计算机持续地发送回响请求信息。如果想要中断并显示统计信息，可以按 Ctrl+Break 组合键；要中断命令执行并退出，可以按 Ctrl+C 组合键。

-a：对目标 IP 地址进行反向名称解析。如果解析成功，ping 将显示相应的主机名。

-n Count（计数）：指定发送回响请求消息的次数，默认值是 4。

-l Size（长度）：指定发送的回响请求消息中"数据"字段的长度（以字节为单位），默认值为 32，Size 的最大值是 65527。

-f：指定发送的"回响请求"中其 IP 头中的"不分段"标记被设置为 1（仅适用于 IPv4）。"回响请求"消息不能在到目标的途中被路由器分段。该参数可用于解决"路径最大传输单位（PMTU）"的疑难。

-i TTL：指定回响请求消息的 IP 数据包头中的 TTL 段值。其默认值是主机的默认 TTL （生存时间 TTL 是 IP 包中的一个值，它告诉网络路由器包在网络中的时间是否太长而应被丢弃）值。TTL 的最大值为 225。注意该参数不能与-f 一起使用。

-v TOS：指定发送的"回响请求"消息中的 IP 数据包头中的"服务类型（TOS）"字段值（只适用于 IPv4）。默认值是 0。TOS 的值是 0～255 之间的十进制数。

-r Count：指定 IP 数据包头中的"记录路由"选项，用于记录由"回响请求"消息和相应的"回响回复"消息使用的路径（只适用于 IPv4）。路径中的每个跃点都使用"记录路由"选项中的一项。如果可能，可以指定一个等于或大于来源地址和目标地址之间跃点数的 Count。Count 的最小值必须为 1，最大值为 9。

-s Count：指定 IP 数据包头中的"Internet 时间戳"选项用于记录每个跃点的回响请求消息和相应的回响应答消息的到达时间。Count 的最小值是 1，最大值是 4。对于链接本地目标地址是必需的。

-j HostList（目录）：指定"回响请求"消息对于 HostList 中指定的中间目标集在 IP 标头中使用"稀疏来源路由"选项（只适用于 IPv4）。使用稀疏来源路由时，相邻的中间目标可以由一个或多个路由器分隔开。HostList 中的地址或名称的最大数为 9，HostList 是一系列由空格分开的 IP 地址（带点的十进制符号）。

-k HostList：指定"回响请求"消息对于 HostList 中指定的中间目标集在 IP 标头中使用

"严格来源路由"选项（只适用于 IPv4）。使用严格来源路由时，下一个中间目的地必须是直接可达的（必须是路由器接口上的邻居）。HostList 中的地址或名称的最大数为 9，HostList 是一系列由空格分开的 IP 地址（带点的十进制符号）。

-w Timeout（超时）：指定等待回响应答消息响应的时间（以 ms 计），该回响应答消息响应接收到的指定回响请求消息。如果在超时时间内未接收到回响应答消息，将会显示"请求超时"的错误消息。

-R：指定应跟踪往返路径（只适用于 IPv6）。

-S SrcAddr（源地址）：指定要使用的源地址（只适用于 IPv6）。

-4：指定将 IPv4 用于 ping。不需要用该参数识别带有 IPv4 地址的目标主机，要按名称识别主机。

-6：指定将 IPv6 用于 ping。不需要用该参数识别带有 IPv6 地址的目标主机，要按名称识别主机。仅需要按名称识别主机。

ping 命令可以通过在 MS-DOS 提示符下运行 "ping/?"命令来查看 ping 命令的格式及参数，如图 11-1 所示。

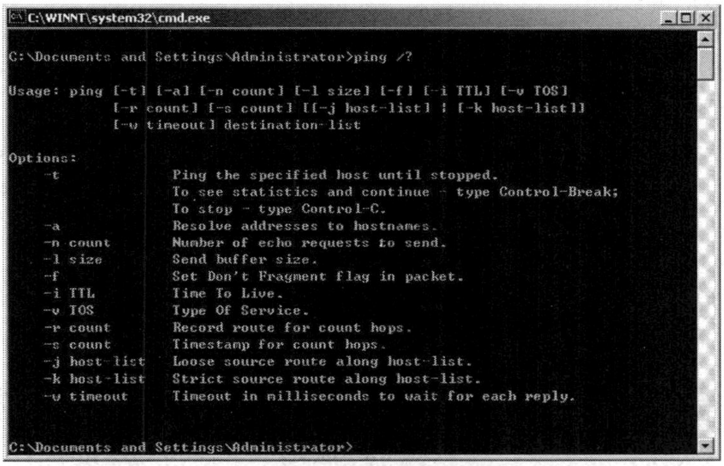

图 11-1 ping 命令格式与参数

3．ping 命令返回的错误提示信息

在 ping 命令测试中，如果网络未连接成功，除了出现 "Request Time out"错误提示信息外，还有可能出现 "Unknown hostname（未知用户名），"Network unreachable（网络没有连通），"No answer"（没有响应）和 "Destination specified is invalid"（指定目标地址无效）等错误提示信息。

"Unknown hosmame"表示主机名无法识别。通常情况下，这条信息出现在使用了"ping 主机名[命令参数]"之后，如果当前测试的远程主机名字不能被名称服务器转换成相应的 IP 地址（名称服务器有故障、主机名输入有误、当系统与该远程主机之间的通信线路故障等），就会给出这条提示信息。

"Network unreachable"表示网络不能到达。如果返回这条错误信息，表明本地系统没有到达远程系统的路由。此时，可以检查局域网路由器的配置，如果没有路由器（软件或硬件），可进行添加。

"No answer"表示当前所 ping 的远程系统没有响应。返回这条错误信息可能是由于远程系统接收不到本地发给局域网中心路由的任何分组报文，例如中心路由工作异常、网络配置不正确、本地系统工作异常、通信线路工作异常等。

"Destination specified is invalid"表示指定的目的地址无效，返回这条错误信息可能是由于当前所 ping 的目标地址已经被取消，或者输入目标地址时出现错误等。

4. 常用的 ping 命令诊断

在使用 ping 命令进行故障诊断时，可以通过 ping 下列地址来判断故障的位置。

- ping 127.0.0.1：在此命令执行时，计算机将模拟远程操作的方式来测试本机，如果不通，则极有可能是 TCP/IP 安装不正常，应删除 TCP/IP，重新启动计算机，再重新安装 TCP/IP，或者网络适配器安装有问题，应删除后重新添加。
- ping 本机 IP 地址：如果不通，则说明在相应端口上的协议绑定有问题，查看网络设置，可能是网络协议绑定不正确。
- ping 其他主机 IP 地址：如果前两种方式都能 ping 通，而不能 ping 通其他主机的 IP 地址，那么说明其他主机的网络设置有问题，或者网络连接有问题，可以检查其他主机的网络设置，检查物理连接是否有问题。

5. ping 命令的应用

在局域网的维护中，经常使用 ping 命令来测试一下网络是否通畅。使用 ping 命令检查局域网上计算机的工作状态的前提条件是，局域网中计算机必须已经安装了 TCP/IP，并且每台计算机已经配置了固定的 IP 地址。

如果要检查网络中另一台计算机上 TCP/IP 的工作情况，可以在网络中其他计算机上 ping 该计算机的 IP 地址。如果这台计算机的 IP 地址是 192.168.1.3，应用 ping 命令的操作步骤如下。

（1）输入 ping 命令

在 MS-DOS 提示符下，输入 ping 测试的目标计算机的 IP 地址或主机名，即运行"ping l92.168.1.3"命令，如图 11-2 所示。

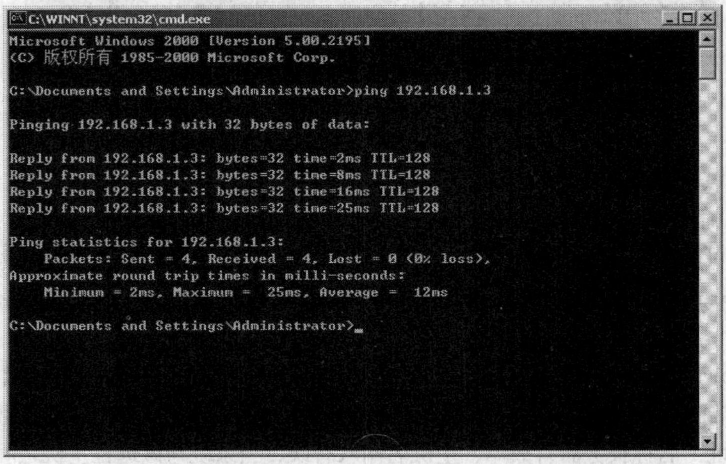

图 11-2　ping 测试的目标计算机连通信息

（2）查看结果

按回车键，如果客户机上 TCP/IP 工作正常，则会以 DOS 屏幕方式显示类似"Reply from 192.168.1.3：bytes=32　time<1ms　TTL=64"信息，如图 11-2 中返回信息提示所示。

（3）如果网络未连接成功，则显示"Request Time out（请求超时）"信息，如图 11-3 所示。

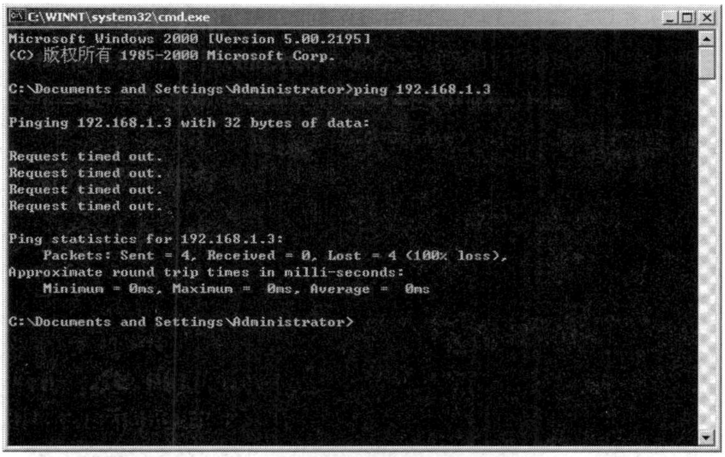

图 11-3　ping 测试的目标计算机失败信息

出现以上错误提示的情况时，就要仔细分析一下网络故障产生的原因和可能有问题的网络节点，可以从以下几个方面来着手检查。

- 网卡安装是否正确，IP 地址是否被其他用户占用。
- 检查本机和被测试的计算机的网卡及交换机（集线器）显示灯是否为亮，是否已经连入整个网络中。
- 是否已经安装了 TCP/IP，TCP/IP 的配置是否正常。
- 检查网卡的 MAC 地址、IRQ 值和 DMA 值，是否与其他设备发生冲突。

如果还是无法解决，建议用户重新安装和配置 TCP/IP。

11.3.2　ipconfig 命令

利用 ipconfig 命令可以查看和修改网络中的 TCP/IP 的有关配置，例如 IP 地址、网关、子网掩码等。利用这两个工具可以很容易地了解 IP 地址的实际配置情况。

1．ipconfig 命令的格式

ipconfig 命令格式为：ipconfig [/参数 1] [/参数 2] [/…]

常用参数的含义如下。

all：返回与 TCP/IP 有关的所有细节，包括主机名、主机的 IP 地址、DNS 服务器、节点类型、是否启用 IP 路由、网卡的物理地址、子网掩码及默认网关等信息。

release：作用于 DHCP 客户端。如果输入 ipconfig/release，那么将把接口租用的 IP 地址归还给 DHCP 服务器。

renew：作用于 DHCP 客户端。如果输入 ipconfig/renew，那么本地计算机将重新向 DHCP 服务器申请并租用一个 IP 地址。

2．ipconfig 命令的应用

在 DOS 提示符下，输入 ipconfig/all，执行结果如图 11-4 所示。

11.3.3　tracert 命令

tracert 命令用来显示数据包到达目标主机所经过的路径，并显示到达每个节点的时间。命令功能同 ping 类似，但它所获得的信息要比 ping 命令详细得多，它把数据包所走的全部路径、节点的 IP 以及花费的时间都显示出来。该命令比较适用于大型网络。

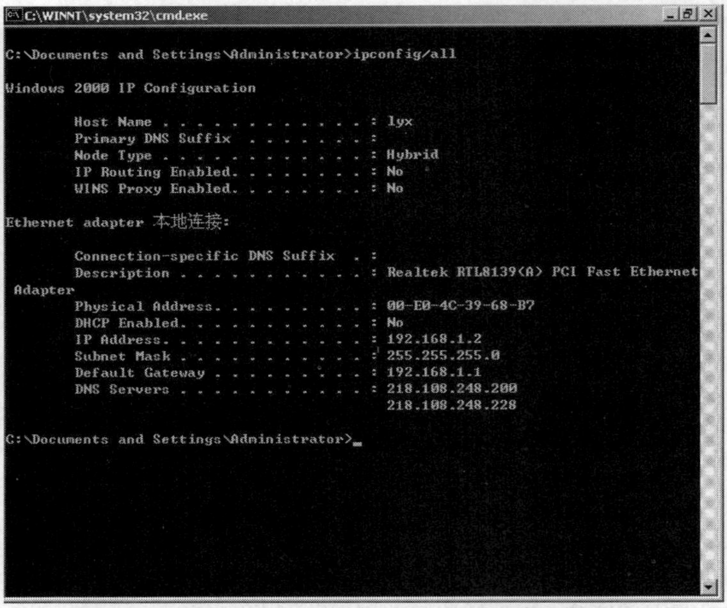

图 11-4　ipconfig/all 执行结果

tracert 命令格式

tracert[-参数 1] [-参数 2] [-…] IP 地址或主机名

tracert 命令常用参数的含义如下。

-d:解析目标主机的名字；

-h:maximum_hops 指定搜索到目标地址的最大跳跃数；

-j:host_list 按照主机列表中的地址释放源路由；

-w:timeout 指定超时时间间隔，程序默认的时间单位是 ms。

例如大家想要了解自己的计算机与目标主机 www.sina.com 之间详细的传输路径信息，可以在 MS-DOS 方式输入 tracert　www.sina.com。

如果我们在 tracert 命令后面加上一些参数，还可以检测到其他更详细的信息，例如使用参数-d，可以指定程序在跟踪主机的路径信息时，同时也解析目标主机的域名。

11.3.4　netstat 命令

netstat 命令可以了解网络的整体使用情况，显示当前正在活动的网络连接的详细信息，例如显示网络连接、路由表和网络接口信息，可以统计目前总共有哪些网络连接正在运行。

利用命令参数，netstat 命令可以显示所有协议的使用状态，这些协议包括 TCP、UDP 以及 IP 等，另外还可以选择特定的协议并查看其具体信息，还能显示所有主机的端口号以及当前主机的详细路由信息。

1．netstat 的命令格式

netstat[-参数 1] [-参数 2] [-…]

常用参数的含义如下。

-a：用来显示本机的外部连接，也可以显示当前主机远程所连接的系统，本地和远程系统连接时使用和开放的端口，以及本地和远程系统连接的状态。这个参数通常用于获得本地系统开放的端口，可以用它检查系统上有没有被安装木马。如果在机器上运行 netstat 后发现有 Port 12345(TCP) Netbus、Port31337(UDP) Back Orifice 之类的信息，则机器上就很有可能感染了木马。

-n：这个参数基本上是-a 参数的数字形式，它是用数字的形式显示以上信息，这个参数通常用于检查自己的 IP 时使用，也有些人使用他是因为更喜欢用数字的形式来显示主机名。

-e：显示以太网统计，该参数可以与 -s 选项结合使用。

-p protocol：用来显示特定的协议配置信息，格式为：netstat -p ***，*** 可以是 UDP、IP、ICMP 或 TCP，如要显示机器上的 TCP 配置情况则我们可以用：netstat -p tcp。

-s：显示机器的默认情况下每个协议的配置统计，默认情况下包括 TCP、IP、UDP、ICMP 等协议。

-r：用来显示路由分配表。

interval：每隔 "interval" 秒重复显示所选协议的配置情况，直到按 "Ctrl+C" 中断。

2．netstat 命令的应用

netstat 命令应用很广，主要包括的用途如下。

- 显示本机与远程计算机的连接状态，包括 TCP、IP、UDP、ICMP 的使用情况，了解本机开放的端口情况。
- 检查网络接口是否已正确安装，如果在用 netstat 这个命令后仍不能显示某些网络接口的信息，则说明这个网络接口没有正确连接，需要重新查找原因。
- 通过加入 "-r" 参数查询与本机相连的路由器地址分配情况。
- 还可以检查一些常见的木马等黑客程序，因为任何黑客程序都需要通过打开一个端口来达到与其服务器进行通信的目的，不过这首先要使你的这台计算机连入互联网才行，不然这些端口是不可能打开的，而且这些黑客程序也不会起到入侵的本来目的。

在 DOS 提示符下，输入 netstat -a，执行结果如图 11-5 所示。

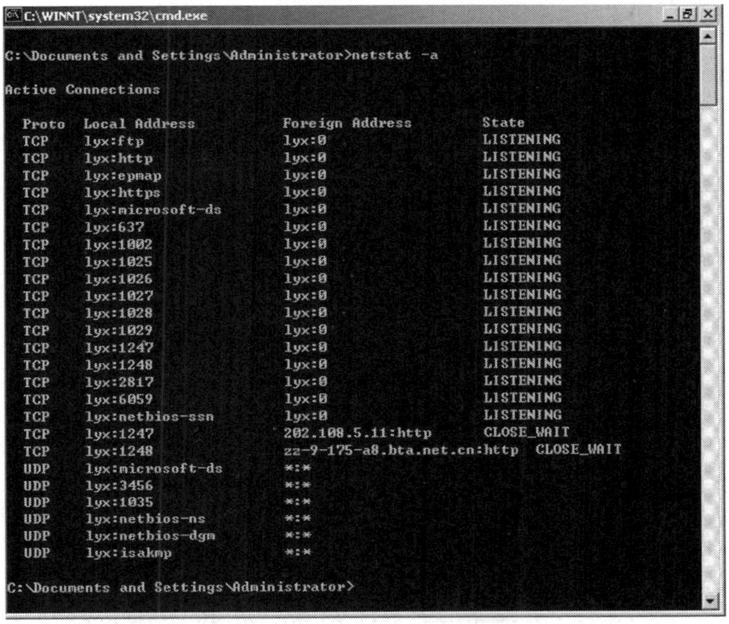

图 11-5　netstat 命令执行结果

11.3.5 nslookup 命令

nslookup 是一个监测网络中 DNS 服务器是否能正确实现域名解析的命令行工具。nslookup 必须是在安装了 TCP/IP 的网络环境之后才能使用。它在 Windows NT/2000/XP 中均可使用，nslookup 命令用来测试主机名解析情况。在网络中经常要用到域名和主机名，通常域名和主机名之间需要经过计算机的正确解析后才能进行通信联系，域名才能够真正使用。假如不能正确解析域名，计算机间将无法正常通信。

配置好 DNS 服务器，添加了相应的记录之后，只要 IP 地址保持不变，一般情况下我们就不再需要去维护 DNS 的数据文件了。不过在确认域名解析正常之前，最好测试一下所有的配置是否正常。简单地使用 ping 命令主要检查网络联通情况，虽然在输入的参数是域名的情况下会通过 DNS 进行查询，但是它只能查询 A 类型和 CNAME 类型的记录，而且只会告诉域名是否存在，其他的重要信息却没有。如果需要对 DNS 的故障进行排错，就必须使用 nslookup。这个命令可以指定查询的类型，可以查到 DNS 记录的生存时间还可以指定使用哪个 DNS 服务器进行解释。nslookup 最简单的用法就是查询域名对应的 IP 地址，包括 A 记录和 CNAME 记录，如果查到的是 CNAME 记录还会返回别名记录的设置情况。

命令格式：

nslookup [-子命令...] [{要查找的计算机 |-服务器}]

常用参数的含义如下。

-子命令：将一个或多个 nslookup 子命令指定为命令行选项。

要查找的计算机：如果未指定其他服务器，使用当前默认 DNS 名称服务器查找要查找的计算机的信息。要查找不在当前 DNS 域的计算机，要在名称上附加句点。

-服务器：指定将该服务器作为 DNS 名称服务器使用。如果省略了-服务器，将使用默认的 DNS 名称服务器。

nslookup 命令的应用十分简单，在 DOS 窗口中输入 nslookup 命令后，再输入要检测的域名后即可，如图 11-6 所示。

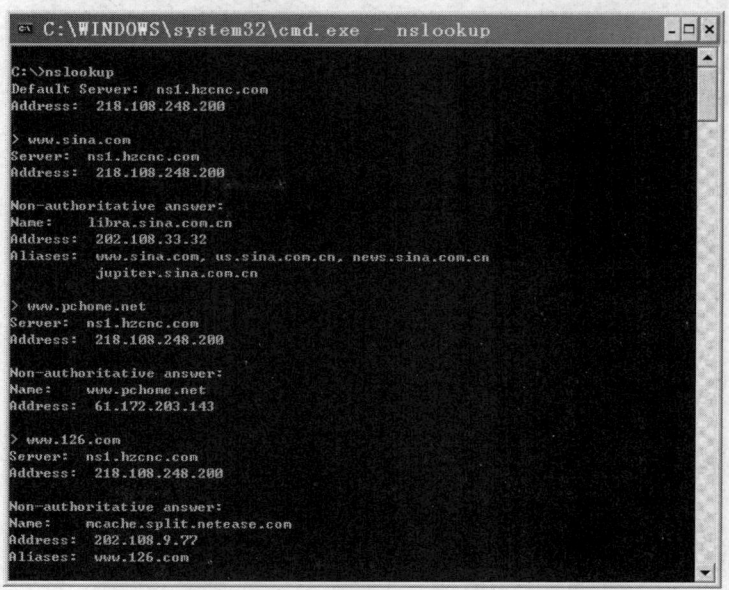

图 11-6 nslookup 命令的应用

11.4 本章小结

本章主要介绍了网络故障的原因及分类，简要说明了 Windows Server 网络 OS 中内置的网络故障诊断命令工具，并给出了网络故障分析诊断的方法和步骤。通过对网络故障的实例分析和故障诊断，对网络故障的常见问题进行了说明。

11.5 上机实训

实验目的：熟练掌握一些常用网络命令的使用；理解各种常用命令的含义和相关的操作。

实验器材：装有 Windows Server 系列网络操作系统的计算机。

实验内容：（1）掌握 ipconfig 命令的含义；

（2）掌握 ping 命令的含义；

（3）理解 netstat 命令的含义与应用；

（4）理解 tracert 命令的含义与应用；

（5）理解 nslookup 命令的含义与应用。

11.6 思考与练习

1. 网络中常见故障有哪些？
2. 出现网络故障时的诊断步骤是什么？如何进行网络故障的分析与定位？
3. 出现网络故障的原因主要有哪些？
4. 网络故障的排除要注意哪些方面？
5. Windows Server 中常用的网络测试诊断工具有哪些？主要的作用是什么？
6. 结合实际谈谈你对网络故障排除的经验和方案规划。